高职高专"十一五"规划教材

★ 农林牧渔系列

农业昆虫

NONGYE KUNCHONG

刘宗亮　主编

化学工业出版社

·北京·

本教材为高职高专农林牧渔"十一五"规划教材和教育部高职高专农林牧渔类专业教学指导委员会规划推荐教材。本书共分三部分。第一篇是昆虫理论基础，介绍了昆虫的外部特征、生理解剖、昆虫生物学、昆虫分类学、昆虫生态学、昆虫的调查测报、害虫防治原理和防治技术等内容，是农业昆虫学的基础部分。第二篇是农作物主要害虫，介绍了地下害虫、农、林、麻、棉、果、蔬、储粮害虫等，侧重于其发生及为害情况、形态特征、发生规律、调查测报和防治技术，是农业昆虫学的应用理论部分。第三篇是实验实训，教材设计了十九个可操作性强的实验实训项目，使学生能够掌握当地主要害虫防治技术和天敌利用技术，服务于农业生产。

本书适宜用作高职高专农业专业及相近专业的教材，本科院校也可选用，还可作为农林技术人员和管理人员的参考书。

图书在版编目（CIP）数据

农业昆虫/刘宗亮主编．—北京：化学工业出版社，2009.9（2022.8重印）
高职高专"十一五"规划教材★农林牧渔系列
ISBN 978-7-122-06467-7

Ⅰ．农… Ⅱ．刘… Ⅲ．农业害虫-昆虫学-高等学校：技术学院-教材 Ⅳ．S186

中国版本图书馆 CIP 数据核字（2009）第 140743 号

责任编辑：李植峰　梁静丽　郭庆睿	文字编辑：王新辉
责任校对：蒋　宇	装帧设计：史利平

出版发行：化学工业出版社（北京市东城区青年湖南街 13 号　邮政编码 100011）
印　　装：北京科印技术咨询服务有限公司数码印刷分部
787mm×1092mm　1/16　印张 20½　字数 601 千字　　2022 年 8 月北京第 1 版第 3 次印刷

购书咨询：010-64518888　　　　　　　　　售后服务：010-64518899
网　　址：http://www.cip.com.cn

凡购买本书，如有缺损质量问题，本社销售中心负责调换。

定　　价：48.00 元　　　　　　　　　　　　　　　　　　　　版权所有　违者必究

"高职高专'十一五'规划教材★农林牧渔系列"
建设委员会成员名单

主 任 委 员　介晓磊
副主任委员　温景文　陈明达　林洪金　江世宏　荆　宇　张晓根
　　　　　　窦铁生　何华西　田应华　吴　健　马继权　张震云
委　　　员（按姓名汉语拼音排列）

边静玮	陈桂银	陈宏智	陈明达	陈　涛	邓灶福	窦铁生	甘勇辉	高　婕	耿明杰
宫麟丰	谷风柱	郭桂义	郭永胜	郭振升	郭正富	何华西	胡繁荣	胡克伟	胡孔峰
胡天正	黄绿荷	江世宏	姜文联	姜小文	蒋艾青	介晓磊	金伊洙	荆　宇	李　纯
李光武	李彦军	梁学勇	梁运霞	林伯全	林洪金	刘俊栋	刘　莉	刘　蕊	刘淑春
刘万平	刘晓娜	刘新社	刘奕清	刘　政	卢　颖	马继权	倪海星	欧阳素贞	潘开宇
潘自舒	彭　宏	彭小燕	邱运亮	任　平	商世能	史延平	苏允平	陶正平	田应华
王存兴	王　宏	王秋梅	王水琦	王晓典	王秀娟	王燕丽	温景文	吴昌标	吴　健
吴郁魂	吴云辉	武模戈	肖卫苹	肖文左	解相林	谢利娟	谢拥军	徐苏凌	徐作仁
许开录	闫慎飞	颜世发	燕智文	杨玉珍	尹秀玲	于文越	张德炎	张海松	张晓根
张玉廷	张震云	张志轩	赵晨霞	赵　华	赵先明	赵勇军	郑继昌	周晓舟	朱学文

"高职高专'十一五'规划教材★农林牧渔系列"
编审委员会成员名单

主 任 委 员　蒋锦标
副主任委员　杨宝进　张慎举　黄　瑞　杨廷桂　胡虹文　张守润
　　　　　　宋连喜　薛瑞辰　王德芝　王学民　张桂臣
委　　　员（按姓名汉语拼音排列）

艾国良	白彩霞	白迎春	白永莉	白远国	柏玉平	毕玉霞	边传周	卜春华	曹　晶
曹宗波	陈传印	陈杭芳	陈金雄	陈　璟	陈盛彬	陈现臣	程　冉	褚秀玲	崔爱萍
丁玉玲	董义超	董曾施	段鹏慧	范洲衡	方希修	付美云	高　凯	高　梅	高志花
弓建国	顾成柏	顾洪娟	关小变	韩建强	韩　强	何海健	何英瑛	胡凤新	胡虹文
胡　辉	胡石柳	黄　瑞	黄修奇	吉　梅	纪守学	纪　瑛	蒋锦标	鞠志新	李碧全
李　刚	李继连	李　军	李雷斌	李林春	梁本国	梁称福	梁俊荣	林　纬	林仲桂
刘革利	刘广文	刘丽云	刘贤忠	刘晓欣	刘振华	刘振湘	刘宗亮	柳遵新	龙冰雁
罗　玲	潘　琦	潘一展	邱深本	任国栋	阮国荣	申庆全	石冬梅	史兴山	史雅静
宋连喜	孙克威	孙雄华	孙志浩	唐建勋	唐晓玲	陶令霞	田　伟	田伟政	田文儒
汪玉琳	王爱华	王朝霞	王大来	王道国	王德芝	王　健	王立军	王孟宇	王双山
王铁岗	王文焕	王新军	王　星	王学民	王艳立	王云惠	王中华	吴俊琢	吴琼峰
吴占福	吴中军	肖尚修	熊运海	徐公义	徐占云	许美解	薛　瑞	羊建平	杨宝进
杨平科	杨廷桂	杨卫韵	杨学敏	杨　志	杨治国	姚志刚	易　诚	易新军	于承鹤
于显威	袁亚芳	曾饶琼	曾元根	战忠玲	张春华	张桂臣	张怀珠	张　玲	张庆霞
张慎举	张守润	张响英	张　欣	张新明	张艳红	张祖荣	赵希彦	赵秀娟	郑翠芝
周显忠	朱雅安	卓开荣							

"高职高专'十一五'规划教材★农林牧渔系列"建设单位

(按汉语拼音排列)

安阳工学院	黑龙江农业工程职业学院	青海畜牧兽医职业技术学院
保定职业技术学院	黑龙江农业经济职业学院	曲靖职业技术学院
北京城市学院	黑龙江农业职业技术学院	日照职业技术学院
北京林业大学	黑龙江生物科技职业学院	三门峡职业技术学院
北京农业职业学院	黑龙江畜牧兽医职业学院	山东科技职业学院
本钢工学院	呼和浩特职业学院	山东理工职业学院
滨州职业学院	湖北生物科技职业学院	山东省贸易职工大学
长治学院	湖南怀化职业技术学院	山东省农业管理干部学院
长治职业技术学院	湖南环境生物职业技术学院	山西林业职业技术学院
常德职业技术学院	湖南生物机电职业技术学院	商洛学院
成都农业科技职业学院	吉林农业科技学院	商丘师范学院
成都市农林科学院园艺研究所	集宁师范高等专科学校	商丘职业技术学院
重庆三峡职业学院	济宁市高新技术开发区农业局	深圳职业技术学院
重庆水利电力职业技术学院	济宁市教育局	沈阳农业大学
重庆文理学院	济宁职业技术学院	沈阳农业大学高等职业技术学院
德州职业技术学院	嘉兴职业技术学院	苏州农业职业技术学院
福建农业职业技术学院	江苏联合职业技术学院	温州科技职业学院
抚顺师范高等专科学校	江苏农林职业技术学院	乌兰察布职业学院
甘肃农业职业技术学院	江苏畜牧兽医职业技术学院	厦门海洋职业技术学院
广东科贸职业学院	金华职业技术学院	仙桃职业技术学院
广东农工商职业技术学院	晋中职业技术学院	咸宁学院
广西百色市水产畜牧兽医局	荆楚理工学院	咸宁职业技术学院
广西大学	荆州职业技术学院	信阳农业高等专科学校
广西农业职业技术学院	景德镇高等专科学校	延安职业技术学院
广西职业技术学院	丽水学院	杨凌职业技术学院
广州城市职业学院	丽水职业技术学院	宜宾职业技术学院
海南大学应用科技学院	辽东学院	永州职业技术学院
海南师范大学	辽宁科技学院	玉溪农业职业技术学院
海南职业技术学院	辽宁农业职业技术学院	岳阳职业技术学院
杭州万向职业技术学院	辽宁医学院高等职业技术学院	云南农业职业技术学院
河北北方学院	辽宁职业学院	云南热带作物职业学院
河北工程大学	聊城大学	云南省曲靖农业学校
河北交通职业技术学院	聊城职业技术学院	云南省思茅农业学校
河北科技师范学院	眉山职业技术学院	张家口教育学院
河北省现代农业高等职业技术学院	南充职业技术学院	漳州职业技术学院
河南科技大学林业职业学院	盘锦职业技术学院	郑州牧业工程高等专科学校
河南农业大学	濮阳职业技术学院	郑州师范高等专科学校
河南农业职业学院	青岛农业大学	中国农业大学
河西学院		

《农业昆虫》编写人员

主　编　刘宗亮　济宁职业技术学院（济宁农业学校）
副主编　王桂清　聊城大学
　　　　　熊建伟　信阳农业高等专科学校
参加编写人员（以姓名笔画为序）
　　　　王桂清　聊城大学
　　　　刘雨佳　山东省济宁市教育局
　　　　刘宗亮　济宁职业技术学院（济宁农业学校）
　　　　刘承焕　济宁职业技术学院（济宁农业学校）
　　　　孙吉翠　中国农业大学（烟台校区）
　　　　君　健　信阳农业高等专科学校
　　　　欧善生　广西农业职业技术学院
　　　　周　洲　河南科技大学
　　　　赵俊卿　山东省济宁市高新区政府
　　　　高　艳　济宁职业技术学院（济宁农业学校）
　　　　黄　敏　曲靖农业学校
　　　　熊建伟　信阳农业高等专科学校

序

　　当今，我国高等职业教育作为高等教育的一个类型，已经进入到以加强内涵建设，全面提高人才培养质量为主旋律的发展新阶段。各高职高专院校针对区域经济社会的发展与行业进步，积极开展新一轮的教育教学改革。以服务为宗旨，以就业为导向，在人才培养质量工程建设的各个侧面加大投入，不断改革、创新和实践。尤其是在课程体系与教学内容改革上，许多学校都非常关注利用校内、校外两种资源，积极推动校企合作与工学结合，如邀请行业企业参与制定培养方案，按职业要求设置课程体系；校企合作共同开发课程；根据工作过程设计课程内容和改革教学方式；教学过程突出实践性，加大生产性实训比例等，这些工作主动适应了新形势下高素质技能型人才培养的需要，是落实科学发展观、努力办人民满意的高等职业教育的主要举措。教材建设是课程建设的重要内容，也是教学改革的重要物化成果。教育部《关于全面提高高等职业教育教学质量的若干意见》（教高［2006］16号）指出"课程建设与改革是提高教学质量的核心，也是教学改革的重点和难点"，明确要求要"加强教材建设，重点建设好3000种左右国家规划教材，与行业企业共同开发紧密结合生产实际的实训教材，并确保优质教材进课堂。"目前，在农林牧渔类高职院校中，教材建设还存在一些问题，如行业变革较大与课程内容老化的矛盾、能力本位教育与学科型教材供应的矛盾、教学改革加快推进与教材建设严重滞后的矛盾、教材需求多样化与教材供应形式单一的矛盾等。随着经济发展、科技进步和行业对人才培养要求的不断提高，组织编写一批真正遵循职业教育规律和行业生产经营规律、适应职业岗位群的职业能力要求和高素质技能型人才培养的要求、具有创新性和普适性的教材将具有十分重要的意义。

　　化学工业出版社为中央级综合科技出版社，是国家规划教材的重要出版基地，为我国高等教育的发展做出了积极贡献，曾被新闻出版总署领导评价为"导向正确、管理规范、特色鲜明、效益良好的模范出版社"，2008年荣获首届中国出版政府奖——先进出版单位奖。近年来，化学工业出版社密切关注我国农林牧渔类职业教育的改革和发展，积极开拓教材的出版工作，2007年底，在原"教育部高等学校高职高专农林牧渔类专业教学指导委员会"有关专家的指导下，化学工业出版社邀请了全国100余所开设农林牧渔类专业的高职高专院校的骨干教师，共同研讨高等职业教育新阶段教学改革中相关专业教材的建设工作，并邀请相关行业企业作为教材建设单位参与建设，共同开发教材。为做好系列教材的组织建设与指导服务工作，化学工业出版社聘请有关专家组建了"高职高专'十一五'规划教材★农林牧渔系列建设委员会"和"高职高专'十一五'规划教材★农林牧渔系列编审委员会"，拟在"十一五"期间组织相关院校的一线教师和相关企业的技术人员，在深入调研、整体规划的基础上，编写出版一套适应农林牧渔类相关专业教育的基础课、专业课及相关外延课程教材——"高职高专'十一五'规划教材★农林牧渔系列"。该套教材将涉及种植、园林园艺、畜牧、兽医、水产、宠物等专业，于2008～2009年陆续出版。

　　该套教材的建设贯彻了以职业岗位能力培养为中心，以素质教育、创新教育为基础的教育理念，理论知识"必需"、"够用"和"管用"，以常规技术为基础，关键技术为重点，先进技术为导向。此套教材汇集众多农林牧渔类高职高专院校教师的教学经验和教改成果，又得到了相关行业企业专家的指导和积极参与，相信它的出版不仅能较好地满足高职高专农林牧渔类专业的教学需求，而且对促进高职高专专业建设、课程建设与改革、提高教学质量也将起到积极的推动作用。希望有关教师和行业企业技术人员，积极关注并参与教材建设。毕竟，为高职高专农林牧渔类专业教育教学服务，共同开发、建设出一套优质教材是我们共同的责任和义务。

介晓磊

2008 年 10 月

　　本教材由山东、河南、云南、广西等省的六所农业职业院校富有教学经验的一线教师和相关企事业单位的专家共同编写，是高职高专"十一五"规划教材★农林牧渔系列之一。本教材共分三部分。第一篇是昆虫理论基础，主要编入了昆虫的外部特征、生理解剖、昆虫生物学、昆虫分类学、昆虫生态学、昆虫的调查测报、害虫防治原理和防治技术等内容，是农业昆虫学的基础部分。第二篇是农作物主要害虫，编入了地下害虫及农、林、麻、棉、果、蔬、储粮害虫等内容，侧重于农业害虫的发生及为害情况、形态特征、发生规律、调查测报和防治技术，是农业昆虫学的应用理论部分。第三篇是实验实训，教材根据农业生产实际需要，设计了十九个可操作性强的实验实训项目，在室内外实际观察和操作等环节的训练下，使学生能够掌握当地主要害虫防治技术和天敌利用技术，服务于农业生产。

　　本教材实践性较强，简化了语言叙述，各章配有必要的插图，文图结合，便于自学。

　　我国幅员辽阔，害虫种类繁多，作物种植复杂，在使用本教材的过程中，各校可根据当地农业害虫的发生情况，对本书内容作适当取舍。

　　在本教材的编写过程中，得到了许多农业职业院校同行们的大力支持，山东省济宁市植保站的专家也给予大力配合，一并谨致谢意。

编者

2009 年 4 月

第一篇　农业昆虫学基础

第一章　绪论 ………………………… 2
一、农业昆虫学的概念和研究内容 …… 2
二、农业昆虫学的发展概况 …………… 3
三、我国农业昆虫学的发展及其成就 … 3
四、我国植物保护工作的方针 ………… 3
五、昆虫的特征及其与近缘动物的区别 … 4
六、昆虫与人类的关系 ………………… 5
思考题 ……………………………………… 6

第二章　昆虫的外部形态 ……………… 7
第一节　昆虫体躯的一般构造 …………… 7
一、昆虫的大小、形态与体向 ………… 7
二、昆虫的体躯 ………………………… 8
第二节　昆虫的头部 ……………………… 10
一、头壳的基本构造 …………………… 10
二、昆虫头部的感觉器官 ……………… 11
三、头部的取食器官 …………………… 13
第三节　昆虫的胸部 ……………………… 20
一、胸部的基本构造 …………………… 20
二、胸足的构造和类型 ………………… 22
三、昆虫的翅 …………………………… 24
第四节　昆虫的腹部 ……………………… 28
一、昆虫腹部的基本构造 ……………… 28
二、外生殖器 …………………………… 29
第五节　昆虫的体壁 ……………………… 32
一、体壁的构造 ………………………… 32
二、体壁的衍生物 ……………………… 33
三、昆虫体壁的色彩 …………………… 34
四、体壁与防治的关系 ………………… 35
思考题 ……………………………………… 35

第三章　昆虫内部解剖及生理 ………… 36
第一节　昆虫体腔和内部器官 …………… 36

第二节　消化排泄系统 …………………… 37
一、昆虫消化系统构造和功能 ………… 37
二、昆虫对食物的消化与吸收 ………… 37
三、昆虫排泄系统构造和功能 ………… 38
四、消化系统与害虫防治 ……………… 38
第三节　呼吸系统 ………………………… 38
一、呼吸系统的一般构造 ……………… 38
二、呼吸作用与害虫防治 ……………… 39
第四节　神经系统 ………………………… 39
一、神经系统的基本构造 ……………… 39
二、昆虫的感觉器 ……………………… 40
三、神经系统的传导作用 ……………… 41
四、神经系统功能与害虫防治 ………… 41
第五节　循环系统 ………………………… 41
一、背血管的构造与血液循环 ………… 41
二、昆虫的血液及其功能 ……………… 42
三、循环系统与害虫防治 ……………… 42
第六节　生殖系统 ………………………… 42
一、雌性内生殖器官的基本构造 ……… 42
二、雄性内生殖器官的基本构造 ……… 43
三、交尾、授精和受精 ………………… 43
四、生殖系统与害虫防治的关系 ……… 43
第七节　分泌系统 ………………………… 43
一、内激素 ……………………………… 44
二、信息激素 …………………………… 44
三、昆虫内激素、信息激素与害虫
　　防治 ………………………………… 44
思考题 ……………………………………… 45

第四章　昆虫的生物学 ………………… 46
第一节　昆虫的生殖和变态 ……………… 46
一、昆虫的生殖方式 …………………… 46
二、胚胎发育和胚后发育的概念 ……… 47
三、昆虫的变态及类型 ………………… 47

第二节　昆虫各发育期的生物学特性 ……… 48
　一、卵期 ……………………………………… 48
　二、幼虫期 …………………………………… 50
　三、蛹 ………………………………………… 51
　四、成虫期 …………………………………… 52
第三节　昆虫的行为和习性 …………………… 53
　一、停育 ……………………………………… 53
　二、食性 ……………………………………… 54
　三、昆虫的群集性 …………………………… 55
　四、昆虫的趋性 ……………………………… 55
　五、迁移习性 ………………………………… 55
　六、保护习性 ………………………………… 56
　七、本能 ……………………………………… 56
　八、昆虫活动的昼夜节律 …………………… 56
第四节　昆虫的生活史 ………………………… 57
　一、昆虫的世代和年生活史 ………………… 57
　二、昆虫生活史的多样性 …………………… 57
思考题 …………………………………………… 58

第五章　昆虫生态学 …………………… 59

第一节　气候因素对昆虫的影响 ……………… 59
　一、温度对昆虫生长发育的影响 …………… 59
　二、湿度、降水对昆虫的作用 ……………… 60
　三、温、湿度的综合作用 …………………… 61
　四、光对昆虫活动中的影响 ………………… 61
　五、风对昆虫的影响 ………………………… 61
第二节　土壤环境对昆虫的影响 ……………… 61
　一、土壤温度对昆虫的影响 ………………… 62
　二、土壤湿度对昆虫的影响 ………………… 62
　三、土壤理化性质对昆虫的影响 …………… 62
　四、土壤中的昆虫 …………………………… 62
第三节　生物因素对昆虫的影响 ……………… 62
　一、食物因素对昆虫的影响 ………………… 62
　二、天敌因素对昆虫的影响 ………………… 63
第四节　人类活动对昆虫的影响 ……………… 64
第五节　昆虫种群的概念及量变分析 ………… 64
　一、种群的概念 ……………………………… 64
　二、昆虫种群的结构 ………………………… 64
　三、昆虫种群数量的变动 …………………… 65
　四、昆虫种群分布类型 ……………………… 65
思考题 …………………………………………… 66

第六章　昆虫的分类 …………………… 67

第一节　昆虫分类概说 ………………………… 67
　一、分类的途径和任务 ……………………… 67
　二、分类的意义和依据 ……………………… 67
　三、分类的阶元 ……………………………… 67
　四、昆虫的命名法与命名规则 ……………… 68

　五、昆虫纲分目 ……………………………… 68
第二节　农业上主要目科简介 ………………… 68
　一、缨翅目 …………………………………… 68
　二、半翅目 …………………………………… 69
　三、同翅目 …………………………………… 70
　四、直翅目 …………………………………… 74
　五、脉翅目 …………………………………… 75
　六、鳞翅目 …………………………………… 76
　七、鞘翅目 …………………………………… 81
　八、膜翅目 …………………………………… 87
　九、双翅目 …………………………………… 90
附：蜘蛛和螨类简介 …………………………… 91
思考题 …………………………………………… 95

第七章　农业昆虫的调查和预测预报 … 96

第一节　农业昆虫调查 ………………………… 96
　一、调查的意义 ……………………………… 96
　二、昆虫田间分布型和取样方法 …………… 96
　三、田间调查（虫情）的表示方法 ………… 98
　四、调查应注意的事项 ……………………… 99
第二节　农业害虫的预测预报 ………………… 100
　一、害虫测报的意义、任务和原则 ………… 100
　二、预报的种类 ……………………………… 101
　三、发生期的预测 …………………………… 101
　四、发生量的预测 …………………………… 103
　五、分布蔓延地区的预测 …………………… 105
思考题 …………………………………………… 105

第八章　农业害虫防治原理及方法 …… 106

第一节　植物检疫 ……………………………… 106
　一、植物检疫的内容和任务 ………………… 106
　二、植物检疫对象的确定和疫区、
　　　保护区的划分 …………………………… 107
　三、植物检疫的实施方法 …………………… 107
第二节　农业防治方法 ………………………… 108
　一、种植制度 ………………………………… 108
　二、耕翻整地 ………………………………… 109
　三、播种 ……………………………………… 109
　四、田间管理 ………………………………… 109
　五、收获 ……………………………………… 109
　六、植物抗虫性的利用及抗虫育种的
　　　选育 ……………………………………… 110
第三节　化学防治方法 ………………………… 110
　一、农药的使用方法 ………………………… 110
　二、合理使用农药 …………………………… 110
　三、化学防治的优、缺点 …………………… 111
第四节　生物防治方法 ………………………… 112
　一、天敌昆虫 ………………………………… 112

二、昆虫病原微生物 …………………… 113
三、其他有益动物 ……………………… 114
四、昆虫激素的利用 …………………… 114
五、杀虫活性植物的利用 ……………… 115
第五节　物理机械防治方法 ……………… 115
一、人工机械捕杀 ……………………… 115
二、诱杀 ………………………………… 116
三、汰选法 ……………………………… 116
四、温湿度的应用 ……………………… 116
第六节　综合防治的概念及发展 ………… 116
一、初期防治阶段 ……………………… 116
二、化学防治阶段 ……………………… 117
三、害虫综合管理阶段 ………………… 117
四、有害生物生态管理（EPM）和有害
　　生物可持续控制（SPM） …………… 118
思考题 ……………………………………… 119

第二篇　主要农业害虫

第九章　地下害虫　122

第一节　地老虎 …………………………… 122
一、发生及为害情况 …………………… 122
二、形态特征 …………………………… 122
三、发生规律 …………………………… 123
四、调查测报 …………………………… 123
五、防治方法 …………………………… 123
第二节　蛴螬 ……………………………… 124
一、发生及为害情况 …………………… 124
二、形态特征 …………………………… 124
三、发生规律 …………………………… 124
四、调查测报 …………………………… 125
五、防治方法 …………………………… 125
第三节　蝼蛄 ……………………………… 126
一、发生及为害情况 …………………… 126
二、形态特征 …………………………… 126
三、发生规律 …………………………… 126
四、防治方法 …………………………… 126
第四节　蟋蟀 ……………………………… 127
一、发生及为害情况 …………………… 127
二、形态特征 …………………………… 127
三、发生规律 …………………………… 127
四、防治方法 …………………………… 128
第五节　金针虫 …………………………… 128
一、发生及为害情况 …………………… 128
二、形态特征 …………………………… 128
三、发生规律 …………………………… 128
四、防治方法 …………………………… 129
第六节　种蝇 ……………………………… 129
一、发生及为害情况 …………………… 129
二、形态特征 …………………………… 129
三、发生规律 …………………………… 129
四、调查测报 …………………………… 130
五、防治方法 …………………………… 130
思考题 ……………………………………… 130

第十章　粮食作物害虫　131

第一节　小麦害虫 ………………………… 131
一、麦蚜 ………………………………… 131
二、小麦害螨 …………………………… 135
三、小麦吸浆虫 ………………………… 137
四、麦叶蜂 ……………………………… 141
第二节　水稻害虫 ………………………… 142
一、水稻螟虫 …………………………… 143
二、稻飞虱 ……………………………… 151
三、稻叶蝉 ……………………………… 158
四、稻纵卷叶螟 ………………………… 160
五、稻弄蝶 ……………………………… 163
六、稻蓟马 ……………………………… 165
第三节　杂粮害虫 ………………………… 167
一、黏虫 ………………………………… 167
二、玉米螟 ……………………………… 172
三、粟灰螟 ……………………………… 177
四、高粱条螟 …………………………… 180
五、高粱蚜 ……………………………… 181
六、飞蝗 ………………………………… 183
附：土蝗简介 ……………………………… 188
思考题 ……………………………………… 188

第十一章　棉花害虫　189

第一节　棉蚜 ……………………………… 189
一、发生及为害情况 …………………… 189
二、形态特征 …………………………… 189
三、发生规律 …………………………… 190
四、调查与测报 ………………………… 192
五、防治方法 …………………………… 192
第二节　棉铃虫 …………………………… 193
一、发生及为害情况 …………………… 193
二、形态特征 …………………………… 193
三、发生规律 …………………………… 194
四、调查与测报 ………………………… 195
五、防治方法 …………………………… 196

第三节　棉红铃虫……………………197
　一、发生及为害情况……………………197
　二、形态特征……………………………197
　三、发生规律……………………………197
　四、防治方法……………………………198
第四节　棉花害螨……………………198
　一、发生及为害情况……………………198
　二、形态特征……………………………199
　三、发生规律……………………………199
　四、棉花害螨的调查……………………200
　五、防治方法……………………………200
第五节　棉盲蝽………………………201
　一、种类、分布与为害…………………201
　二、生活史与习性………………………202
　三、发生与环境的关系…………………202
第六节　棉花害虫的综合防治………202
　一、播种前和播种期……………………203
　二、苗期…………………………………203
　三、蕾铃期………………………………203
思考题…………………………………203

第十二章　油料作物害虫…………204
第一节　大豆食心虫…………………204
　一、发生及为害情况……………………204
　二、形态特征……………………………204
　三、发生规律……………………………204
　四、防治方法……………………………205
第二节　豆天蛾………………………205
　一、发生及为害情况……………………205
　二、形态特征……………………………205
　三、发生规律……………………………206
　四、防治方法……………………………206
第三节　大豆小夜蛾…………………206
　一、发生及为害情况……………………206
　二、形态特征……………………………206
　三、发生规律……………………………206
　四、防治方法……………………………207
第四节　油菜潜叶蝇…………………207
　一、发生及为害情况……………………207
　二、形态特征……………………………207
　三、发生规律……………………………208
　四、防治方法……………………………208
思考题…………………………………208

第十三章　蔬菜害虫………………209
第一节　菜粉蝶………………………209
　一、发生及为害情况……………………209
　二、形态特征……………………………209

　三、发生规律……………………………209
　四、防治方法……………………………210
第二节　温室白粉虱…………………210
　一、发生及为害情况……………………210
　二、形态特征……………………………210
　三、发生规律……………………………211
　四、防治方法……………………………211
第三节　豌豆潜叶蝇…………………212
　一、发生及危害情况……………………212
　二、形态特征……………………………212
　三、发生规律……………………………212
　四、防治方法……………………………212
第四节　叶甲类………………………213
　一、黄曲条跳甲…………………………213
　二、小猿叶虫……………………………214
第五节　夜蛾类………………………215
　一、斜纹夜蛾……………………………215
　二、甜菜夜蛾……………………………216
　三、银纹夜蛾……………………………217
第六节　茶黄螨………………………218
　一、发生及为害情况……………………218
　二、形态特征……………………………218
　三、发生规律……………………………219
　四、防治方法……………………………219
思考题…………………………………219

第十四章　果树害虫………………220
第一节　食心虫类……………………220
　一、桃小食心虫…………………………220
　二、苹果小食心虫………………………222
　三、梨大食心虫…………………………223
　四、桃蛀螟………………………………225
第二节　卷叶蛾类……………………226
　一、苹果小卷叶蛾………………………226
　二、黄斑卷叶蛾…………………………228
　三、顶梢卷叶蛾…………………………229
第三节　潜叶蛾类……………………230
　一、金纹细蛾……………………………230
　二、桃潜叶蛾……………………………231
第四节　叶螨类………………………232
　一、发生及为害情况……………………232
　二、形态特征……………………………233
　三、发生规律……………………………233
　四、防治方法……………………………234
第五节　蚜虫类………………………235
　一、绣线菊蚜、苹果瘤蚜、苹果绵蚜……235
　二、梨二叉蚜……………………………237
　三、梨黄粉蚜……………………………238

第六节　蚧壳虫类 240
　一、康氏粉蚧 240
　二、朝鲜球坚蚧 241
　三、桑白蚧 242
第七节　钻蛀类 243
　一、桃红颈天牛 243
　二、星天牛 244
　三、葡萄透翅蛾 245
第八节　其他害虫 246
　一、金龟甲类 246
　二、中国梨木虱 249
　三、梨网蝽 251
　四、绿盲蝽 252
　五、柑橘瘤皮红蜘蛛 253
　六、荔枝蝽 254
　七、香蕉象虫 255
思考题 255

第十五章　薯类害虫　256

第一节　甘薯叶甲 256
　一、发生及为害情况 256
　二、形态特征 256
　三、发生规律 256
　四、防治方法 257
第二节　甘薯小象甲 257
　一、发生及为害情况 257
　二、形态特征 257
　三、发生规律 258
　四、防治方法 258
第三节　马铃薯块茎蛾 259
　一、发生及为害情况 259
　二、形态特征 259
　三、发生规律 259
　四、防治方法 260
思考题 260

第十六章　园林花卉害虫　261

第一节　蛀干害虫 261
　一、天牛类 261
　二、吉丁虫类 265
第二节　食叶类害虫 266
　一、黄刺蛾 266
　二、杨毒蛾 267
　三、大蓑蛾 268
　四、天幕毛虫 270
　五、柑橘凤蝶 271
　六、槐尺蛾 272
　七、人纹污灯蛾 272

　八、大叶黄杨长毛斑蛾 273
第三节　刺吸类害虫 274
　一、柳瘿蚊 274
　二、柳厚壁瘿叶蜂 275
　三、柳尖胸沫蝉 276
思考题 277

第十七章　贮粮害虫　278

第一节　玉米象 278
　一、发生及为害情况 278
　二、形态特征 278
　三、发生规律 278
　四、虫情调查与测报 279
　五、防治方法 279
第二节　麦蛾 279
　一、发生及为害情况 279
　二、形态特征 279
　三、发生规律 280
　四、防治方法 280
第三节　绿豆象 281
　一、发生及为害情况 281
　二、形态特征 281
　三、发生规律 281
　四、防治方法 281
第四节　其他贮粮害虫 282
　一、蚕豆象 282
　二、谷蠹 283
　三、赤拟谷盗 284
　四、锯谷盗 285
思考题 285

第十八章　桑茶糖烟等害虫　286

第一节　桑象虫 286
　一、发生及为害情况 286
　二、形态特征 286
　三、发生规律 287
　四、防治方法 287
第二节　茶毛虫 287
　一、发生及为害情况 287
　二、形态特征 287
　三、发生规律 288
　四、调查与测报 288
　五、防治方法 289
第三节　草地螟 289
　一、发生及为害情况 289
　二、形态特征 289
　三、发生规律 290
　四、防治方法 290

第四节　二点螟	290	三、发生规律	292
一、发生及为害情况	290	四、防治方法	292
二、形态特征	291	第六节　烟夜蛾	292
三、发生规律	291	一、发生及为害情况	292
四、防治方法	291	二、形态特征	292
第五节　黄螟	291	三、发生规律	293
一、发生及为害情况	291	四、防治方法	293
二、形态特征	292	思考题	293

第三篇　实验实训

实验实训	296	害状观察	305
实验实训一　昆虫的外部形态观察	296	实验实训十一　蚜虫类、潜叶蛾、害螨类形态和为害状观察	305
实验实训二　昆虫内脏解剖	297	实验实训十二　观察园林蛀干类害虫	306
实验实训三　昆虫的生物学特性观察	297	实验实训十三　观察园林食叶类害虫	307
实验实训四　昆虫纲主要目的特征观察	298	实验实训十四　仓库害虫的识别	308
实验实训五　麦类害虫种类识别及为害状观察	299	实验实训十五　薯类害虫形态观察	308
实验实训六　水稻害虫种类识别及为害状观察	300	实验实训十六　地下害虫形态观察	309
实验实训七　杂粮害虫种类识别及为害状观察	302	实验实训十七　地下害虫田间调查	309
实验实训八　油料作物害虫的识别	303	实验实训十八　桑茶糖烟害虫形态观察	309
实验实训九　蔬菜害虫的识别	304	实验实训十九　棉花害虫形态观察	310
实验实训十　食心虫类、卷叶蛾类形态和为		**参考文献**	**311**

第一篇　农业昆虫学基础

- 第一章　绪论
- 第二章　昆虫的外部形态
- 第三章　昆虫内部解剖及生理
- 第四章　昆虫的生物学
- 第五章　昆虫生态学
- 第六章　昆虫的分类
- 第七章　农业昆虫的调查和预测预报
- 第八章　农业害虫防治原理及方法

第一章 绪 论

在农作物生长发育和农产品储藏\运输过程中，常遭到有害生物的侵害。这些有害生物大多为昆虫，还有少量的螨类、线虫和鼠类等。据不完全统计，我国比较重要的农业害虫有700多种，其中水稻：380余种，烟草：270余种，小麦：240余种，棉花：320余种，蔬菜：240余种。

据FAO估计，世界粮食生产因害虫常年造成的损失为14%，严重的高达30%。棉花16%~30%，果蔬15%~20%。历史上害虫为人类带来的灾难数不胜数。如我国从公元前707年到公元1935年，共发生蝗灾796次。在非洲，一个蝗群的个体数量可达400亿头，按每头每天吃2g食物计，一天就是8万吨。1992年棉铃虫在我国大发生，棉花平均减产30%，山东、河南、河北等重灾区，减产50%以上。因此，要确保农作物高产、稳产、优质，就必须对害虫进行有效的控制。这也就是农业昆虫学要解决的问题。

一、农业昆虫学的概念和研究内容

1. 概念

农业昆虫学是研究农业害虫的发生、发展、消长规律及防治措施的一门科学。农业昆虫学不仅要以害虫为研究对象，还要研究被害植物受害后的反应，提高其耐害力和抗虫性，并研究治理策略和以作物为中心的综合防治措施。

2. 农业昆虫学的研究内容

① 农业昆虫学首先要研究害虫的防治原理，系统地阐述虫害的概念、形成原因和防治的基本途径；以农业生态系为理论依据的综合防治内容、策略原则和防治措施的设计、植物检疫、农业防治、生物防治、化学防治、物理机械防治和正在发展中的其他防治新技术，如不育防治、遗传防治、信息素的利用及虫害预测预报等。

② 其次研究各类农业害虫防治，主要包括害虫的分类和特征鉴别、生物学特性、分布和为害规律、发生消长规律、环境因素与害虫发生消长的关系及综合防治措施等。

3. 学习农业昆虫必备的理论与专业基础知识

学科间的交叉对农业昆虫学的影响。新技术、新方法在农业昆虫学上的应用。农业昆虫学作为由昆虫学发展产生的应用学科，与昆虫学的许多分支学科关系密切。如昆虫形态学和昆虫分类学是辨识农业害虫及其天敌昆虫的种类，尤其是区别近似种类的基础知识，对于进行作物害虫和益虫种类组成的调查，明确防治对象，利用天敌昆虫和进行预测预报等有重要作用。

昆虫生物学为掌握农业害虫的生活史、生活习性、行为和其他生物学特性，以及设计有效的防治措施等提供依据；昆虫生理学深入揭示农业害虫的生理代谢功能和生活行为机制，可以为信息素的应用提供依据；昆虫生态学研究农业害虫的分布、发生、为害、种群数量变动规律和环境因素影响，为研究农田生态系结构、机制和设计综合防治对策提供必需的知识，也是害虫预测预报的理论基础。

昆虫学的其他一些分支学科，如昆虫毒理学、昆虫病理学、昆虫技术学等，对害虫生物学和防治技术的研究也很重要。同时，近数十年发展起来的昆虫遗传学、昆虫数理生态学、昆虫行为学等分支学科也对农业昆虫学的发展有重要作用。此外，农业害虫防治还需要作物栽培、作物育种、土壤肥料、农业气象等农业学科的有关知识。

近代科学技术和农业生产的不断发展，正促使农业昆虫学进一步向着多学科的综合方向发展。特别是害虫防治策略和技术的研究，已不仅是微观上的继续深化，而且要求宏观上从农业生态系的整体观点出发，在研究分析生物与非生物两大类因素间有机联系的基础上，协调制定防治措施，并从经济和环境保护的观点设计和推行综合防治方案。

随着现代生物学、生物物理、生物数学、生物化学等新的科学技术的进一步应用，农业昆虫学将提高到新的水平，并将为害虫防治开辟新的途径。

二、农业昆虫学的发展概况

农业昆虫学是从昆虫学发展起来的一门应用学科，至今历史不到 200 年。但对农业害虫的观察和防治，则早在中国的春秋战国时期已有记述。其后，古籍中有关害虫的生活习性、生存的生态条件等的记载渐趋翔实，但多止于零散的现象描述。

在古希腊，荷马和亚里士多德的著作中也有防治害虫的记载。但此后由于封建神权的压制和宗教迷信思想的束缚，对害虫的观察研究长期得不到发展，有的害虫还被视作"神虫"，认为其神圣不可侵犯。

16 世纪欧洲文艺复兴以后，对农业害虫及其防治的研究有了进展。17 世纪显微镜的应用，以及 18 世纪中叶林奈关于动植物分类双名法的创立，奠定了昆虫分类学的基础，并促进了害虫生物学，包括害虫与其寄主植物之间相互关系的研究，为农业昆虫学的产生准备了条件。

1841 年哈里斯《植物害虫论说》一书发表，介绍了当时各类害虫的防治措施。1869 年德国学者黑克尔提出生态学概念，对应用生态学和应用昆虫学的发展具有重大影响，也为农业昆虫学学科体系的形成提供了生态学依据。

进入 20 世纪，昆虫学的一些基础学科，有的在原有基础上进一步发展，有的应用分析试验方法，深入到昆虫行为、内部机制及其与环境因素之间的关系等方面进行研究，形成了昆虫行为学、昆虫生态学、昆虫生理学、昆虫毒理学等分支学科。与此同时，农业昆虫学在已有的生物学和生态学的基础上，也逐渐形成了自己的学科体系。

系统的农业昆虫学专著在 20 世纪前期陆续问世。如年桑德森所著《农田、菜地、果园的害虫》一书，就根据害虫的生物学特性提出了相应 1915 年的防治方法，并强调了对害虫种类的正确鉴定和对不同类别防治措施作用的分析。

此后，害虫防治科学逐步发展。到 20 世纪 40 年代，由于滴滴涕的合成、应用，以及有机氯、有机磷氨基甲酸酯类农药的相继问世，农业昆虫学的研究达到高峰；接着又随综合防治的发展而进入具有综合应用多学科知识特点的新阶段。

三、我国农业昆虫学的发展及其成就

我国是世界上研究昆虫最早的国家之一。早在 4800 年前我国就有养蚕造丝，3000 年前就有养蜂酿蜜，2600 年前就有治蝗治螟的记载。

农业昆虫学在我国真正成为一门生物科学，并对其进行系统研究是在戊戌变法以后。尤其是 1949 年新中国成立以后，国家对病虫害的防治工作极其重视，从中央到地方建立了植物保护专门领导机构和科研单位，农业院校设立了植物保护专业，开展了大规模的群众性的防治工作。主要成就有：健全了植物保护机构，基本普及了植物保护知识；基本控制了历史上的灾难性害虫；基本摸清了不同地域各类农作物上的昆虫种类及主要害虫的发生规律；预测预报理论和水平大大提高，建立了全国农业害虫测报网；积累了丰富的害虫防治经验，防治水平不断提高。

四、我国植物保护工作的方针

随着农业生产的发展，植物保护方针经历了多次修改。如 1950 年：防重于治。1958 年：全面防治，土洋结合，全面消灭，重点肃清。1960 年：以防为主，防治结合。

由于大量使用化学农药，生产了"3R"现象，即残毒（residue）、害虫抗药性（resistance）和害虫再猖獗（resurgence）。1975 年提出了"预防为主，综合防治"的方针。

20 世纪 80 年代以来，以生态学为基础，实施可持续的害虫控制策略已成为"害虫综合治理"战略的核心。"防"始终为第一重要的。

五、昆虫的特征及其与近缘动物的区别

昆虫属于节肢动物门的昆虫纲。昆虫种类繁多，已知有100多万种，约占动物界的3/4以上。昆虫的种类不同，身体构造有共同特征：①体分头、胸、腹三个体段；②头部有一对触角，一对复眼，有的还有1~3个单眼；③胸部生有6足4翅，所以昆虫纲也称六足纲；④腹部由10节左右组成，末端有外生殖器。如蝗虫、蝴蝶、蜜蜂等，都符合上述特征，都是昆虫（见图1-1）。

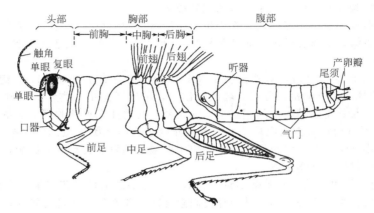

图1-1 蝗虫体躯构造

节肢动物门包括6个纲，除昆虫纲外，还有肢口纲、多足纲、甲壳纲、蛛形纲、有爪纲。只要掌握昆虫的特征，就能把昆虫和其他近缘动物区别开，如蛛形纲的蜘蛛，体分头胸部和腹部两个体部，有4对足，无翅，无触角。甲壳纲的虾、蟹，体分头胸部和腹部，5对足，无翅。多足纲的蜈蚣，体分头部和服部（胸部和腹部同形），身体各节都生1对足，马陆，体也分头、胴两部，身体各节都生两对足，而且无翅。由于这些近缘动物都不符合昆虫的特征，所以都不是昆虫（见图1-2）。

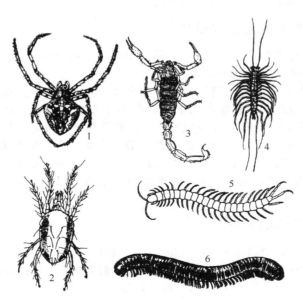

图1-2 与昆虫纲近缘的节肢动物形态特征
1—蜘蛛；2—棉红蜘蛛；3—蝎子；4—蚰蜒；5—蜈蚣；6—马陆

六、昆虫与人类的关系

种类繁多的昆虫，与人类关系非常密切。从分布来看，从土中到空中，从海洋到高山、沙漠，到处都有昆虫的足迹。从发展历史来看，根据最古老的昆虫化石考证，昆虫已有 3.5 亿年的历史，而人类的出现，距今只不过 100 万年。在人类出现以前，昆虫已和其他动、植物建立了历史关系。在人类出现以后，也和人类发生了密切的关系，有些对人类有害，有些对人类有益。

1. 有害方面

（1）经济作物害虫　昆虫中有 48.2% 是以植物为生，人类种植的农、林、果、蔬、棉、麻、糖、茶、药等各种经济植物，无一不受其害，有的造成十分惊人的损失。农作物的害虫，是本教材中所要介绍的重要种类，损失更为严重。

（2）卫生害虫　有些昆虫能直接为害人类，有些还能传染疾病，危害人的健康，甚至引起死亡。如跳蚤、蚊子、虱子、臭虫等，不但直接吸取人的血液，扰乱人的安宁，而且还能传播各种疾病。例如，跳蚤是传播鼠疫的媒介。14 世纪鼠疫在欧洲大流行，因此死亡 2500 万人以上。清代鼠疫在我国东北流行，死亡 50 多万人。其他如斑疹伤寒、脑膜炎、黄热病等，也都是蚊、蝇等传染的。

（3）家畜害虫　许多昆虫能为害家畜、家禽，如牛虻、蚊、蝇、虱、蚤等，直接吸取畜禽的血液，影响它们的休息和健康。很多蝇类幼虫寄生于家畜的体内，造成蝇蛆病。如牛瘤蝇的幼虫寄生于牛的背部皮下，造成很多孔洞，影响牛的健康，降低牛皮价值。马胃蝇的幼虫寄生在马的胃里，影响马的饮食和健康，降低其役用力。有些昆虫还能传染畜禽疾病，如马的脑炎（病毒）、鸡的回归热（螺旋体）、牛马的锥虫病、焦虫病（原生动物）、犬的丝虫病（蠕虫）等，都是由各种吸血昆虫所传染的。

（4）传播植物病害　许多植物的病害是由昆虫传播的，特别是植物的病毒病，多数是由刺吸植物汁液的昆虫传播。此外，昆虫也能传播细菌或真菌所引起的病害。1970 年麦蚜传播小麦黄矮病，仅陕西一省就损失小麦 1.5 亿千克。飞虱、叶蝉等能传播小麦小蘖病、水稻矮缩病、玉米条纹花叶病等。根据已有记载，由昆虫传播的病毒病有 397 种，其中 170 种由蚜虫传播，133 种由叶蝉传播。由昆虫传病造成的损失，甚至比昆虫为害本身所造成的损失还要大得多。

2. 有益方面

（1）工业用昆虫　很多昆虫的产品是重要的工业原料，如家蚕、柞蚕是绢丝工业的主体，我国早在 4800 年前就已发明养蚕缫丝。现在我国每年出口的生丝达 500 万千克以上，给国家换回大量外汇。紫胶虫分泌的紫胶白蜡、白蜡虫分泌的白蜡、倍蚜的虫瘿（五倍子所含单宁酸）等都是重要的工业原料。从昆虫中提取的特殊酶类，如从萤火虫中提取荧光酶素，从白蚁中提取的纤维水解酶素，已分别应用于医疗器械工业及轻工与食品中。

（2）天敌昆虫　在自然界有许多捕食或寄生性的昆虫，捕食或寄生农业害虫，对农业害虫种群增长起着控制作用，帮助人们防治害虫，也是人们用来开展生物防治害虫的重要途径。如瓢虫类、草蛉类、食蚜蝇类等，都能大量捕食各种害虫、叶螨和虫卵。赤眼蜂类、小茧蜂类、姬蜂类和青蜂等，能把卵产在许多害虫的卵内或幼虫、蛹的体内，将害虫杀死。

（3）传粉昆虫　显花植物中 85% 由昆虫传播花粉。昆虫 33 目中，15 目有访花习性，为植物授粉的有 6 目，真正在生产实践中起授粉作用的主要为蜜蜂总科。现在除利用家养蜜蜂为植物授粉外，也可利用野生蜜蜂，如用壁蜂为苹果、梨等授粉，利用切叶蜂为苜蓿授粉等，均已取得较好成绩。

（4）药用昆虫　很多昆虫的虫体、产物或被真菌寄生的虫体可入中药，如九香虫（一种椿象）、桑螵蛸（螳螂卵）、冬虫夏草（蝙蝠蛾幼虫被虫草菌寄生）。《中国药用动物志》记载，药用昆虫 141 种，属 12 目 49 科。另外，利用虫体提取物的特殊生化成分，制备新药，如蜂毒、斑蝥素、蜣螂毒素、抗菌肽，其中有些对肿瘤细胞有明显抑制作用。

（5）观赏昆虫　昆虫中有些形态奇异，色彩艳丽，鸣声悦耳，或有争斗行为，可供人们观赏娱乐，给人以精神享受。蝴蝶是最受人们喜欢的观赏昆虫，被誉为"会飞的花朵"，用其制作的工艺品蝴蝶画等有很高的经济价值。另外，如斗蟋蟀、鸣虫蝈蝈（螽斯）都有较高的欣赏和经济价值。

（6）食品昆虫　很多昆虫是美味的佳肴。生化分析证明，虫体内含有丰富的蛋白质、脂肪等。昆虫作为食品起源于民间，如云南人吃胡蜂蛹，广东人吃龙虱、稻蝗，山东人吃黑榨蝉和豆天蛾。世界各国的土著民族多少都有吃昆虫的习惯。今后人类的食品向昆虫方面发展，已成为一种趋向，以炸炒蚂蚁、蝗虫、蟋蟀等的昆虫宴在新加坡已登上餐馆大雅之堂。在西安一些餐馆中，也有了油炸黄粉虫、蚱蝉若虫、天蛾幼虫等的昆虫宴。

（7）饲用昆虫　几乎所有的昆虫虫体都可作为动物，特别是家畜、家禽的蛋白质饲料，但野生昆虫不能作为大宗饲料的来源。近年来，国内外都在发展人工笼养家蝇，进行工厂化生产，获取大量的家畜蛋白质饲料。笼养家蝇是将家畜的粪便、人类的废物转化为可利用的蛋白质饲料，既利用废物，又洁净环境，是一种功利两全的昆虫产业，受到各国重视。

（8）环保昆虫　腐食性昆虫以动植物遗体或动物排泄物为食，是地球上的清洁者，加速了微生物对生物残体的消解。如埋葬甲群聚于鸟兽尸体下，挖掘土壤，将尸体埋葬；蜣螂将地表的动物粪便转入土内，清洁了环境；神农蜣螂曾从中国引入澳大利亚，解决畜粪覆盖草原的问题。

（9）科研特殊材料昆虫　许多昆虫由于生活周期短，个体小，易饲养，是生物学实验的极好材料，如果蝇，长期被作为遗传学研究材料，为遗传学发展作出了贡献。昆虫的一些器官，如复眼等形态功能奇妙，结构完善，成为仿生学研究的主要对象。一些水生昆虫，如毛翅目、蜉蝣目，对水质很敏感，成为水质污染监测的良好指标。

可以看出，昆虫和人类的关系密切而复杂。昆虫对人类的益与害，不是绝对的，会因条件不同而转化。如寄生蝇类，寄生在作物害虫体内，对人类是益虫，但寄生在柞蚕体内，则成为人类有益昆虫的害虫。又如蝴蝶，成虫是主要观赏昆虫，但有些种类的幼虫，为害农作物，又是害虫。天蛾、蚱蝉等取食经济植物，是害虫，但将其虫体制成昆虫宴，则又产生经济效益。总之，控制害虫的为害，充分利用昆虫有益资源，造福人类，是人们研究昆虫学的目的和意义。

思 考 题

1. 农业昆虫学的研究内容、目的、任务是什么？
2. 昆虫的主要特征是什么？
3. 昆虫和人类的益害关系主要表现在哪几方面？研究昆虫学有什么意义？

第二章 昆虫的外部形态

昆虫形态学是研究昆虫的结构、功能、起源、发育及进化的科学。了解昆虫的形态不仅是认识昆虫、对昆虫进行系统分类和进化研究的基础，也是研究昆虫生物学及昆虫管理、仿生学等必要的前提。

昆虫种类繁多，形态各样。这种多样性是昆虫长期演化过程中对复杂多变的外界环境相适应的结果。生活条件的改变引起新陈代谢和机能的改变，最后导致外部结构的改变。这说明形态和功能之间存在着不可分割的相互联系，存在着既统一又矛盾的辩证关系。因此，尽管昆虫形态结构上有千变万化的复杂性，但"万变不离其宗"，这无非是某种基本形式历史演变的结果，通过对比、观察、实验与分析仍可以从中找出其基本结构。找出昆虫形态结构的同源关系是研究昆虫形态学的重要任务之一。

昆虫体躯各个构造之间，不论其外形或功能，都存在着不可分割的相互依赖关系。所以研究昆虫形态不能孤立地只研究某一个构造，必须以整体的概念去分析局部构造的成因和功能，进行生物学特性的分析。

昆虫的种类分化是与外部形态变化相联系的。所以，昆虫形态学的发展是同昆虫分类学的发展互为因果的。外部形态是分类学的重要依据，但不能单纯用外部形态，忽略生物学、生态学和生理学的研究，分类也是搞不好的。学习昆虫的外部形态是为昆虫分类学、生物学和生态学等其他昆虫分支学科打基础。

第一节 昆虫体躯的一般构造

一、昆虫的大小、形态与体向

1. 昆虫的大小

昆虫体躯的大小常用体长和翅展来表示。体长是指昆虫头部前端到腹部末端的距离，不包括头部的触角和腹部末端外生殖器的长度。翅展是指两前翅展开时，两翅顶角之间的距离。

人们一般把昆虫分为巨、大、中、小、微5类。巨型：体长在100mm以上；大型：体长在40～99mm之间；中型：体长在15～39mm之间；小型：体长在3～14mm之间；微型：体长在2mm以下。不同类群间各型的尺度存在一定差异。对大部分昆虫而言，体长多为5～30mm，而翅展为15～50mm。

不同昆虫的个体间大小差别很大。现生的最大昆虫见于竹节虫目、鳞翅目和鞘翅目中。最长的竹节虫体长可达330mm；最大的蛾子是产于中、南美洲的强喙夜蛾，其翅展可达320mm；亚历山大凤蝶的翅展可达300mm；巨犀金龟的体长达180mm。有些已灭绝的昆虫体型更大，如出现在二叠纪的巨脉蜻蜓翅展长达710mm。最小的昆虫为一些寄生性的膜翅目昆虫，其成虫的体长在0.2mm以下。

2. 昆虫的形状

昆虫的外形可谓千姿百态，但大多数昆虫体躯为圆筒形。在描述昆虫的形状时，常用细长、长形、圆形、椭圆形、扁平、侧扁等词语或以某一常见物体的形状来说明。大多数昆虫左右对称。

3. 昆虫的体向

在描述昆虫时，常以昆虫重心为中心（多为胸部）给昆虫的各结构定位，常用的体向有前、后、背、腹、侧、左、右、内、外、基、端等（见图2-1），以便准确无误地描述昆虫各部位的特征。

沿身体纵轴趋向头端为前方，趋向腹部末端为后方。昆虫在一个平面上爬行或停落时，近平面者为腹向，离平面者为背向。自背面观，在昆虫的头向与人头向一致时，人体的左、右即为虫体的左、右向，左右两向均为侧向。侧向上，近体轴者为内方，远体轴者为外方。

基部与端部通常是对附肢或体表突出物而言，近着生处者为基部，远离着生处者为端部；对于腹部和小盾片则是以靠近体前方者为基部，远离体前方者为端部；前胸背板的后方是基部，前方是端部；而甲虫类的鞘翅则以靠近前胸的部分为基部，远离前胸的部分为端部。昆虫的体部和附器凡与体躯纵轴平行的称纵或长，与体躯纵轴垂直的称横或阔。

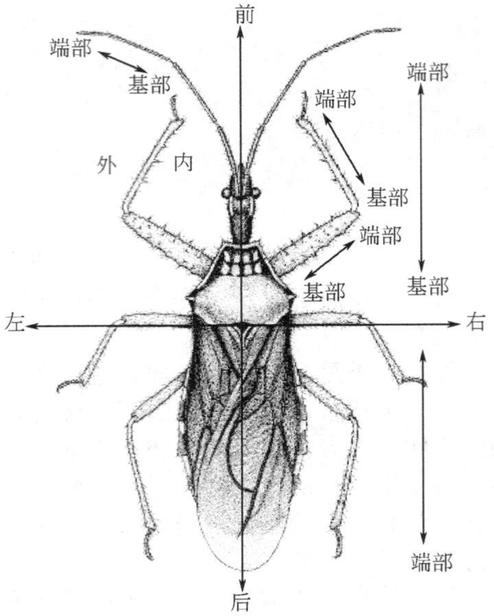

二、昆虫的体躯

昆虫的体躯由坚硬的外壳和包藏的内部组织与器官组成。

图 2-1 昆虫的体向（仿彩万志）

1. 体躯的分节和分段

昆虫和其他节肢动物一样，体躯由一系列环节组成，每一个环节称为1个体节，昆虫的体躯由18～21个体节组成（不包括头前叶和尾节，因为它们不是真正的体节）。有些体节的侧面着生有成对和分节的附肢。为保护内脏和虫体运动的需要，昆虫的体壁常常硬化，形成骨片。但是体节之间仍然存在着未经骨化的柔软的节间膜，以增加体躯的活动性。由于附肢的演变和肌肉的相应发展，昆虫的体节分别集合形成负有不同功能的3个体段（体段是由几个体节构成的功能单位），即头部、胸部和腹部。

一般认为头部由6节组成，成虫阶段很难找到痕迹；胸部由3节组成，中、后胸往往愈合得很紧；腹部由9～12节组成，有时可见腹节减少到3～5节，有翅昆虫在成虫阶段腹部除外生殖器及尾须外，其他附肢均消失。

2. 体节的分区与构造

昆虫的体躯或各个体节一般为圆筒形，可按肢基的位置将其分为4个体面。两侧肢基着生部分为侧面，肢基上面的部分称为背面，肢基下面的部分称腹面。背面、侧面及腹面的分界线可以两条假设的背侧线和腹侧线来划分（图2-2）。

大多数昆虫羽化后体壁很快硬化，这一过程叫骨化，体壁骨化后为骨板，形成外骨骼。体壁的骨化不仅具有保护作用（保护体内软组织如脑、内脏；阻止外物如病原微生物和杀虫剂等的侵入；防止水分蒸发），还可以供肌肉着生，成为重要的运动机械。各体节的骨化区，依其所在的体面分别命名为：背板、腹板和侧板。骨板常在适当的部分向里褶陷，外表留有一条狭槽，称为沟，由沟可将骨板划分为若干小片，称为骨片，按其所在骨板，分别称为背片、腹片和侧片。在昆虫中，所谓的缝，是由相邻两骨片并接所留下的一条膜质线。沟和缝的区别关键在于有没有内脊，沟下有内脊，缝下无内脊。昆虫体表常有不少如刺、毛、瘤、皱、脊等突出物。

3. 附肢

体躯具有分节的附肢是节肢动物共同的特点。附肢的原始功能为运动器官。昆虫在胚胎发育时几乎各体节均有1对可以发育成附肢的管状外长物，到胚后发育阶段，一部分体节的附肢已消失，一部分体节的附肢特化为不同的器官。如头部附肢特化为触角和取食器官，胸部的附肢特化为足，腹部的一部分附肢特化为外生殖器和尾须。不同类型的附肢尽管在形态上差别很大，各部分的名称各异，但其基本结构却很相似。

昆虫的附肢一般多为6节，往往不超过7节，但常有合并和减少的现象。附肢的每个分节称

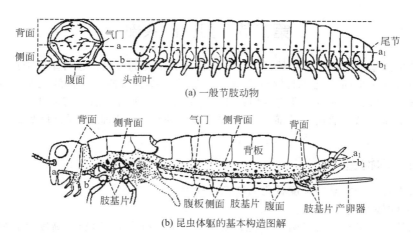

图 2-2　昆虫体躯构造模式图

$a\text{-}a_1$—背侧线；$b\text{-}b_1$—腹侧线

为肢节。和身体相连的一节称为基肢节，其余各肢节统称端肢节。基肢节可分为亚基节和基节两个亚节。附肢的内侧和外侧常常着生有可活动的突起，称为内叶和外叶。基肢节的内叶叫做基内叶，基肢节的外叶叫做基外叶，也叫上肢节。只有缨尾目的某些昆虫上的刺突可能是上肢节。上肢节普遍存在于三叶虫的足和多数甲壳纲的附肢上，并且常常转变为鳃状器官。端肢节又分为外肢节、内肢节（图2-3）。甲壳纲的外肢节发达，昆虫没有外肢节。内肢节从基部到端部又可进一步分为底肢节、坐肢节、股肢节、胫肢节、跗肢节、趾肢节。

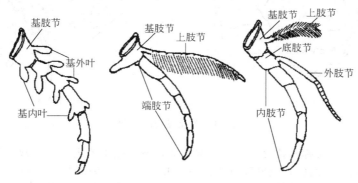

图 2-3　节肢动物附肢的比较

昆虫附肢的基本构造与节肢动物相同，但所用的名称不同，以足为例，将昆虫的足与节肢动物的足，按其同源关系，各节名称对比如下。表2-1昆虫的足与其他节肢动物足的各节名称比较。

表 2-1　昆虫的足与其他节肢动物足的各节名称比较

项目	节肢动物的足	昆虫的足
基肢节	基肢节(coxopodite)	基节(coxa)
端肢节	底肢节(basipodite)	第1转节(first trochanter)
	坐肢节(ischipodite)	第2转节(second trochanter)
	股肢节(meropodite)	腿节(股节, femur)
	胫肢节(carpopodite)	胫节(tibia)
	跗肢节(propodite)	跗节(tarsus)
	趾肢节(dactylopodite)	前跗节(pretarsus)

第二节 昆虫的头部

头部是昆虫体躯最前面的一个体段，体壁硬化形成坚硬的头壳，通常呈圆形或椭圆形。头部有两个孔，前方的一个叫口孔，其周围有由3对附肢组成的口器；后方的孔叫头孔，头部的神经、消化器官、背血管等通过此孔与胸腹部相连。由于头部的外面着生有主要的感觉器官和用于取食的口器，里面有脑、消化道的前端及有关附肢的肌肉等，因此头部是昆虫的感觉和取食的中心。

一、头壳的基本构造

昆虫的头壳是一个完整的高度骨化的硬壳，称为颅壳。

1. 头壳上的线与沟

多数昆虫的头壳呈圆形或椭圆形（圆形摩擦小，拱形抗压力最强）。高度骨化的头壳上有后生的沟和缝（见图2-4），沟内有相应的内脊或内突，以形成头部的内骨骼。

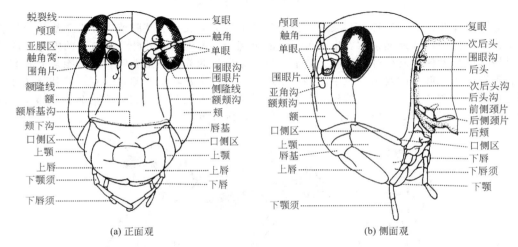

图 2-4 东亚飞蝗的头部

（1）蜕裂线 过去又称头盖缝，位于头部背面，不同昆虫不太一样，常为倒"Y"形，分为中干（冠缝）和侧臂（额缝），冠缝起自胸部背面中央，伸达头部复眼之间分叉成为两条额缝。里面没有脊，幼虫蜕皮时就是首先沿这条线裂开的，故称为蜕裂线。蜕裂线在幼虫期很显著。在成虫期，不全变态类的昆虫，还有部分或全部留存的现象；而在全变态类的成虫中，则全部消失。

（2）沟 昆虫头壳上沟的数目和位置变化很大，常见的有以下几条。

① 额唇基沟：又称口上沟，位于口器上方，两上颚基部前关节之间，即额区和唇基区的分界线。通常呈较深的横线形，也有的上拱成"A"形（如鳞翅目幼虫），有的甚至中断或消失。额唇基沟的两端内陷成臂状突起，称为幕骨前臂，外面所留下的凹陷叫前幕骨陷，故可根据前幕骨陷的位置确定额唇基沟。

② 额颊沟：是从复眼或触角向下伸到上颚基部的纵沟（又叫角下沟或眼下沟），是额区和颊区的分界线。此沟并不普遍存在，仅常见于直翅目和革翅目昆虫中。

③ 围眼沟：是围绕复眼的体壁内陷而形成的沟，向里形成的环形内脊称为眼隔，有支持和保护复眼的功能。

④ 颅中沟：在有些昆虫（主要为鳞翅目幼虫）的头壳上，沿蜕裂线的中干还常常内陷成一深脊，外面留下的沟就叫颅中沟。从表面看，这条沟易与蜕裂线的中干混淆，但颅中沟的颜色较

深，且大多数昆虫的颅中沟往往伸过蜕裂线的分叉点，故易区别。

⑤ 后头沟：头后面环绕头孔的第 2 条拱形沟，两端下达上颚的后关节处，为直翅目所特有。

⑥ 次后头沟：头后面环绕头孔的第 1 条拱形沟，向内突起形成很宽的内脊，为来自颈部和胸部的肌肉着生处。沟的两端内陷成一对幕骨后臂，其外的陷口叫后幕骨陷。次后头沟的位置可以用后幕骨陷来决定。多数昆虫都有此沟。

⑦ 颊下沟：位于头部侧面的下方，由额唇基沟到次后头沟之间的一条横沟。这条沟并不普遍存在，只在少数昆虫如直翅目才具有。颊下沟又分为口侧沟（上颚两关节之间）和口后沟。

2. 头壳的分区

根据昆虫头壳上的沟和缝，可将头壳划分为若干区（见图 2-4），各个区的形状和位置常随沟和线的变化而变动。通常可分为以下各区。

（1）额唇基区　头壳前面的部分，包括额区和唇基区。额区位于头的正面，包括蜕裂线侧臂之下、两条额颊沟之间和额唇基沟之上的区域，单眼着生在此区，鳞翅目幼虫为倒"V"形狭片。唇基为额唇基沟、上唇、两上颚之间的长方形骨片，某些昆虫的唇基上有一条唇基沟，将唇基分为后唇基和前唇基两部分。悬于唇基的下方，盖在口器上面的一块可活动的骨片称为上唇。

（2）颅侧区　位于额颊沟和后头沟之间，是头部侧面和头顶的总称，两者之间无明显的分界线。复眼着生在这个区域。通常把额区之上、两复眼之间即头壳的背面部分，称为头顶或颅顶；复眼之下、额颊沟之后、后头沟之前、颊下沟之上的部分，即头的两侧面，称为颊。

（3）颊下区　颊下沟以下的狭条骨片，其上有支接上颚的两个关节。位于上颚两关节间的部分称为口侧区，上颚后关节之后的部分称为口后区。

（4）后头区　后头沟与次后头沟之间的拱形骨片称为后头区。通常把颊区后面的部分称为后颊，头顶之后的部分称为后头，但是两者之间并无分界线。

（5）次后头区　次后头区是后头区之后环绕头孔的拱形狭片，其后缘与颈膜相连。次后头区的侧后方有两个突起，称为后头突，是颈部侧面骨片（侧颈片）的支接点。

后头区和次后头区合称为头后区。

二、昆虫头部的感觉器官

昆虫的主要感觉器官大都着生在头部，其中最主要的是触角、复眼和单眼。此外，在口器附肢和舌上也生有各种类型的感觉器。

1. 触角

触角是昆虫头部的第 1 对附肢。除原尾目昆虫无触角，以及高等双翅目和膜翅目幼虫的触角退化外，大多数昆虫都具有 1 对触角。触角一般着生在头部的额区或颊区（靠近复眼的附近），有的位于复眼之前，有的位于复眼之间。但多数幼虫和若干种类成虫的触角，前移到头部前侧方的上颚前关节附近，靠近口器基部的颊区。

（1）触角的基本构造　不同种类的昆虫，其触角类型不同，但触角的基本构造相同。触角的基部着生在一个圆形的膜质窝内，即触角窝。触角窝的周围有一圈很窄的环形骨片，称为围角片，其上有一小突起，称为支角突，它与触角的基部相支接，整个触角以支角突为关节，可以自由活动。触角是分节的构造，由基部向端部通常可分为柄节、梗节和鞭节 3 部分（见图 2-5）。

柄节是触角基部的一节，一般较粗大，与触角窝相连。梗节是触角的第 2 节，通常较短小，有些昆虫（如雄蚊）的触角在梗节上具有一种特殊的感觉器，称为江氏器。梗节以上（不包括梗节）的端部各节，合称为鞭节，鞭节通常又可分为若干亚节。在各类昆虫中，不仅鞭节的亚节数目有很大变化，而且形状也有很大的差异。但在同一种内，一般都有固定的数目。有些渐变态昆虫，每次蜕皮后亚节数目有增多的现象，到了成虫期亚节数目就不再发生变化。

（2）触角的类型　触角的变化主要发生在鞭节部分，其形状因种类不同而变化很大，大致可分为下列基本类型。

① 刚毛状：又称鬃状。短小，柄节和梗节较粗，鞭节纤细，类似刚毛。如蝉、蜻蜓等昆虫

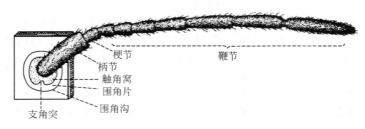

图 2-5　昆虫触角的基本构造（仿彩万志）

的触角［图 2-6(a)］。

② 丝状：或称线状。细长如丝，鞭节各亚节的形状、大小大致相同，由基部向端部逐渐变细。如蝗虫、天牛等昆虫的触角［图 2-6(b)］。

③ 念珠状：或称串珠状。柄节较大，梗节较小，鞭角各节大小相似，近于球形，整个触角形似一串念珠。如白蚁、足丝蚁等昆虫的触角［图 2-6(c)］。

④ 锯齿状：或简称锯状。鞭节的各亚节向一侧突出成三角形，形似锯条。如芫青和叩头虫雄虫等昆虫的触角［图 2-6(d)］。

⑤ 栉齿状：或称梳状。鞭节各亚节向一侧突出成梳齿，形状如梳子。如绿豆象雄虫等昆虫的触角［图 2-6(e)］。

⑥ 羽状：又称双栉齿状。鞭节各亚节向两侧突出成细枝状，形如羽毛。如大蚕蛾、家蚕蛾等昆虫的触角［图 2-6(f)］。

⑦ 膝状：又称肘状或曲肱状。柄节特别长，梗节短小，鞭节由若干大小相似的亚节组成，基部柄节与鞭节之间呈膝状或肘状弯曲。如胡蜂、象甲等昆虫的触角［图 2-6(g)］。

⑧ 具芒状：触角短，一般为 3 节，鞭节不分节，特别膨大，其上有 1 根刚毛状的构造，称为触角芒。触角芒上有无细毛及细毛的分布位置、数目是分类常用特征。如蝇类的触角［图 2-6(h)］。

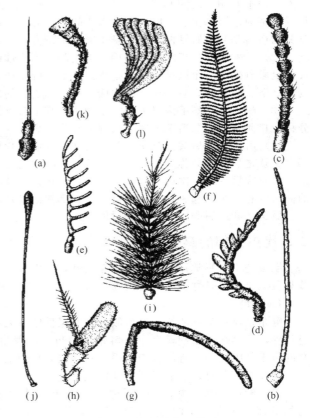

图 2-6　昆虫触角的类型

⑨ 环毛状：除触角的基部两节外，鞭节的各亚节环生一圈细毛，愈靠近基部的细毛愈长，渐渐向端部逐减。如蚊科和摇蚊科的雄虫触角［图 2-6(i)］。

⑩ 球杆状：或称棍棒状。鞭节大部分亚节细长如丝，近端部数节渐渐膨大，形状像一棒球杆。如蝶类的触角［图 2-6(j)］。

⑪ 锤状：类似球杆状，但端部数节突然膨大，末端平截，形状如锤。如瓢甲、郭公虫等昆虫的触角［图 2-6(k)］。

⑫ 鳃叶状：鞭节的端部数节（3～7 节）向一侧延展，并成薄片状叠合在一起，状如鱼鳃。如金龟类的触角［图 2-6(l)］。

(3) 触角的功能　触角的主要功能是嗅觉和触觉，有的也有听觉作用。在触角上有许多嗅觉器，使昆虫能嗅到从不同距离散发出来的各种化学物质气味，借以觅食、聚集、求偶和寻找适当的产卵场所等。很多昆虫的雌性成虫，在性成熟后，能分泌具有特殊气味的化学物质，被称为性信息素，可吸引同种雄虫前来交配。雄虫的嗅觉器往往特别发达，可在几百米外嗅到雌虫分泌的性信息素的气味，并飞向雌虫进行交配。此外，有些昆虫的触角还有其他功用，如水龟虫可以用触角帮助呼吸，雄性芫青在交配时可用触角抱握雌体，仰泳蝽在仰泳时，触角展开可保持身体平衡等。

2. 复眼和单眼

（1）复眼　复眼由若干个小眼组成，小眼的表面一般呈六角形。在各种昆虫中，小眼的形状、大小及数目变化很大。一个复眼的小眼数大体为 300～5000 个之间，但某些介壳虫雄虫的复眼由少数几个圆形的小眼组成，而家蝇的复眼约由 4000 个小眼组成，蛾蝶类的复眼由 12000～17000 个小眼组成，蜻蜓的小眼多达 28000 个。又如有一种蚂蚁的工蚁，虽说有复眼，但实际上仅有 1 个小眼面，而其他蚁类的工蚁或有 6～9 个小眼面，或有 100～600 个小眼面。小眼数目越多，复眼造像越清晰。如鞘翅目鼓甲科 [图 2-7(a)]，每侧的复眼各一分为二，蜻蜓的复眼上部的小眼面较下部大，牛虻和毛蚊类的雄虫复眼上下部小眼面也不同。某些昆虫复眼小眼面排列较疏松，并在其间隙间生长着许多柔毛。

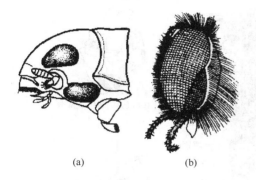

图 2-7　昆虫复眼的变化

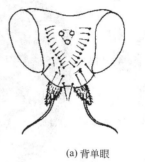 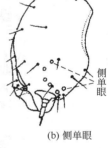

(a) 背单眼　　　　(b) 侧单眼

图 2-8　昆虫的单眼类型

（2）单眼　顾名思义，是单独的 1 个小眼面，它又可分为背单眼和侧单眼两类。背单眼的数量为 1～3 个 [图 2-8(a)]。侧单眼为全变态类幼虫所具有，着生于头部两侧，如鳞翅目幼虫一般 6 个，常排列成弧形 [图 2-8(b)]。

单眼同复眼一样，也是昆虫的视觉器官，但只能感受光的强弱，不能辨别物像。背单眼具有增加复眼感受光线刺激的反应，某些昆虫的侧单眼能辨别光的颜色和近距离物体的移动，尤其是一些社会性昆虫（如蚁和蜜蜂等），在黑暗环境中利用单眼以辨明暗和物体位置。

三、头部的取食器官

昆虫的口器，由上唇、上颚、下颚、下唇和舌 5 部分组成。上唇和舌属于头壳的构造，上颚、下颚和下唇是头部的 3 对附肢。

各种昆虫因食性和取食方式不同，形成了不同的口器类型。取食固体食物的为咀嚼式口器，取食液体食物的为吸收式口器。由于液体食物的来源不同，吸收式口器又分为：吸食暴露在物体表面的液体物质的虹吸式口器和舐吸式口器，吸食植物体内汁液或吸食动物体液和血液的刺吸式口器和锉吸式口器等。此外，还有兼食固体和液体两种食物的嚼吸式口器。

从比较形态学研究表明，咀嚼式口器是最基本、最原始的类型，其他类型都是由咀嚼式口器演化而来的。它们的各个组成部分尽管外形有很大变化，但都可以从其基本构造的演变过程找到它们之间的同源关系。

1. 咀嚼式口器

咀嚼式口器的主要特点是具有坚硬而发达的上颚，用以咬碎食物，并把它们吞咽下去。这是昆虫中比较常见的一种口器类型，从原始类群的原尾目、弹尾目、双尾目及蜚蠊目、螳螂目、直翅目到高度特化的类群如鞘翅目、部分膜翅目昆虫，均属于此种类型的口器。口器的上唇、上颚、下颚与下唇围成的空隙称为口前腔。舌在口前腔的中央，将口前腔分为前、后两部分，前面的部分称为食窦，前肠开口于此处，食物在此经咀嚼后送入前肠；后面部分称为唾窦，唾腺在此开口，唾液流出后，在口前腔与食物相混合。直翅目昆虫的口器最为典型，现以东亚飞蝗为例，说明咀嚼式口器的构造特点。

（1）上唇　悬于唇基前缘的一双层薄片，由唇基上唇沟与唇基分界，作为口器的上盖，可以防止食物外落。上唇的前缘中央凹入，便于从叶片边缘开始取食；外壁骨化，表面具一些次生的沟，称为外唇［图 2-9(a)］；内壁膜质柔软，上有密毛和感觉器，称为内唇（epipharynx）。

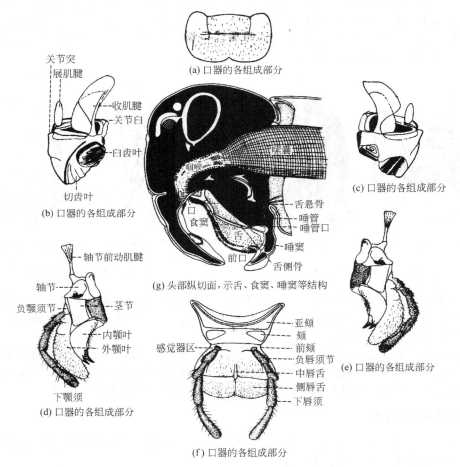

图 2-9　东亚飞蝗咀嚼式口器的组成部分

（2）上颚　位于上唇的后方，是由头部附肢演化而来的 1 对坚硬的锥状构造。上颚的前后有两个关节，连接在头壳侧面颊下区的下方。上颚端部具齿的部分称为切齿叶（incisor lobe），用以切断和撕裂食物；基部与磨盘齿槽相似的粗糙部分称为臼齿叶（molar lobe），用以磨碎食物［图 2-9(b)、(c)］。部分昆虫的上颚还是战斗的武器，如锹甲和独角仙等雄性昆虫。

（3）下颚　位于上颚的后方和下唇的前方，是由头部的第 2 对附肢演变而来，左右成对，可辅助取食。下颚可分为以下 5 个部分［图 2-9(d)、(e)］。

① 轴节：基部的三角形骨片，基部有一个突起与头壳的侧下缘相连。

② 茎节：轴节下方的一个长方形骨片，有膜与轴节相连，故可活动。其外缘有一个小片或小突起，上面着生下颚须，叫做负颚须节（palpifer）。

③ 外颚叶：着生在茎节前端外侧的一块骨化较弱的匙状构造，形似钢盔，也称为"盔节"。

④ 内颚叶：位于茎节前端内侧的一个较骨化、端部具齿的叶片状构造，也称为"叶节"。

内、外颚叶具有协助上颚刮切食物和握持食物的作用。

⑤ 下颚须：着生在茎节外缘的负颚须节上，一般分为5节，有触觉毛，具有嗅觉和味觉的功能。

（4）下唇　为头部的第3对附肢愈合而成的构造，位于下颚的后面、头孔的下方，构造与下颚相似，相当于1对下颚愈合而成，故又称第2下颚，也分为5个部分[图2-9(f)]，具有托挡食物的作用。

① 后颏：位于下唇的基部，相当于下颚的轴节，着生在后头孔下面的薄膜上，不能活动。后颏通常分为前后两个骨片，后端的骨片称为亚颏，前端的骨片称为颏。

② 前颏：连在后颏前端的部分，相当于下颚的茎节，可以活动。其上着生下唇须、中唇舌和侧唇舌。

③ 侧唇舌：位于前颏端部外侧的1对较大的叶状构造，相当于下颚的外颚叶。

④ 中唇舌：前颏端部内侧即两侧唇舌之间的1对小突起，相当于下颚的内颚叶。蝗虫的中唇舌不对称，左面的一个不很明显，而右面的一个则明显可见。

侧唇舌和中唇舌合起来又称唇舌，在某些昆虫中两者常互相愈合，有的演化为口器的主要组成部分，而有的则非常退化。

⑤ 下唇须：着生在前颏侧后方的一块骨片即负唇须节（palpiger）上，节数较下颚须少，一般只有3节，亦较下颚须短。下唇须也生有感觉毛，起感触食物的作用。

（5）舌　位于头壳腹面中央，是头部颚节区腹面扩展而成的一个囊状构造[图2-9(g)]，不是头部的附肢。舌壁具有很密的毛带和感觉区，司味觉作用。舌有肌肉控制伸缩，具有帮助运送和吞咽食物的作用。

2. 嚼吸式口器

嚼吸式口器兼有咀嚼固体食物和吸食液体食物两种功能，为一些高等膜翅目昆虫蜂类成虫所特有。这类口器的主要特点是上颚发达，可以咀嚼固体食物，下颚和下唇特化为可临时组成吮吸液体食物的喙。现以蜜蜂工蜂为例说明其基本构造。

上唇和上颚保持咀嚼式口器的形式，上唇为一狭窄的横片，在唇基下缘，已有所退化。上颚发达，为靴状，无切齿叶和臼齿叶之分，用以咀嚼花粉、筑巢、饲养后代等。下颚的轴节为棒状，基部与头壳后颊缘支接，端部与下唇的亚颏愈合；茎节比较宽大；外颚叶发达，延长成刀片状；内颚叶和下颚须较退化。亚颏呈倒"V"形（或屋脊状），颏呈三角形；中唇舌为多毛的长管状构造，腹面中央凹成一纵槽（唾道），末端膨大为匙形（中舌瓣）；侧唇舌为短而薄的一对片状构造，位于中唇舌基部两侧；下唇须延长，着生前颏末端的负唇须节上，分4节，末端与外颚叶等长（图2-10）。

蜜蜂在取食花蜜或其他液体食物时，下颚的外颚叶覆盖在中唇舌的背、侧面，形成食物道。下唇须贴在中唇舌腹面的槽沟上形成唾液道。中舌瓣有刮取花蜜的功能，借唧筒的抽吸作用将花

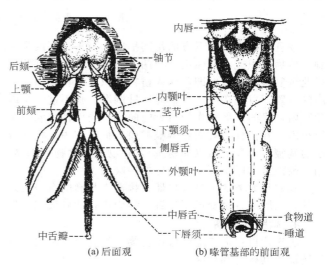

图2-10　蜜蜂成虫的嚼吸式口器
(a) 后面观　　(b) 喙管基部的前面观

蜜或其他液体食物吸入肠内。蜜蜂的唧筒是一个大型的肌肉囊，位于头颅内脑的前方，由咽喉、口腔、食窦合成。该唧筒不仅有抽吸作用，还可以回吐食物，帮助酿蜜及哺喂同伴。吸食完毕，下颚和下唇临时组成的喙管又分开，分别弯折于头下，此时上颚便发挥其咀嚼功能。

3. 刺吸式口器

刺吸式口器不仅具有吮吸液体食物的构造，而且还具有刺入动植物组织的构造，因而能刺吸动物的血液或植物的汁液。半翅目、同翅目及双翅目蚊类等的口器属于刺吸式口器。

刺吸式口器的主要特点是：上颚和下颚延长，特化为针状构造，称为口针，用以刺破动、植物的表皮，上颚口针较粗，端部有倒刺；下唇延长成分节的喙，将口针包藏其中；食窦和前肠的咽喉部分特化成强有力的抽吸机构——咽喉唧筒。现以蝉的口器为例说明其构造和功能。

蝉的上唇位于唇基的前下方，呈细三角片状，较短，紧贴于下唇沟上。上颚为细长口针，较下颚略粗，端部具细的倒齿，为穿刺器官。下颚亦为细长口针，每一下颚内侧有两条纵沟，两下颚嵌合成为两条管道，前面略粗者为食物道，后面略细者为唾液道。下颚口针由内颚叶特化而成，外颚叶和下颚须均已消失。两对上、下颚口针以沟脊嵌合在一起，只能上下滑动而不能分离。下唇3~4节，形成长的喙，喙的前壁凹陷形成一条纵沟，称为唇槽，以容纳上、下颚口针。喙由下唇前颏特化而成，下唇须消失（图2-11）。舌位于口针基部，短小、圆锥形，同形成唧筒有关，故构造特殊。

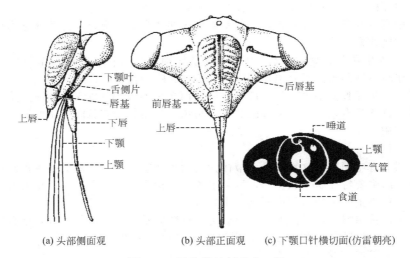

(a) 头部侧面观　　(b) 头部正面观　　(c) 下颚口针横切面(仿雷朝亮)

图 2-11　黑蚱蝉的刺吸式口器

取食时，喙由头下方的足间抽出，与头垂直或呈一斜角，在肌肉的作用下，两上颚口针交替刺入植物组织或动物体内。当两上颚口针刺入深度相同时，嵌合在一起的下颚口针即跟着穿入，如此重复多次，口针即可深入植物组织或动物体内。上颚口针端部的倒钩刺，用来固定其在组织内的位置，以免在肌肉收缩时口针倒退。喙不进入组织内，随着口针的深入向后弯折或基部缩入颈膜内，喙的端部则作为口针的向导。当口针刺入组织后，唾液即通过下颚口针的唾道注入植物组织内，并借食窦唧筒和咽喉唧筒的抽吸作用，将汁液通过下颚口针的食物道吸入肠内。一些微小的刺吸式口器昆虫（如蚜虫），食物进入食物道则是由于植物体内的压力或是由于毛细管的作用，因而这类昆虫不需要特殊的抽吸泵。

双翅目蚊类的刺吸式口器在构造上与蝉的有一定差异，其具六根口针，除两对上颚、下颚口针外，上唇与舌也变成了口针，称为肉食性刺吸式口器。

4. 舐吸式口器

舐吸式口器适于舐吸液体食物，为双翅目蝇类所具有，如家蝇、花蝇、食蚜蝇等。现以家蝇为例说明其构造和功能。

家蝇口器的上颚消失，下颚除保留1对下颚须外，其余部分也消失。在其头下可见一粗短的喙，喙由基喙、中喙（或喙）和端喙 3 部分组成（图 2-12）。

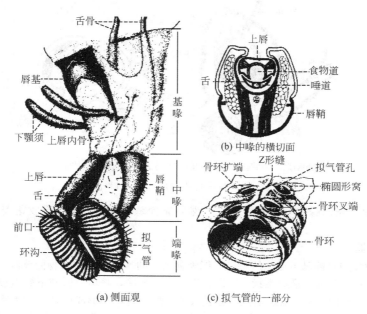

图 2-12　家蝇的舐吸式口器

基喙最大，略呈倒锥状，以膜质为主，是头壳的一部分，其前壁有一马蹄状的唇基，唇基前生有 1 对棒状不分节的下颚须。

中喙是真正的喙，略呈筒状，由下唇前颏形成。其后壁骨化为唇鞘，前壁凹陷成为唇槽。上唇长片状，内壁凹陷成为食物道，盖合在唇槽上。舌成为一小型刀片状，内有唾道，位于唇槽内，封合食物道。由于基喙为膜质而有弹性，所以平时中喙可折叠于头下或缩入头内，只有取食时伸直。

端喙由下唇须特化而成，是位于中喙末端的两个大型的椭圆形瓣，一般又称为唇瓣。唇瓣腹面膜质，并有很多条环沟，形似气管，常称为拟气管。每一唇瓣上的环沟通至 1 条纵沟，纵沟连到两唇瓣基部间的小孔即前口，但也有一部分环沟直接通向前口。每一细的环沟上环列着许多骨化的断环，断环一端分叉，另一端稍扁平而膨大；叉端与相邻的一环的膨大端交替排列，每环的两端之间有空间，为环沟与外界相通之处。前口与食物道相通，唾液也从前口分泌出来。唇瓣可以活动，不取食时，唇瓣腹向并合，拟气管隐藏起来。取食时，有时两唇瓣平展，借食窦唧筒的抽吸作用，使液体食物和直径小于 0.006mm 的微粒通过拟气管进入前口，拟气管有过滤作用；有时两唇瓣上翻至中喙两侧，前口完全露出，直接取食液体食物。金蝇等在邻近前口的环沟间生有短小的锉齿，称为前口齿。当两唇瓣上翻时，前口齿外露，以刮锉较硬的食物，与液体食物一起直接进入前口。

5. 虹吸式口器

虹吸式口器为多数蛾类、蝶类所特有，其显著特点是具有一条能卷曲和伸展的喙，适于吸食花管底部的花蜜。

虹吸式口器的上唇为一条很狭的横片，上颚除少数原始蛾类外均已退化消失。下颚的轴节和茎节缩入头内，但 1 对外颚叶十分发达，极度延长，由一系列骨化环与膜质环相间紧密排列而成，左右两外颚叶组成一个卷曲呈钟表发条状的喙，端部尖细。每一外颚叶的横切面呈弯月形，内壁各有一条纵沟，互相嵌合成一条食物道，有的还保留 1 对不发达的下颚须。下唇退化为一小的三角形区，但下唇须发达，通常 3 节。舌亦退化（图 2-13）。

喙由一系列骨化环与膜质环相间紧密排列而成，不取食时，借助管壁上面具有弹性的表皮脊而盘卷起来；取食时，则通过斜向贯穿其空腔（外颚叶腔）的肌肉和血压的作用而伸直，如虹吸

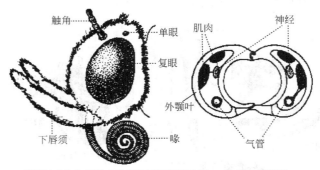

(a) 鳞翅目成虫头部模式图（侧面观）(仿彩万志)　(b) 喙的横切面

图2-13　鳞翅目成虫的虹吸式口器

管，可伸进花瓣中，先用喙尖端将蜜管刺破，然后靠食窦唧筒的作用，吸收花蜜或吸食外露的果汁及露水等。

6. 锉吸式口器

锉吸式口器为缨翅目蓟马类昆虫所特有，能吸食植物的汁液或软体动物的体液，少数种类也能吸入人血。蓟马的头部向下突出，呈短锥状，端部具有一短小的喙，喙由上唇和下唇组成，内藏舌和由左上颚及1对下颚所形成的3根口针。右上颚已消失或极度退化，不形成口针；左上颚发达，形成粗壮的口针，基部膨大，具有缩肌，是主要的穿刺工具，因此这类口器的特点是上颚不对称（图2-14）。两下颚口针组成食物道，舌与下唇间组成唾道。取食时，喙贴于寄主体表，先以上颚口针锉破寄主表皮，使汁液流出，然后以喙端密接伤口，靠唧筒的抽吸作用将汁液吸入消化道内。

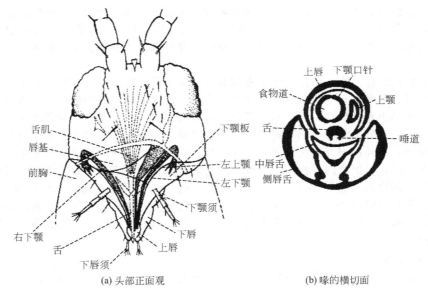

(a) 头部正面观　　　　　　　　　　(b) 喙的横切面

图2-14　蓟马的锉吸式口器

7. 刮舐式口器

刮舐式口器为双翅目虻类吸血昆虫所特有。此类口器上唇较大，端部尖；上颚宽大，呈刀片状，末端尖细，能左右活动，能与上唇一起切破牲畜比较坚硬的皮或人的皮肤；下颚的外颚叶形成较坚硬、细长的口针，上下抽动能使被刺破的伤口张开，下颚须粗大而分节；下唇肥大而柔软，端部有一对与蝇类相似的肉质的唇瓣，唇瓣上具有一系列通向中央前口的横沟；舌变成一根较细弱的口针，唾道从舌的中央穿过。上唇内壁凹陷成槽，与舌合成食物道（图2-15）。

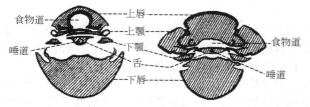

图 2-15　牛虻的刮舐式口器

取食时，上、下颚口针刮刺破寄主的皮肤引起出血后，唇瓣即贴在伤口处，血液即通过横沟流向前口，由上唇和舌形成的食物道进入口中。

8. 刮吸式口器

刮吸式口器为双翅目蝇类幼虫所特有。头部十分退化，缩入前胸内。口器也十分退化，只能见到1对口钩，用于刮破食物，然后吸食汁液及固体碎屑（图2-16）。口钩可能是高度骨化的次生构造。口钩往里是口咽骨，再往里是咽骨。由口钩、口咽骨和咽骨3部分组成头咽骨。可以根据头咽骨的发育变化，区分蝇类幼虫的龄期。

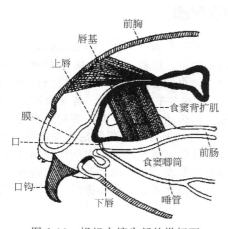

图 2-16　蝇蛆内缩头部的纵切面

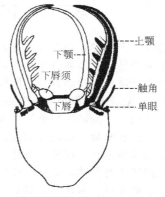

图 2-17　脉翅目幼虫的捕吸式口器

9. 捕吸式口器

捕吸式口器为脉翅目幼虫特有。这类幼虫口器的构造与蝽、蝉等的刺吸式口器不同，其头式属于前口式。其主要特点是上颚长而宽，端部尖，呈镰刀状，沿其内缘有一纵沟。下颚的轴节、茎节均很小，下颚须消失，但外颚叶发达，呈细镰刀状，并嵌合于上颚的纵沟上组成一食物道。

端部开口,基部通向口腔。下唇较小,具下唇须(图2-17)。

这类口器由左颚、右上颚、下颚分别合成刺吸构造,因而常被称为双刺吸式口器。在捕食时将这一对由上颚、下颚组成的捕吸器刺入猎物体内,接着将消化液经食物道注入猎物体内,进行肠外消化,然后将猎物举起使消化好的物质流入口腔,最后只剩下一层猎物皮(躯壳)而被抛弃。

10. 学习昆虫口器类型的意义

学习昆虫口器类型可帮助我们识别昆虫类别,并根据昆虫的为害特征,指导我们进行合理的药剂防治。

(1) 有助于识别不同的类别　在昆虫分类中常根据口器的类型,再结合其他特征区分大的类别。如具有虹吸式口器的昆虫是鳞翅目成虫,具有嚼吸式口器的昆虫是高等蜂类,具有舐吸式口器的昆虫是双翅目的蝇类,具有捕吸式口器的昆虫是脉翅目幼虫等。

(2) 根据被害状判断害虫的类别　由于不同口器类型的昆虫为害植物的部位及为害状不同,熟悉害虫的口器类型与被害特征后,即使害虫已经离开寄主,也可以根据被害状和被害部位大致判明害虫的类别。

咀嚼式口器的昆虫如蝗虫、叶甲、天牛、吉丁虫等,取食固体食物,咬食植物各部分组织,造成机械损伤。如在叶片和花瓣上形成缺刻、孔洞和潜痕;在花蕾、果实和种子上形成孔洞;在茎秆、树干上形成孔洞,在其内部蛀成各种形状的"隧道"等。

被具有刺吸式口器的昆虫如蝽、蚜虫、叶蝉和飞虱等为害的植物,外表没有显著的残缺与破损,但造成生理伤害。植物叶片被害后,常出现各种斑点或引起变色、皱缩或卷曲。倍蚜、瘿蜂等为害的植物,叶面隆起,形成虫瘿。幼嫩枝梢被害后,往往变色萎蔫。螨、蚧类等为害的植物也可形成畸形的丛生枝条。此外,昆虫在取食时,可将有病植株中的病毒吸入体内,随同唾液注入健康的植株中,引起健康植株发病,如小麦的黄矮、丛矮等病毒就是由蚜虫、飞虱传播的。

(3) 指导害虫防治　昆虫的口器类型不同,为害方式和为害部位也不同,因此采用防治害虫的方法也就不相同,这对于正确选用农药及合理施药有着重要的意义。杀虫剂的主要类型有胃毒剂、内吸剂和触杀剂等。

在防治咀嚼式口器的害虫时一般采用胃毒剂,害虫在取食时将毒药吞入肠内,引起中毒而死亡。对于刺吸式口器的害虫,一般使用内吸杀虫剂防治效果最好,触杀剂对刺吸式口器的害虫也有良好的防治效果,而胃毒剂对刺吸式口器的害虫则不能奏效。

第三节　昆虫的胸部

胸部是昆虫身体的第二个体段,由3节组成,由前向后依次称为前胸、中胸和后胸。每一胸节各具足1对,分别称为前足、中足和后足。大多数昆虫在中、后胸上还各具有1对翅,分别称为前翅和后翅。足和翅都是昆虫的运动器官,所以胸部是昆虫的运动中心。中、后胸具翅,故又称为具翅胸节或"翅胸"。无翅昆虫和全变态类的幼虫,胸部各节比较简单,各节大小、形状和构造都很相似。在有翅昆虫中,胸部因要承受足和翅强大肌肉的牵引力,所以各胸节常常高度骨化,形成发达的背板、腹板和侧板。各胸节的发达程度,与其上着生的翅和足的发达程度有关。胸部的演化主要围绕运动功能进行。如前翅发达,后翅退化的(蝇)昆虫则中胸比后胸发达;用后翅飞行的甲虫,则后胸比中胸发达;螳螂、蝼蛄的前足比较发达,所以其前胸也比较发达;前足不特化的有翅昆虫,如鳞翅目、双翅目、膜翅目等,则前胸比中、后胸小得多;蜻蜓、白蚁等前后翅大小相似,则中、后胸的发达程度也相似。

一、胸部的基本构造

1. 前胸

多数昆虫的前胸由于与飞行无关,因而结构比较简单,如蜻蜓、蝇、蚊、蜂等昆虫的前胸比翅胸小得多。此外,由于前胸不受飞行机械的制约,而具有变异的可能性,这种变异常与前足的功能、性选择、拟态等密切相关,因受行走机械的限制,变异常发生在前胸背板上。

（1）前胸背板　前胸背板简单，常是个完整的骨板，在各类昆虫中变化很大。如蝗虫类的前胸背板呈马鞍形，两侧向下扩展，几乎盖住整个侧板；菱蝗科昆虫的前胸背板向后延长直达腹部末端；蜚蠊的前胸背板向前扩大，头部几乎缩在前胸背板下面；角蝉的前胸背板形成十分特殊的形状。所有这些构造可能具有保护作用。前胸不发达的昆虫，如蝶类、蚊蝇类、蜂类等，前胸背板通常仅仅是一狭条骨片。

（2）前胸侧板　前足特别发达的昆虫，前胸侧板也发达，具有侧沟，将侧板分为前侧片和后侧片，侧沟下端形成一个与胸足基节顶接的侧基突。前胸不发达的昆虫，前胸侧板构造很简单，有的种类侧板消失，或与背板愈合，或与腹板愈合。某些无翅亚纲昆虫的胸部没有形成真正的侧板。

（3）前胸腹板　腹板为胸节腹面两侧板之间的骨板。前胸腹板一般都不发达，多为一块较小的骨片。但有时有特别的构造，可成为分类特征。如蝗虫前胸腹板上有的具一锥状突起；叩头甲和吉丁甲的前胸腹板上有一个向后延伸的楔状突起，插在中胸相应的凹陷中。

2. 具翅胸节

具翅胸节的背板、腹板及侧板都很发达，并且彼此紧密相接，形成一个坚强的飞行支持构造（图 2-18）。

（1）具翅胸节的背板　具翅胸节的背板结构相似，其上一般有 3 条次生沟，从前往后的结构依次如下。

① 前脊沟：由初生分节的节间褶发展而来，其内的前内脊发达，形成悬骨，是背纵肌着生的地方。

② 前盾沟：位于前脊沟后的一条横沟。

③ 盾间沟：通常呈"八"字形的沟，位于背板后部，内脊较强大，盾间沟的位置和形状很不固定，有的甚至全部消失。

由上述 3 条次生沟将具翅胸节背板划分成 4 块骨片，具体如下。

① 端背片：前脊沟前的一块狭条骨片。在翅发达的胸节，其后一节的端背片常向前扩展与前一节的背板紧接，而在前脊沟的后面发生一条窄小的膜质带，这一端背片就形成了前一节的后背片。

② 前盾片：前脊沟与前盾沟间的狭片，其大小和形状变化很大。在直翅目、鳞翅目、鞘翅目等昆虫中很发达。

③ 盾片：前盾沟与盾间沟之间的骨片，通常很大。

④ 小盾片：盾间沟后的一块小形骨片，通常呈三角形。盾蝽与龟蝽科的中胸小盾片特别发达。

具翅胸节盾片两侧缘前后各有一突起，是与翅相连接的关节构造，称为前背翅突和后背翅突，它们分别与翅基第 1 腋片和第 3 或第 4 腋片相接，作为翅基的支点。小盾片两侧与翅后缘的腋索相交接。

具翅胸节背板常被前胸背板和翅覆盖，将

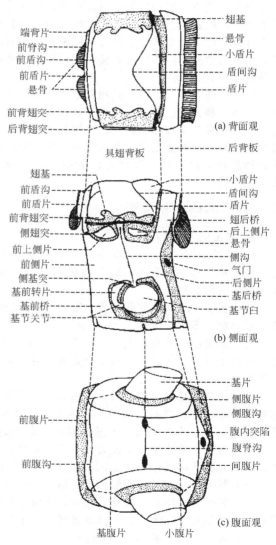

图 2-18　具翅胸节的基本构造

翅展开后方可看见。如鞘翅目和半翅目大部分种类中胸和后胸的背板被翅覆盖，仅三角形的中胸小盾片露在两翅基部之间。

具翅胸节背板上的沟和所划分的骨片，在各类昆虫中变化甚大，并常用于分类。如在双翅目、膜翅目中，背板上的沟和骨片的变化，以及蝇类中背板上鬃的排列等，均是识别昆虫的重要特征。

前胸背板无前内脊，故不能发展成为翅。前胸背板无供强大的背纵肌着生的前内脊，背纵肌即由中胸穿过前胸，而直接着生在头部的次后头脊上，因此背纵肌收缩时，可产生头部运动，但不能使前胸背板形成运动机械，这就是前胸背板尽管在古昆虫中发生了侧背叶，但却不能发展成能活动的翅的根本原因。

(2) 具翅胸节的侧板　侧板是体节两侧，背、腹板之间的骨板。节肢动物附肢比较形态学的研究表明，侧板是由附肢的亚基节向上扩展而形成的。侧板有1条深的侧沟，将侧板分为前面的前侧片和后面的后侧片。具翅胸节的侧板很发达，侧沟下方形成顶接足基节的侧基突，为基节的运动支点，上方形成侧翅突顶，在翅的第2腋片下方，成为翅运动的支点。有的种前、后侧片上还有一横沟，将前、后侧片分为上前侧片与下前侧片，上后侧片与下后侧片，这不是模式构造，仅部分昆虫具有。侧翅突的前后，在前、后侧片上方的膜中，各有分离的小骨片，即前上侧片和后上侧片，统称为上侧片。连于上侧片的肌肉控制翅的转动和倾折。有些昆虫基节窝的前方有1个小骨片，称为基前转片。此外，侧板在足基节臼的前、后与腹板并接，分别形成基前桥和基后桥；在翅基的前、后与背板相接，形成翅前桥和翅后桥。这些构造均与加强胸节、形成翅与足的运动机械有关。

(3) 具翅胸节的腹板　具翅胸节的腹板，被节间膜划分为膜前的间腹片和膜后的主腹片。间腹片大多前移至前一节，成为该节腹板后面的一个部分。间腹片较小，内有一刺状突起，称内刺突，因此间腹片又称具刺腹片。主腹片上有1条腹脊沟将主腹片划分为前面的基腹片和后面的小腹片，基腹片的前面还有1条次生沟，称前腹沟，沟前的狭片称前腹片。在基腹片的两侧与前侧片之间常具有侧腹片。腹脊沟内的腹内脊形成腹内突，一般都很发达，或形成叉状，故称叉突。

二、胸足的构造和类型

1. 胸足的基本构造

昆虫的胸足是胸部行动的附肢，着生在各节的侧腹面，基部与体壁相连，形成一个膜质的窝，称为基节窝。成虫的胸足常分为6节，自基部向端部分别为基节、转节、腿节、胫节、跗节和前跗节（图2-19）。

(1) 基节　是胸足的第1节，通常与侧板的侧基突相支接，为牵动全足运动的关节构造。基节常较短粗，多呈圆锥形。

足与侧板的关节有两类：①只有1个背关节，足基部仅与侧基突相支接，该类足活动范围大，可自由活动。②具背、侧2个关节，足基部同时与侧基突和基前转片相支接，该类足活动范围受限制。

(2) 转节　是足的第2节，一般较小，基部由两个关节与基节相连，端部以背腹关节与腿部紧密相连而不能活动。转节一般为1节，只有蜻蜓目的转节是2节，膜翅目姬蜂总科（类）转节似为2节，实际上第2节是腿节划分出来的，可从内部肌肉着生位置来证明。

(3) 腿节　常为足中最强大的一节，末端同胫节以前后关节相接，两关节的背腹面有较宽的膜，腿节和胫节间可作较大范围的活动，使胫节可以折贴于腿节之下。腿节内着生有大量的肌肉，腿节的大小，常与胫节活动所需肌肉的强弱有关。因为胫节内肌肉均来自腿节。

(4) 胫节　常细长，较腿节稍短，边缘常有成排的刺，末端常有可活动的距，有的昆虫还有听器，这些刺和距的大小、数目及排列的顺序常用于分类。

(5) 跗节　为足的第5节，通常较短小，成虫跗节分为2~5个亚节，即跗分节，各亚节间以膜相连，可以活动，但亚节间并无肌肉，而只有来自胫节的运动整个跗节的肌肉。原尾目、双尾目、一些弹尾目，以及多数全变态昆虫的幼虫跗节不再分亚节。有的昆虫如蝗虫等的跗节腹面有较柔软的垫状物，称为跗垫，可用于辅助行动。有些昆虫的跗节特化，如蜜蜂后足的第1跗节特别膨大，其上内侧具成排的梳刷花粉的毛刷，特称为基跗节；而蜜蜂前足的第1跗节基部有一凹陷，与胫节末端的瓣状物一起构成了净角器，以清洁黏在触角上的花粉等脏物。蝼蛄前足跗节各亚节特化为齿状，以适挖土。

（6）前跗节　为胸足最末一节，在原尾目、弹尾目等较低等昆虫，以及鞘翅目、鳞翅目的幼虫中，前跗节为一爪状的构造，称为中爪，这是较原始的状态。在一般昆虫中，前跗节退化而被两个侧爪所取代。仅少数昆虫（如衣鱼）既有中爪又有侧爪。爪微弯而坚硬，基部以膜与跗节相连。前跗节常有一骨片陷入最后一跗分节内，称为擎爪片，为爪的缩肌着生处。

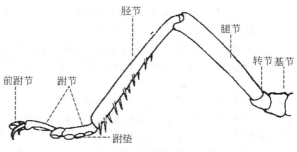

(a) 棉蝗前足的基本构造（仿雷朝亮）

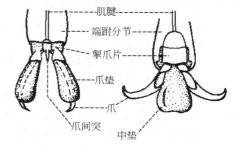

(b) 蝇类前跗节的构造　　(c) 蟑螂前跗节的构造

图 2-19　昆虫足的基本构造

双翅目昆虫在擎爪片上往往具一片状或刺状突起，称为爪间突；有的爪在基部发生一个爪下的瓣状构造，称为爪垫，直翅目昆虫两爪中间具中垫。前跗节及跗节上的垫状构造多为袋状，内充血液，下面凹陷，作用如真空杯，便于吸附在光滑物表面，有时垫状构造的表面被覆着管状或鳞片状毛，称黏吸毛或鳞毛，毛的末端为腺体分泌物所湿润，以辅助攀缘。前跗节构造有很多变化，因而成为分类上常用的特征。

2. 胸足的类型

昆虫的胸足原是适于陆生的步行器官，但在各种昆虫中，因生活环境与生活方式的不同，足的功能有了相应的改变，使足的形状和构造发生了多样化的演变。常见的有以下几种。

（1）步行足　是昆虫中最普通的一类胸足。一般比较细长，适于步行［图 2-20(a)］，没有显著的特化现象，但在功能上仍表现出一些差异。如棉蝗的前、中足，椿象、瓢虫的足适于漫步行走；步甲、虎甲的足适于疾走或奔走；蛾蝶类的足在静止时用于抓住物体，很少用于行走。

（2）跳跃足　腿节特别发达，肌肉多，胫节细长而健壮，末端距发达。多为后足所特化，用于跳跃［图 2-20(b)］。如蝗虫、蚤斯等昆虫的后足。

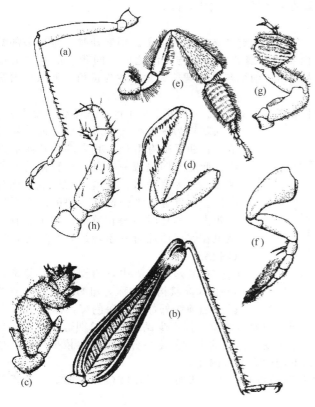

图 2-20　昆虫足的类型

(3) 开掘足　形状扁平，粗壮而坚硬。胫节外缘具坚硬的齿，状似钉耙，适于掘土[图 2-20(c)]。如蝼蛄、金龟子等昆虫的前足。

(4) 捕捉足　基节通常特别延长，腿节的腹面有槽，胫节可以折嵌其内，形似铡刀，用以捕捉猎物。有的腿节和胫节还有刺列，以抓紧猎物，防止逃脱[图 2-20(d)]。如螳螂、螳蛉等昆虫的前足。

(5) 携粉足　是蜜蜂类用以采集和携带花粉的构造，由工蜂后足特化而成。胫节宽扁，两边有长毛，构成携带花粉的"花粉篮"；第 1 跗节长而扁，其上有 10～12 排横列的硬毛，用以梳理体毛上黏附的花粉，称"花粉刷"。胫节末端有一凹陷，与第 1 跗节的瓣状突构成"压粉器"[图 2-20(e)]。两后足互相刮集第 1 跗节上的花粉于"压粉器"内，压成小的花粉团。由于跗节折向胫节，而将花粉团挤入花粉篮基部。

(6) 游泳足　多见于水生昆虫的中、后足，呈扁平状，生有较长的缘毛，用以划水[图 2-20(f)]。如龙虱、仰泳蝽等昆虫的后足。

(7) 抱握足　为雄性龙虱所特有，其前足第 1～3 跗节特别膨大，其上生有吸盘状构造[图 2-20(g)]，在交配时用以抱持雌虫身体。

(8) 攀悬足　为虱类所特有，其跗节仅为 1 节，前跗节为大型钩状的爪，胫节外缘有一指状突，当爪向内弯曲时，尖端可与胫节的指突密接，可牢牢夹住寄主毛发[图 2-20(h)]。

了解昆虫胸足的类型不仅可以帮助人们识别昆虫，而且还可以推断昆虫栖息场所和生活习性，为害虫防治和益虫的利用提供理论依据。

三、昆虫的翅

昆虫是无脊椎动物中唯一能飞翔的动物，也是动物界中最早出现翅的类群。翅的获得不仅扩大了昆虫活动和分布的范围，也加快了昆虫活动的速度，使昆虫在觅食、求偶、避敌等多方面获得了优越和竞争能力，是昆虫纲成为最繁荣的生物类群的重要条件。

1. 翅的基本结构与类型

(1) 翅的基本结构　昆虫的翅通常呈三角形，具有 3 条边和 3 个角。翅展开时，靠近头部的一边，称为前缘；靠近尾部的一边，称为内缘或后缘；在前缘与内缘之间，同翅基部相对的一边，称为外缘。前缘与内缘间的夹角，称为肩角；前缘与外缘间的夹角，称为顶角；外缘与内缘间的夹角，称为臀角。

昆虫为了适于翅的折叠与飞行，在翅上常产生 3 条褶线，将翅分为 4 区。基褶位于翅基部，将翅基划为一个小三角形的腋区或称翅关节区；翅后部有臀褶，其末端伸达翅的外缘，此处常凹陷成一缺刻。在臀褶前方的区域，称为臀前区；臀褶后的区域，称为臀区。较低等、飞行速度不快的昆虫臀区常较大，栖息时折叠在臀前区之下。有些昆虫在臀区后还有一条轭褶，其后为轭区（图 2-21）。

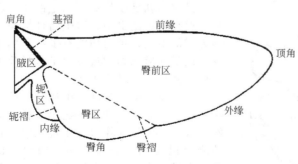

图 2-21　昆虫翅的基本构造

在双翅目蝇类中，前翅的基后部常有 1～2 片瓣状构造，称为翅瓣或腋瓣。有些昆虫翅前缘外部有一深色斑，称为翅痣。

(2) 翅的类型　昆虫翅的主要作用是飞行，一般为膜质。但不少昆虫由于长期适应其生活条件，前翅或后翅发生了变异，质地也发生了相应变化。翅的类型是昆虫分目的重要依据之一。根据翅的质地、被物与特化及功能可将翅分为不同的类型（图 2-22）。

① 膜翅：质地为膜质，薄而透明，翅脉明显可见，用于飞行[图 2-22(a)]。如蜂、蜻蜓的前后翅；甲虫、蝗虫等的后翅。

② 鞘翅：全部骨化，见不到翅脉。其质地坚硬如角质，不司飞翔作用，用以保护体背和后

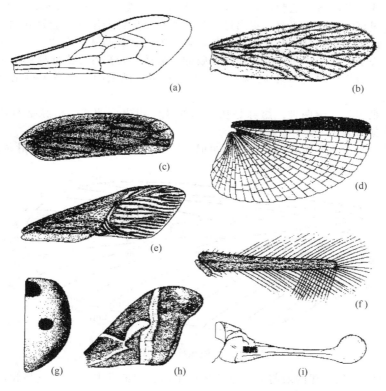

图 2-22　昆虫翅的类型（仿彩万志）

翅 [图 2-22(g)]。甲虫等鞘翅目昆虫的前翅属此类型。

③ 覆翅：革质，多半透明或不透明，翅脉仍明显存在。不司飞行，平时覆盖在体背和后翅上，有保护作用 [图 2-22(c)]。蝗虫等直翅目昆虫的前翅属此类型。

④ 半覆翅：特点为臀前区革质，其余部分膜质，翅折叠时臀前区覆盖住臀区与轭区起保护作用 [图 2-22(d)]，如大部分竹节虫的后翅。

⑤ 半鞘翅：基半部骨化为皮革质，端半部为膜质，膜质部的翅脉清晰可见 [图 2-22(e)]。蝽类等半翅目的前翅属此类型。

⑥ 鳞翅：质地为膜质，但翅面上覆盖有密集的鳞片，用于飞行 [图 2-22(h)]。如蛾、蝶类等鳞翅目的前、后翅。

⑦ 毛翅：质地为膜质，但翅面上覆盖一层较稀疏的毛，用于飞行 [图 2-22(b)]。如石蛾等毛翅目昆虫的前、后翅。

⑧ 缨翅：质地为膜质，翅脉退化，翅狭长，在翅的周缘缀有很长的缨毛，用于飞行 [图 2-22(f)]。如蓟马等缨翅目的前、后翅。

⑨ 平衡棒：双翅目昆虫和雄蚧的后翅退化，形似小棍棒状，无飞翔作用，但在飞翔时有保持体躯平衡的作用 [图 2-22(i)]。捻翅目雄虫的前翅也呈小棍棒状，但无平衡体躯的作用，称为拟平衡棒。

2. 翅脉、脉序及翅室

(1) 翅脉及其类型　翅脉是翅的两层体壁之间纵横分布的条纹，由气管部位加厚而成。翅脉的主要作用是加固翅膜，对翅表起支架作用。其分支与排列形式称为脉序或脉相。不同类昆虫间脉序变化大，在同类昆虫间脉序又十分稳定和相似，所以昆虫的脉序是分类鉴定的重要依据，还可以通过脉序的比较追溯昆虫的演化关系。昆虫的脉序有多种变化，但它们都是由一个原始的脉序演变而来的。早在 1898 年美国昆虫学家 Comstock 和 Needham 就试图将昆虫多样化的脉序归纳成一个基本型式,并将各条翅脉都给予统一的名称,这就是分类学和形态学上常称的康-尼脉系。虽然后来经过许多学者的研究,提出过异议,但至今仍都沿用这一套翅脉的名称。

在较低等的昆虫中,翅呈半开式纵向扇折,隆起处的脉是凸脉,以"+"表示;低处的脉是凹脉,以"-"表示。凸凹相间,更增加了翅膜的坚韧性。较高等昆虫的翅膜平展,凸凹脉趋于消失。现在通用的假想脉序是在康-尼脉系基础上,对照古昆虫的脉序及现存昆虫凸凹脉综合归纳和抽象而成的。

翅脉可分为纵脉和横脉两种。纵脉是从翅基部伸向翅边缘的脉,横脉是两条纵脉之间的短脉,与早期气管分布无关。

假想原始脉序由 7 条主纵脉和 6 条横脉组成(图 2-23)。从前至后 7 条纵脉依次如下。

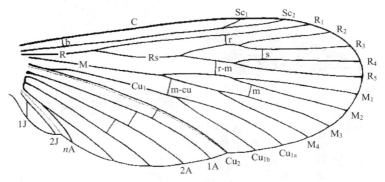

图 2-23 假想模式脉序图

① 前缘脉(C):位于翅的最前方,通常是一条不分支的凸脉,一般较强壮,并与翅的前缘合并。在飞行过程中,可起到加强前翅切割气流的作用。

② 亚前缘脉(Sc):位于前缘脉之后,通常分为 2 支,分别称为第 1 亚前缘脉(Sc_1)和第 2 亚前缘脉(Sc_2),均为凹脉。

③ 径脉(R):通常是最发达的脉,共分 5 支。其主干是凸脉,先分成 2 支,第 1 支称为第 1 径脉(R_1),直伸达翅的边缘;后一支称为径分脉(Rs),是凹脉,再经 2 次分支,成为 4 支,即第 2、第 3、第 4、第 5 径脉($R_2 \sim R_5$)。

④ 中脉(M):位于径脉之后,近于翅的中部。其主干为凹脉,分成前中脉(MA)和后中脉(MP)两支。前中脉是凸脉,又分为两支;后中脉是凹脉,分为 4 支。完整的中脉仅存在于化石昆虫及蜉蝣中,一般昆虫的前中脉已消失,只有 4 支后中脉,所以中脉常单独以 M 表示后中脉,即 $M_1 \sim M_4$。但蜻蜓目则相反,后中脉消失,仅存在前中脉。

⑤ 肘脉(Cu):主干为凹脉,分成两支,即第 1 肘脉(Cu_1)和第 2 肘脉(Cu_2)。第 1 肘脉为凸脉,又分为 2 支,以 Cu_{1a} 和 Cu_{1b} 表示。也有的将 3 支肘脉以 Cu_1、Cu_2、Cu_3 表示。

⑥ 臀脉(A):在臀褶后的臀区内,通常有 3 条,即 1A、2A、3A,一般都是凸脉。有的昆虫臀脉可多至 10 余支。

⑦ 轭脉(J):仅存在于具有轭区的昆虫中,在臀脉之后,仅 2 条,较短,分别以 1J 和 2J 命名。

横脉根据连接的纵脉而命名,常见的横脉有:肩横脉(h):连接 C 和 Sc 脉,位于近肩角处;径横脉(r):连接 R_1 与 R_2;分横脉(s):连接 R_3 与 R_4 或 R_{2+3} 与 R_{4+5};径中横脉(r-m):连接 R_{4+5} 与 M_{1+2};中横脉(m):连接 M_2 与 M_3;中肘横脉(m-cu):连接 M_{3+4} 与 Cu_1 等。

(2)翅室 翅室(cells)是翅面被翅脉划分成的小区。翅室四周完全为翅脉所封闭,或仅基方与翅基相通的,称为闭室。有一边不被翅脉封闭而向翅缘开放的,则称为开室。翅室的名称以其前缘纵脉的名称表示。如 R_1 后的翅室叫 R_1 室。

特殊情况的命名如下。

① 如果翅室被横脉划分成 n 个翅室，则由基部到端部分别以 1，2，3……来命名（$1R_1$ 室、$2R_1$ 室……）。

② 如翅室前缘的纵脉是由两条脉合并而成的，则以后边纵脉命名翅室（R_{2+3} 后的称 R_3 室）。

③ 如遇翅脉消失，则应以"+"号连接 2 个翅室的名称来命名。如鳞翅目翅的中室为 R+M。

④ 翅脉很多而成网状的翅，如直翅目、脉翅目、蜉蝣目等，翅室就不给予一定的名称。

3. 翅的运动及翅的连锁

（1）翅的运动　昆虫飞翔时，翅的运动包括上、下拍动和前后倾折两种基本动作。与翅飞行有关的肌肉主要有两类：间接翅肌，包括胸部背纵肌和背腹肌；直接翅肌，包括翅基部的肌肉，着生于上侧片上的前上侧肌和后上侧肌。

① 上下拍动：主要依靠间接翅肌，即背纵肌和背腹肌交替收缩。当背腹肌收缩时，背板往下拉，翅基部以第 2 腋片与侧翅突的顶接处为支点，被带着向下，翅因此上举。当背腹肌、背纵肌均松弛时，翅平展。当背纵肌收缩时，背板向上拱起，翅基被带着向上，翅因此下拍（图 2-24）。

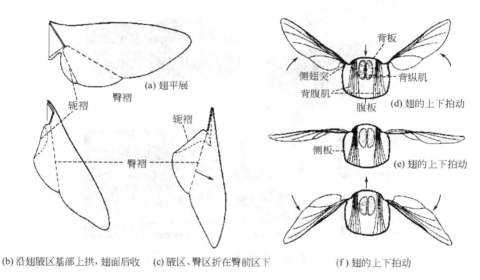

图 2-24　翅的折叠及上下拍动图解

② 前后倾折：在翅上下拍动的同时，由于位于侧翅突前后膜区内的前上侧片上着生的前上侧肌和后上侧片上着生的后上侧肌的交替收缩，使翅产生倾折活动。当前上侧肌收缩时，拉动前上侧片及其上方的膜，从而牵动翅的前缘，翅随之向前倾斜，这与翅的下拍是同时进行的，即翅向下拍动时，翅的前缘向前下方划动。当后上侧肌收缩时，拉动后上侧片及其上方的膜，从而牵动翅的后缘，使翅面向后倾斜。这与翅的上举是同时进行的，即翅上举时，前缘向后方划动。因而，翅上下拍动 1 次，翅面就沿着虫体的纵轴扭转 1 次。由于翅的上述动作，当昆虫飞行而不能前进时，翅尖成"8"字形运动，而前进时，翅尖的行程则为一系列的开环。

除前进飞行外，有些昆虫能调节翅的倾斜度和左右翅的翅震速度，使虫体可以侧向飞行或倒退飞行。有的昆虫如食蚜蝇可以短暂地停留在空中。昆虫翅震动的速度是十分惊人的，凤蝶每秒 5~9 次，蜜蜂 180~203 次，家蝇 330 次，蠓高达 988~1047 次。翅震频率的高低，主要决定于昆虫胸部肌肉力量的强弱。昆虫飞行的速度因种类而异，如天蛾每小时可飞行 54km。飞行速度与翅震频率、翅扭转程度及翅的形状等有密切关系。凡翅震频率快、翅狭长而扭转度较大的种类飞行速度较快，如天蛾、蜜蜂等。相反，翅形宽大而扭转度小的昆虫飞行较慢，如一些蝶类、草蛉等。

(2) 翅的连锁 原始形式的前、后翅不相关联，飞翔时各自动作。在进化过程中，昆虫从用两对翅飞行向用1对翅飞行演化。一般前、后翅均发达，都用来作为飞行器官的如蜻蜓目、等翅目、脉翅目等，不能获得强大的飞行能力。前翅发达，并用作飞行器官的昆虫如同翅目、鳞翅目、膜翅目等，后翅不发达，在飞行时，后翅必须以某种构造挂连在前翅上，用前翅来带动后翅飞行，二者协同动作。将昆虫的前、后翅连锁成一体，以增进飞行效力的各种特殊构造称为翅的连锁器。昆虫前、后翅之间的连锁方式主要有以下几种类型（图2-25）：贴接连锁型、翅轭连锁型、翅缰连锁型、翅钩连锁型、翅褶连锁型、翅嵌型。

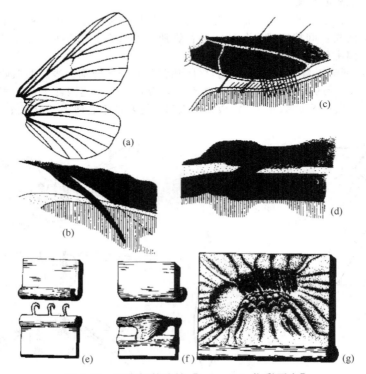

图 2-25 昆虫翅的连锁 [(a)，(g) 仿彩万志]

第四节 昆虫的腹部

昆虫的腹部是体躯的第 3 个体段，紧连于胸部之后。消化、排泄、循环和生殖系统等主要内脏器官即位于腹腔内，腹部后端还生有生殖附肢，因此腹部是昆虫代谢和生殖的中心。

一、昆虫腹部的基本构造

1. 腹部的外部形状

一般昆虫腹部多为纺锤形或圆筒形，常比胸部略宽，以近基部或中部最宽。各类昆虫的腹部有很大的变化，如蜻蜓、竹节虫等昆虫腹部细长如杆；泥蜂腹部细长如柄；螳螂、臭虫和虱子等昆虫腹部扁平；裙猎蝽属的昆虫腹部裙状；美洲蜜蚁及穿皮潜蚤等昆虫的腹部球形；蚁后的腹部常膨大成桶状；蝎蛉雄虫腹部为蝎尾状。

2. 腹部体节的基本构造

昆虫腹部的原始节数为 12 节，但在现代昆虫的成虫中，除原尾目外，至多具 11 节，一般成虫腹节 10 节，较进化的类群节数有减少的趋势，其原因为腹部后端腹节的合并或退化，有的缩入体内成为伪产卵器；腹部前端腹节与胸节合并成并胸腹节或退化。如膜翅目的青蜂科可见腹节

3~5 节。

昆虫腹部的构造总体而言比较简单，成虫腹部的附肢大部分都已退化，但雌成虫的第8、第9腹节和雄成虫的第9腹节常保留有特化为外生殖器的附肢，这些具有外生殖器的腹节，称为生殖节；而生殖节以前的腹节，称为生殖前节或脏节，生殖节以后的腹节有不同程度的退化或合并，称为生殖后节（图2-26）。

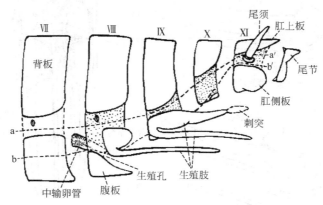

图 2-26 雌虫腹部末端构造模式图

脏节包括第1~7腹节，每节两侧各生有1对气门，连同第8腹节上的气门，共有8对气门。有翅亚纲成虫的脏节上无附肢。第1腹节的端背片和前内脊常扩大，分别成为后胸的后背片和第3悬骨。胡蜂、蜜蜂等昆虫的第1腹节并入后胸，称为并胸腹节。

生殖节着生有昆虫的交配及产卵器官。大部分有翅亚纲成虫和无翅亚纲的缨尾目雌虫，生殖孔位于第8和第9腹节腹板之间；也有少数种类位于第7节腹板后方或第8节腹板上，甚至有的位于第9节腹板上或腹板后；有的种类有两个生殖孔，位于第8节腹板和第9节腹板后缘，分别称为交配孔和产卵孔。雄性生殖孔一般位于第9和第10节腹板之间的阳具端部。

生殖后节通常包括第10~11腹节，在原尾目成虫中还包括第12腹节，而在其他昆虫中，生殖后节最多2节。如生殖后节只有1节时，这一节可能是第10腹节（如全变态类昆虫），也可能是第10和第11腹节合并而成的。第10腹节的大小与尾须有关，由于尾须的肌肉起源于第10腹节背板，故尾须肌肉发达，则此节相应扩大。有些昆虫第10节背板特化为中尾丝，如缨尾目、蜉蝣目。第11节一般称为臀节，多数昆虫的臀节均甚退化。比较原始的种类在第11腹节上生有1对附肢，称为尾须，有些昆虫第11腹节的附肢尾须特化为尾铗，如革翅目。第11节的背板盖在肛门之上，称为肛上板，其侧板通常分为两块，位于肛门左右两侧，称为肛侧板。

二、外生殖器

昆虫外生殖器是昆虫生殖系统的体外部分，是用以交配、授精、产卵器官的统称，主要由腹部生殖节上的附肢特化而成。雌虫的外生殖器称为产卵器；雄性外生殖器称为交配器。

1. 雌性外生殖器（产卵器）

（1）基本构造 雌性外生殖器着生于第8、第9腹节上，是昆虫用以产卵的器官，故称为产卵器。它是分别由第8、第9腹节的附肢形成（图2-27）。生殖孔即位于第8、第9腹节间的节间膜上。产卵器一般为管状构造，卵即由此产出，通常由3对产卵瓣组成。着生在第8腹节上的一对产卵瓣称为第1产卵瓣或称腹产卵瓣，其基部有第1载瓣片。着生在第9腹节的一对产卵瓣为第2产卵瓣，或称内产卵瓣，其基部有第2载瓣片。在第2载瓣片上常有向后伸出的1对瓣状外长物，称为第3产卵瓣或称背产卵瓣。载瓣片相当于附肢的基肢片，第1、第2对产卵瓣是附肢的端肢节，而第3产卵瓣则是第9腹节附肢基肢节上的外长物。

（2）产卵器的类型

① 直翅目昆虫的产卵器：其特点为第1产卵瓣和第3产卵瓣发达，第2产卵瓣比较退化。

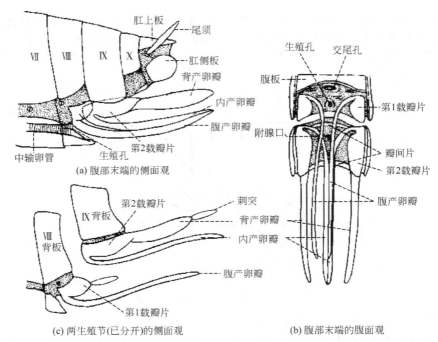

图 2-27 有翅亚纲昆虫产卵器的模式构造

产卵器主要是由腹瓣和背瓣组成的，但在不同的类别中又有所不同。蝗虫类的产卵瓣呈锥状，第1、第3产卵瓣十分坚硬，第2产卵瓣退化（图2-28）。产卵时产卵瓣钻土，使腹部插入土中，导卵器导引卵粒，将卵产在土内适当的位置。螽斯和蟋蟀类的产卵器为刀状、剑状或矛状，背、腹两对产卵瓣紧密结合在一起，长而坚硬，可将卵产于植物组织或土壤中。

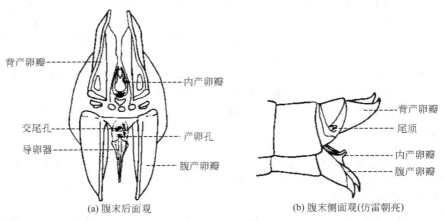

图 2-28 棉蝗雌性外生殖器

② 同翅目昆虫的产卵器：同翅目昆虫中除蚜虫类、蚧类外，都有发达的产卵器。同翅目昆虫第8腹节的腹板多退化或消失，而由第7腹节的腹板形成亚生殖板，主要由第1产卵瓣与第2产卵瓣互相嵌接组成产卵器。第1、第2载瓣片均较发达，第3产卵瓣宽，内面凹陷，着生于第2载瓣片端部，形成产卵器鞘，以容纳第1和第2产卵瓣。产卵时，产卵器从鞘中脱出，将卵产于植物组织内。

③ 膜翅目昆虫的产卵器：膜翅目昆虫产卵器的构造与同翅目昆虫基本相似，也是由第1、第2产卵瓣组成，较长而坚硬，第3产卵瓣宽而腹面凹，形成产卵器鞘以容纳产卵器，产卵

时产卵器向下伸出。叶蜂类的产卵瓣宽扁，末端尖，产卵瓣侧面生有横脊纹，产卵时产卵瓣可以前后滑动而锯破植物组织并产卵其中，所以又将叶蜂称为"锯蜂"。姬蜂类等寄生蜂的产卵器十分细长，可将卵产于寄主体内，甚至可将产卵器插入树干上的虫孔，把卵产在蛀干害虫如天牛幼虫体内。胡蜂、蜜蜂等产卵器的第1、第2产卵瓣（腹瓣和内瓣）呈针状，基部与毒液腺相通，特化成能注射毒汁的针。这类产卵器通常已失去产卵作用，产卵时，卵经过针基部的产卵孔产出。

④ 鳞翅目、鞘翅目、双翅目昆虫的产卵器：这些昆虫的雌性成虫没有由附肢特化的产卵瓣，只是腹部末端几节（通常第6腹节以后）变细，平时套缩在体内，产卵时伸出，称为伪产卵器，这类昆虫的卵只能产在缝隙或动植物体表面。但实蝇类的伪产卵器末端尖锐，可刺入果实内产卵，一些天牛的伪产卵器形成坚硬的细管状，可插入土中或树皮下产卵。

产卵器的有无、形状和构造等的不同，反应了昆虫的产卵方式和习性。

a. 没有特化产卵器的昆虫或具有伪产卵器的昆虫，卵产在物体表面或浅层隙缝中。
b. 锥状产卵器的蝗虫和矛状产卵器的蟋蟀、叶蝉、飞虱等，卵产于植物组织里。
c. 外露针状产卵器的蜂类，大多为寄生性益虫。

产卵器的形状和构造也是分类时常用的特征。

2. 雄性外生殖器

交配器一般发生在第9或第10腹节上。雄性昆虫的交配器包括将精子输入雌体的阳茎及交配时挟持雌体的1对抱握器（图2-29）。多数有翅亚纲昆虫的交配器都是由这两部分组成，但构造较为复杂且多变化，因此常作为鉴别昆虫某些近缘种的重要依据之一。

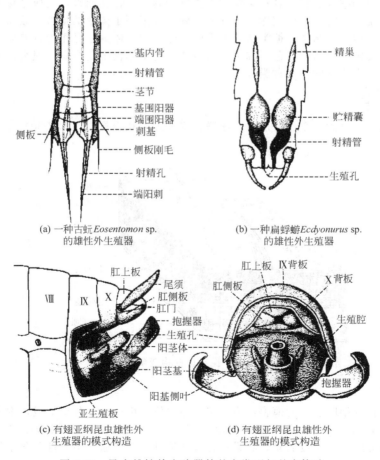

图 2-29 昆虫雄性外生殖器的基本类型与基本构造

(1) 阳茎　大部分学者认为阳茎是第9腹节腹板后节间膜的外长物，在有翅亚纲昆虫中，此节的节间膜常内陷成生殖腔，阳茎不用时就陷藏在腔内。第9腹节腹板常扩大而形成下生殖板，也有由第7或第8节腹板形成的。阳茎多是单一的骨化锥状或管状构造，是有翅昆虫进行交配时插入雌体将精子送入的器官，射精管即开口于阳茎端的生殖孔。少数无翅亚纲昆虫无阳茎，而原尾目、革翅目等昆虫，均无射精管，以成对的输精管直接开口于体外，故其阳茎也成对。阳茎包括阳茎基和阳茎体，阳茎基和阳茎体之间常有较宽大的膜质部分，阳茎体得以缩入阳茎基内。阳茎基部两侧常发生的阳茎侧叶，是由生殖肢演变而成的。鞘翅目昆虫的阳茎侧叶两侧常不对称；长翅目、脉翅目、部分毛翅目、蚤目和双翅目短角亚目中部分昆虫的阳茎侧叶分节；鳞翅目部分蛾类的阳茎侧叶特化成抱握器。

(2) 抱握器　有人认为是抱握器第9腹节的附肢演化而来的，多为第9腹节的刺突或肢基片与刺突联合形成。其形状变化很大，有宽叶状、钳状和钩状等。抱握器仅见于蜉蝣目、脉翅目、长翅目、半翅目、鳞翅目和双翅目昆虫中。

第五节　昆虫的体壁

体壁（tegument）是包在整个昆虫体躯最外层的组织，由单一的细胞层及其分泌物所组成，来源于外胚层。其功能主要表现在5个方面。①保护性屏障：外骨骼具有一定的硬度和不透性，既能防止外界的机械损伤，也能防止有害生物（尤其是病原生物）及有毒物质的侵袭侵入，还可保持体内水分不致散失。②外骨骼作用：决定昆虫的体形和外部特征，加固体躯和着生肌肉。③感觉功能：昆虫的感觉器官、各种腺体都由体壁细胞高度特化而来，构成昆虫与外界建立联系的机构。④体壁是一个复杂的代谢库：体壁的坚硬特性限制了体形的增大，故需要定期蜕皮。蜕皮过程中，发生蛋白质、脂类、糖类和几丁质的代谢活动。体壁还可作为营养贮备库，有些昆虫饥饿时可利用表皮内的物质。⑤色彩和斑纹的载体：昆虫体色丰富多彩，很大程度上来自于体壁表面的形状和体壁中所含的色素种类。

一、体壁的构造

体壁可由里向外分为三个主要层次：底膜、皮细胞层和表皮层（图2-30）。

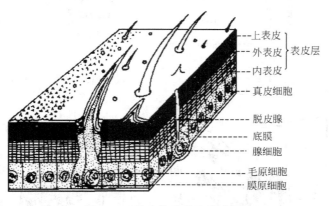

图2-30　昆虫体壁构造模式图

1. 底膜

底膜是紧贴在皮细胞层下的薄膜，为双层结缔组织，由血细胞分泌形成，主要成分是中性黏多糖，厚度仅为0.5μm左右。另一面则与血液直接接触，可使皮细胞层与血腔分隔开。神经及微气管等就附在底膜下或穿过底膜。底膜具有选择透性，能使血液中的部分化学物质和激素进入皮细胞。

2. 皮细胞层

皮细胞层是一个连续的单层细胞的组织（迄今只发现长蝽为多层皮细胞）。细胞的大小在各种昆虫中差异很大，即使在同一个体其不同部位也不相同。

皮细胞的生理特点是具有周期性吸收、合成与分泌的能力。皮细胞的形态结构随变态和蜕皮周期而不断变化。如幼虫在形成新表皮时皮细胞正处于活动期，皮细胞较厚，呈柱状，细胞质也比较浓；在细胞顶端伸出许多原生质丝深入表皮层内形成贯穿的孔道。成虫虫体一般不再进行蜕皮，皮细胞退化，扁平，细胞间界限不易分清。

皮细胞层的功能为：①控制昆虫蜕皮；②分泌构成表皮层的物质，组成虫体的内骨骼和外骨骼；③分泌蜕皮液，在蜕皮过程中消化旧的内表皮并吸收消化产物合成新表皮物质；④修补伤口；⑤高度特化功能，即有些皮细胞特化成体壁外长物（刚毛、鳞片、刺、距）、各种形状的感觉器和腺体等（如视觉器、听觉器、感化器、感触器，以及唾腺、丝腺、蜡腺等）。

3. 表皮层

表皮层是体壁的最外层，是由皮细胞向外分泌而形成的非细胞性组织。表皮层不是均质的单层构造，又可分成若干层，主要可分为内表皮、外表皮和上表皮三层。

（1）内表皮　是表皮层中最下面的一层，也是昆虫体壁中最厚的一层，为 $10\sim200\mu m$。无色，柔软可伸缩，水和水溶性物质可以透过。许多昆虫饥饿和蜕皮时，内表皮可被消化重新吸收，因而认为其具有储存营养成分的功能。其化学成分为几丁质和蛋白质的复合物，还含有 $30\%\sim50\%$ 的水分。

（2）外表皮　是由靠近上表皮的一部分内表皮转变而成，色较深且坚硬，是昆虫表皮中最硬的一层，体壁的坚硬程度就取决于所形成外表皮的厚薄。蜕皮时，外表皮也作为"蜕"的一部分脱去。昆虫刚蜕皮时尚没形成外表皮，所以身体柔软，白色；软体昆虫的体壁、节间膜、幼虫蜕裂线、爪垫等处均无外表皮或极薄。外表皮的化学组成与内表皮一样，只是蛋白质在酶的（多元酚氧化酶和酪氨酸酶）作用下成为骨蛋白（鞣化蛋白），同时被暗化（酪氨酸经酪氨酸酶的作用，分解出黑色素和胡萝卜素）。

（3）上表皮　表皮层的最外一层，很薄，是表皮层中最薄的一层，厚度一般 $1\sim4\mu m$。上表皮的化学组成和超微结构很复杂，而且在各类昆虫中有所不同。一般分为 $2\sim4$ 层，由外向里分别是：护蜡层、蜡层、表皮质层（角质精层），前两层是经常存在的。整个上表皮不含几丁质。

① 护蜡层：整个体壁最外面的一层，由脂类和鞣化蛋白质组成，起保护蜡层的作用。

② 蜡层：主要成分是脂类，内层的蜡质分子紧密定向排列，并同其下的角质精层形成化学结合，具有很强的疏水性。其可防止虫体内水分过量蒸发和外部水分的侵入；防止外界微生物及杀虫剂的侵入。

③ 角质精层（表皮质层）：上表皮中最里面的一层，是由降色细胞的分泌物形成的脂蛋白复合物。角质精层是昆虫发生新表皮时最先形成的一层，矿物酸和有机溶剂不能使此层溶解。在角质精层里常混有多元酚，可使部分蛋白质鞣化成为鞣化蛋白（或称骨蛋白）。

昆虫体壁的内表皮、外表皮和上表皮中有无数直形或螺旋形或顶端分支的微细管道贯穿其间，称孔道。孔道是由皮细胞顶端伸出的原生质丝形成的，可输送表皮层组成物质，并将多元酚及酶类送达表皮，参与外表皮的硬化；输送修补蜡层的脂类；支持表皮。

二、体壁的衍生物

昆虫的体壁很少是光滑的，常常向外凸出或向内陷入，形成体壁的衍生物。

1. 体壁的外长物

由表皮向外长出的，有非细胞性的和细胞性的（图2-31）。

（1）非细胞性外长物　由体壁向外突出或向内凹入所形成的各种突起、点刻等外长物。

（2）细胞性外长物

① 单细胞的：皮细胞层在特定的部位由1个细胞特化为各种毛、鳞片等。

② 多细胞的：为皮细胞层在某些特定的部位由多个细胞特化为各种脊、刺等。

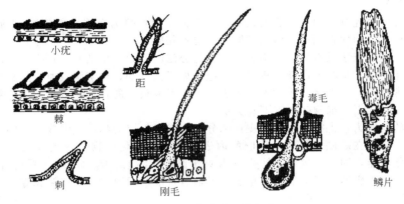

图 2-31　昆虫体壁的外长物

2. 皮细胞腺

由皮细胞层在一些部位由一个或几个细胞特化成各种腺体（图 2-32），能分泌各种功能不同的物质，如涎腺能分泌唾液，有助于取食和消化；丝腺分泌各种丝；蜡腺能分泌蜡；胶腺能分泌紫胶；毒腺或臭腺用来攻击或排攘外敌；昆虫头部或腹末的一些腺体分泌吸引同种异性个体的性外激素，或分泌示迹外激素、告警外激素等。

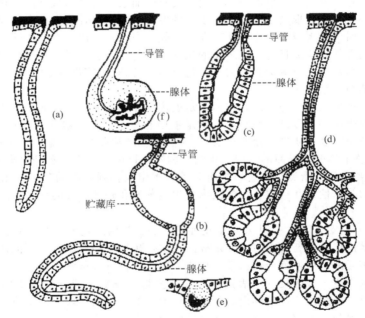

图 2-32　昆虫的皮细胞腺

三、昆虫体壁的色彩

从颜色的成因，昆虫体壁的色彩分为三类。

1. 色素色（化学色）

色素色是由色素化合物形成的颜色。这些化合物以其特殊的化学组成，能吸收某一波段的光波，而反射另一部分光波，即呈现某种颜色。黑色素、类胡萝卜素等即是这类物质，瓢虫中的红色属于色素色，白粉蝶和黄粉蝶的白色和黄色也是属于色素色。当昆虫死亡或经煮沸、漂白等处理，色素色可能退色。

2. 结构色（物理色）

结构色是光照射在虫体表面的不同结构上而产生折射、反射及干扰而形成的。许多昆虫的金属闪光、翅上的闪光均为结构色。结构色不会因昆虫死亡或煮沸、漂白等处理而改变颜色或消失。

3. 结合色（合成色）

结合色是色素色和结构色混合而成的，大多数昆虫的体色都是两种色泽混合而成的。

四、体壁与防治的关系

表皮是昆虫与环境之间的一个通透性屏障，外源性化学物质在一定条件下可以穿透体壁。物质的穿透能力和速度取决于体壁的结构特性、物质的理化性状和环境因素、进入皮细胞的物质，还会受到代谢和降解作用的影响。体壁与防治的关系表现在以下几个方面。

1. 上表皮的疏水性结构

由于蜡层的存在亲水性药剂很难通过此层，故效果不好；而亲脂性（脂溶性）药剂（烟碱、除虫菊酯、DDT）则容易渗透上表皮。而原表皮层中含有一定的水分，因此水溶性物质能通透。所以触杀药剂既要有高度的脂溶性又要有一定的水溶性，防治效果才会更理想。

2. 外表皮的硬化程度

不同种类的害虫及不同的发育期，其体壁的厚薄、软硬和被覆物多少不一样，对杀虫剂的抵御能力也就不一样。一般体壁坚厚（如甲虫类）、蜡层特别发达的（如介壳虫类）、体毛较密的种类，药剂较难附着和穿透虫体将其杀死；蝶、蛾幼虫外表皮软，易中毒。就同一种昆虫而言，幼龄期的体壁较老龄虫要薄，尤其在刚蜕皮时，由于外表皮尚未形成，药剂则较容易透入体内将其杀死，这就是要"消灭幼虫于三龄之前"的道理。

3. 内表皮的厚度

内表皮越厚，药剂渗入的速度越慢。

4. 每一昆虫的体躯都有药剂容易透过的部位

在一个昆虫身体上各个部分的体壁厚薄也不一样，如膜区比骨片部分薄，感觉器官是最薄的部分，昆虫的口器、触角、翅、跗节、节间膜、气孔都是药剂容易透过的部位。

了解昆虫体壁的构造和特性，对于用药防虫有指导意义。如人工合成灭幼脲就是根据体壁特性而制造的。当幼虫吃下之后，体内的几丁质合成受阻，不能生出新的表皮，因而使幼虫表皮脱下受阻而死。研究昆虫体壁的理化特性、渗透性等是同害虫防治、杀虫剂毒理的发展密切相关的。

思 考 题

1. 简述各种口器的构造特点。
2. 学习昆虫口器类型有何理论和实践意义？
3. 简述昆虫翅的运动。
4. 图示昆虫、雌雄外生殖器的模式构造，并注明各部分名称。

第三章　昆虫内部解剖及生理

目的要求：掌握昆虫体腔概念，各系统在体腔内的位置，各大系统的基本结构、功能及与防治的关系。

第一节　昆虫体腔和内部器官

昆虫体壁所包成的腔，称为体腔。由于体腔内充满血液，所以又叫血腔。昆虫所有的内部器官都浸浴在血腔内。

昆虫的体腔由纤维隔膜分割成2~3个小腔，称为血窦（图3-1）。大多数昆虫只在背血管下面有一层隔膜，称为背隔，将体腔分为上方的背血窦和下方的围脏窦。由于司职循环作用的背血管位于背血窦内，所以背血窦又称围心窦。在有些昆虫中，如直翅目蝉科、鳞翅目和双翅目的成虫等，在腹部腹板两侧之间还有1层隔膜，称为腹隔，其下方称为腹血窦。因为腹血窦内包含了腹神经索，所以又称围神经窦。背隔和腹隔都有孔隙，故血窦之间彼此相通，血液可通过孔隙在体腔内循环。

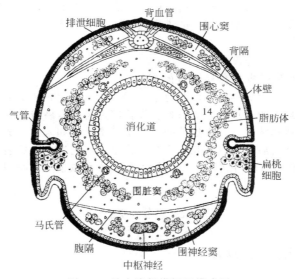

图 3-1　昆虫腹部横切面模式图

昆虫各内脏器官在体腔内的位置是：消化系统呈管状，纵贯于体腔的中央部分；消化道上方是背血管，它是血液循环的主要搏动器官；神经系统除脑外，主要位于消化道下方；气管系统位

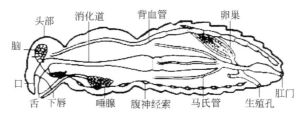

图 3-2　昆虫纵切面模式图（仿丁锦华，苏建亚）

于消化道的两侧及背面和腹面的内脏器官之间；生殖系统卵巢或睾丸位于腹部消化道的背面，侧输卵管和中输卵管或输精管和射精管则位于消化道的腹面；排泄器官（马氏管）着生于消化道中、后肠之间。体壁肌和内脏肌分别附着于体壁下方和内脏的表面；脂肪体主要包围在内脏周围；各种内分泌腺体位于内部器官相应的部位（图3-2）。

第二节 消化排泄系统

一、昆虫消化系统构造和功能

昆虫消化系统包括一根从口至肛门的消化道及与消化有关的腺体。昆虫的消化道前端开口于口前腔，后端终止于肛门，是贯穿于围脏窦中央的一根不对称管道（图3-3）。根据其发生的来源和功能分前肠、中肠和后肠。前肠是由外胚层内陷而成的，以伸入中肠的贲门瓣与中肠分界。贲门瓣可以调节食物由前肠进入中肠的量。前肠具有摄食、磨碎食物和暂时储存食物的功能；中肠又称胃，是由内胚层发生的中肠韧演化而成。中、后肠之间有幽门瓣，用以控制未被消化的食物排入后肠。中肠是分泌消化酶类、消化食物、吸收营养的主要器官。后肠也是由外胚层内陷而成。后肠是消化道的最后一段，前端以马氏管的着生处与中肠分界，后端终止于肛门。按结构和功能可将后肠分为回肠、结肠和直肠。在有些昆虫中，回肠与结肠形态上无区别，常称为前后肠。回肠具有排除废物，吸回废物中水分、盐类，调节血液渗透压和离子平衡的作用。昆虫种类多，消化道的变化较大。一般取食固体食物的昆虫消化道较粗短，而刺吸为害的昆虫消化道较长，有的种类还形成滤室结构（图3-4）。

二、昆虫对食物的消化与吸收

昆虫消化道是食物消化和营养吸收的主要器官。食物的消化是靠中肠分泌的含有各种酶的消化液进行的，即将食物中的淀粉、脂肪及蛋白质等大分子化合物水解成葡萄糖、甘油、脂肪酸和氨基酸等小分子化合物，而被肠壁细胞所吸收，这一过程为消化作用。

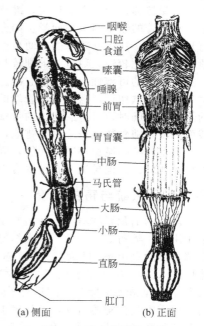

图 3-3 蝗虫的消化系统

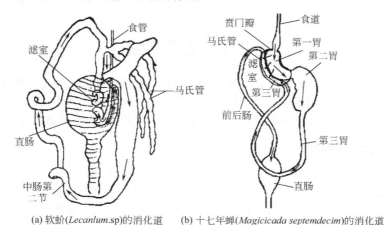

(a) 软蚧(*Lecanlum*.sp)的消化道　　(b) 十七年蝉(*Magicicada septemdecim*)的消化道

图 3-4 刺吸式口器昆虫消化道的代表

消化酶的种类不同，昆虫的食性就不同。一般昆虫消化酶种类多，食性就广。植食性和杂食性昆虫的消化酶种类多，含有淀粉酶、麦芽糖酶、脂肪酶、蛋白酶等。捕食性昆虫脂肪酶和蛋白酶活性高，而无淀粉酶。食性专一的昆虫消化酶种类少，如取食木材的天牛等纤维素酶活性高；吸血昆虫具有膜蛋白酶。

昆虫的消化酶活性受中肠消化液 pH 的影响，昆虫消化液的 pH 随昆虫种类、虫态不同而变化，一般为 6~8，蝗虫 pH5.8~7.5；葱蝇幼虫为 4.4~7.7；日本金龟甲幼虫为 9.5，成虫为 7.5；鳞翅目幼虫为 8.5~10，呈强碱性。

三、昆虫排泄系统构造和功能

排泄是昆虫代谢的一个重要生理现象，其功能是消除体内的代谢废物和某些有毒的、多余的物质，保持体内渗透压的稳定，维持昆虫正常的生命活动。马氏管是绝大多数昆虫的主要排泄器官。马氏管的数量因虫种而异。如介壳虫仅有 2 条，半翅目和双翅目有 4 条，鳞翅目多为 6 条，直翅目昆虫多达 100 条以上。幼虫因龄期不同而马氏管的数目也不同，但不影响其排泄能力，一般数量多的比较短，数量少的则较长，两者的排泄面积差异不大。

血液中的可溶性原尿（尿酸钾、尿酸钠、H_2O、K^+、Na^+ 等）通过被动运输、离子泵的主动运输和胞饮作用，透过马氏管端的管壁而进入管腔内，并从端部流向基部。当原尿流经马氏管的基段或直肠时，具有刷状边的管壁细胞和直肠垫再吸收其中的水和 K^+、Na^+，使原尿变成尿酸而沉淀，随食物残渣经肛门排泄，同时维持血液正常的渗透压和离子平衡。

不是所有的昆虫都有马氏管，因此，其排泄还可以通过其他器官进行。如蚜虫就是以消化道进行排泄的。其他排泄器官主要有下唇肾、围心细胞、脂肪体等。

四、消化系统与害虫防治

昆虫的消化系统与害虫防治密切相关。胃毒剂是通过被取食进入消化道，溶解吸收后引起毒杀作用的一类药剂。可见，杀虫剂能否被中肠消化液溶解和吸收是决定杀虫效果的重要条件。由于鳞翅目幼虫中肠 pH 为 8~10，苏云金杆菌（Bt）制剂、昆虫核型多角体病毒（NPV）和颗粒体病毒（GV）等生物杀虫剂一般对这些害虫有特效。因为在碱性条件下，Bt 制剂能释放出 d-内毒素，NPV 和 GV 能产生病毒粒子，起到杀虫作用。目前，在转基因抗虫品种研究中，为了抑制消化道内蛋白酶的活性，干扰害虫生长发育，将豇豆膜蛋白酶抑制剂（CPTL）基因、马铃薯蛋白抑制剂（PI-Ⅱ）基因和水稻巯基蛋白抑制剂基因转移到烟草、玉米、水稻、棉花、油菜、杨树等植物中，表达后产生相应的蛋白酶抑制剂，被害虫取食后在中肠与蛋白消化酶相结合，形成酶抑制复合物（EI），使害虫发育不正常或死亡。一些品种对烟草芽蛾、玉米穗、棉铃虫等抗性较好。另外，开发像拒食剂等一类的具有拒食作用、忌避作用或呕吐作用的杀虫剂，也可达到防治害虫的目的。

第三节　呼吸系统

昆虫生活所需能量大部分来源于食物储存的化学能。这些化学能只有通过呼吸作用，以特定的形式释放。昆虫的呼吸作用要通过两个步骤：一是吸入氧气排出二氧化碳，与环境进行气体交换；二是利用吸入的氧分解体内的能量物质，产生高能化合物 ATP 及热量，进行能量代谢。

一、呼吸系统的一般构造

昆虫的呼吸系统就是气管系统。气管系统是由外胚层内陷形成的开放式管状系统，由一系列排列固定的网状分支的气管组成。气管系统就是昆虫呼吸中气体交换的通道，气管在各体节两侧体壁表面的开口及其附属构造称为气门；自气门延伸入体内的一段气管称为气门气管，又称气管主干；主干后的分支为气管分支或支气管；最后分化成许多微气管，直径达 $2~5\mu m$ 时，由末端细胞呈掌状分布，产生 $1\mu m$ 以下的微气管，末端封闭，伸入细胞内部，将氧气送至线粒体附近。

气管主干通常有 2 条、4 条、6 条，纵贯体内两侧，干通间有横气管相连。

气门是昆虫与外界交换的呼吸孔，是体壁内陷形成气管时所留下的开口，又称气管口。在一些低等昆虫中，气门就是简单的气管口，但大多数昆虫的气管口已特化，气管口与气门之间形成了一个空腔，称气门腔。气门腔口变成了气门，四周有一块硬化的骨片，称围气门片。有的具有气门腔的气门常特化成控制气体进入和限制水分散失的构造，称开闭机构；有的气门腔口常有两排密生细毛，形成刷状的过滤构造，称筛板，可防止灰尘、杂菌、水等的侵入。

二、呼吸作用与害虫防治

了解昆虫的呼吸机理有助于防治害虫。在杀虫剂中，无论是神经毒剂还是呼吸毒剂，对昆虫的呼吸代谢都有一定的影响，干扰或破坏昆虫的呼吸率，起到毒杀害虫的作用。

1. 害虫防治途径

通过呼吸系统对害虫进行防治的途径有：①熏蒸性杀虫剂，在害虫呼吸时随空气进入气门，沿气管系统到达组织产生毒效，如氯化汞、溴甲烷、磷化锌等；②有机磷等神经挥发性杀虫剂，由气管进入血液，到达神经系统产生毒效，如敌敌畏；③鱼藤酮、硫化氢等呼吸抑制剂，进入害虫体内后，抑制呼吸代谢酶类，从而影响正常的细胞或组织呼吸代谢。另外，阻塞气门也是防治害虫的有效途径，如喷施糊剂、油乳剂能防治室内花卉蚜虫、红蜘蛛等，能提高防治效果。

2. 提高呼吸毒剂的杀虫效果

由于呼吸毒剂是随空气进入虫体的，一般进入得越多，对害虫的防效越好。因此，促进呼吸作用，有助于提高防治效果。可采用的方法有：一是适度提高熏蒸场所的温度，温度高，酶活性大，呼吸强，防效好；二是增加环境中的二氧化碳浓度，刺激气门开启，增强呼吸系数，毒效高；三是加工并喷施乳油、油剂等杀虫剂，有助于杀虫剂由气门渗入体内。相反，水剂、水溶剂等防效较差。

第四节　神经系统

昆虫的一切生命活动，如取食、交尾趋性、迁移等，都受神经系统的支配。同时通过身体表面的各种感觉器官，感受外界的各种刺激，又通过神经系统的协调，支配各器官作出适当的反应，进行各种生命活动。

一、神经系统的基本构造

昆虫的神经系统包括中枢神经系统、交感神经系统和周缘神经系统。

1. 中枢神经系统

中枢神经系统包括脑、咽喉下神经节和纵贯于腹血窦中的腹神经索（图 3-5）。

脑由前脑、中脑和后脑组成，有神经与腹眼、单眼、触角、额和上唇相连。后脑的下方两侧生出两条围咽神经索与位于咽喉下方的咽喉下神经节连接。咽喉下神经节的神经通至口器的上颚、下颚和下唇。腹神经索一般有 11 个神经节，胸部 3 个，腹部 8 个。每个神经节间有纵行腹神经索相连，并由腹神经节分出神经通到足、翅和尾须等处，管理昆虫的活动。

2. 交感神经系统

交感神经系统亦称内脏神经系统，由额神经节发出的 1 对额神经索与后脑相连，并由 1 对额神经索的中央生出 1 条逆走神经，沿咽喉背面通过脑下伸到前肠、涎腺、背血管等处，控制内部器官的活动（图 3-6）。

3. 周缘神经系统

周缘神经系统分布在体壁部分，位于真皮细胞层下，呈蛛网状，包括来自中枢神经的神经末梢，有的连接在感觉器上，其功用是把外来刺激所产生的冲动传至中枢神经系统，以便作出适当的反应。

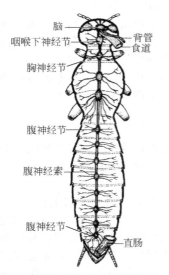
图 3-5 昆虫中枢神经系统模式图

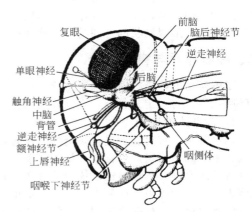
图 3-6 昆虫头部及前胸神经系统侧面观

构成昆虫神经系统的基本单位是神经元或神经细胞（图 3-7）。

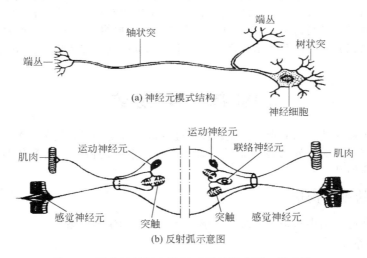
图 3-7 昆虫神经原和神经反射弧模式图（仿袁锋）

1个神经元包括1个神经细胞和由此所生出的神经纤维。由神经细胞分出的主支称为轴状突，由轴状突分出的副支称为侧支。轴状突和侧支的末端均分成树枝状称为端丛。另外，从神经细胞本身生出的神经纤维称为树状突。1个神经细胞可能只有1个主支，也可能有2个或2个以上的主支，这样分别形成单极神经元、双极神经元或多极神经元。按其功能又可分为感觉神经元、运动神经元和联络神经元。神经节是神经细胞和神经纤维的集合体，神经是成束的神经纤维，内由感觉神经元的神经纤维和运动神经元的神经纤维组成，可以传导外部的刺激和内部反应的冲动作用。

二、昆虫的感觉器

昆虫对环境条件刺激的反应，必须依靠身体的感觉器接受外界刺激，通过神经系统与反应器发生一定的联系，然后才能作出适当的反应，形成各种习惯性行为和趋避活动。昆虫对刺激反应的感觉器可分为感触器、味觉器、嗅觉器、听觉器和视觉器五种。

三、神经系统的传导作用

神经系统是具有兴奋和传导性的组织，它能接受外界刺激而迅速发生兴奋冲动，通过神经纤维而传导到脑或其他反应组织，同时产生一定的反应。脑是统一协调昆虫行为和内部生理活动的主要机构，但其他神经节也有其自主性，如把昆虫的脑部刈除，虽不能表现完整而正常工作，但由于胸神经节的存在，仍可由胸神经节支配足和翅的动作。

昆虫神经传导的理化过程十分复杂，有"冲动传播电位说"和"冲动传播化学说"等。

冲动传播电位说认为，冲动的传导是神经上出现电位差所形成的。当感受器接受外界刺激时，感觉神经细胞即发生兴奋，表现为电位上升，出现明显的电位差，即向其他部分传导电子。这种因刺激兴奋而形成的电位差，称为动作电位。动作电位一经发生，立即传播出去，引起神经纤维各部发生动作电位，所以神经的动作电位是神经冲动传导的具体表现。

冲动传播化学说则认为神经冲动的传播是由乙酰胆碱参与的化学反应所造成的。局部电流虽能引起冲动传导，但缺少乙酰胆碱在突触间的传导，也不能完成整体的传导作用。

为了说明神经传导的情况，还需把神经的反射作用和反射弧加以介绍。昆虫将感觉神经末梢所受的刺激传到中枢神经，再由中枢神经所引起的反应动作叫做反射作用。所经过的路线是：①感受器的感觉神经细胞接受刺激而发生兴奋；②感觉神经细胞的神经纤维将兴奋传导到中枢神经；③中枢神经斟酌情况发出反应；④运动神经细胞的神经纤维将中枢反应传导给反应器；⑤反应器产生有效的反应。这样一个过程，在生理学上称为反射弧。

上述反射弧是最简单的，实际上反射作用是异常复杂的，中间还常有起联系作用的联络神经元。因此，由感觉神经传来的冲动，同时可到数个运动神经元或几个联络神经元，引起复杂的反应。现已证明，感觉神经元和运动神经元的轴状突、侧支或树状突的端丛，并非直接连接，而是在脑内或神经节内形成突触，因为突触间还有一定间隙，所以神经上的脉冲波（冲动）不能直接跨过突触将冲动传到另一神经原的端丛。突触中间的传导作用是，由前一神经末梢受到冲动刺激后，由囊泡中分泌出乙酰胆碱，靠它才能把冲动传到另一神经原的端丛，完成神经的传导作用。冲动传过后，乙酰胆碱被吸附在神经末梢表面的乙酰胆碱酯酶很快水解为胆碱和乙酰，因此，使神经恢复了常态。

由此可见，乙酰胆碱的产生，配合胆碱酯酶的分解作用，对于昆虫的生命活动是极为重要的，如果二者配合作用失调，便可影响昆虫的生命活动。有机磷杀虫剂的杀虫效果，主要是有机磷破坏了乙酰胆碱酯酶的分解作用，使其神经麻痹衰竭而死。

四、神经系统功能与害虫防治

神经系统的研究，可使我们较深刻地理解昆虫的习性行为和生命活动，对于防治害虫具有重要指导意义。目前使用的有机磷杀虫剂，如 1605、3911 等都属于神经性毒剂。它的杀虫机理，就是破坏乙酰胆碱酯酶的分解作用，使昆虫受刺激后，神经末梢突触处产生的乙酰胆碱不能分解，使神经传导一直处于过度兴奋和紊乱状态，破坏了正常的生理活动，以至麻痹衰竭失去知觉而死。此外，利用害虫神经系统引起的习性反应，如伪死性、迁移性、趋光性、趋化性等，也可用于害虫的防治。

第五节　循环系统

昆虫的循环系统和其他节肢动物一样，属于开放式，即血液在体腔内各器官和组织间自由运行。昆虫的主要循环器官是一根位于消化道背面、纵贯于背血窦中的背血管。在很多昆虫体内和附肢的基部还有辅搏动器官，以驱使血液进入附肢的尖端。

一、背血管的构造与血液循环

背血管由肌纤维和结缔组织组成，可分为动脉和心脏两部分（图 3-8）。其中，动脉是前段开口于头腔，引导血液向前流动的管道。心脏是背血管后段连续膨大部分，位于腹腔，有的则延伸到胸腔内。每个膨大的部分即为1个心室，一般昆虫为4个，多则11个（如蜚蠊）。每个心室皆有1对心门与体腔相通，是血液进入心脏的开口。心门的内缘向内折入，形成心门瓣，当心室收缩时心室后的心门瓣将心门掩闭，使血液向心脏前端流动，而不至于从心门流回体腔。

当心脏扩张时，血液经由心门进入心脏；当心室由后向前依次收缩时，将血液不断推向前进，通过动脉压入头部。因此，在虫体前端的血液压力较高，驱使血液在体腔内由前向后定向流动，完成血液循环（图3-9）。

二、昆虫的血液及其功能

昆虫的血液又叫血淋巴，主要由血浆和血细胞（一般只占血液总量的5%左右）组成，不含血红蛋白，所以多为绿色、黄色或无色。血液的主要功能是储存与运送养料、酶、激素及代谢废物；吞噬、愈伤，调节体内水分含量；传递压力以助孵化、蜕皮、羽化、展翅及气管系统的通风作用等。由于绝大部分昆虫血液中不存在红细胞与血红蛋白，所以血液循环不携带氧气，与呼吸作用无关。

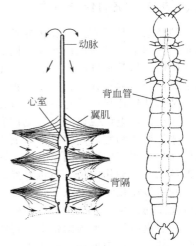

图3-8 昆虫的背血管和背隔
（仿丁锦华，苏建亚）

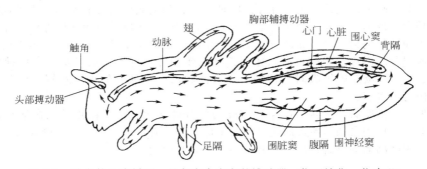

图3-9 昆虫的血液循环，具备完全发育的搏动器（仿丁锦华，苏建亚）

三、循环系统与害虫防治

杀虫剂进入虫体后，要依赖血液循环将其送到目标组织中，才能发生作用。一般血液循环愈快，药剂运载效率愈高，杀虫效率愈大。杀虫剂的作用靶标通常与循环系统无关，但常有一些毒副作用。杀虫剂破坏循环系统的主要表现是扰乱血液循环，如烟碱类；破坏血细胞，如无机盐类；使心脏搏动率下降，减低血液循环压力，如除虫菊酯等。

第六节 生殖系统

生殖系统是种的繁衍器官，其主要功能是繁衍后代，延续种族，一般位于消化道两侧或背面。雄性生殖系统开口于第9腹节腹板上或其后方，雌性生殖系统则开口于第8或第9腹节腹板后方。

一、雌性内生殖器官的基本构造

雌性内生殖器官有1对卵巢、1对侧输卵管、受精囊、生殖腔（或阴道）、附腺等［图3-10 (a)］。其中卵巢是产生卵子的地方，其端部有悬带或系带，附着在体壁、背隔等处，用以固定卵巢的位置。侧输卵管与卵巢相接，相接处通常膨大成卵巢萼，以便贮放卵粒。两侧输卵管汇合形成1条中输卵管。中输卵管通至生殖腔（交尾囊或阴道），其后端开口为雌性生殖孔。生殖腔背面附有1个受精囊，用以储存精子。受精囊上着生有特殊的腺体，其分泌物有保持精子生命力的作用。生殖腔上还着生有1对附腺，其功能是分泌胶质，使虫卵黏着于物体上或相互黏结成卵块，还可以形成卵块的卵鞘。

二、雄性内生殖器官的基本构造

雄性内生殖器官有1对睾丸（或精巢）、1对输精管、贮精囊、射精管、阳茎和生殖附腺[图3-10(b)]。其中睾丸是精子形成的地方。输精管与睾丸相通，且基部常膨大成用于储存精子的贮精囊。射精管开口于阳茎的端部。雄性附腺大多开口于输精管与射精管相连接的地方，一般均为1对，其分泌液浸浴精子，或形成包藏精子的精球（或精珠）。

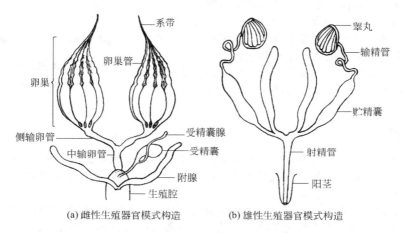

图3-10 昆虫生殖器官模式构造（仿丁锦华，苏建亚）

三、交尾、授精和受精

昆虫的交配又称交尾，是雌、雄两性成虫交合的过程。昆虫交尾时，雄虫把精子射入雌虫生殖腔内，并储存在受精囊中，该过程叫授精。授精后不久雌虫便开始排卵，当成熟的卵经过受精囊时，精子就从受精囊中释放出来，与排出的卵相结合，这个过程称为受精。

四、生殖系统与害虫防治的关系

研究昆虫生殖器官的构造，以及它们的交尾、受精等行为，对于害虫防治有着极其重要的作用。目前主要有以下两个方面的应用。

① 测报上的应用：通过解剖雌成虫的内生殖器官，观察卵巢发育的级别和卵巢管内卵的数量，作为预测害虫发生期、防治适期、发生量及迁飞等的依据。

② 利用绝育防治害虫：这种方法比直接杀死害虫更有效，并且不会伤害天敌和污染环境，受到国内外的重视。特别是某些一生只交尾一次的昆虫，采用辐射不育、化学不育剂等绝育方法，可以使雄虫不育或者雌虫不育，有些化合物可使雌雄两性均不育，然后释放到田间，使其与正常的防治对象交尾，便可使害虫种群数量不断下降，甚至灭亡。

第七节 分泌系统

昆虫的分泌系统分为内分泌器官和外激素腺体两大类。内分泌器官（图3-11）包括脑神经分泌细胞群、咽喉下神经节、心侧体、咽侧体和前胸腺、某些体神经节等。它们可分别分泌某种微量化学活性物质并进入血液，随着血液循环抵达作用部位，以协调昆虫各种生理功能。这种由昆虫内分泌器官分泌、在体内起作用的微量活性物质称为内激素。由外激素腺体分泌的活性物质称为信息激素。

一、内激素

内激素是昆虫分泌在体内的一些特殊物质，能支配和协调昆虫个体发育的各种生理功能。控制昆虫幼虫生长和变态的激素有三大类：由脑神经细胞群分泌的脑激素、由咽侧体分泌的保幼激素和由前胸腺分泌的蜕皮激素。脑激素能激发前胸腺分泌使昆虫蜕皮的蜕皮激素，同时又能激发咽侧体分泌保幼激素。昆虫幼虫时期保幼激素分泌较多，使每次蜕皮后仍保持幼虫特征，并不断生长；当幼虫老熟时，体内保幼激素停止分泌，在蜕皮激素的单一作用下，原来潜在的成虫器官芽得到生长发育，蜕皮后变为蛹或成虫。由此可见，在脑激素的支配下，保幼激素与蜕皮激素相互平衡共同调节，对昆虫的生长发育和变态有着重要意义。

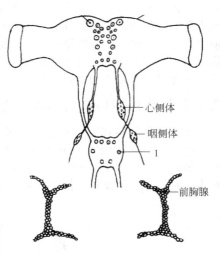

图 3-11　昆虫的内分泌器官
（仿丁锦华，苏建亚）

二、信息激素

昆虫的信息激素又称外激素，由昆虫体表特化的腺体（外激素腺体）分泌到体外，影响同种其他个体行为、发育和生殖的一种化学物质。昆虫的主要信息激素有性外激素、性抑制外激素、聚集外激素、标迹外激素和告警外激素等。

（1）性外激素　是成虫在性成熟时由腺体分泌于体外，用以引诱同种异性个体，进行交尾活动或其他生理效应的一类挥发性化学物质。蛾类性外激素的分泌腺常在第8、第9腹节的节间膜背面，蝶类和甲虫等多位于翅、后足或腹部末端。在鳞翅目昆虫中，蛾类的性外激素通常是由雌性分泌的，而蝶类则多是由雄性分泌的。

（2）性抑制外激素　某些昆虫分泌的一种能抑制性器官发育的激素，如蜂、蚁等昆虫。

（3）标迹外激素　是由社会性昆虫所分泌，必要时排出体外，可遗留在其经过的地方，作为指示路线的信号物质。如白蚁标迹外激素是由工蚁的杜氏腺所分泌。蚂蚁、蜂类昆虫也能分泌该类外激素。

（4）告警外激素　大多数社会性昆虫和某些聚集性昆虫在受到惊扰时，能释放出一些招引其他个体来保卫种群或促使其他个体快速逃跑的物质，称为告警外激素。告警外激素通常由上颚腺、杜氏腺等腺体产生，其腺体往往与保卫器官联系在一起，如上颚、螫刺等。蚜虫的告警外激素则由腹管分泌。

（5）聚集外激素　钻蛀活树的某些甲虫，如松蠹虫等为了形成强大的种群压力，以突破寄主的抵抗，常能分泌一种诱引其他个体的复杂的聚集外激素。聚集外激素是一些化合物的混合物，其中有的是由虫体本身合成的，而有的则是寄主树所产生的。

三、昆虫内激素、信息激素与害虫防治

长期以来，化学杀虫剂一直是害虫防治的有效手段，但是，由于化学农药的副作用，使人们不断开发寻找新型杀虫剂。1967年Williams首先提出将昆虫激素制剂发展成"第3代杀虫剂"的设想。昆虫激素作为昆虫生长发育的调节物质，即昆虫生长调节剂，能有效地干扰昆虫体内的激素平衡，破坏正常的生长发育、变态及生殖，导致害虫死亡，被认为是十分理想的第3代杀虫剂。

1. 内激素及其类似物的应用（昆虫生长调节剂 IGR）

（1）保幼激素类似物的应用　保幼激素和蜕皮激素是昆虫体内周期性有规律分泌的，若人为施加适量的保幼激素、蜕皮激素或其类似物，将会干扰昆虫体内激素的平衡，严重影响其正常生

长发育，甚至死亡。

天然的保幼激素活性高，但不稳定，见光分解，很难直接作为杀虫剂进行应用。从 Slama（1961，1966）从黄粉甲粪便和北美洲的冷杉中分别发现法呢醇、法呢醛和"纸因子"（锻松酸甲酯）具有保幼激素活性后，至今已从植物中提取并合成了多种保幼激素类似物，比较常用的 ZR-515、ZR-512、hydroprene、ZR-777等，分别用来防治泛水伊蚊、蚜虫、蜚蠊和仓储害虫，使害虫保持幼体状态，不能正常生长发育而死。这类物质脂溶性强，易穿透体壁，有一定的实用价值。

另一类有应用前景的为抗保幼激素或早熟素，可从熊耳草和胜红蓟中提取，现已人工合成早熟素Ⅰ号和早熟素Ⅱ号。这类物质能破坏咽侧体的作用，抑制其分泌，使昆虫过早变态、过早成熟、畸形、不育等。

目前，在蚕业生产上，可施用保幼激素类似物保持幼体状态，以增加蚕丝的产量。

（2）蜕皮激素类似物的应用　蜕皮激素主要作用于幼虫到成虫阶段，引起昆虫蜕皮。很多植物体中含有类似蜕皮激素的物质，被称为植物蜕皮素。如从紫杉中分离到百日青甾酮，从川牛膝中分离到川膝酮，从牛膝中分离到牛膝甾酮，施用这些物质后可使害虫提早蜕皮，不能正常发育。另外，Robbins 等（1968）又发现一类抗蜕皮激素，能有效阻止昆虫蜕皮。WeHinga 等（1973）发现了灭幼脲Ⅰ号、灭幼脲Ⅱ号、灭幼脲Ⅲ号、噻嗪酮等，已被开发成为一类新型杀虫剂。

这类杀虫剂的作用机理是抑制几丁质合成酶的活性，使幼虫蜕皮后不能形成新表皮，变态受阻，导致畸形或死亡。

2. 外激素及其类似物的应用

外激素种类较多，但是研究最多的是性外激素和"性诱剂"。

（1）性外激素或性诱剂的主要种类　性诱剂是根据天然性外激素的结构式人工合成的性外激素，是引诱同种异性个体进行交配的联系信号。据不完全统计，目前已有近千种昆虫的性外激素被分离鉴定，并人工合成性诱剂。国外已有少量性诱剂商品化出售，我国也正在大力试验与推广。

（2）外激素的利用途径　外激素及其类似物被用来防治害虫主要通过两个途径：一是进行害虫预测预报；二是直接进行害虫防治。

① 害虫预测预报：科学准确预测害虫的发生期、发生量是防治害虫的前提，利用某种害虫的性诱剂监测害虫的发生动态，是害虫测报最有效的方法。性诱剂专一性强，灵敏度高，诱集准确。目前在生产上已有多种昆虫性诱剂得到应用。如玉米螟、桃小食心虫、大豆食心虫、棉铃虫性诱剂等，对这些害虫的测报起到了一定作用。

② 害虫防治：采用适当方法，利用性诱剂可直接防治害虫。例如，采用诱捕法或诱杀法，将性诱剂与杀虫剂、捕虫机械等配合使用，能有效地杀死害虫，与其他诱杀法相比，更安全、有效；采用迷向法，在非农田释放性诱剂诱集同种异性个体，干扰其正常交配，可达到控制害虫的目的。另外，聚集激素、疏散激素等外激素在害虫防治方面都有不同程度的应用。

思 考 题

1. 体腔的概念是什么？
2. 简述消化系统的基本构造及其与防治的关系。
3. 简述神经系统的工作原理及其与防治的关系。
4. 简述昆虫的生殖系统在害虫测报上应用。
5. 影响昆虫呼吸的因素是什么？防治上怎么应用？

第四章 昆虫的生物学

昆虫种类繁多，每种昆虫都有其特殊的生长繁殖方式和习性行为，也就是说每种昆虫都有其生物特性。掌握昆虫的生物学特性，对于研究农业昆虫是非常重要的，如能找出害虫生活史的薄弱环节，或一些习性，就可在防治时加以利用；对于益虫，能就行人工养殖，或加以保护利用。昆虫生物学研究昆虫的个体发育史，包括昆虫从生殖开始，经过胚胎发育、胚后发育直至成虫阶段的生命特征。同时还要讨论昆虫在一年中的发生过程，即它们的年生活史和发生世代等。

第一节 昆虫的生殖和变态

一、昆虫的生殖方式

昆虫的生殖方式大致有以下几种。

1. 两性生殖

雌雄个体经两性交配，卵受精后方能发育成新个体的生殖方式称为**两性生殖**。昆虫的绝大多数种类进行两性生殖和卵生，即需经过雌雄两性交配，雌性个体产生的卵子受精之后，方能正常发育成新个体。两性生殖与其他各种生殖方式在本质上的区别是，卵必须接受精子以后，卵核才能进行成熟分裂；而雄虫在排精时，精子已经是进行过减数分裂的单倍体生殖细胞。这种生殖方式在昆虫纲中极为常见，为绝大多数昆虫所具有。

2. 孤雌生殖

不经两性交配即产生新个体，或虽经两性交配，但其卵未受精，产下的不受精卵仍能发育为新个体的繁殖方式称为孤雌生殖。分为以下 3 种类型。

（1）**偶发性孤雌生殖** 是指某些昆虫在正常情况下行两性生殖，但雌成虫偶尔产出的未受精卵也能发育成新个体的现象。常见的有家蚕、一些毒蛾和枯叶蛾等。

（2）**经常性孤雌生殖** 也称永久性孤雌生殖。这种生殖方式在某些昆虫中经常出现，而被视为正常的生殖现象。可分为两种情况：①在膜翅目的蜜蜂和小蜂总科的一些种类中，雌成虫产下的卵有受精卵和未受精卵两种，前者发育成雌虫，后者发育成雄虫。②有的昆虫在自然情况下，雄虫极少，甚至尚未发现雄虫，几乎或完全行孤雌生殖，如一些竹节虫、粉虱、蚧、蓟马等。

（3）**周期性孤雌生殖** 也称循环性孤雌生殖。昆虫通常在进行一次或多次孤雌生殖后，再进行 1 次两性生殖。这种以两性生殖与孤雌生殖交替的方式繁殖后代的现象，又称为异态交替或世代交替。如绵蚜从春季到秋末，行孤雌生殖 10～20 代，到秋末冬初则出现雌、雄两性个体，并交配产卵越冬。

3. 多胚生殖

多胚生殖是由一个受精卵细胞产生 2 个或更多的胚胎的生殖方式，每个胚胎发育成一个新的个体，最多的一个卵可以孵出 3000 个幼虫。这种生殖方法常见于膜翅目的一些寄生性蜂类，如小蜂科、细蜂科、小茧蜂科、姬蜂科、蜜蜂科等部分种类，在捻翅目中也有进行多胚生殖的。多胚生殖是对活体寄生的一种适应，可以利用少量的生活物质和在较短的时间内繁殖较多的后代个体。

4. 卵胎生

多数昆虫的生殖方式均为卵生，即雌虫将卵产出体外，进行胚胎发育。但有些昆虫的卵在母体内发育成熟并孵化,产出来的不是卵而是幼体,形式上近似于高等动物的胎生,但胚胎发育所需营养是由卵供给的,并非来自母体,也无子宫和胎盘之区别,所以又称为假胎生。如介壳虫、蓟马、麻蝇科和寄蝇科的一些种类。卵胎生能对卵起保护作用。

5. 幼体生殖

有少数昆虫,母体尚未达到成虫阶段还处于幼虫期就进行生殖,称为幼体生殖。未成熟的幼虫体内已具有卵巢,卵以孤雌生殖的方式发育为更小的幼虫,而后咬破母体而出。经过若干次幼体生殖后,有的幼虫才化蛹变为成虫,如一些瘿蝇。

幼体生殖的昆虫都属于全变态类,但它在幼体生殖阶段无卵期和成虫期,有的甚至无蛹期,所以完成一个世代所需的时间很短。幼体生殖同时也是孤雌生殖,所以有利于扩大分布和在不良环境下保持种群生存。幼体生殖兼有胎生与孤雌生殖的优点。

二、胚胎发育和胚后发育的概念

昆虫的个体发育可以分为胚胎发育和胚后发育两个阶段。

1. 胚胎发育

胚胎发育是指从单个细胞的合子卵裂开始至发育成为内外器官俱全的胚胎并准备孵化为止的全过程,即昆虫从卵受精开始到幼虫破开卵壳孵化为止,又称为卵内发育。

除孤雌生殖以外,卵必须经过受精才可开始胚胎发育。卵的受精一般是在卵从卵巢管排出向下经过受精囊口的时候进行,精子从受精囊出来经卵孔钻入卵。进入卵的精子常为几个至几十个,但只有其中的一个与卵核结合形成合子。当合子开始第一次卵裂时,胚胎发育就开始了。

2. 胚后发育

胚后发育指从卵孵化后开始至成虫羽化并性成熟为止的整个发育过程。其中包括幼虫至蛹(或若虫)及成虫性成熟之前的产卵前期等发育阶段。胚后发育所需的时间因昆虫种类不同而不同,同种昆虫在不同季节胚后发育所需的时间也不相同。如蚜虫只需几天,美洲十七年蝉长达10余年,但多数昆虫的胚后发育为数周或数月。

三、昆虫的变态及类型

1. 变态

昆虫在胚后发育中,从幼虫到成虫不但体积增大,还要经过外部形态、内部器官构造及生活习性上的一系列变化,这种现象生物学上称为变态,是昆虫的显著特征之一。

2. 变态的类型

根据各虫态体节数的变化、虫态的分化和翅的发生过程等特征,可将昆虫的变态分为完全变态和不完全变态两种主要类型(图4-1)。

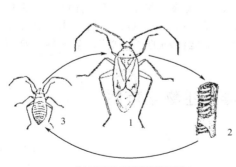
(a) 不完全变态(苜蓿盲蝽)
1—成虫;2—卵;3—若虫

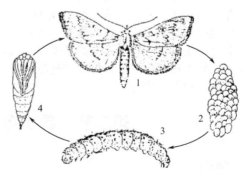
(b) 完全变态(玉米螟)
1—成虫;2—卵;3—幼虫;4—蛹

图 4-1 昆虫的变态

（1）不完全变态　主要特点是个体发育经历卵、幼体和成虫三个阶段，翅在幼体的体外发育，成虫特征随着幼体的生长发育而逐渐显现。由于原变态和不完全变态昆虫幼体的翅芽（wing pad）在体外发育，在分类上称外翅部（exopterygota）。不全变态又可分以下三个亚类型。

① 渐变态：主要特点是幼体与成虫在体形、习性及栖境等方面非常相似，见于直翅目、竹节虫目、螳螂目、蜚蠊目、革翅目、等翅目、半翅目、同翅目、啮虫目、纺足目、虱目和食毛目等。这类昆虫的幼体通称若虫。

② 半变态：主要特点是幼体水生，成虫陆生，二者在体形、取食器官、呼吸器官和运动器官等方面均有明显的分化。该类变态见于蜻蜓目。这类昆虫的幼体特称稚虫（图4-2）。

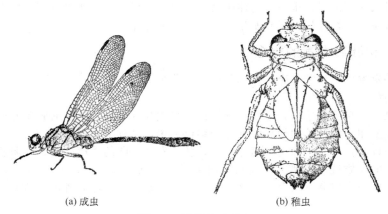

(a) 成虫　　　　(b) 稚虫

图 4-2　蜻蜓的半变态

③ 过渐变态：主要特点是幼体与成虫均陆生，形态相似，但末龄幼体不吃不动，极似完全变态的蛹，比渐变态稍显复杂，故称过渐变态。由于有类似蛹的虫态，有人认为它是昆虫从不完全变态向完全变态演化的一个过渡类型。这种变态见于缨翅目、同翅目粉虱科和雄性蚧类等。

（2）完全变态　主要特点是个体发育经历卵、幼体、蛹和成虫四个阶段，翅在幼体的体内发育。由于完全变态昆虫幼体的翅芽隐藏在体壁下发育，不显露，在分类上称内翅部。这类变态见于脉翅目、广翅目、长翅目、蛇蛉目、毛翅目、鞘翅目、鳞翅目、蚤目、双翅目和膜翅目等。这类昆虫的幼体特称幼虫。幼虫的生殖器官没有分化，外部形态、内部器官及生活习性等与成虫也有明显差异。从幼虫转变为成虫，需要经过一个将幼虫组织器官分解和成虫器官重建的蛹期。

在完全变态昆虫中，一些幼虫营寄生生活的种类，其幼虫各龄间因生活方式迥然不同而表现为体形、结构等方面的差异，其发育过程中的变化比一般全变态昆虫显得复杂，因而特称为复变态。见于捻翅目和鞘翅目芫青科等昆虫，其中芫青的变态最为典型。

芫青的幼虫分6龄，第1龄幼虫触角、足和尾丝发达，行动活泼，为蛃型幼虫，又叫三爪蚴，它到处爬动，寻找蝗卵或蜂巢；当它进入蝗虫卵块中或蜂巢里取食后，就蜕皮变为体壁柔软、胸足不很发达、行动迟缓的蛴螬型幼虫，该型幼虫经历第2～4龄；然后幼虫离开寄主，深入土中，蜕皮进入第5龄，成为体壁较坚韧、足退化、不能活动的"拟蛹"；第6龄又恢复蛴螬型式，然后化蛹再羽化为成虫。

第二节　昆虫各发育期的生物学特性

一、卵期

1. 昆虫卵的构造和类型

卵从内向外分卵壳、卵黄膜、原生网及充塞其中的卵黄。由于近卵黄膜处无卵黄，故此处的原生质叫周质。卵核位于卵的中央，这种卵黄位于卵中央，周质中无卵黄的卵叫中黄式卵。在卵的前端有一个或多个小孔叫卵孔，是精子进入的通道，故又叫精孔或受精孔。卵孔周围即卵孔区常具各种不同的刻纹。

昆虫卵的大小种间差异很大，赤眼蜂的卵则很小，长度仅有 0.02～0.03mm。昆虫卵的大小，既与虫体的大小有关，也同各种昆虫的潜在产卵量有关。较大的昆虫卵，如蝗卵可长达6～7mm，螽斯的卵可达40mm；小的如葡萄根瘤蚜的卵，长仅 0.02～0.03mm。

昆虫卵的形状是多种多样的。最常见的为卵圆形或肾形，如直翅目、双翅目昆虫和寄生性膜翅目昆虫的卵，大都属这种类型。此外，还有桶形（如多数椿象）、瓶形（如金花虫、菜粉蝶等）、纺锤形（如种蝇）、球形（如介壳虫）、半球形（如夜蛾类）、鸟卵形（如金龟子）等。草蛉类的卵有一丝状卵柄，螟的卵还具有卵盖（如图 4-3）。

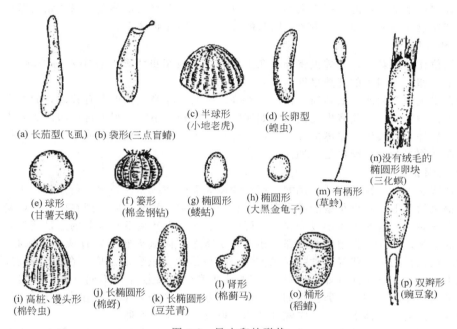

图 4-3　昆虫卵的形状

在昆虫的卵壳表面，还常常有各种各样的凹凸不平的脊纹。有的呈不规律的网状（如菜螟卵），有的为放射状的纵脊（如很多夜蛾的卵），有的在放射状纵脊之间还有横脊（如菜粉蝶的卵）。这些纹理都有助于增加卵壳的坚硬度，也为我们鉴别不同种类的昆虫卵提供了依据。

2. 孵化

昆虫胚胎发育完成后，经一定时间，幼虫或若虫脱卵而出的现象，称为孵化。

行将孵化的幼体靠内部张力和肌肉活动产生的血压借助破卵器来刺破卵壳或顶开卵盖，如脉翅目、半翅目和虱目等昆虫，而鳞翅目幼虫常用上颚咬破卵壳而出，双翅目蝇科幼虫的口钩也有类似的作用。有些昆虫具有特殊的破卵结构，如刺、骨化板、翻缩囊等，这些结构统称为破卵器。

某些没有破卵构造的昆虫孵化则依靠虫体内部产生的张力。当胚胎发育完成后，有的常将羊膜水吞入消化道，或吸入空气，使虫体膨大，再依靠肌肉活动所产生的压力挤压卵壳。螟类卵盖周围卵壳较薄，可借头部压力顶开卵盖（如图 4-4）。

从卵内孵出后到取食之前的幼虫叫初孵

(a) 臭虫　　(b) 臭虫　　(c) 菜粉蝶

图 4-4　两种昆虫的孵化状

幼虫，其体壁的外表皮尚未形成，身体柔软、色淡，随后取食或吞吸空气或水（水生昆虫）使体壁伸展，因此孵化不久的幼虫身体比卵大得多。一些鳞翅目昆虫的初孵幼虫常有取食卵壳或同类卵的习性；有些种类在幼虫孵化后，并不马上开始取食活动，而常常停息在卵壳上或其附近静止不动。此期还可继续利用包在中肠内的胚胎发育的残余卵黄物质。

3. 产卵方式

昆虫的产卵方式也随种类而异。有的单个地方散产，许多卵聚集在一起成为卵块。有的产在暴露的地方，有的则产在隐蔽场所，有的甚至产入寄生组织内。

很多昆虫的卵是产在物体表面的。在植物的各种器官表面几乎都可以找到昆虫的卵。例如，稻螟的卵产在稻叶上，天幕毛虫的卵产在树枝上，棉铃虫的卵部分产在花蕾和苞叶上，梨大食心虫的卵产在梨芽基部、桃的新梢或果实上，豌豆象的卵产在豌豆嫩荚上，绿豆象的卵产在绿豆种子上等。产在物体表面的卵大多由雌虫附腺的分泌物黏附在物体上。

4. 产卵场所

产卵地位比较隐蔽的，如蝗虫将卵产在土里，小麦吸浆虫将卵产在小麦的护颖和外颖之间，梨椿象将部分卵产在树皮的缝隙里等。

产卵在寄主组织内的，如蓟斯、盲蝽、叶蝉、飞虱、叶蜂等昆虫都有较发达的产卵器，可以划破或插入植物组织。一些寄生性昆虫（如姬蜂、小茧蜂、小蜂）则可将产卵器插入寄主身体或卵内产卵。另外，如天牛、象鼻虫等可用口器先在寄主植物上咬成缺口或小穴，然后把卵产入其中。害虫在植物组织内产卵也是一种为害方式。

5. 卵的保护

昆虫产卵表现出多种适应性。例如，产在物体表面的卵或卵块外常有覆盖物：三化螟的卵块表面有黄褐色的茸毛，苹果巢蛾的卵多有红褐色的胶状物，螳螂的卵多产在坚硬的卵囊内，蝗虫的卵也包在卵囊内。这些覆盖物或卵囊，都可以避免在干燥环境下卵水分的过量蒸发，也可部分避免天敌的加害。产在植物组织内的卵，还往往从寄主体内获得胚胎发育或孵化所必需的水分。昆虫产卵时还往往为下一代寻找食物提供方便，这也是一种重要的适应。在完全变态的昆虫中，有的成虫不吃或很少吃东西（如鳞翅目）；有的成虫和幼虫食性完全不同（如膜翅目、双翅目），但它们常常到幼虫的寄主上产卵。例如，三化螟在水稻上产卵，菜粉蝶在十字花科蔬菜上产卵，寄生蜂在其幼虫的寄主体上产卵，实蝇到其幼虫取食的果实上产卵。

有的产卵方式显然与减少卵的受害有关。例如，绿豆象的卵是散产的，但有的则两卵上下重叠，上面的卵可保护下面的卵使其不受寄生蜂侵害的作用。草蛉产卵时，先分泌一些黏胶，随腹部上翘拉成一条细丝，卵即产在细丝顶上。这样的产卵方式有利于防止先孵出来的幼虫将其余的卵吃掉。

6. 防治

与杀虫剂的关系：卵壳的不透水性，只能使用酯类药剂或熏蒸剂杀卵；卵壳、卵黄膜的厚度影响药剂的穿透力；卵的发育期影响药效，一般越冬卵抗药力强，胚胎发育期抗药力弱。所以利用杀卵剂应注意适期适量。

二、幼虫期

昆虫幼虫或若虫从卵内孵化、发育到蛹（全变态昆虫）或成虫（不全变态昆虫）之前的整个发育阶段，称为幼虫期或若虫期。幼虫期的变化体现在体重增长和蜕皮两个方面。

1. 幼虫结构特点及幼虫类型

（1）原生型　幼虫是在胚胎发育的早期孵化，不像虫子，很像一个胚胎。腹部分节不明显，胸足仅几个突起，口器及呼吸系统均发育不完，不能独立生活，浸在寄主体腔中，靠体壁吸收营养。这类昆虫的卵，其卵黄很少，因此孵化较早。原足型昆虫见于膜翅目一些内寄生蜂如小蜂、姬蜂。

（2）多足型　除3对胸足外，腹部还有多对附肢，呼吸系统属周气门式。见于广翅目及部分鞘翅目、鳞翅目、长翅目和膜翅目中的叶蜂科。后3目又叫蠋形幼虫。但有人将腹足超出5对的叶甲幼虫称为伪蠋形幼虫。广翅目、水龟虫、龙虱、豉甲的幼虫腹部具有多对刺突或呼吸丝。

（3）寡足型　仅3对胸足，腹部无附肢，可分为3类：①柄型幼虫：胸足发达，行动迅捷，为捕食性种类，如脉翅目、毛翅目、鞘翅目中的步甲、瓢虫、芫青的1龄幼虫等；②蛴螬型：身体粗壮，行动迟缓，弯曲成"C"形，如金龟甲；③蠕虫型：胸足短小，身体僵直，如叩甲、拟地甲科。

（4）无足型　足完全退化，常根据头的发育程度分为3种类型。①全头型：头部完全，见于少数潜叶蛾、鞘翅目中的象甲等、蚤目、低等双翅目、一些蜂子等（小蜂、姬蜂、蜜蜂等）；②半头型：头部部分退化，后端缩入前胸。见于虻及部分蜂类；③无头型：头部完全退化，无口器，仅留有口钩，见于所有的蝇类。

2. 生长与蜕皮

幼虫体外表有一层坚硬的表皮限制了它的生长，所以当生长到一定时期，就要形成新表皮，脱去旧表皮，这种现象称为蜕皮。脱下的旧表皮称为蜕。幼虫的生长与蜕皮周期性交替进行，每蜕皮1次，身体增大一点。

根据昆虫蜕皮的性质可将蜕皮分为3类：幼期伴随着生长的蜕皮，则称为生长蜕皮；老熟幼虫或若虫蜕皮后变为蛹或成虫的蜕皮称为变态蜕皮；因环境条件而增加的蜕皮次数称为生态蜕皮。

从卵内孵化出的幼虫称为第1龄幼虫，以后每脱1次皮增加1龄，即虫龄。相邻两龄之间的历期，称为龄期。最后一次蜕皮后变成蛹（若虫和稚虫则变为成虫）。昆虫蜕皮次数，种间各异，但同种昆虫是相对稳定的。如直翅目和鳞翅目幼虫一般为4～5次，双尾目的双尾虫和铗尾虫只蜕皮1次，金龟幼虫蜕皮3次，蜉蝣、石蝇等蜕皮20～30次，衣鱼蜕皮则多达45～60次。有的昆虫不同性别蜕皮次数也不同，一般雌虫比雄虫多蜕皮1～2次，如衣鱼、蝗虫、蚧类等昆虫中较常见。环境因素如温度、食料等也可影响蜕皮次数，在一定范围内温度增高，蜕皮次数趋于减少，营养不良往往造成蜕皮次数增多。

3. 幼虫生物学特性及在防治中的应用

昆虫的生长和蜕皮是相互伴随，同时又常常是交替进行的。每次蜕皮前常表现为不食不动；蜕皮后，当虫体体壁尚未硬化时，有一个急速生长的过程，随后生长又趋缓慢，至下次再蜕皮前，几乎停止生长。在昆虫的胚后发育中，虫体的生长主要在幼虫期或若虫期进行，其生长速率是很高的。如家蚕成长幼虫的体长比初孵幼虫增大约24倍，体重增长近1万倍。因此对农业害虫来说，幼虫期或若虫期是主要为害时期，也是防治的重点时期。

种内同一龄幼虫个体间的体长常有所差异，但头壳宽度，一般变异很小，可以此作为识别虫龄的重要依据之一。Dyar(1890)曾对28种鳞翅目幼虫头壳宽度进行逐龄测量，发现各龄间头壳宽度按一定几何级数增长，即各龄幼虫的头壳宽度之比为一常数，即：上一龄头壳宽：下一龄头壳宽=1：4。戴氏律虽然有其局限性，但在实践中仍有一定的应用价值，可用于推知幼虫的龄期。

三、蛹

1. 蛹的类型

根据翅和触角、足等附肢是否紧贴于蛹体上，以及这些附属器官能否活动和其他外形特征，可将蛹分为离蛹、被蛹和围蛹3种类型（图4-5）。离蛹：又称裸蛹，如鞘翅目的蛹；被蛹，如鳞翅目的蛹；围蛹，如蝇类的蛹。

(a) 围蛹

(b) 离蛹

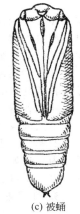
(c) 被蛹

图4-5　蛹的各种类型

2. 蛹的生物学特性及在防治中的应用

蛹的生命活动虽然是相对静止的，但其内部却进行着将幼虫器官改造为成虫器官的剧烈变化。蛹的抗逆力一般都比较强，且多有保护物或隐藏于隐蔽场所，所以许多种类的昆虫常以蛹的虫态躲过不良环境或季节，如越冬等。

蛹（pupa）是全变态昆虫在胚后发育过程中，由幼虫转变为成虫时，必须经过的一个特有的静息虫态。

待脱去末龄幼虫表皮后，翅和附肢即显露于体外，这一过程称为化蛹。自末龄幼虫脱去表皮起至变为成虫时止所经历的时间，称为蛹期。

蛹期防治：蛹不食不动，借助茧、土室或隐蔽地点，可用灌水的方法使蛹窒息，也可采摘蛹，或深翻地时拣拾、深埋蛹进行防治，也可用药剂防治。

四、成虫期

昆虫的成虫期是昆虫发育的最后一个阶段，也是昆虫的生殖时期，包括羽化、交尾、产卵。

1. 羽化

完全变态的昆虫蜕去蛹壳或不完全变态的昆虫蜕去末龄若虫的皮化为成虫的过程称为羽化。

2. 雌雄二型和多型现象

成虫从羽化到开始产卵时所经过的历期，称为产卵前期。从开始产卵到产卵结束的历期，称为产卵期。成虫产完卵后，多数种类很快死亡，雌虫的寿命一般较雄虫长，"社会性"昆虫的成虫有照顾子代的习性，它们的寿命较一般昆虫长得多。

（1）雌雄二型　同种昆虫的雌雄两性个体间，除内、外生殖器官构造不同外，在个体大小、体形、体色等形态结构方面存在明显差异的现象称为雌雄二型。如在鞘翅目犀金龟科中，雄性个体明显大于雌性个体，且雄虫头部和前胸背板上常有角状突起，有"独角仙"或"独角犀"之称，而雌虫的头部和前胸背板无突起；在鞘翅目锹甲科中，雄性个体也明显大于雌性个体，且雄虫上颚特别发达，有的甚至与身体等长或分支如鹿角，而雌虫上颚不发达（图4-6）；在捻翅目、同翅目蚧类、鳞翅目蓑蛾科与尺蛾科中，雄虫有翅，而雌虫无翅；在鳞翅目蝶类中，许多种类雌雄个体翅的底色与饰纹差异显著；蛾类的翅缰往往雄的只有1根，雌的则为2根以上；蝇类的复眼，雄性的大且几乎

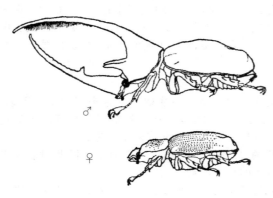

图4-6　犀金龟的雌雄二型现象

左右相接，雌性的则较小且明显分离；雄蚊触角呈环毛状，雌蚊则为丝状等。如袋蛾、多数蚧虫，雌虫无翅，雄虫有翅；舞毒蛾雄成虫体小、色深，雌成虫体大、色浅，翅上的斑纹也不完全相同。第二性征不可能在幼虫期出现，这本身就说明它同两性活动的联系。

（2）多型现象　是指同种昆虫同一性别的个体间在大小、体形、体色等形态结构方面存在明显差异的现象。多型现象不仅可以在成虫期出现，也可以在幼期或蛹期出现，但以成虫期居多，且以雌性普遍。

多型现象在蜜蜂、蚂蚁和白蚁等社会性昆虫和蚜虫中表现最为突出。如雌性蜜蜂中，有负责生殖的蜂后（王）和失去生殖能力而担负采蜜、筑巢等工作的工蜂；雌性白蚁中，生殖型个体常可分为长翅型、短翅型和无翅型；在蚜虫中，受光周期、寄主植物和种群密度等因素的影响会出现干母、干雌、有翅孤雌胎生蚜、无翅孤雌胎生蚜、雄蚜、雌蚜、卵生雌蚜等不同型（图4-7）。

3. 性成熟和补充营养

性成熟是指成虫体内的性细胞——精子和卵发育成熟。一般刚羽化的成虫，其性细胞尚未完全成熟，但不同种类或同种昆虫的不同性别，性成熟的早晚也有差别。通常雄虫性成熟较雌虫

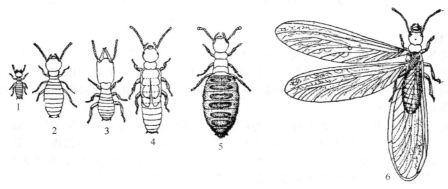

图 4-7　白蚁（*Reticulitermes*）的多型现象
1—幼虫；2—工蚁；3—兵蚁；4—若虫；5—补充王蚁；6—有翅王蚁

早。完全变态昆虫的雄虫往往在羽化时精子已成熟，而且离开睾丸，储存于贮精囊中。成虫性成熟所需营养主要在幼虫阶段积累，所以性成熟的早晚在很大程度上取决于幼虫期的营养。如家蚕、舞毒蛾等成虫的口器退化，不需取食，羽化时性已成熟便能交配产卵，寿命很短，常只有数天，甚至数小时。蜉蝣有"朝生暮死"之称，是因其羽化后，性已成熟，羽化当日即交配产卵，并很快死亡。

大多数昆虫，尤其是直翅目、半翅目、鞘翅目、鳞翅目夜蛾科等昆虫，幼虫期积累的营养不足，其成虫羽化后性尚未成熟，需要继续取食，才能达到性成熟。这种对性细胞发育不可缺少的成虫期营养，称为补充营养。有些昆虫的性成熟还需一些特殊的刺激才能完成，如东亚飞蝗、黏虫等，必须经过长距离的迁飞；一些雌蚊、跳蚤必须经过吸血刺激；飞蝗的雌虫必须经过交配接受雄虫体表的外激素刺激，才能达到性成熟。

昆虫性成熟后就要进行交配，其交配次数因种类而异，有的一生只交配1次，有的交配多次。一般雄虫交配次数比雌虫多，如棉红铃虫雌虫一般交配1~2次，雄虫交配1~8次；稻瘦蚊雌虫一般交配1次，多的达2~3次，雄虫可交配8次。每种昆虫一生交配的次数是由种的特性决定的。

4. 成虫期特征在防治中的应用

在各种昆虫中，交配前期和产卵前期都是比较稳定的。马尾松毛虫在羽化的当天或第2天就可进行交配，产卵前期一般只有2~3天，这与其成虫口器退化、寿命较短有关。

许多性成熟的昆虫能向外释放具有特异气味的微量化学物质，以引诱同种异性昆虫进行交配。现代科学据此原理研制了模仿雌性昆虫释放的外激素，以引诱其雄性前来交配。这种在昆虫交配过程中起通讯联络作用的化学物质（昆虫性外激素或性信息素）或其类似物就叫性引诱剂（简称性诱剂）。使用性诱剂由于诱杀了大量的雄蛾，减少了雄蛾与雌蛾的交配机会，因而对降低田间卵量、减少害虫的发生量起到了良好的作用。

灯光诱杀法的利用：稻螟虫、稻苞虫、稻纵卷叶螟、棉铃虫等成虫，夜晚对光很敏感，一见灯光便飞扑上去。在其羽化高峰期、虫蛾产卵之前，每天晚上用木盆、脸盆装水，盆中滴几滴煤油和柴油，将其置于田埂上，点上马灯放在盆里。飞蛾扑火后落入水中死亡。每代虫点灯灭蛾4~6晚。

第三节　昆虫的行为和习性

一、停育

昆虫的停育分为休眠和滞育两种。

1. 休眠

休眠是由不良环境条件直接引起的，当不良环境条件消除时，便可恢复生长发育。如东亚飞蝗以卵越冬、甜菜夜蛾以蛹越冬等都属于休眠性越冬。休眠性越冬的昆虫耐寒力一般较差。

2. 滞育

滞育是昆虫长期适应不良环境而形成的种的遗传性。在自然情况下，当不良环境到来之前，生理上已经有所准备，即已进入滞育。一旦进入滞育必需经过一定的物理或化学刺激，否则恢复到适宜环境也不进行生长发育。滞育性越冬和越夏的昆虫有固定的滞育虫态。滞育又可区分为专性滞育和兼性滞育两种类型。

(1) 专性滞育　又称确定性滞育。这种滞育类型的昆虫严格为一年发生1代，滞育世代和虫态固定。不论当时外界环境条件如何，按期进入滞育，已成为种的巩固的遗传性。如舞毒蛾一年发生1代，在6月下旬至7月上旬产卵，此时尽管环境条件是适宜的，但也不再进行生长发育，以卵进入越冬状态。大豆食心虫等也属专性滞育越冬。

(2) 兼性滞育　又称任意性滞育。这种滞育类型的昆虫为多化性昆虫，滞育的虫态固定，但世代不定。如桃小食心虫在北方，主要以1代幼虫越冬，少数以2代幼虫越冬。昆虫的滞育虫态因种类而异，可出现在任何虫态或虫期。

成虫期滞育主要表现为性腺的滞育，即生殖腺（卵巢或睾丸）停止发育，不能交配产卵，但有的仍可取食。七星瓢虫的滞育成虫当气温适宜时，虽能活动取食，但不交配产卵。

对昆虫滞育产生影响的光周期是指一昼夜中的光照时数与黑暗时数的节律，一般以光照时数表示，是影响昆虫滞育的主要因素。引起昆虫种群中50%的个体滞育的光照时数，称为临界光周期。

根据昆虫滞育对光周期的反应，可将昆虫分为以下4种滞育类型。

① 短日照滞育型：即长日照发育型。其特点是昆虫滞育的个体数随日照时数的减少而增多。通常光周期长于12～16h，仍可继续发育而不滞育。一般冬季滞育的昆虫，如亚洲玉米螟等属于此类型。

② 长日照滞育型：即短日照发育型。其特点是昆虫滞育的个体数随日照时数的增加而增多。通常光周期短于12h，仍可继续发育而不滞育。一些夏季滞育的昆虫，如小麦吸浆虫等属于此类型。

③ 中间型：光周期过短或过长均可引起滞育，只有在相当窄的光周期范围内才不滞育。如桃小食心虫在25℃时，光照短于13h，老熟幼虫全部滞育；光照长于17h，半数以上滞育；而光照为15h时，则大部分不滞育。

④ 无光周期反应型：光周期变化对滞育没有影响。如苹果舞毒蛾、丁香天蛾等。

研究昆虫的休眠和滞育，有助于进行害虫的发生期预测，寻求害虫的薄弱环节，开展越冬防治。

二、食性

不同种类的昆虫，取食食物的种类和范围不同，同种昆虫的不同虫态也不完全一样，甚至差异很大。昆虫在长期的演化过程中，对食物形成一定的选择性，即食性。根据昆虫对食物的选择情况，可将其分为不同的类型。

按昆虫取食的食物性质，通常可分为以下几种类型。

① 植食性：是以植物的各部分为食料，这类昆虫占昆虫总数的40%～50%，如黏虫、菜蛾等农业害虫均属此类。

② 肉食性：是以其他动物为食料，又可分为捕食性（如七星瓢虫、草蛉等）和寄生性（如寄生蜂、寄生蝇等）两类，它们在害虫生物防治上有着重要意义。

③ 腐食性：是以动物的尸体、粪便或腐败植物为食料，如埋葬虫、果蝇和舍蝇等。

④ 杂食性：兼食动物、植物等，如蜚蠊。

按取食范围的广狭，可分为以下几种类型。

① 单食性：是以某一种植物为食料，如豌豆象只取食豌豆等。

② 寡食性：是以1个科或少数近缘科植物为食料，如菜粉蝶取食十字花科植物、棉大卷叶螟取食锦葵科植物等。

③ 多食性：是以多个科的植物为食料，如棉铃虫可取食茄科、豆科、十字花科、锦葵科等30个科200种以上的植物。

昆虫的食性虽有其稳定性，但也有一定的可塑性，在食料改变和缺乏正常食物时，其食性可被迫改变和发生分化。近年来，随着昆虫营养生理、生物防治等研究的深入，国内外已研制出了许多昆虫的人工饲料，如棉铃虫、斜纹夜蛾、三化螟、瓢虫等。

三、昆虫的群集性

同种昆虫的个体大量聚集在一起生活的习性，称为群集性（aggregation）。但各种昆虫群集的方式有所不同，可分为临时性群集和永久性群集两种类型。

（1）临时性群集　是指昆虫仅在某一虫态或某一阶段时间内行群集生活，然后分散。如天幕毛虫的低龄幼虫行群集生活，老龄后即行分散生活；多种瓢虫越冬时，其成虫常群集在一起，当度过寒冬后即行分散生活。

（2）永久性群集　往往出现在昆虫个体的整个生育期，一旦形成群集后，很久不会分散，趋向于群居型生活。如东亚飞蝗卵孵化后，蝗蝻可聚集成群，集体行动或迁移，蝗蝻变成虫后仍不分散，往往成群远距离迁飞。多数昆虫的永久性群集主要是由于视觉器或嗅觉器受到环境刺激，引起虫体内特殊的生理反应，并产生外激素的作用所造成的。

四、昆虫的趋性

趋性是指昆虫对外界刺激（如光、温度、湿度和某些化学物质等）所产生的趋向或背向行为活动。趋向活动称为正趋性，负向活动称为负趋性。

昆虫的趋性主要有趋光性、趋化性、趋温性、趋湿性等。

（1）趋光性　指昆虫对光刺激所产生的趋向或背向活动。趋向光源的反应，称为正趋光性；背向光源的反应，称为负趋光性。不同种类，甚至不同性别和虫态的趋光性不同。多数夜间活动的昆虫，对灯光表现为正的趋性，特别是对黑光灯的趋性尤强。

（2）趋化性　指昆虫对一些化学物质刺激所表现出的反应。其正、负趋化性通常与觅食、求偶、避敌、寻找产卵场所等有关。如一些夜蛾，对糖醋液有正趋性；菜粉蝶喜趋向含有芥子油的十字花科植物上产卵；而菜蛾则不趋向含有香豆素的木犀科植物上产卵，表现为负趋化性。

（3）趋温性、趋湿性　是指昆虫对温度或湿度刺激所表现出的定向活动。

五、迁移习性

1. 昆虫的扩散

扩散是指昆虫个体经常的或偶然的、小范围内的分散或集中活动，也可称为蔓延、传播或分散等。昆虫的扩散一般可分为以下几种类型。

（1）完全靠外部因素传播　即由风力、水力、动物或人类活动引起的被动扩散活动。许多鳞翅目幼虫可吐丝下垂并靠风力传播。人类活动（如货物运输、种苗调运等）有时也无意中帮助了一些昆虫的扩散。

（2）由虫源地（株）向外扩散　有些昆虫或其某一世代有明显的虫源中心，常称之为"虫源地（株）"。绵蚜等常首先由点片发生，后逐渐向周围附近植株及田块蔓延。

（3）由于趋性所引起的分散或集中。

2. 昆虫的迁飞

迁飞或称迁移，是指一种昆虫成群地从一个发生地长距离地转移到另一个发生地的现象。昆虫的迁飞既不是无规律的突然发生的，也不是在个体发育过程中对某些不良环境因素的暂时性反应，而是种在进化过程中长期适应环境的遗传特性，是一种种群行为。但迁飞并不是昆虫普遍存在的生物学特性。迁飞常发生在成虫的一个特定时期——"幼嫩阶段"的后期，雌成虫的卵巢尚未发育，大多数还没有交尾产卵。目前已发现不少主要农业害虫具有迁飞的特性，如东亚飞蝗、黏虫、小地老虎、甜菜夜蛾、稻纵卷叶螟、稻褐飞虱、白背飞虱、黑尾叶蝉、多种蚜虫等。迁飞昆虫常可分为3种类型。

（1）无固定繁育基地的连续性迁飞型　这类迁飞昆虫无固定的繁育基地，可连续几代发生迁飞，每一代都可以有不同的繁育基地；成虫寿命较短（常局限在一个季节内），从某一代的发生地迁飞到新的地区产卵繁殖，产卵后成虫随即死亡。农业昆虫中的大多数迁飞性种类都属于此类型，如黏虫、稻纵卷叶螟、甜菜夜蛾、稻褐飞虱等。

（2）有固定繁育基地的迁飞型　这类迁飞昆虫有一定的特别适生的繁育基地。大多数飞蝗属于该类型，其繁育基地称为"蝗区"。飞蝗只有在这些基地上才能大量繁殖，并形成巨大的能够迁飞的群居型飞蝗群体。

（3）越冬或越夏迁飞型　这类昆虫的迁飞都发生在越冬或越夏期前后。成虫的寿命较长；成虫从发生分布地区迁向越冬（夏）地区，在那里度过其滞育阶段，滞育结束后又迁回原来发生地产卵繁殖。如七星瓢虫和异色瓢虫等。

六、保护习性

假死性是指昆虫受到某种刺激或震动时，身体卷缩，静止不动，或从停留处跌落下来呈假死状态，稍停片刻即恢复正常而离去的现象。如金龟子、象甲、叶甲，以及黏虫幼虫等都具有假死性。假死性是昆虫逃避敌害的一种适应。

一种动物"模拟"其他生物的姿态，得以保护自己的现象，称为拟态。这是动物在自然选择上朝着有利特性发展的结果。拟态可以分为两种主要类型：一种称为贝氏拟态，另一种称为缪氏拟态。

保护色是指一些昆虫的体色与其周围环境的颜色相似的现象。如栖居于草地上的绿色蚱蜢，其体色或翅色与生境极为相似，不易为敌害发现，利于保护自己。菜粉蝶蛹的颜色也因化蛹场所的背景不同而不同，在甘蓝叶上化的蛹常为绿色或黄绿色，而在篱笆或土墙上化蛹时，则多呈褐色。

有些昆虫既有保护色，又有与背景形成鲜明对照的体色，称为警戒色，更有利于保护自己。如蓝目天蛾，其前翅颜色与树皮相似，后翅颜色鲜明并有类似脊椎动物眼睛的斑纹，当遇到其他动物袭击时，前翅突然展开，露出后翅，将袭击者吓跑。

有些昆虫既有保护色，又能配合自己的体形和环境背景，保护自己。如一些尺蛾幼虫在树枝上栖息时，以末对腹足固定于树枝上，身体斜立，体色和姿态酷似枯枝；竹节虫多数种类形似竹枝；大部分枯叶蛾种类的成虫体色和体形与枯叶极为相似，因而不易被袭击者发现。

七、本能

本能指昆虫以一系列非条件反射表现出的复杂的神经活动，可遗传，如筑巢、结茧。由内激素调节控制。

八、昆虫活动的昼夜节律

绝大多数昆虫活动，如交配、取食和飞翔等都与白天和黑夜密切相关，其活动期、休止期常随昼夜的交替而呈现一定节奏的变化规律，这种现象称为昼夜节律。根据昆虫昼夜活动节律，可将昆虫分为以下几种。

① 日出性昆虫：如蝶类、蜻蜓、步甲和虎甲等，它们均在白天活动。

② 夜出性昆虫：如小地老虎等绝大多数蛾类，它们均在夜间活动。

③ 昼夜活动的昆虫：如某些天蛾、大蚕蛾和蚂蚁等，它们白天黑夜均可活动。

有的还把弱光下活动的昆虫称为弱光性昆虫，如蚊子等常在黄昏或黎明时活动。

第四节　昆虫的生活史

一、昆虫的世代和年生活史

1. 昆虫世代

一个新个体从离开母体发育到性成熟产生后代止的个体发育史称为一个世代。一个世代通常包括卵、幼虫、蛹及成虫等虫态。世代的长短因种而异，与环境有关。

昆虫的新个体从离开母体到死亡所经历的时间叫该昆虫的寿命。显然，昆虫的寿命比生活周期长，但不同类群的昆虫差别很大。蜉蝣成虫羽化不久即交尾，交尾后很快死亡，其生活周期与寿命基本相同；但有些昆虫，特别是鞘翅目昆虫，成虫羽化后要补充营养才能产卵，其产卵历期较长，产卵后又经较长的时间才死亡，其生活周期明显比寿命短；寿命与生活周期差异最大的当属社会性昆虫，特别是白蚁的蚁后，其产卵历期可长达50~80年，其寿命比生活周期多几十年。在同种昆虫的不同性别中，雌性常比雄性寿命长，一般雄虫完成交配后很快死去，而雌虫产卵则有一个历期且部分种类有护育后代的习性。

昆虫一年发生世代数的多少是种的遗传性所决定的。一年发生1代的昆虫，称为一化性昆虫，如大豆食心虫、梨茎蜂、舞毒蛾等。一年发生2代及其以上者，称为多化性昆虫，如棉铃虫一年发生3~4代，绵蚜一年可发生10~30代。有些昆虫则需2年或多年完成1代，如大黑鳃金龟2年发生1代，沟金针虫、华北蝼蛄约3年发生1代，十七年蝉则需17年发生1代。

2. 昆虫生活年史

生活史是指昆虫在一定阶段的发育史。生活史常以1年或1代时间为单位，昆虫在一年中的发育史称年生活史或生活年史，一种昆虫在1年内的发育史指从当年的越冬虫态开始活动起到第2年越冬虫态结束止的发育经过。而昆虫在一个世代中的发育史称代生活史或生活代史。

由于各种昆虫的生活习性不同，所以必须了解并掌握各种昆虫的越冬虫态和场所、1年中的代数、各个世代和各种虫态发生的时间和历期、生活习性的特点、与寄主植物发育阶段是否吻合、地理分布区的特点、年生活史等，只有掌握了这些情况，才能做好防治害虫和利用益虫工作。可以通过野外观察和室内饲养，将结果用比较简明的图表表示，以便掌握和运用。

二、昆虫生活史的多样性

昆虫生活史的多样性包括昆虫的化性、世代重叠、局部世代和世代交替。

1. 昆虫的化性

昆虫的化性是指昆虫，特别是具有滞育特性的昆虫在1年内发生的世代数。1年发生1代的称1化性，如大地老虎与大豆食心虫；1年发生2代的称二化性，如东亚飞蝗与二化螟；1年发生3代或以上的称多化性，如绵蚜；而2年才完成1代的称半化性，如大黑鳃金龟；2年以上才完成1代的称部化性，如华北蝼蛄和十七年蝉。

一化性昆虫，其年生活史与世代的含义相同；多化性昆虫，其年生活史就包括多个世代；部化性昆虫，其年生活史只包括部分虫态的生长发育过程。

昆虫的化性是由种的遗传性和环境因素共同决定的。多化性昆虫1年发生代数的多少，还与环境因素，特别是温度有关，所以同种昆虫在不同地区1年发生的代数也有所不同。如亚洲玉米螟在黑龙江省1年发生1代，在山东省1年发生2~3代，在江西省1年发生4代，在广东、广西省1年发生5~6代。

2. 世代重叠

二化性和多化性昆虫常由于成虫发生期和产卵期长，或越冬虫态出蛰期不集中，造成前一世代与后一世代明显重叠的现象称为世代重叠。如小菜蛾在杭州9月份可有8个世代混合出现。在这种情况下，世代划分就很困难。

3. 局部世代

同种昆虫在同一地区出现不同化性的现象称为局部世代。如棉铃虫在河北和河南等地 1 年发生 4 代，以蛹越冬；但部分第 4 代的蛹羽化为成虫并产卵发育为第 5 代幼虫，然而由于气温降低而死亡，形成不完整的第 5 代。

4. 世代交替

一些多化性昆虫在年生活史中出现两性生殖世代与孤雌生殖世代交替的现象称为世代交替或异态交替。这种现象在蚜虫、瘿蜂和瘿蚊中较常见，尤其是蚜虫常表现出多型和不同世代间生活习性的明显差异。

思 考 题

一、名词解释

孤雌生殖　多胚生殖　两性生殖　世代　生活年史　变态　羽化　化蛹　龄期　补充营养　性二型　多型性　趋光性　假死性　胚胎发育

二、填空题

1. 昆虫的繁殖方式可分为_____、_____、_____、_____四种类型。
2. 按照蛹的形态特征，蛹可分为_____、_____、_____三种类型。
3. 按照刺激物的性质，趋性可分为_____、_____、_____三种类型。
4. 昆虫成虫期的主要特点是_____。
5. 昆虫雌雄个体数量之比称为_____；一般情况下接近于_____。
6. 昆虫发育分_____和_____两个阶段。

三、问答题

1. 昆虫的个体发育分哪两个阶段？
2. 昆虫的变态类型主要有哪些？变态类型与胚胎发育有何联系？
3. 昆虫幼虫期的特点。
4. 常见昆虫属于哪两个变态类型？其胚后发育过程有什么不同？
5. 昆虫的休眠与滞育有什么共性和区别？引起昆虫滞育的主要环境因子有什么？
6. 研究和防治农业昆虫要注意昆虫的哪些行为和特性？

第五章　昆虫生态学

昆虫生态学是研究昆虫与周围环境相互关系的科学。昆虫生态学研究的内容，按对象的层次可分为以下几种。

(1) 个体生态学　是以昆虫个体为对象，研究某种昆虫对环境条件的适应性和可塑性，以及环境因素对其形态、生长发育、繁殖、存活、习性、行为等的影响。

(2) 昆虫种群生态学　是以昆虫种群为对象，研究在一定环境和时间、空间条件下，昆虫种群数量变动及其变动的原因。

(3) 昆虫群落生态学　是以群落为对象，研究在一定区域和时间、空间内，昆虫所处群落的结构、功能、演替及其原因等。

(4) 生态系统生态学　是以生态系统为对象，研究昆虫在该生态系统中的地位和作用。

构成昆虫生存环境条件总体的各种生态因素，按其性质可分为两大类：一类是非生物因素，即气候因素，或称为无机因素，主要有温度、湿度、降水、光、风及土壤等。另一类是生物因素，即有机因素，主要包括昆虫的食物和天敌，以及人类的生产活动对昆虫产生的影响。这些因素交互作用于昆虫种群，但各种生态因子中对昆虫的作用并不是同等重要的，有些因子对昆虫有很大的影响但不是生存所必需的，称为作用因子（天敌、人的活动）。

第一节　气候因素对昆虫的影响

气候因素主要包括温度、湿度、降雨、光照、气流（风）、气压等。这些因素在自然界中常相互影响并共同作用于昆虫。气候因素可直接影响昆虫的生长、发育、繁殖、存活、分布、行为和种群数量动态等，也能通过对昆虫的寄主（食物）、天敌等的作用而间接影响昆虫。

一、温度对昆虫生长发育的影响

温度是气候因素中对昆虫影响最显著的一个因素，由于昆虫属于变温动物，其体温随环境温度的变化而变化。

1. 温区的划分（昆虫对温度的适应范围）

(1) 适温区　适温区也称为有效温区。在温带地区，昆虫生长发育和繁殖的适温范围，一般为8～40℃。在此温区内，昆虫的生命活动都可正常进行，但其发育速度则有所差异，所以又可分为3个温区。

① 高适温区：温度为30～40℃。在此温区内，昆虫的发育速度随着温度的升高而减慢。此温区的上限，称为最高有效温度，达此温度，昆虫的繁殖力就会受到抑制。

② 最适温区：一般为20～30℃。在此温区内，昆虫发育速度适宜，并随着温度升高而加速，寿命适中，繁殖力最大。

③ 低适温区：一般为8～20℃。在此温区内，昆虫的发育速度随着温度降低而减慢，繁殖力也随之下降。此温区的下限，称为最低有效温度，只有高于这一温度，昆虫才开始发育，故称为发育始点温度。

(2) 临界致死高温区　也称为亚致死高温区，一般为40～45℃。在此温区内，由于不适宜的高温，昆虫的生长发育和繁殖受到明显抑制。如高温持续时间过长，昆虫呈热昏迷状态或死亡；昆虫的死亡取决于高温的强度和持续的时间。

（3）致死高温区　一般为45~60℃。在此温区内，昆虫在较短的时间内便死亡。

（4）临界致死低温区　也称为亚致死低温区，一般为8~10℃。在此温区内，昆虫呈冷昏迷状态。如持续时间较短，当温度恢复正常时，昆虫可恢复正常状态；如持续时间过长，也可造成死亡。昆虫的死亡取决于低温的强度和持续的时间。

（5）致死低温区　一般为-10~40℃。在此温区内，昆虫一般经一定时间便会死亡。

2. 温度对昆虫生长发育、繁殖的影响及有效积温法则

昆虫在生长发育过程中需从外界摄取一定的热量才能完成某一发育阶段，而且各发育阶段需要的总热量为一常数，这就是有效积温（sum of effective temperature）法则。有效积温法用公式表示即为：

$$K=N(T-C)$$

式中，N 为完成某一发育阶段所经历的时间；T 为该发育阶段内的平均温度；C 为发育起点温度；$(T-C)$ 为有效温度；K 为有效积温。这就是说，有效积温是发育历期中每日有效温度的累积数。

有效积温法则的应用有以下几方面。

① 预测一种昆虫在某地区发生的世代数。如小地老虎完成一个世代需504.7日度，而南京地区能满足其发育的年总积温是2220.9日度，因此小地老虎在南京地区年发生世代数应为2220.9/504.7=4.54（代）。

② 预测昆虫的发生期。其依据是，按当地当时的日或候均温预报值求出有效积温，并逐日累加，其值近似等于昆虫某一发育阶段的有效积温（K），即 $K/(T-C)\approx1$ 时的日期，便为完成该发育阶段的日期。

③ 预测某种昆虫的地理分布。

④ 为天敌昆虫保藏、繁殖与释放利用提供依据。当已知某种天敌昆虫发育起点（C）和有效积温（K）时，为适时释放，可根据 K 值控制保藏温度。

二、湿度、降水对昆虫的作用

湿度实质上就是水的问题。水分是昆虫维持生命活动的介质，同时也是影响昆虫种群数量动态的重要环境因素。

1. 昆虫获得水分的方式

①主要从食物中获得水分。②也可直接饮水。③通过体壁或卵壳从环境中吸收水分。④还可利用代谢水。

2. 昆虫散失水分的途径及对失水的控制

①通过呼吸系统的气体交换作用而失水。②通过体壁失水。③通过消化、排泄系统和外分泌腺排水。

昆虫主要是通过虫体结构、生理和行为活动等对水分进行调节。如昆虫的体壁构造具有良好的保水机制；消化道后肠中的直肠垫可以回收食物残渣和排泄物中的水分；某些昆虫可以通过气门的开闭或改变栖息场所等调节体内水分的蒸发。

3. 湿度和降水对昆虫的影响

不同种类的昆虫和同种昆虫的不同发育阶段，都对湿度有一定的适应范围，高湿或低湿对其生长发育，尤其是繁殖和存活均有较大的影响。同时，湿度和降雨还可通过影响天敌和食物间接对昆虫产生影响。

湿度可直接影响昆虫的生长发育，湿度过高或过低均可抑制昆虫的发育；湿度对昆虫的性成熟、生殖和寿命也有一定的影响，尤其是极端高湿或低其湿影响更为明显。

降雨持续日期、次数和降雨量大小，对昆虫种群数量动态的影响更为显著。降雨对一些与土壤直接有关的昆虫影响很大，而暴雨对一些小型昆虫（如蚜、螨类）和一些昆虫的卵具有机械冲刷和黏着与土表的作用，造成死亡。

三、温、湿度的综合作用

在自然界，虽然在某些情况下，温度和湿度对昆虫的影响有主有次，但两者是互相影响并综合作用于昆虫的。

1. 温湿系数

温湿系数（Q）是降雨量（M）与平均温度总和（$\sum T$）的比值（即降雨量与积温比）。公式为：

$$Q = M/\sum T$$

在生态学上温湿系数也用相对湿度（RH）与温度的比值来计算温湿度系数（Q_w）。公式为：

$$Q_w = RH/T$$

2. 气候图

以月（或旬）平均相对湿度或降雨量为坐标纵轴，以月（或旬）平均温度为坐标横轴，将各月（或旬）的温度、相对湿度或温度、降雨量组合为坐标点，然后用线条依次将各月（或旬）的坐标点连接起来，绘成多边形不规则的封闭曲线，这种图像称为气候图。然后，将某种昆虫各代发生的适宜温湿范围，以方框在图上绘出，就可以分析比较年际间温湿度组合与这种昆虫发生数量的关系。

四、光对昆虫活动中的影响

1. 光的辐射热

影响昆虫的体温。

2. 光的强度

光强度主要影响昆虫昼夜的活动节律和行为，如交配、产卵、取食、栖息等。根据昆虫的生活与光强度的关系，可把昆虫分为白昼活动、夜间活动、黄昏活动和昼夜活动4类。同时光强度对昆虫的影响也因虫种而异，而且同种昆虫的不同发育阶段也有所不同。如家蚕成虫主要在白天交配，但是在黑暗下产卵最多，强光有抑制产卵的作用；其幼虫则昼夜均可取食。

3. 光的波长

昆虫的趋光性与光的波长关系密切。许多昆虫都具有不同程度的趋光性，并对光的波长具有选择性。一些夜间活动的昆虫对紫外光最敏感，如棉红铃虫、棉铃虫、烟青虫分别对366～400mm、330mm、365mm的紫外光趋性最强。测报上所采用的黑光灯波长在360～400mm之间，比白炽灯诱集昆虫的效果要好。

4. 光周期

光周期主要是对昆虫的生活节律起着一种信息反应作用。昆虫对光周期变化节律的适应所产生的各种反应，称为光周期反应，或光周期现象。许多昆虫的地理分布、形态特征、年生活史、滞育特性、行为，以及蚜虫的季节性多型现象等，都与光周期的变化有着密切关系。

五、风对昆虫的影响

风对昆虫的体温、飞翔和分布有影响，常会引起昆虫的死亡。风与水分蒸发量关系密切，从而对相对湿度产生影响。许多飞翔的昆虫大多在微风或无风晴天时飞行，当风速增大到一定程度时，飞行受阻；风速超过15km/h，所有昆虫停止自发飞行。在风大的地区，昆虫常具有相适应的形态特征和习性，如飞虱和瘿蚊等可随风做远距离传播；一些有长距离定向迁移的昆虫，如东亚飞蝗等，与季风的关系密切。有时发生乘风迁飞的害虫，遇到高山受阻，被迫降落，在高山山麓下的农田为害成灾。

第二节 土壤环境对昆虫的影响

土壤与昆虫关系十分密切，它既能通过生长的植物对昆虫发生间接影响，又是一些昆虫生活的场所。有的昆虫终生生活在土壤内，或仅个别发育阶段或时期在土壤外生活、活动，有的昆虫仅某一发育阶段在土壤内生活。

土壤内环境与地上环境虽然密切相关，但也有其特殊性，是一种特殊的生态环境。土壤的温度、湿度（含水量）、机械组成、化学性质、生物组成，以及人类的农事活动等对昆虫发生作用。

一、土壤温度对昆虫的影响

土壤温度的变化对土壤昆虫的潜土深度或垂直活动有直接影响。如许多昆虫在土壤内一定深度越冬或越夏，就是为了避免过高或过低温度的影响。昆虫愈向下移动，温度越低。春季天气变暖时，昆虫逐渐向上移动；夏季炎热时，昆虫又向下潜伏；夏末秋初又向上移动。昆虫这种在土壤不同层次的迁移行为是同其对土壤温度的适应相联系的。

二、土壤湿度对昆虫的影响

土壤湿度包括土壤含水量和土壤空隙间的空气湿度，其主要取决于降水量和灌溉。土壤含水量与地下害虫的活动也有密切关系；土壤湿度也影响一些地下害虫的分布。如细金针虫、小地老虎多发生于土壤湿度大的地方或低洼地。

三、土壤理化性质对昆虫的影响

土壤理化性质主要包括土壤机械组成、通气性、团粒结构、土壤的酸碱度、含盐量、施肥情况等，对昆虫种类和数量都有很大影响。如葡萄根瘤蚜在有团粒结构的黏壤土和石砾土壤中，若虫活动和蔓延方便，发生较重，而在没有团粒结构的沙土中，无足够的空隙供若虫活动，则基本不能生存。

四、土壤中的昆虫

土壤中生物种类和数量十分丰富，其中无脊椎动物尤其是昆虫为多。其相互作用、相互影响共同组成了土壤生物群落。生活在土壤内的昆虫，有的以植物根系为食料，有的以土壤中的腐殖质为食料。所以，在肥沃的土壤中，昆虫的密度相对较高。

第三节　生物因素对昆虫的影响

生物因素是指环境中的所有生物由于其生命活动，而对某种生物（某种昆虫）所产生的直接和间接影响，以及该种生物（昆虫）个体间的相互影响。其中食物和天敌是生物因素中两个最为重要的因素。

生物因素对昆虫影响的特点如下。

① 非生物因素对昆虫的影响是比较均匀的，对昆虫种群中每一个个体的影响是基本一致的；生物因素在一般情况下对每一个个体的作用不尽相同。

② 非生物因素对昆虫的影响与昆虫种群个体数量无关，而生物因素对昆虫影响的程度，则与昆虫种群个体数量关系密切。

③ 非生物因素一般只是单方面对昆虫发生影响，而生物因素对昆虫的影响则是相互的。

④ 生物因素的相互关系不但涉及本身的两个个体，而且对整个生物群落中的其他种群也发生不同程度的影响；非生物因素的作用遍及整个生物群落的各个种群，对不同种群之间的影响不同。

一、食物因素对昆虫的影响

食物是一种营养性环境因素，食物的质量和数量影响昆虫的分布、生长、发育、存活和繁殖，从而影响种群密度。昆虫对食物的适应，可引起食性分化和种型分化。食物联系是表达生物种间关系的基础。

1. 食物对昆虫生长发育、繁殖和存活的影响

各种昆虫都有其适宜的食物。虽然杂食性和多食性的昆虫可取食多种食物，但其仍有各自最嗜食的植物或动物种类。昆虫取食嗜食的食物，其发育、生长快，死亡率低，繁殖力高。取食同一种植物的不同器官，对昆虫的发育历期、成活率、性比、繁殖力等都有明显的影响。如棉铃虫饲以玉米雌穗、雄穗和心叶与饲以棉花蕾铃和心叶表现出较明显的差异。研究食性和食物因素对植食性昆虫的影响，在农业生产上有重要的意义。可以据此预测引进新的作物后，可能发生的害虫优势种类；可以据害虫食性的最适范围，改进耕作制度和选用抗虫品种等，以创造不利于害虫的生存条件。

2. 植物的抗虫性

植物抗虫性是指同种植物在某种害虫为害较严重的情况下，某些品种或植株能避免受害、耐害或虽受害而有补偿能力的特性。在田间与其他种植物或品种植物相比，受害轻或损失小的植物或品种称为抗虫性植物或抗虫性品种。针对某种害虫选育和种植抗虫性品种，是农业害虫综合防治中的一项重要措施。植物抗虫性是害虫与寄主植物之间，在一定条件下相互作用的表现。就植物而言，其抗虫机制表现为不选择性、抗生性和耐害性3个方面。

（1）不选择性　是指植物使昆虫不趋向其上栖息、产卵或取食的一些特性。如由于植物的形态、生理生化特性、分泌一些挥发性的化学物质，可以阻止昆虫趋向植物产卵或取食；或者由于植物的物候特性，使其某些生育期与昆虫产卵期或为害期不一致；或者由于植物的生长特性所形成的小生态环境不适合昆虫的生存等，从而避免或减轻了害虫的为害。

（2）抗生性　是指有些植物或品种含有对昆虫有毒的化学物质，或缺乏昆虫生长发育所必要的营养物质，或虽有营养物质而不能为昆虫所利用，或由于对昆虫产生不利的物理、机械作用等，而引起昆虫死亡率高、繁殖力低、生长发育延迟或不能完成发育的一些特性。

（3）耐害性　是指植物受害后，具有很强的增殖和补偿能力，而不致在产量上有显著的影响。如一些禾谷类作物品种受到蛀茎害虫为害时，虽被害茎枯死，但可分蘖补偿，减少损失。

植物的抗虫机制，是其对植食性昆虫在选择食物过程中4个阶段的适应结果。这些抗虫机制，与昆虫选择食物的阶段一样，常互有交错，难以截然分开。

利用植物的抗虫性机制可以选育出具有抗虫性的植物。

二、天敌因素对昆虫的影响

昆虫在生长发育过程中，常由于其他生物的捕食或寄生而死亡，这些生物称为昆虫的天敌。昆虫的天敌主要包括致病微生物、天敌昆虫和食虫动物3类，它们是影响昆虫种群数量变动的重要因素。

1. 致病微生物

致病微生物主要有细菌、真菌和病毒，但习惯上也将病原线虫、病原原生动物归于致病微生物中，此外立克次体等对昆虫也有致病作用。

（1）细菌　昆虫病原细菌已知有90余种，分属于芽孢杆菌科、肠杆菌科、假单胞菌科。研究和应用较多的是芽孢杆菌，如苏云金杆菌和日本金龟芽孢杆菌等。

（2）真菌　昆虫病原真菌也称虫生菌，种类繁多，已记载有900余种，其中主要有：接合菌亚门的虫生霉，子囊菌亚门的虫草菌，半知菌亚门的白僵菌、绿僵菌、多毛孢、轮枝孢等属。

（3）病毒　常见的昆虫病毒主要属于有包含体类的核型多角体病毒（NPV）、质型多角体病毒和颗粒体病毒，是研究和开发应用的重点。

（4）立克次体　是介于最小细菌和病毒之间的一类独特的微生物，其特点之一是多形性，可以是球杆状或杆状，有时出现长丝状体。报道较多的昆虫病原立克次体是鳃金龟微立克次体，能引起多种金龟子的大量死亡。

（5）原生动物　微孢子虫是一个大家族，不同种类的微孢子虫可以感染不同的害虫。其孢子被昆虫吞食进入肠道，通过外翻极丝而引起感染。可侵染昆虫消化道和马氏管，有的侵染脂肪组织、血细胞或肌肉，或侵染生殖组织甚至全体组织，引起活力丧失、行为变化、交配减少和产卵率降低。

（6）线虫　昆虫病原线虫是一类专门寄生于昆虫的线虫，它随食物或通过自然孔口（气门、肛门）、节间膜等进入昆虫体内，迅速释放其携带的共生菌，使昆虫罹患败血症而死亡。

2. 天敌昆虫

天敌昆虫一般可分为捕食性天敌昆虫和寄生性天敌昆虫两大类。

（1）**捕食性天敌昆虫** 隶属于蜻蜓目、膜翅目、螳螂目、脉翅目、鞘翅目等，如螳螂、蜻蜓、草蛉、瓢虫等。

（2）**寄生性天敌昆虫** 隶属于双翅目、膜翅目、鞘翅目、捻翅目等，如寄蝇、姬蜂、茧蜂等。

① 按寄生物在寄主上的寄生部位可以分为内寄生和外寄生。

② 按被寄生寄主的发育期可以分为以下两种。

a. 单期寄生：卵寄生、幼虫寄生、蛹寄生和成虫寄生。

b. 跨期寄生：指寄生性昆虫需要经过寄主的2～3个发育阶段才能完成其发育。

③ 按寄生性天敌昆虫的寄生形式分单寄生、多寄生、共寄生、重寄生。

3. 其他捕食性天敌

指天敌昆虫以外的其他捕食昆虫的动物，包括蛛形纲、鸟类和两栖纲中的一些动物，如狼蛛、跳蛛、啄木鸟、蛙类等。主要包括蛛形纲、鸟纲和两栖纲等的一些动物。

第四节 人类活动对昆虫的影响

人类活动与昆虫的生活和发生数量有着密切的关系。采伐、更新森林、开垦荒地、深耕锄草、疏浚河道、引水灌溉、修筑堤坝、排水防涝、改良土壤、改良和培育抗虫品种等活动，使整个地区自然面貌发生变化，改变了构成昆虫生活环境的自然条件。这些变化使当地原来的害虫得不到食料，或者不能适应改造以后的新环境而被自然淘汰。同时，也可能有一些害虫，因新的环境对它们的生活更为有利而大量繁殖。引进有益昆虫和害虫的天敌，也会改变一个地区昆虫的种类和数量。另外，由于人们的往来，或国际国内的贸易活动，苗木、种子的调运，使这一地区的害虫被带到其他地区，造成人为传播。例如，棉红铃虫，我国原来没有这种害虫，自从被人为地从国外传入我国以后，已经传遍了全国各棉区。为害苹果的绵蚜从1914年随苹果苗木传入我国以后，现在也有少数地区的苹果树遭受此虫为害。因此，害虫检疫就显得格外重要。

第五节 昆虫种群的概念及量变分析

一、种群的概念

种群是种下的分类单元，是指在一定的生活环境内、占有一定空间的同种个体的总和，是种在自然界存在的基本单位，也是生态学研究的基本单位。种群除具有种的一般生物学属性（如形态结构、生活方式、遗传性相同，以及与其他种存在严格的生殖隔离）外，还具有群体自身的生物学属性，如出生率、死亡率、性比、平均寿命、年龄组成、基因频率、繁殖速率、密度及数量变动、空间分布、迁移率、滞育率等。但同一种的种群在长期的地理隔离或寄主食物变化的情况下，也会使同种种群之间在生活习性及生理、生态特性，甚至在形态结构或遗传上发生一定的变异。所以，可以认为种群是在一定环境条件下种的生态特性的表现。

二、昆虫种群的结构

昆虫种群的结构即昆虫种群的组成，是指种群内某些生物学特性、对环境适应能力或在形态上完全相同的个体群在总体中所占的比例。其中主要是性比和年龄组配。

性比是指成虫或蛹雌性与雄性之比，大多数昆虫自然种群的性比为1∶1左右，但常因为环境因素的变化，使种群性比发生变化。如食物不足、营养不良，可使性比明显变小。

年龄组配是指一个自然种群中不同发育阶段（如卵、幼虫、蛹、成虫）的昆虫占总数的比例或百分率；此外，由于一些昆虫具有多型现象尔产生各种生物型，如有翅型和无翅型、长翅型和短翅型、群居型和散居型等，其在种群中的比例或百分率，也影响种群的变化。

三、昆虫种群数量的变动

昆虫种群数量的变动主要取决于种群基数、繁殖速率、死亡率和迁移率。

1. 种群基数

种群基数（N）指前一代或前一时期某一发育阶段（卵、幼虫、蛹或成虫）的昆虫在一定空间的平均数量，是估测其下一代或后一时期种群数量变动的基础数据。应注意取样调查的准确性和代表性。

对一些扩散能力强或具有迁飞性昆虫的成虫，常用1支黑光灯诱集的上代总量作为下代的种群基数。也可在一定空间内，标记（如用喷涂颜料、示踪原子等方法）释放、捕回成虫，按释放和捕回数量比来估计种群基数，其一般计算公式为：

种群基数＝（捕回成虫总量＋捕回标记成虫量）×释放标记成虫量

标志重捕法：如在对某鼠的种群调查中，第一次捕获并标志了39只鼠，第二次捕获34只，其中有标志鼠15只。该种群数量为N，则：$N:39=34:15$，$N=39\times34/15=88$（只）。

2. 繁殖速率

繁殖速率（R）是指一种昆虫种群在单位时间内增长的个体数量的最高理论倍数，它反映了种群个体数量增加的能力。繁殖速率的大小主要取决于种群的生殖力（出生率）、性比和一年发生代数。可以下式表示：

$$R=[e\times f/(f+m)]n$$

式中，e为单雌平均生殖力（产卵量）；m为雄虫数；f为雌虫数；n为一年发生代数。

理论值为生理出生率，生态出生率为特定生态条件下的实际出生率。

3. 死亡率（d）与生命表

（1）死亡率　一般用在一定时间内种群死亡个体数占总数的百分率表示。

种群的死亡率和生殖力（出生率）一样，是指在一定环境条件和时间下的种群死亡率，即生态死亡率，它是因时间、环境条件而变化的。也常用存活率（S）来表示环境因素对昆虫种群数量变动的影响，即$S=1-d$。

（2）生命表　是指按特定的种群年龄（发育阶段）或生长时间，研究分析种群的死亡率（存活率）、死亡原因、死亡年龄等的一览表。生命表可分为3种类型，即特定时间生命表，适用于具有稳定年龄组配和世代完全重叠的昆虫种群的研究；特定年龄生命表，适用于世代离散的昆虫种群的研究；世代平均生命表，适用于世代半重叠的昆虫种群的研究。

四、昆虫种群分布类型

昆虫种群分布型是指昆虫个体在一定时间和空间内的分布形式。一般指昆虫在某一时刻位置的排列方式，反映昆虫的空间结构，故也称为空间格局；在统计学上，指抽样单位中所得随机变量取各种可能值的概率分配方式，以反映抽样单位的抽样性质和数量，故也称为空间分布。昆虫种群分布型因不同种类、同种昆虫不同发育阶段、密度、寄主生育期、栖息地环境等不同而有所差异。了解昆虫种群空间分布型，对正确制订调查方法和估计昆虫数量动态等有着重要意义。

昆虫种群空间分布型一般分为随机分布和聚集分布两个基本类型，其中又分为几种不同的分布形式。

1. 随机分布

随机分布是指昆虫种群内各个体间具有相对的独立性，不相互吸引或相互排斥。种群中的个体占据空间任何一点的概率相等，任何一个体的存在决不影响其他个体的分布。属于这类分布的有均匀分布和随机分布。

（1）均匀分布　又称正二项分布。其样本（个体）分布一般是稀疏的，但是均匀的，在单位（样方）中个体出现的概率（P）与不出现的概率（Q）是完全或几乎相等的。

（2）随机分布　又称泊松分布。样本分布一般是稀疏和比较均匀的，在单位中个体出现和不出现的概率也是相等的。但种群的密度增大时（一般指 $X>16$ 时），可渐趋向均匀分布。

2. 聚集分布

聚集分布是指种群内个体间互不独立，可因环境的不均匀或生物本身的行为等原因，呈现明显的聚集现象。总体中一个或多个个体的存在影响其他个体在同一取样单位中的出现概率。属于这类分布的有核心分布和嵌纹分布。

（1）核心分布　又称奈曼分布。个体是密集的，分布是不均匀的，个体在单位中出现和不出现的概率是不相等的。个体在单位栖息形成很多大小略相等的核心（集团），核心与核心之间个体的分布则是随机的。如个体密度过大，形成的核心大小不相等时，称为 P-E 核心分布。

（2）嵌纹分布　又称负二项分布。个体是密集的，分布是极不均匀的。个体在单位中形成疏密相间、大小不同的集团，呈嵌纹状。

思 考 题

1. 分析出对昆虫的影响及其在害虫防治中的应用。
2. 简述生物因素和非生物因素对昆虫影响的差异。
3. 简述土壤环境与昆虫的关系。
4. 简述有效积温法则的应用范围及其与害虫防治的关系。

第六章 昆虫的分类

第一节 昆虫分类概说

一、分类的途径和任务

昆虫分类是认识昆虫的一种基本方法。在繁多的昆虫种类中（已经定名的有 100 多万种），都存在血缘关系的亲疏问题，有着进化上的间断性与连续性的对立统一。昆虫分类，就以昆虫血缘关系的亲疏，昆虫在进化过程中形成的外形和生物学特性上的千差万别为途径，通过分析归纳，正确地反映出其历史演化过程。所以昆虫分类学的任务，不仅仅是区别异同、鉴定名称，还要进而研究物种的渊源、自然位置，才能够更好地控制和利用昆虫。

二、分类的意义和依据

事实证明，昆虫中血缘愈接近的，它们的形态结构愈相近，对环境条件的要求愈相同，其发生发展的规律也愈接近。掌握这些，才能更好地和害虫进行斗争，才能更好地发挥益虫的作用。例如，鞘翅目昆虫都是咀嚼口式的，天牛总科昆虫都是植食性的，天牛科种类的幼虫专钻蛀植物的木材部分，而同一总科的豆象科种类的幼虫则专蛀食豆科的种子，叶甲科则为害植物的叶，叶甲科中的水叶甲亚科则专为害水生植物被水淹住的部分，而铁甲亚科则潜入组织中取食叶肉。证明其分类地位，也就证明了其部分生活规律。反之，在同一地区或同一种作物上，常同时存在几种以上近缘的种类，如小麦上的两种吸浆虫、棉铃虫、烟夜蛾、二化螟和芦苞螟等。如果不能正确区分开来，势必影响测报与防治的正确性与效果。同样植物检疫与生物防治工作，也必须有坚实的昆虫分类学基础，所以说昆虫分类是整个昆虫学研究的基础。或者说，要有效地控制有害昆虫和利用有益昆虫，就必须研究昆虫分类学。

当然，昆虫分类学也要以昆虫形态学、解剖生理学、生物学、生态学、遗传学、地理学等知识为基础。随着科学的发展，昆虫的数值分类、血清反应、电镜扫描等手段也正逐步运用到昆虫分类和研究领域。

三、分类的阶元

昆虫是动物界节肢动物门中的一个纲——昆虫纲。纲以下的分类和其他动物一样采用一系列的阶元，首先以血缘的亲疏分为若干目，目以下又分科，科下又分属，属下又分种，而以种为分类的基本阶元。

为了更详尽起见，还有在纲、目、科、属下设"亚"级的，如亚纲、亚目、亚科、亚属。也有在目、科上加"总"级的，如总目、总科。亚科和属之间还可以加族级。必要时种以下还可以增加亚种和变型、生态型等。

现以飞蝗为例，示其分类地位与系统排列如下。
纲：昆虫纲
亚纲：有翅亚纲（平行的是无翅亚纲）
总目：直翅总目
 目：直翅目
  亚目：蝗亚目
   总科：蝗总科

科：蝗科
　　亚科：飞蝗亚科
　　　属：飞蝗属
　　　　亚属：（未分）
　　　　　种：飞蝗
　　　　　　亚种：东亚飞蝗

四、昆虫的命名法与命名规则

昆虫和其他动物一样，采取双名法，就是以两个拉丁文字作为一个种的学名，这种学名是全世界通用的。拉丁文的第一个字是属名，第二个字是种名。它的次序和用法，和我们的姓名一样，属名在前，种名在后。提到一个种的学名时，必须把属名带上。为了表示负责起见，通常还有第三个字，那是定名人的姓氏。

属名在文法上是一个单数主格名词，如 *Pieris*（粉蝶属）……，第一个字母都应大写。种名第一个字母不需大写。学名在印刷时常用斜体。定名人的姓氏可以缩写，如 Linnaeus 缩写成 Linn.。

学名中如果引用亚属名，可将亚属名加圆括号，放在属名和种名之间。亚种名则直接放在种名的后面，成为三名法。

五、昆虫纲分目

根据多数学者的意见，昆虫纲分为 33 目。这些目分属无翅亚纲和有翅亚纲，按其胚后发育中翅的发生情况，可分为内翅部和外翅部。以下是两个亚纲的分目情况。

① 无翅亚纲：原尾目，如原尾虫；弹尾目，如跳虫；双尾目，如双尾虫；缨尾目，如衣鱼。
② 有翅亚纲：蜉蝣目，如蜉蝣；蜚蠊目，如蜚蠊、土鳖；等翅目，如白蚁；螳螂目，如螳螂；竹节虫目，如竹节虫；直翅目，如蝗虫、螽斯、蟋蟀、蝼蛄；纺足目，如足丝蚁；革翅目，如蠼螋；缺翅目，如缺翅虫，中国近年在西藏发现；啮虫目，如粉啮；食毛目，如羽虱（鸡毛虮）和犬虱等；虱目，如人体虱；蜉蝣目，如短丝蜉；蜻蜓目，如箭蜓；缨翅目，如蓟马；半翅目，如盲蝽；同翅目，如蝉、蚜虫、飞虱、介壳虫；蛇蛉目，如西安岳蛇蛉；广翅目，如泥蛉；脉翅目，如草蛉；长翅目，如蝎蛉；毛翅目，如石蛾；鳞翅目，如蝶、蛾；鞘翅目，如金龟甲；捻翅目，如捻翅虫；膜翅目，如蜂、蚁；双翅目，如蚊、蝇、虻；蚤目，如跳蚤。

第二节　农业上主要目科简介

一、缨翅目

1. 主要特征

缨翅目昆虫，通称为蓟马，是一些很微小的种类。成虫体长 1.5～2mm，仅为肉眼所能见到，最小的只有 0.5mm，最大也不超过 15mm。

成虫体细长，略扁，黑色、褐色或黄色。表面光滑或有网状纹或皱纹，有的除刺毛外，还有细毛。头略带后口式。口器圆锥形，为变形的咀嚼式（或称锉吸式），能锉破植物的表皮而吮吸其汁液。有复眼和 3 个单眼（无翅的没有单眼）。触角 6～9 节，线状，略呈念珠状，末端数节尖锐。触角节上有钉状、角状突出或长圆形陷入的感觉器。翅狭长，边缘有很多长而整齐的缨状缘毛（缨翅目因此而得名）。翅脉最多只有 2 条长的纵脉。足的末端有泡状的中垫，爪退化，因之也称为泡脚目。

卵很小，有的肾脏形；用产卵器单个地产在植物组织内，产卵处的表面略为隆起，利用扩大镜可以识别。有的卵长卵形，单个或成堆地产在植物的表面或缝隙中或树皮下。

若虫形状和成虫相似，但触角节数较少，不如成虫活泼，通常白色、黄色或红色。经过 4 或 5 龄变为成虫。前 2 龄若虫没有翅芽，有的第 1 龄若虫生活在植物组织中，在植物表面难以发现，到第 2 龄才到植物表面来。第 3 龄起出现翅芽，有人称它为"前蛹"。到末龄则不吃少动，触角向后放在头的背面，也有人把这个时期称为"蛹"的。有的种类还在土中作茧，与完全变态类的裸蛹一样，这种变态类型生物学上称为过渐变态。绝大多数为植食性，有的是农业上的重要害虫，如烟蓟马（即棉蓟马）、稻蓟马和玉米蓟马。少数为捕食性，捕食蚜虫、蜗、别种蓟马或其他昆虫的幼虫或卵。其行动很活泼，很多种类可以在花（如大蓟、小蓟、紫苑等的花）上发现，蓟马的名称可能就是这样来的。

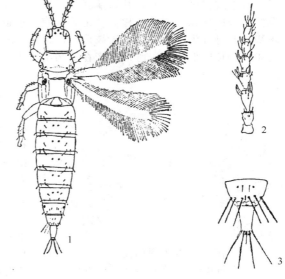

图 6-1 皮蓟马科的代表——麦管蓟马
1—麦管蓟马全形；2—触角；3—腹部末端

2. 皮蓟马科

黑色或暗褐色，翅白色、烟煤色或有斑纹。触角 8 节，少数种类 7 节，有锥状感觉器。下颚须与下唇须各 2 节。腹部第 9 节阔过于长，比末节短，末节管状，后端狭，但不太长，生有较长的刺毛，无产卵器。翅表面光滑无毛，前翅没有翅脉。

农业上重要的有麦蓟马、稻管蓟马、中华蓟马、百合蓟马等（图 6-1）。另外，纹蓟马科和蓟马科的很多种类也是农业主要害虫，如温室蓟马和稻蓟马等。

二、半翅目

1. 主要特征

半翅目昆虫通称椿象。不完全变态。身体略带扁平，有小有大，体壁坚硬。口器刺吸式，通常 4 节，少数 3 节或 1 节，着生在头的前面，不用时贴放在头胸的腹面（同翅目着生在头的后

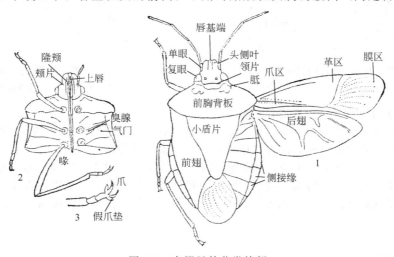

图 6-2 半翅目的分类特征
1—蝽的背观，右翅展开；2—蝽前半段腹观；3—后足端部

方)。触角线状或棒状,3~5节。单眼2个或无。前胸背板发达,中胸小盾片发达。前翅为半鞘翅,不用时平放在腹部背面,其末端互相重叠。身体腹面有臭腺开口,能分泌挥发性油状物,散发出类似臭椿的气味,因此被称为"椿象"或"臭板虫"(图6-2)。

卵基本上可分为2个类型:①鼓形、短圆柱形或短卵形,多产在物体的表面,排成一堆,如蝽科的卵。②长卵形或长肾脏形,产在植物组织内,单行排列,如盲蝽科的卵。

半翅目昆虫多数为植食性,为害农作物、果树、森林或杂草,刺吸其茎叶或果实的汁液,也有一部分生活于土中,为害植物的根部,如地蝽。少数为肉食性,捕食其他小虫,如猎蝽。也有一部分生活在水中,捕食小鱼或水生昆虫,如田鳖。还有一两种生活在室内,如"臭虫"吮吸人血,传染疾病。

2. 主要科别

(1) 网蝽科 网蝽科是小型种类,体扁,无单眼。触角4节。前胸背板向后延伸盖住小盾片,有网状花纹。前翅不分革片与膜片,都有网状花纹(图6-3),生活于叶的反面。常在主脉的两侧为害,受害叶上多残留褐色排泄物,叶的表面出现黄白色的斑点。卵产在植物组织内,若虫体侧有刺状突起,若虫和成虫都喜群聚。

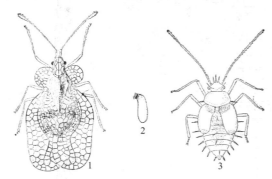

图6-3 网蝽科的代表
1—梨网蝽成虫;2—它的卵;3—它的若虫

重要的有害种类是:梨网蝽为害梨、苹果、海棠等果树;香蕉网蝽为害香蕉。

(2) 盲蝽科 盲蝽科多数为小型种类。触角4节,单眼无。前胸背板前缘常有横沟划分出一个窄的区域,叫领片,其后并有2个低的突起,叫胝。前翅分为革区、楔区、爪区、膜区4个部分,膜区基部翅脉围成2个翅室,这一特征使其容易与其他同类相区别(图6-4)。

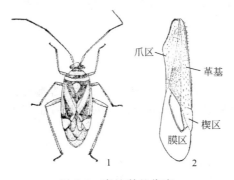

图6-4 盲蝽科的代表
1—三点盲蝽;2—盲蝽的前翅

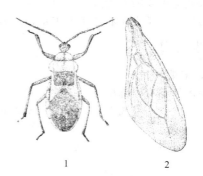

图6-5 猎蝽科的代表:血猎蝽
1—血猎蝽;2—猎蝽前翅

该科昆虫多为植食性,也有捕食性种类。

北方棉田常见的有害种类就有5种,它们除为害棉花外,还为害20多科60多种植物。北方严重为害韭菜的种类有跳盲蝽,南方稻田中常见的有黑肩绿盲蝽。

(3) 猎蝽科 均为肉食性种类,能捕食害虫。体中型。有单眼,触角4节。喙短,3节;基部弯曲,不能平贴在身体的腹部,端部尖锐。前翅没有缘片和楔片,膜片基部有2个翅室,从它们上面伸出2条纵脉(图6-5)。如黑光猎蝽、长刺猎蝽、淡舟猎蝽、黄盗刺蝽等。

三、同翅目

1. 主要特征

同翅目昆虫均为植食性,以刺吸式口器(图6-6)刺破植物组织,吸食汁液。

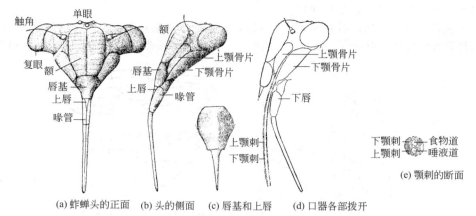

图 6-6 同翅目昆虫的口器

在取食的同时,将唾液输进植物组织中,唾液中含有消化酶,主要是淀粉酶和转化酶,起着体外消化的作用。当植物细胞内的叶绿体被破坏时,即出现白色斑点。唾液在植物体内残存,继续破坏植物的细胞物质,抑制细胞生长,改变植物组织内含物的化学成分,使为害斑点继续扩大,发黄,变红,或刺激植物组织增生,畸形生长,造成卷叶或肿疣(虫瘿)。有的种类如蚜虫、飞虱、叶蝉、粉虱等,可传播病毒,造成的损失比直接为害造成的损失更严重。

同翅目属于不(完)全变态中的渐变态,但介壳虫的雄虫是经过类似全变态的"蛹"期的。

同翅目昆虫多数是两性生殖的,但有不少的种类,如蚜虫和一些介壳虫则行孤雌生殖。卵多数为长椭圆形、椭圆形。

成虫期都有 2 对或 1 对半透明的革质或膜质的翅(前后翅质地同),但也有例外。触角多为刚毛状,身体上常有分泌腺,能分泌蜡质粉末等物质。

2. 主要科别

(1) 叶蝉科　叶蝉科有很多为害农作物的种类,都是小型昆虫,且具跳跃能力。触角刚毛状。前翅革质。后足胫节下方有 2 列刺状毛(图 6-7)。

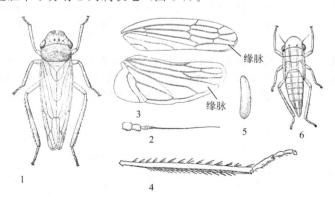

图 6-7 叶蝉科的特征

1—大青叶蝉成虫;2—它的触角;3—它的前后翅;4—它的后足;5,6—大青叶蝉的卵和若虫

叶蝉科为多食性,一种叶蝉能为害数十乃至数百种植物。多数种类为害草本植物,少数为害木本植物;并常随季节不同为害不同的植物。

若虫形似成虫,不很活泼,常聚集在叶背或茎干上为害。成虫行动活泼,能跳跃和飞翔。白天常在植物中下部或叶背,夜间则爬到植物上部或叶面。卵多产在叶脉或一定粗细的枝条上,雌虫先以产卵器划一裂口,在裂缝中产卵 1~10 粒,有时裂口毗连,孵化时裂口处组织枯死,所以产卵是其为害的一种方式。卵呈长卵形。

（2）飞虱科　飞虱科都是小型种类，能跳跃，后足胫节末端有两个显著的能够活动的扁平的距，为该科的共同特征。触角短，锥状。翅透明，不少种类有长翅型和短翅型两个类型（图6-8）。

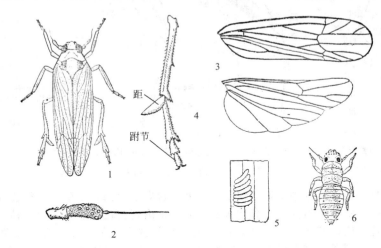

图6-8　飞虱科的特征
1—稻灰飞虱成虫；2—它的触角；3—它的前后翅脉序；
4—它的后足；5—它的卵；6—它的幼虫

飞虱科的种类，绝大多数为害禾本科植物，是水稻害虫的一个重要类群。发生时数量很大，有时一个叶片上可多达百头以上。受害的植株，发黄变红，不抽穗，或穗子变黑而成批子，甚至大片枯死，同火烧一样，并由发生中心向四周扩散，群众称之为"火旋"。

为害水稻的重要种类有褐飞虱、白背飞虱、灰飞虱、白条飞虱。为害甘蔗的重要种类是蔗飞虱。为害茭白的是长绿飞虱。

（3）粉虱科　小型种类，两性都有翅，表面被有白色的蜡粉，复眼的小眼分为上、下两群，分离或连在一起。喙3节，单眼2个，触角7节。跗节2节，前翅最多只有径脉，第一肘脉3条翅脉，后翅只有1条翅脉，跗节2节，有2爪及1中垫，腹部第9节背面有凹入，称为皿状孔。雌性有3片产卵瓣。

卵有短柄，附在植物上。第1龄幼虫有触角4节，足发达，能活动。第2龄起足及触角退化，固定不动，皮肤变硬，分类上称为"蛹壳"，背面有蜕裂缝、气门褶，以及和成虫一样的皿状孔等特征（图6-9）。如刺粉虱、橘裸粉虱、小粉虱、桑粉虱、温室白粉虱。

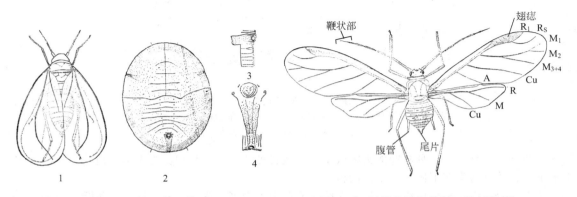

图6-9　粉虱科的特征
1—橘裸粉虱的成虫；2—它的蛹壳；3—蛹壳气门附近的缘；4—皿状器部分

图6-10　蚜科的形态特征（桃蚜为例）

(4) 蚜科 蚜科的种类都叫蚜虫，群众称之为油汗或腻虫。多数发生在植物的芽、嫩茎或嫩叶上，"蚜虫"的名称就是从"芽"虫转来的。油汗或腻虫的名称则是由于它能大量排泄蜜露而得名。

蚜虫（图 6-10）身体微小，柔软。触角长，通常 6 节，很少 5 节或 3 节。从末节中部起突然变细，明显分为基部和鞭部两部分。在末节基部的顶端和末前节的顶端各有一圆形的原生感觉孔，这些是科的共同特征。第 3～6 节基部可能还有圆形或椭圆形的次生感觉孔，它们的数目和分布，可作为种的特征。

前翅大而后翅小，前翅具翅痣（图 6-10）。腹部在第 6 节或第 7 节前面生有一对圆柱形的管状突起，称为"腹管"。腹管末端的突起，称为尾片。腹管和尾片的存在，是蚜科的共同特征，而其形状、大小的区别，则为蚜虫分类的重要依据。

蚜虫具多型现象，同种个体分有翅型和无翅型。有翅蚜和无翅蚜除翅的有无外，单眼的有无、触角上次生感觉孔和身体的颜色也有所区别。

全世界已知蚜科种已超过 3000 多种，中国已知约 150 种。

(5) 介壳虫类 介壳虫类是同翅目中，也可以说是整个昆虫中最奇特的类群。是由于适应长时期无休止的吸收植物汁液生活的结果，在几千万年的进化过程中，已使它们成为永久"寄生者"，身体结构相应地发生了巨大的变化。

为害植物的介壳虫，是它们的雌虫和若虫。

雌虫一般圆形、椭圆形或圆球形，腹面有发达的口器；虽然喙管短，只一节，但颚丝（即口针）特别长，常为身体的几倍，使它能从远距离取得食物。无翅。触角、眼和足除极少种类还保留外，很多种类因不用而完全消失。头和胸部完全愈合而不能分辨，有的连腹部的节也分不清了。有的体壁坚韧，有的柔软，但被有蜡质粉末或坚硬的蜡块，或被有特殊的介壳以保护自己。雄性成虫身体小，长形。只有一对薄的前翅，后翅退化成平衡棒，触角长，念珠状。口器完全退化。

若虫第 1 龄时，有触角和足，能够爬行。介壳虫主要是靠第 1 龄若虫分散传播的，还依靠风和他物的携带。当它爬到合适的地点，把口器插入植物组织以后，就开始蜕皮，雌的就成为第 2 龄若虫，形状基本上与雌成虫相似，丧失了触角、足和行动的能力。

卵圆球形或卵形，产在雌虫的身体下、介壳下或身体后特制的蜡质"卵袋"内。

介壳虫类有很多为害果树、茶、桑和森林植物的种类，如吹绵介壳虫。

(6) 绵蚧科 雌性通常为椭圆形，体壁有弹性，常被有蜡粉。分节明显。触角通常 6～11 节，足发达。腹部有 2～8 对气门（图 6-11），与粉蚧科的主要区别为肛门周围无明显的肛环及刺毛。分泌腺孔有多种形式，产卵期有的有卵袋。

雄虫触角 7～13 节，有复眼及单眼。交配器短。

绵蚧科的重要种类有草履蚧、吹绵蚧、埃及吹绵蚧、银毛吹绵蚧，均为害各种果树及林木。

(7) 粉蚧科 雌性成虫外形同绵蚧科相似，但体壁通常柔软，被有蜡粉，有时身体侧面的蜡粉突出成线状，腹部末节有两瓣状突起，其上各有一根刺毛，称为臀瓣刺毛；肛门周围有骨化的环，上生 6 根刺毛，称为肛环和肛环刺毛。没有腹部气门，产卵时有卵袋。

常见的种类有橘小粉蚧、长尾粉蚧、康氏粉蚧、柑橘粉蚧、咖啡粉蚧。

(8) 蚧科 雌虫体圆形或长卵形，扁平或隆起成半球形或圆球形。体壁坚硬或富弹性，裸露或被蜡。身体背面不分节。有足和触角。没有腹部气门；腹部末端有深的裂缝，叫臀裂（肛裂），肛门上盖有 2 块三角形的骨片，叫肛板（三角板）。

农业上本科的重要种类有褐蚧、绿

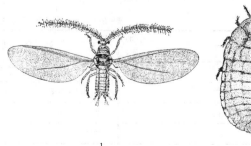

图 6-11 绵蚧科的代表——草履蚧
1—雄成虫；2—雌成虫

蚧、朝鲜球蚧、苹果球蚧、柑橘棉垫蚧、角蜡蚧、红蜡蚧、网目球蚧等，为害各种果树。

工业及医药用的白蜡，就是本科白蜡虫的雄虫分泌的。

四、直翅目

1. 主要特征

直翅目为大型或中型的昆虫。头下口式，单眼2～3个，触角线状，口器标准咀嚼式。前胸大而明显，中胸及后胸愈合。前翅革质，成覆翅。后翅膜质，作纸扇状折叠，翅脉多是直的。有的种类后足跳跃式。产卵器发达，呈剑状（如蟋蟀）、刀状（如螽斯）或凿状（如蝗虫）。常具听器，着生在前足胫节（蝼蛄、蟋蟀、螽斯）或腹部第一节上（蝗虫）。常有发音器，或以左右翅相摩擦（蟋蟀、螽斯、蝼蛄），或以后足的突起刮擦翅而发音（如蝗虫）。

卵多呈圆柱形（如蟋蟀），或圆柱形而略弯曲（如蝗虫），有的扁平（如螽斯），也有呈长圆形的（如蝼蛄）。产卵方式属于隐蔽式，有的数个堆成小堆，有的集合成卵块，外覆以保护物（卵鞘）。蝼蛄、蟋蟀、蝗虫都将卵产在土中。蟋蟀和螽斯则能将卵产在植物的组织内。

不完全变态，成虫能跳跃，有性二型现象，如雄虫有发音器而雌虫没有（蟋蟀、螽斯等），或者雌虫体大而雄虫体小（东亚飞蝗、中华蚱蜢等）。若虫一般有5龄，在发育过程中触角有增节现象，多数为植食性。

2. 主要科别

（1）蝼蛄科　蝼蛄科是典型的土栖昆虫，体躯结构适宜于在土中生活。触角短。前足粗壮，开掘式，胫节阔，有4齿，跗节基部有2齿，适宜于挖掘土壤和切碎植物的根部。后足腿节不甚发达，不能跳跃。前翅短，发音器不发达；后翅长，伸出腹末如尾状。听器位于前足胫节上，状如裂缝，不发达。尾须长。产卵器不发达。

蝼蛄是多食性地下害虫，为害小麦、玉米等禾谷类作物，也可以为害棉花等，咬食播下的种子，尤其是初发芽的种子，使出苗减少。咬食作物根部，伤口呈松开的纤维状，使幼苗枯死或生长不良。夜间在地面活动时，咬食靠近地面的嫩茎，在土中穿行时，能造成纵横交错的隧道，土壤松动隆起，使作物根部与土壤分离。造成严重缺苗断垄。我国有害种类，北方以华北蝼蛄为主，南方以非洲蝼为主。

（2）蝗科　体粗壮。头略缩入前胸内。触角短于身体长，一般为丝状，少数种类为剑状和锤状。前胸背板发达，盖住中胸。3对足的跗节均为3节，第1跗节腹面有3对垫。多数种类具有2对发达的翅，亦有短翅及无翅的种类，后翅常有鲜艳的颜色。雄虫能以后足腿节摩擦前翅而发音。产卵器粗短，凿状。听器位于腹部第1节两侧。为典型的植食性昆虫。

卵为两端圆的圆柱形或略有弯曲，通常聚产在土壤中，由性副腺的分泌物质掺杂一些土粒，形成卵囊。卵囊对卵有保护作用。卵囊的形状、大小、质地、结构等可以作为区分蝗虫种类的根据。若虫通常有5龄期，其触角的节数与翅芽的发达程度，可作为龄期鉴别的依据。

在蝗科中，有些种类有群居型与散居型两种生活类型，其形态区别相当明显，如东亚飞蝗，两个生活型的区别如表6-1及图6-12。

表6-1　东亚飞蝗两个生活型的区别

特征	型别	群居型	散居型
前胸背板		短而宽,中隆线平直,中间不隆起	狭而长,中隆线中间隆起成弓背形
前翅		长出腹部甚多	稍长出腹部
前翅长/后足腿节长		>2	<2
后足胫节颜色		淡黄色	红色

蝗科种类很多，我国已记载的达300多种。另外，螽斯科和蟋蟀科的很多种类也是农业重要害虫。

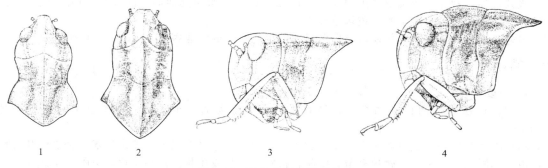

图 6-12　飞蝗变型的形态比较
1,3—群居型；2,4—散居型

五、脉翅目

1. 主要特征

头很灵活，下口式，口器咀嚼式。触角细长、线状、念珠状、梳状或棒状。单眼 3 个或无。前胸通常短小。翅 2 对，前后翅都是膜质，大小和形状很相似。翅脉密而多，呈网状，边缘多分叉，少数种类翅脉少而简单。跗节 5 节，爪 2 个。

完全变态。卵多数为长卵形，有的有小突起或长柄。幼虫有 3 对发达的胸足，行动活泼，跗节只 1 节。口器的外形为咀嚼式，但其上颚和下颚左右各合成尖锐的长管，用来咬住俘虏而吮吸其体液。蛹为裸蛹，有丝质的茧。如草蛉、褐蛉和粉蛉。本目种类不论体型大小，幼虫和成虫都是肉食性的，许多种类可用于生物防治。全世界已知约有 5000 种。

2. 草蛉科

成虫［图 6-13(a)］中等大小，身体细长，柔弱，绿色、黄色或灰白色。复眼有金色的闪光。触角长，线状。前后翅的形状和脉序非常相似，透明，翅脉绿色或黄色。前缘区有 50 条以下的横脉，不分叉。径分脉的各支都是简单的梳状分支。卵长约 1mm，有丝质的长柄，单个或几个产在有蚜虫的寄主植物上。幼虫称为蚜狮［图 6-13(b)］，体长形，两端尖，胸部和腹部每侧有生毛的疣状突起，毛上有时带有蚜虫的皮壳；上、下颚合成的吸管长而尖，伸出于头的前面，称为

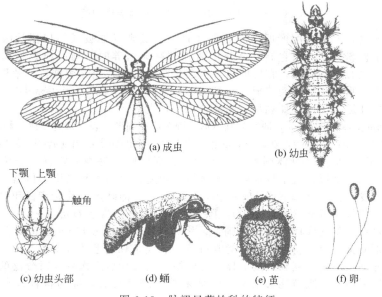

图 6-13　脉翅目草蛉科的特征

双刺吸式口器。蛹在白色圆形的茧内[图6-13(d)(e)]，卵为具柄形[图6-13(f)]。如大草蛉、丽草蛉、叶色草蛉、多斑草蛉、黄褐草蛉等。

另外，粉蛉科体小型，体翅被有白色蜡粉，也是重要的农业害虫。

六、鳞翅目

1. 主要特征

鳞翅目包括所有的蛾类和蝶类，是农业害虫中最大的一个类群，中国已记载的种类约8000种。

本目为完全变态，成虫体小到大型，颜色变化很大，常具性二型现象。体翅上密被鳞片和鳞毛，组成不同颜色的斑纹。触角多节，线状、梳状、羽状或棒状。复眼发达，单眼2个或无。口器虹吸式，不用时呈发条状卷曲在头的下面。前胸小，背面生有两小型的领片（翼片），中胸很大，生有1对肩领。前翅一般比后翅大，有13～14条翅脉，最多15条翅脉；后翅最多只10条翅脉，很少与前翅一样。翅的基部中央翅脉围成一大型的翅室，称为中室。翅上的图案可分为线和纹（或斑）两类，其分布也有一定的规律（图6-14）。足跗节5节，少数种类跗节退化，不足5节。胫节上有距，距的数目3对足上不尽相同。

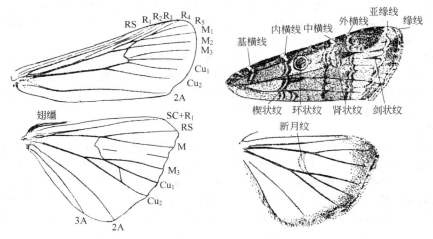

图6-14　鳞翅目的脉序和斑纹（小地老虎的翅）

成虫一般不取食，完成交配产卵任务后即死亡。一般则以虹吸式的口器吮吸一定植物的花蜜，帮助植物起了授粉作用。当它们能够获得适当的补充营养时，则产卵数目增加；营养不足时，产卵量减少。也有一些蛾类，它们的口器末端坚实而尖锐，能够刺破桃、苹果、梨、葡萄和柑橘等果实的果皮，吸收其汁液而造成一定的为害，这些蛾类称为"吸果蛾类"。人们可以利用它们补充营养的特性进行防治，如利用糖醋液诱杀小地老虎。

卵呈各种不同的形状（图6-15），通常为圆球形、馒头形或扁形。表面常有刻纹，黏附于植物上，有时还覆有母虫的体毛。初产时色淡，随着发育颜色逐渐加深，有的卵上还出现有颜色的斑点或带纹。

幼虫（图6-16）毛虫式。身体圆锥形，柔软。头部坚硬，每侧一般有6个单眼。唇基三角形，额很窄，成"人"字形，这个特征可和鞘翅目、膜翅目等幼虫相区别。口器咀嚼式；上唇前缘有一缺刻；上颚发达；下颚和下唇合成一体，叫吐丝器，能吐丝。前胸背板和腹部末节背板通常较硬，称为前胸盾板和臀板（或肛上板）。除3对胸足外，一般有腹足2～5对，末节上的1对可称为尾足或臀足；腹足的底面有钩状的刺毛，称为趾钩（如图6-17），趾钩的存在是鳞翅目幼虫与其他幼虫区别的又一重要特征。身上通常有色斑、线条和刺毛的分布。

蛹为被蛹，即蛹的触角、翅和足的芽体，都包被在幼虫最后产次蜕皮时分泌的黏滞的蜕皮液形成的包被中，只有后几个腹节能够活动。腹部末端有刺状突起，称为臀棘，有的还有钩状毛（图6-18）。

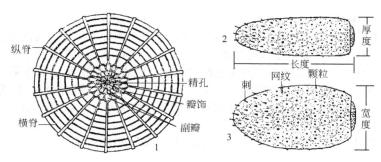

图 6-15　鳞翅目卵的模式构造
1—立式卵的背面；2,3—卧式卵的侧、背面

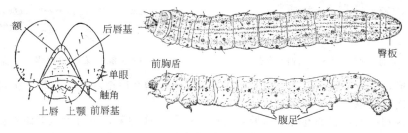

图 6-16　鳞翅目幼虫的体型（以小老虎为例）

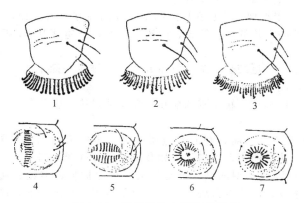

图 6-17　鳞翅目幼虫腹足的趾钩
1—单序；2—二序；3—三序；4—中列式；5—二横式；6—缺环式；7—环式

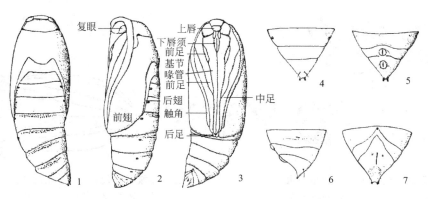

图 6-18　鳞翅目蛹的特征（小地老虎为例）

2. 主要亚目与科别

（1）异角亚目　多数为晚间活动，少数种类昼出。触角因种而异，多为线状或羽状，决不呈棒状；都有单眼；体色暗，前后翅以翅扣或翅缰连接，静止时双翅平展或覆背上。

① 麦蛾科。成虫为小型或极小型而颜色暗淡的蛾。头部鳞毛平贴。触角第 1 节上有刺毛并排成梳状。下唇须向上弯曲，伸过头顶，末节细尖。前翅狭长，端部尖锐。后翅后缘倾斜或凹入，像菜刀。前翅和后翅通到翅端的 2 条翅脉，基部合成 1 条，呈叉状；前、后翅均具臀脉 1 条。翅的后缘有长缘毛（图 6-19）。

卵卧式，长卵形；表面有整齐的方的网状纹。散产或呈小堆。

图 6-19　麦蛾科的代表——棉红铃虫　　　图 6-20　菜蛾的代表——菜蛾

幼虫圆柱形，白色或红色，老熟时长 10～25mm。趾钩 2 序全环或二横带，但潜叶的种类腹足退化，有的连胸足也退化。通常有臀栉。

幼虫食性区别很大，有的卷叶或缀叶，有的钻蛀茎干或种子，也有潜入叶组织内的。

蛹长卵形或纺锤形，全体常被有细毛，触角到达翅的顶端，常有丝质的茧。

如棉红铃虫、马铃薯块茎蛾、甘薯麦蛾等。

② 菜蛾科。与麦蛾科很近似，成虫在休息时触角伸向前方（图 6-20），极易区分。下唇须伸向上方，第 2 节有向前伸的很长的鳞。翅狭，前翅披针形，后翅菜刀形，后翅第 3 条与第 4 条脉纹基部合并，呈叉状。

幼虫细长，通常绿色，腹足细长。趾钩单序或两序，排成一简单的环，2 列或 3 列。行动敏捷，常取食植物叶肉，造成网状花纹。

蛹有透明网状薄茧，体细长，触角刚到翅端，翅略伸过第 4 腹节。

重要害虫有菜蛾等。

③ 斑蛾科。多数种类颜色美丽，有的有金属光泽。多白天活动，只能作短距离缓慢飞翔。身体光滑；有单眼；喙发达；翅薄，无鳞片。如梨星毛虫等（图 6-21）。

④ 卷蛾科。成虫为中型或小型的蛾，行动活泼，有保护色，多数是褐、黄、棕、灰色，也有绿色或黑色的，并有条纹、斑纹或云斑。前翅略呈长方形，肩区发达，前缘弯曲，静止时，两前翅平叠在背上，合成吊钟形。除头部有竖立的鳞毛外，身上的鳞毛平贴，身体光滑。前翅翅脉

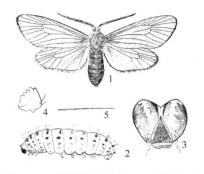  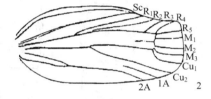

图 6-21　斑蛾科的代表——梨星毛虫　　　　　图 6-22　卷蛾科的代表——苹果卷蛾
1—成虫；2—幼虫；3—幼虫头部；　　　　　　　1—全形；2—脉相
4—幼虫上颚；5—幼虫刺毛

从基部或中室直接伸出，不合并成叉状。Cu_2 脉从中室下缘近中部分出。后翅第 1 条独立，不与第 2 条接近或接触。Cu 基部没有梳状长毛。臀脉 3 条（图 6-22）。

卵扁平，椭圆形，光滑，偶有网状雕纹。

幼虫老熟时体长 10~25mm，圆柱形，多为不同浓度的绿色，有的白色、粉红色、紫色或褐色。趾钩环式，通常 2 序或 3 序。前胸气门前的骨片或疣上有 3 毛。肛门上方常有臀栉。主要为害木本植物。有很多种类为害果树，多为卷叶种类。

蛹多数腹节上有两列刺；雌性第 4~6 腹节能动，雄性第 7 腹节也能动。如苹果黄卷蛾、苹果卷蛾、苹果褐卷蛾、黄斑卷蛾、顶芽卷蛾。

⑤ 小卷蛾科。似卷蛾科，体小；前翅前缘无折叠，后翅 Cu 脉上有梳状毛［图 6-23(a)(b)(c)］。幼虫多为蛀果种类，卷叶种类较少。趾钩环式，单序或二序［图 6-23(h)］。多数在土壤中化蛹。如梨小食心虫、苹果小食心虫、大豆食心虫、豆小卷蛾等。

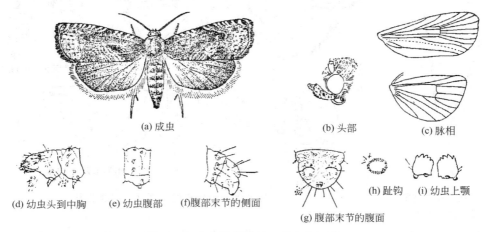

图 6-23 小卷蛾科特征（梨小食心虫）

⑥ 螟蛾科。为鳞翅目中较大的科。成虫小到中型，身体细弱，腹部末端尖削，鳞片细密而紧贴，因此身体看起来比较光滑。下唇须发达，伸向头的前方或向上弯。足细长。翅三角形，后翅有发达的臀区，臀脉 3 条。后翅第 1 条翅脉和第 2 条翅脉在中室前相平行，或在中室外接近或接触。第 2、第 3 中脉从中室下角分出［图 6-24(a)(b)(c)］。

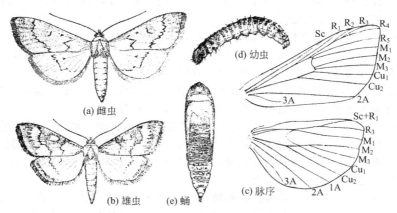

图 6-24 螟蛾科特征（玉米螟）

卵多数椭圆形，扁平，表面有网状纹，常呈鱼鳞状小堆。

幼虫体细长，老熟时长约 35mm，光滑，毛稀少，色斑很少或无。趾钩 2 序（很少单序或 3 序），缺环。幼虫喜欢隐蔽，相当活泼，钻蛀为害，少数卷叶缀苞为害。

蛹细长，表面光滑，腹部末端一般生有较细的钩刺。

⑦尺蛾科。幼虫称为"尺蠖"，群众叫"步曲"。腹部只第6节和末节上2对腹足，行动时身体一屈一伸，休息时用腹足固定，身体前面部分伸直，与所占的植物呈一角度，拟态如植物的枝条［图6-25(c)］。趾钩2或3序中带或缺环式。如柿星尺蛾等。

⑧夜蛾科。成虫都是中型和大型的蛾类，体色深暗而有保护色［图6-26(a)］。体粗壮，多毛；头常有单眼。腹部有听器。前翅狭，三角形，密被鳞毛，形成色斑。后翅比前翅阔，多为白色或灰色。成虫均在夜间活动，所以有"夜蛾"的名称。

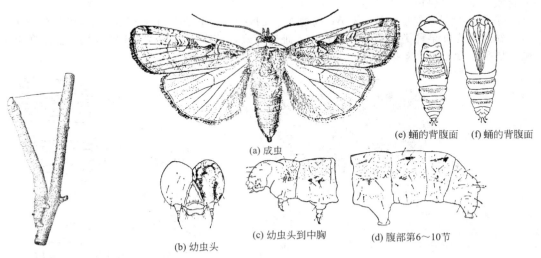

图6-25 尺蛾科的特征
（桑尺蛾的幼虫）

图6-26 夜蛾科的特征（八字地老虎）

卵多数为圆球形，或略扁，馒头形，表面常有放射状的纵脊线，白色、灰色或绿色，散开或成堆产在寄主植物上或土面上。

幼虫通常粗壮，光滑，少毛［图6-26(b)(c)(d)］，颜色较深。腹足通常4对（肛足除外），少数种类只3对或2对（第3腹节上或第3、第4腹节上的腹足退化），趾钩单序中带，如呈缺环式，则缺口很大。本科幼虫多为植食性，食叶，或蛀食茎秆或果实。

蛹长卵形，有臀棘或钩状毛［图6-26(e)(f)］。有的在叶间结薄茧化蛹，有的在地面结茧，有的在土中作土室，在里面化蛹。

⑨毒蛾科。与夜蛾科也很相似，但触角梳状，下唇须退化，无单眼，休息时多毛的前足伸出于前面，特别显著。幼虫被毛丛或毛刷，长短不一，有毒，能伤人。腹部第6、第7节或第7、第8节背中央有一分泌腺。常见种类有舞毒蛾、白毒蛾等。

⑩灯蛾科。与夜蛾科很相似，成虫触角线状或梳状。幼虫体上有突起，生有浓密的毛丛，长短较一致；背面无分泌腺。常见种类有黄腹星灯蛾、红袖灯蛾等。

⑪天蛾科。成虫为大型的蛾，身体粗壮，纺锤形，末端尖削。触角中部加粗，末端弯曲成钩状。喙发达，有时长过身体。前翅大而狭，顶角尖，外缘倾斜，后缘弯。后翅较小；幼虫大而粗壮，圆柱形，光滑（幼龄时有的表皮上有粗粒突起），胸部每节分为6～8个小环，第8腹节上有一个尾状突起叫尾角。趾钩2序中带。

另外，舟蛾科、木蠹蛾科、蓑蛾科、刺蛾科、果蛀蛾科的很多种类也是重要的农业害虫。

（2）锤角亚目 称为蝶类。白天活动；触角端部膨大，呈棒状。没有单眼。前后翅没有特殊的连接构造，飞翔时以后翅扩大的肩区直接贴在前翅下。休息时翅直立在身体的背面。

卵大部散产，不成卵块，一般产在开阔的地上。卵呈圆球形或宝塔形。

幼虫多在白天活动；幼虫头在单眼区有一条特有的缝。蛹多数为悬蛹或缢蛹。

前翅径脉5支分离，不合并，都从中室分出。眼的前方有睫毛。触角基部互相远离，端部有钩。

① 弄蝶科。为小型或中型的蝴蝶，翅展在40mm以下。体形粗壮，颜色深暗。头比前胸大，眼的前面有长睫毛；触角端部尖出，弯成小钩，为本科的显著特征。前后翅的翅脉都直接从翅基部或中室分出 [图6-27(a)(b)]。飞翔迅速且带跳跃，多在早晚活动。

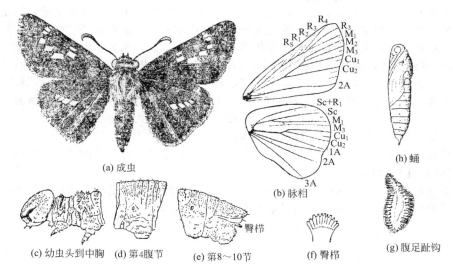

图 6-27 弄蝶科特征（直纹稻弄蝶）

卵通常半圆球形，或扁圆形，光滑，或有不规则的雕纹，或有纵脊及横脊。

幼虫头大 [图6-27(c)]，色深。身体纺锤形，前胸细瘦呈颈状，容易识别。腹足趾钩3序或2序，排成环式 [图6-27(g)]。腹部末端有臀栉 [图6-27(f)]。常吐丝缀联数叶片作苞，在里面为害。

蛹长圆筒形，末端尖削 [图6-27(h)]。上唇分为3瓣，喙长，超过翅芽很多。化蛹地点为幼虫丝巢（苞）中。

农业上的重要种类有横纹稻苞虫、隐纹稻苞虫、曲纹稻苞虫、中华稻苞虫、稻黄斑弄蝶、香蕉大弄蝶等。

③ 粉蝶科。多数为中等大小的蝴蝶，白色或黄色，有黑色的缘斑，少数种类有红色斑点。前翅三角形，后翅卵圆形 [图6-28(a)]。

卵炮弹形或宝塔形，直立而长，上端较细，有纵脊和横脊 [图6-28(b)]。

幼虫 [图6-28(c)] 圆柱形，细长，表面有很多小突起及次生毛。颜色单纯，绿色或黄色，有时有纵线。头较大。身体每节分为4~6环。趾钩中列式，2序或3序。

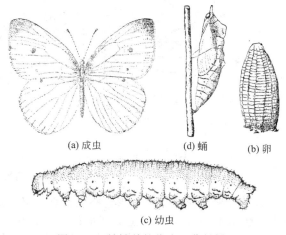

图 6-28 粉蝶科的代表（菜粉蝶）

蛹前半段粗，多棱角 [图6-28(d)]，后半段瘦削，头端有一尖锐突起，上唇分3瓣，喙达翅芽的顶端。

其主要为害十字花科、豆科、蔷薇科等植物，如菜粉蝶、东方粉蝶等。

七、鞘翅目

1. 主要特征

通称"甲虫"，完全变态。成虫体壁坚硬，鞘翅，双翅合起来在背中线上相遇，可盖住胸腹部的背面和折叠的后翅，鞘翅目以此得名。口器咀嚼式，有的有变化。触角10或11节，形状变化很大，除线状外，有的为锯状、锤状、膝状或鳃叶状等。没有单眼。在发达的前胸后面，常露出三角形的中胸小盾片。跗节5或4节，很少3节。腹部末数节常退化，缩在体内。卵呈卵圆形或圆球形。

幼虫多为寡足型，咀嚼式口器。可以分为几个类型：①肉食类——表皮坚硬，胸足发达，行动活泼，如虎甲和步甲的幼虫，以其他昆虫为食；②蠕虫型——表皮坚硬，体细长，胸足不太发达，如叩头虫的幼虫，主要为植食性；③伪蹠型——表皮柔软，胸足不发达，有腹足（但腹足无趾钩），如叶甲的幼虫，它们是专吃叶子的；④蛴螬型——表皮柔软，身体肥大弯曲，胸足4节，但不善爬行，如金龟子的幼虫，在土壤中为害植物根部；⑤象虫型——身体柔软肥胖，中间的节特别膨大而隆起，足退化或无，如豆象的幼虫，主要是蛀食木材和种子；⑥钻蛀虫型——身体细长而扁平，足退化，如天牛和吉丁虫的幼虫，在茎干内作隧道为害。

蛹为裸蛹。触角、翅、足的芽体露在外面。

鞘翅目是昆虫纲，也是整个动物界中最大的一个目，全世界已记载的达25万种以上。

2. 主要亚目与科别

（1）肉食亚目图［6-29(a)］　本亚目的共同特征为前胸背板与侧板之间有明显界线，后足基节固定在后胸腹板上，不能活动，后足基节窝分割第一腹节腹板。

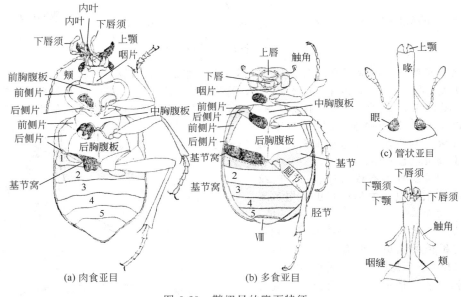

图 6-29　鞘翅目的腹面特征

① 虎甲科。体中等，长形，略扁，具有鲜艳的色斑和金属光泽。头下口式，比胸部略宽。眼大。触角11节，着生在上颚基部的上方。唇基宽达触角基部。上颚很发达，长，弯曲而有齿。下颚外叶2节，内颚叶端部有一能动的钩。腹部有6可见节。足细长，胫节有距。后翅发达，能飞。白天活动，经常在路上觅食小虫，当人走近时，常向前作短距离飞翔，称引路虫（图 6-30）。

幼虫身体细长。头部坚强，每侧有6个单眼。上颚发达。触角4节。足长，6节。身体白色，有毛疣，腹部第5节背面的突起上生有倒钩。生活在土中，造成倾斜或垂直的圆筒形孔穴，圆盘形的头塞在孔穴入口附近，张开上颚向上，等小虫经过，将其捉住拖入孔穴。当俘虏抵抗时，身上的倒钩可以固定在洞壁，不致被俘虏拖出来。常见的有中华虎甲等。

② 步甲科。和虎甲科很相似，体形大小变化较大，颜色较暗，有的鞘翅上有点刻、条纹或斑点。头前口式，比前胸狭；眼小。触角着生在上颚基部和眼的中间。唇基不到达触角的基部。

后翅通常退化，不能飞翔，有的种类左右前翅愈合，不能分开。跗节5节。腹部可见腹板6节（图6-31）。捕食鳞翅目、双翅目幼虫等。

幼虫肉食甲型，体长，活泼。没有上唇，上颚突出，下颚须4节。触角4节。足短，6节。腹末有伪足状突起。常见的有中华步甲、短鞘步甲等。

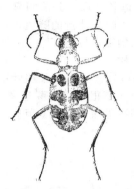
图6-30 虎甲科的代表——中华虎甲

图6-31 步甲科的代表——皱鞘步甲

（2）多食亚目［图6-29(b)］ 本亚目的共同特征为前胸背板与侧板之间无明显界线，后足基节不固定在后胸腹板上，能活动，后足基节窝不分割第一腹节腹板。

① 叩头甲科。叩头甲（通称叩头虫）是地下害虫的一类群。成虫多数为暗色，体狭长，末端尖削，略扁。头小，紧镶在前胸上。前胸背板后侧角突出成锐刺。前胸腹板中间有一尖锐的刺，嵌在中胸腹板的凹陷内。前胸和中胸间有关键，能有力地活动［图6-32(a)］。当虫体被压时，头和前胸能作叩头状的活动，以图逃脱。当处在反面位置时，前胸会急剧向后活动使全身弹跳起来，恢复正常位置。触角长，多为锯齿状。足短，跗节5节。后足基节扁，能盖住腿节。腹部可见5节。

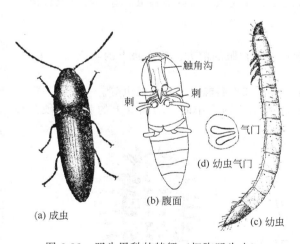
图6-32 叩头甲科的特征（细胸叩头虫）

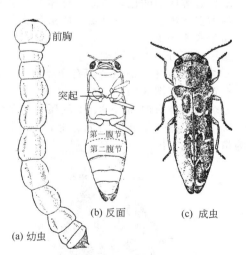
图6-33 吉丁甲科的代表——柑橘小吉丁虫

幼虫，称为"金针虫"［图6-32(c)］。身体细长，圆柱形，略扁形。体壁光滑坚韧，头和末节特别坚硬。多数为黄色或黄褐色。没有上唇，上颚没有磨区，腹部气门二孔式即每个气门有2裂孔。生活在土壤中，取食植物的根、块茎和播种在地里的种子。一年中随气温的变化，在土壤中作垂直移动，所以常在春秋两季为害农作物。

农业上的重要种类有沟叩头虫、褐纹叩头虫、细胸叩头虫等。

② 吉丁甲科。吉丁甲科是木本植物茎干的钻蛀性害虫。成虫有美丽的金属光泽，多为绿、

蓝、青、紫、古铜等色。身体长形，末端尖削，外形很像叩头甲。头嵌在前胸。触角锯齿状。但前胸与中胸没有关键，不能活动，后侧角没有刺，腹板有一扁平的突起嵌在中胸腹板上。腹部第1、第2节腹板愈合［图6-33(a)(b)］。成虫喜爱阳光，在白天活动，在枝干向阳部分容易发现此虫。

群众称其幼虫为"溜皮虫"或"串皮虫"［图6-33(a)］。体长，扁；分节明显，有扁平而膨大的前胸，没有足，腹部9节，柔软。生活在树木的形成层中，吃成曲折的隧道，隧道中充满虫粪，老熟时咬入木材中造一袋形的蛹室化蛹。老树和树势衰弱的受害较多。

其重要种类有苹果小吉丁虫、柑橘小吉丁虫等，均为害果树。

③ 瓢甲科。群众称瓢虫"花大姐"，身体半球形［图6-34(a)］。外形和某些叶甲相似，但是其跗节为隐4节，即跗节只有4节，第2节大，分为两瓣，第3节很小，隐藏起来，看起来像3节［图6-34(b)］。头小，一部分装在前胸内。触角棒状。腹部可见腹板5或6节。

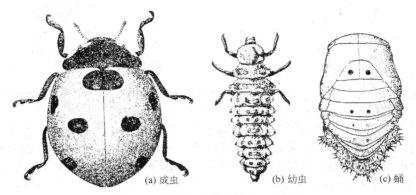

图 6-34　瓢甲亚科的代表——七星瓢

幼虫有鲜明的颜色，活泼，身体上有很多刺毛的突起或分支的毛状棘［图6-34(b)］。

绝大多数瓢虫是有益昆虫，成虫和幼虫捕食蚜虫、介壳虫、粉虱等害虫。有一些是取食植物的，属于农业害虫。

瓢甲科可分为以下两类。

a. 肉食类瓢甲：成虫背面有光泽，少毛，触角着生在眼的前方。幼虫身上的毛突多，柔软。多是有益种类（图6-34）。

著名的种类有澳洲瓢虫、七星瓢虫、黑缘红瓢虫、红点唇瓢虫、异色瓢虫等。

b. 植食类瓢甲：成虫背面有毛，少光泽，触角着生于两眼中间。幼虫身上的刺突坚硬，其均为植食性的（图6-35）。

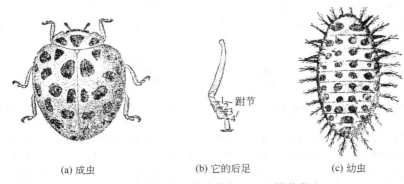

图 6-35　毛瓢甲亚科的代表——马铃薯瓢虫

④ 金龟甲科。金龟甲科是人们熟悉的一个类群，触角鳃叶状，通常10节，末端3~5节向一侧扩张成片状，合起来呈锤状，少毛［图6-36(b)］。前足开掘式，跗节5节，后足着生位置接

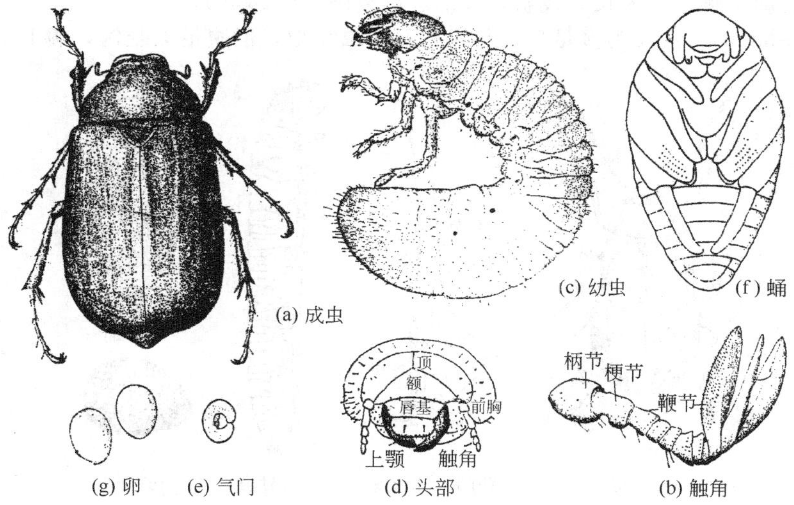

图 6-36　金龟科的代表——棕色金龟

近中足而远离腹部末端。腹部有一对气门露在鞘翅外。口器的上唇与上颚为唇基所盖住，从背面看不见。

幼虫［图 6-36(c)］均称为蛴螬，身体柔软，体壁多皱。腹部末节圆形，向腹面弯曲。上唇和上颚均较发达［图 6-36(d)］。没有磨区，胸足 4 节。气门弯曲［图 6-36(e)］，生活在土壤中。植食性，常将植物幼苗的根茎咬断，使植株枯死。其在土壤中常随温度的变化作垂直迁移，春秋上升地表为害，冬夏则在土壤深处潜伏。

与金龟甲科很相似的还有丽金龟科、花金龟科。

⑤ 天牛科。天牛科是为人所熟知的科，以其特别长的触角而得名［图 6-37(a)］。体长形，略扁。眼肾脏形，围在触角的基部［图 6-37(b)］，有时断开成为两个。跗节为隐 5 节［图 6-37(c)］。

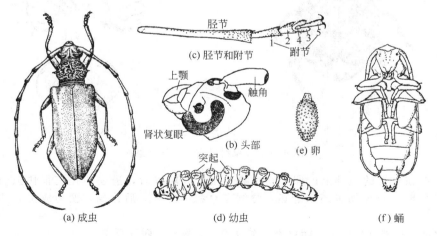

图 6-37　天牛科的特征——橘褐天牛

幼虫和吉丁甲的幼虫很相似。体长，圆柱形而扁。前胸背板很大，扁平；但胸、腹节的背腹面有骨化区或突起。足退化，但留有遗迹［图 6-37(d)］，钻蛀树木的茎或根，深入到木质部，作不规则的隧道，隧道有孔通向外面，排出粪粒，极易检查。其常见种类有星天牛、葡萄天牛等。

⑥ 叶甲科。叶甲科昆虫又叫"金花虫"，成幼虫绝大多数为害叶部，成虫具金属光泽。身体或长或圆，或大或小，因种类不同而不同。跗节隐 5 节［图 6-38(b)］，与天牛一样。复眼卵形，

着生位置接近前胸。触角不太长，线状，基部远离复眼。腹部可见 5 节。

幼虫 [图 6-38(d)] 主要为多足型，与鳞翅目幼虫相似，但腹足无趾钩，额不呈人字形。

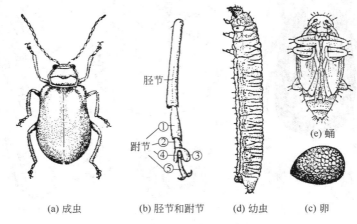

图 6-38　叶甲科的特征（黄守瓜）

植食性叶甲，为害方式主要是食叶，也有蛀茎和咬根的种类。

⑦ 豆象科。豆象科都是为害豆科植物种子的种类。

成虫 [图 6-38(a)] 体小。卵圆形，坚硬，被有鳞片。触角锯齿状、梳状或棒状。眼圆形，有一"V"字形缺刻。鞘翅平，末端截形，露出腹部末端。跗节隐 5 节。可见腹节 6 节。

幼虫白色或黄色，柔软肥胖，弯曲。足退化，呈疣状突起，气门圆形 [图 6-39(b)(c)(d)]。

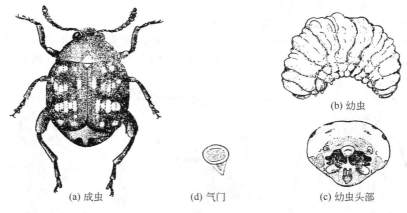

图 6-39　豆象科代表——豌豆象

豆象主要在豆类的嫩荚上产卵，幼虫孵化钻进豆粒以后，进去的孔道很快愈合。当豆子成熟收回仓库时，豆象幼虫还未老熟，继续在豆粒内为害，后化蛹，变为成虫，才从豆粒中钻出。

其农业重要种类有绿豆象、豌豆象、蚕豆象、大豆象、四纹豆象等。

⑧ 象甲科。通称"象鼻虫"。其体形大小和颜色不同，其共同特点是：成虫的头有一部分延伸成象鼻状或鸟喙状，咀嚼式口器生在延伸部分的端部。多数种类触角弯曲成膝状，12 节，末端 3 节呈锤状。身体坚硬。跗节 5 节。腹部可见 5 节（图 6-40）。

幼虫身体柔软，肥胖而弯曲，光滑或有皱纹。头发达。没有足。

成虫和幼虫都取食植物，有吃叶的，有钻茎的，有钻根的，有蛀果实或种子的，也有卷叶或潜入叶组织中的，因种类而不同。

其农业种类有甘薯象甲、苹果花象甲、油菜茎象甲、甜菜象甲等（图 6-40）。

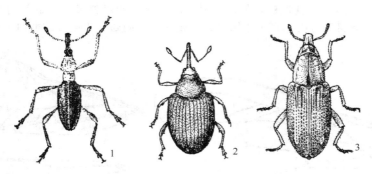

图 6-40　几种农业上的重要象甲
1—甘薯象甲；2—油菜茎象甲；3—甜菜象甲

八、膜翅目

1. 主要特征

膜翅目（图 6-41）包括各种蜂和蚂蚁。雌性都有发达的产卵器，多数为针状，或有刺螫能力（图 6-41）。翅膜质。不被鳞片。前翅脉序、翅痣、翅室有一定的名称（图 6-42、图 6-43）。前翅大而后翅小，后翅前缘有一列钩刺，可与前翅相联系。头活动，复眼大；单眼 3 个。触角通常雄性 12 节，雌性 13 节，也有更多或更少的，呈线状、锤状或弯曲成膝状。一般为咀嚼式口器，只有蜜蜂科下唇中唇舌延长，兼有吸收花蜜的作用。腹部第 1 腹节并入胸部，成为胸部的一部分，称为并胸腹节。第 2 节常缩小成"腰"，称为腹柄，植食性的科例外（图 6-44）。末端数节常缩入，可见 6～7 腹节。跗节 5 节。

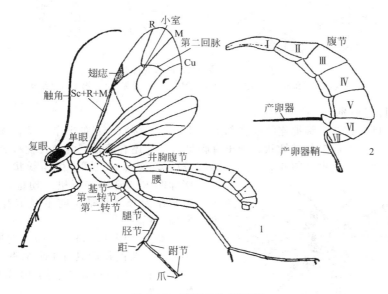

图 6-41　膜翅目体躯特征
1—单色姬蜂，侧面，示各部分；2—单色姬蜂，腹部，示产卵器能在开节前伸出

完全变态。卵多为卵圆形或香蕉形。食叶性种类幼虫为伪蠋型，与鳞翅目幼虫很相似，但腹足没有趾钩，头部额区不呈"人"字形。头的每侧只有一个单眼。这一点也可与食叶的鞘翅目幼虫相区别。蛀茎种类足常退化，其余种类完全没有足。蛹为裸蛹，有茧或巢保护。

膜翅目昆虫习性变化很大：有的植食性，如叶蜂科；有的蛀茎，如茎蜂科；有的取食花粉和吸蜜，如蜜蜂科；有的是捕食性的，如土蜂科、泥蜂科、胡蜂科等；有的是寄生性的，如姬蜂科、小茧蜂科、小蜂科等种类，寄生于鳞翅目、鞘翅目、同翅目等昆虫的卵内。

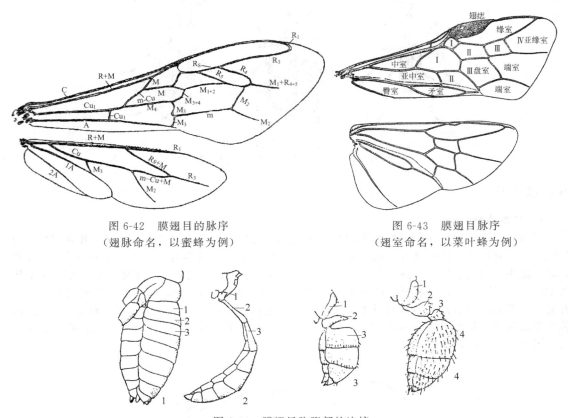

图 6-42　膜翅目的脉序
（翅脉命名，以蜜蜂为例）

图 6-43　膜翅目脉序
（翅室命名，以菜叶蜂为例）

图 6-44　膜翅目胸腹部的连接
1—广腰；2—细腰；3—腹部第 2 节呈结状；4—腹部第 2、第 3 节呈结状

2. 主要亚目与科别

（1）广腰亚目　腹部广阔地连接在胸部上，不收缩成腰状。足的转节 2 节。翅脉较多，后翅至少有 3 个基室。产卵器锯状或管状。幼虫有胸足，有的还有腹足。为植食性种类。

主要科为叶蜂科。成虫［图 6-45（a）］身体较短粗，腹部没有腰。触角线状。前胸背板后缘深深凹入。前翅有短粗的翅痣，前翅翅室的数目常作为分属特征。前足胫节有 2 端距。产卵器扁，锯状。

幼虫［图 6-45（b）（c）］伪蠋式，体光滑，多皱纹。头的每侧只有 1 个单眼，腹足通常 6~8 对，生在第 2~8 节、第 10 节或第 2~6 节、第 10 节上。

蛹有羊皮纸质的茧，在地面或地下化蛹。卵扁，产在植物组织中。

如小麦叶蜂黄翅菜叶蜂、黄翅菜叶蜂、日本菜叶蜂、梨实蜂等。

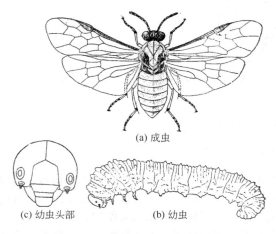

图 6-45　叶蜂科的代表——日本菜叶蜂

（2）细腰亚目　除瘿蜂外，均为寄生性种类。腹部和胸部连接部分收缩成腰状，腹部末节腹板除细蜂总科外均纵裂开，产卵器多在腹

部末端露出。后翅没有臀叶,最多只有 2 个基室。足的转节多为 2 节。

① 姬蜂科。成虫身体从小型到大型,细长。触角线状,多节;前胸背板两侧延伸,与肩板相接触。前翅有明显的翅痣,翅端部第二列翅室中间一个特别小,四角形或五角形,称为小室,其下面所连的一条横脉叫第二回脉,小室和第二回脉是姬蜂科的重要特征。并胸腹节常有雕刻纹。腹部细长,长度为头胸长的 2~3 倍。雌蜂腹部末节腹面纵裂开。产卵器可从末节前伸出[图 6-46(d)]。

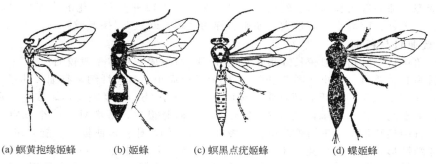

(a) 螟黄抱缘姬蜂　　(b) 姬蜂　　(c) 螟黑点疣姬蜂　　(d) 蝶姬蜂

图 6-46　姬蜂科的常见种

卵多产在寄主体内,寄主为鳞翅目、鞘翅目、膜翅目的幼虫和蛹,幼虫为内寄生昆虫。

本科寄生于重要农业害虫的种类有黄带姬蜂、拟瘦姬蜂、三化螟沟姬蜂、囊心蛾齿腿姬蜂、黄眶离缘姬蜂、螟黄抱缘姬蜂、螟黑瘦姬蜂、螟黑点疣姬蜂、螟龄疣姬蜂、螟龄悬茧姬蜂、玉米螟厚唇姬蜂等。

② 茧蜂科。小型或微小种类,体长 2~12mm,有的种类产卵器和身体一样长,也有长过身体 10 倍的。其特征和姬蜂相似,但翅的脉序简单,无第二回脉,通常没有小室或不明显(图 6-47)。

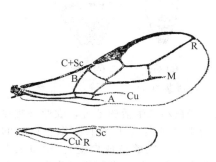 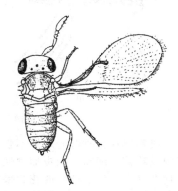

图 6-47　茧蜂科脉序(三室蚜茧蜂)　　图 6-48　赤眼蜂的代表——稻螟赤眼蜂

卵产在寄主体内,幼虫内寄生,有多胚生殖观象,即成虫只在寄主体内产一卵,最后发育成为多数子代。在寄主体内或体外或附近结黄色或白色小茧化蛹。

寄生于蚜虫的有麦蚜茧蜂、桃瘤蚜茧蜂、桃赤蚜茧蜂、绵蚜茧蜂等种类。

寄生于鳞翅目幼虫的有螟蛉绒茧蜂、中华茧蜂、稻螟小腹茧蜂、日本黄茧蜂、螟虫长距茧蜂、螟甲腹茧蜂、食心虫白茧蜂等种类。

寄生潜蝇科幼虫的有二室潜蝇茧蜂、潜蝇茧蜂等种类。

③ 赤眼蜂科。微小,黑色,淡褐色或黄色,体长 0.3~1.0mm。复眼发达,赤红色,触角膝状,3 节、5 节或 8 节。前翅很阔,或狭而有缘毛。翅面微毛排成纵的行列。后翅狭,刀状。跗节 3 节。寄生于各目昆虫的卵内。

全世界已知的约有 200 种。著名的属为赤眼蜂属,很多种类应用于生物防治,如稻螟赤眼蜂(图 6-48)、广赤眼蜂、松毛虫赤眼蜂等。

九、双翅目

1. 主要特征

双翅目包括蝇、虻、蚊等类群。成虫只有一对发达的前翅，膜质而有简单的脉序，后翅退化成平衡棒。复眼很大，占头的大部分；单眼3个。触角有的长（具毛状等），有的短（具芒触角等）。舐吸口器（蝇）或刺吸口器（蚊、虻）。跗节5节。雌虫腹部末端数节能伸缩，成为伪产卵器。

完全变态。卵一般为长卵形。幼虫为无足无头型（少数种类有骨化的头壳）。口器为一对骨化的口钩。体柔软，前端小而后端大，如蛆。称为"蛆式幼虫"。裸蛹或围蛹。

2. 主要亚目与科别

(1) 长角亚目 触角一般较长或很长，由8~11节组成。身体一般较细长。

瘿蚊科为其主要科。成虫 [图6-49(a)] 外形像蚊而小，身体纤细，有细长的足。触角细长，念珠状，3~6节，有明显的毛，雄性常有环状毛 [图6-49(b)]。复眼发达，或左右愈合成一个。喙短或长。前翅阔，有毛或鳞，只有3~5条纵脉，横脉很少，基部只有一个基室。足基节短，胫节无距，有中垫和爪垫，爪简单或有齿。腹部8节，伪产卵器短或极长，能伸缩。

幼虫体纺锤形，或后端较钝 [图6-49(c)]，13节，头很退化，有触角，中胸腹板上通常有一突出的"剑骨片"[图6-49(d)]，有齿或分两瓣，是弹跳器官，它的存在是瘿蚊科幼虫的识别特征，而其形状则是鉴别种的依据。

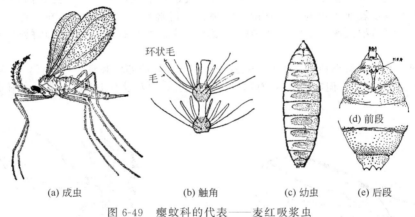

(a) 成虫　　　　(b) 触角　　　(c) 幼虫　　(e) 后段

图6-49　瘿蚊科的代表——麦红吸浆虫

成虫一般不取食，对灯光趋性不强，早晚活动，把卵产在幼虫生活的地方，农业种类在未开花的颖壳内或花蕾上产卵。幼虫捕食性（取食蚜虫、介壳虫和螨类）、腐食性（取食腐败的植物质）和植食性（为害生活植物的花、果实、茎或其他部分，很多能够造成虫瘿）。幼虫老熟时入土潜伏，生活在植物上，多在阴雨天弹跳落地，喜湿润土壤。有的幼虫有隔年羽化现象，即当环境不适合时，可以长期潜伏下来，等合适的年份再上升至地表层化蛹、羽化。幼虫入土前和化蛹前的两场雨水，是瘿蚊发生的有利条件。

瘿蚊的天敌有细蜂和小蜂，寄生率很高。

农业上的重要种类有麦红吸浆虫、麦黄吸浆虫、稻瘿蚊、糜子吸浆虫、柑橘花蕾蛆等。

(2) 芒角亚目 触角3节，具芒状。

① 食蚜蝇科。中等大小，身体阔或细长。头大，有的额突出。触角3节，芒状，生在身上。眼大，雄虫合眼式，有单眼。翅大，外缘有与边缘平行的横脉，使脉和脉的缘室成为闭室。脉与脉之间有一条两端游离的伪脉，均为食蚜蝇科的显著特征。腹部可见4~5节（图6-50）。

幼虫 [图6-50(b)] 蛆式，11节，长而略扁，前端尖，后端截形，表皮粗糙，体侧有短而柔软的突起；或身体后面有细长的呼吸管，如鼠尾状。

蛹 [图6-50(c)] 密封在末龄幼虫的蜕皮内，短而坚韧，水滴状。

幼虫捕食蚜虫、介壳虫、粉虱、叶蝉等。如食蚜蝇属的很多种类可用于生物防治。

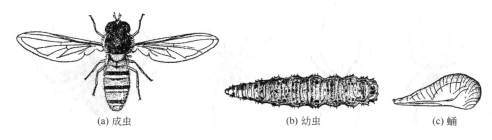

图 6-50 食蚜蝇科的代表——食蚜蝇

② 潜蝇科。体小或微小，长 1.5～4mm。有毳，后顶鬃分歧，后额眶鬃分歧，前额眶鬃指向内。触角芒生于背面基部。翅大，脉只有一个折断处，5 脉退化或与脉合并，脉 3 分支直达翅缘。脉间有 2 闭室，后面有一个小的臀室。腹部扁平，雌虫第 7 节长而骨化，不能伸缩（图 6-51）。

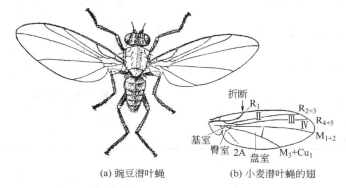

图 6-51 潜蝇科的代表

幼虫蛆式，体长 4～5mm。前气门 1 对，生在前胸近背中线处，互相接近。体侧有很多微小的色点。

其均为植食性，幼虫潜在叶的组织内，取食叶肉而残留上下表皮，造成各种形状的隧道，受害植物以阔叶植物为多。成虫趋光性强，发生时常大量为灯光所诱集。

农业上的重要种类有豌豆潜叶蝇、小麦潜叶蝇、小麦黑潜蝇、大麦黄潜蝇等。

附：蜘蛛和螨类简介

一、蜘蛛

蜘蛛是节肢动物门蛛形纲蜘蛛目。已知蜘蛛达 35000 余种，我国已知 1000 种以上。绝大多数蜘蛛是农林害虫的天敌，对害虫的控制作用是十分巨大的。其群体的杀虫作用要比瓢虫、草蛉、猎蝽的总和杀虫作用还要大几倍；其次是蜘蛛具有种类繁多、繁殖力强、食量大、抗逆力强、寿命长等特点。因此利用蜘蛛防治害虫，是生物防治的重要环节。在农田中广泛分布的有草间小黑蛛、八斑球腹蛛、拟水狼蛛、三突花蛛等（图 6-52）。

1. 蜘蛛与昆虫、螨类的区别

蜘蛛与昆虫同属于节肢动物门。但它们的形态特征有很大的区别（表 6-2、表 6-3）。

2. 蜘蛛的外部形态（图 6-53）

（1）蜘蛛的头胸部　蜘蛛的头胸部在胚胎发育阶段愈合成一个整体，外观以毛沟为界，沟前为头部，沟后为胸部。整个头胸部由几丁质的外骨骼包围，背面称为头胸甲（背甲），其上纵形或横形的圆形凹陷称为中窝，周围有放射沟；头胸部的腹面称为胸板。头胸部是蜘蛛感觉、取食和运动的中心。

图 6-52 常见的天敌蜘蛛

1—草间小黑蛛；2—八斑球腹蛛；3—拟水狼蛛；4—三突花蛛

表 6-2 蜘蛛与昆虫的区别

	蜘 蛛	昆 虫
体躯划分	分头胸部与腹部两部分	分头、胸、腹三部分
腹部分节	不具环节	有明显的环节
触角	无触角，但有螯肢	有触角
足	4 对	3 对
脚须	1 对，由 6 节组成	无
翅	无翅	无翅或有 1～2 对翅
眼	只有单眼	主要有复眼，并有少数单眼
纺丝器官	存在于腹部末端，肛门下方开口处	仅幼虫有，存在于下唇开口处
生殖孔	位于腹部前端腹侧	位于腹部后端，肛门之下
发育	无变态	有变态

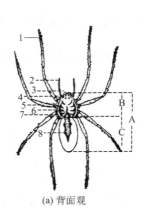 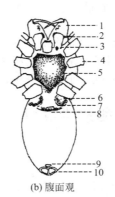

(a) 背面观　　(b) 腹面观

A—体长；B—头胸部；C—腹部；
1—步足；2—触肢；3—螯肢；4—眼；
5—颈沟；6—中沟(中窝)；
7—放射沟；8—心脏斑

1—螯肢；2—下颚；3—下唇；4—
足基节；5—胸板；6—书肺；
7—生殖孔；8—生殖沟；
9—前纺器；10—纺器

图 6-53 蜘蛛的外形

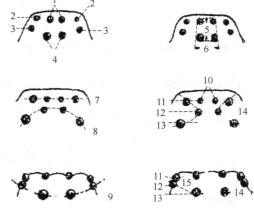

图 6-54 蜘蛛眼的排列形式及各部名称

1—前中眼；2—前侧眼；3—后侧眼；4—后中眼；
5—中眼区长度；6—中眼区宽度；7—直线；
8—后曲；9—前曲；10—直眼；11—第
一眼间；12—第二眼间；13—第
三眼间；14—外曲；15—内曲；
16—额；17—前曲

表 6-3　蜘蛛与螨类的区别

	蜘　　蛛	螨　　类
体段连接	头胸部与腹部连接处显著收缩,以腹柄相连	后足体与末体相接处宽阔,无腹柄相连
体型	较大	微小
生活习性	自由生活,全部为捕食性	自由生活或寄生于动植物体内,少数具捕食性

在头部前端着生有单眼。大多数蜘蛛具有 8 个单眼,少数也有 2、4、6 个单眼或无眼(无眼蛛)。单眼一般排列成 2 列,前行的单眼称为前眼列,后行的单眼称为后眼列,前行中央、侧方和后行中央、侧方的单眼则分别称前中眼、前侧眼、后中眼、后侧眼。由于眼的排列弯曲情况不同,又有前曲、后曲及端直线等型式之分。单眼所占的整个位置称为眼区,而前眼列与后眼列中的中眼所占的方形区,称为中眼区(图 6-54)。眼的数目和排列形式是蜘蛛分类的重要依据。

蜘蛛的头胸甲一般为心脏形。在其前端有螯肢、触肢和口器等附肢。螯肢是头胸部的第 1 对附肢,由螯基和螯爪两部分构成。螯基内侧有一沟槽,沟的上侧称为"齿堤",分别称为前齿堤、后齿堤(或内齿堤、外齿堤)。大多数种类前、后齿堤上具有小齿,其小齿的数目、大小及排列等,为种类鉴别的重要依据。螯爪呈管状,常嵌入齿堤内,螯基及头胸部的毒腺所分泌的毒汁由此导出,用以杀死和捕捉猎物(图 6-55)。蜘蛛的触肢,是由基节、转节、腿节、膝节、胫节、跗节组成。跗节的末端雌蛛有爪,雄蛛无爪。雄蛛触肢末端节膨大,特化为生殖时期的交配器官,具有储精、移精的作用,蜘蛛的口器是由肢螯、触肢基板(颚叶)、上唇、下唇等部分组成,具有捕捉、压碎食物、吸吮汁液的功能。

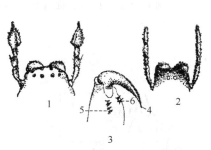

图 6-55　蜘蛛的触肢和螯肢
1—雄蛛触肢;2—雌蛛触肢;3—螯肢;
4—爪;5—后齿堤;6—前齿堤

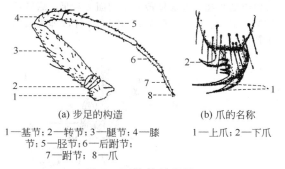

(a) 步足的构造
1—基节;2—转节;3—腿节;4—膝节;5—胫节;6—后跗节;
7—跗节;8—爪

(b) 爪的名称
1—上爪;2—下爪

图 6-56　蜘蛛的步足

蜘蛛有步足 4 对,着生在头胸甲四周的基节窝内,每一步足由基节、转节、腿节、膝节、胫节、后跗节及跗节 7 节组成。跗节末端有爪,一般结网型蜘蛛有爪 3 个;游猎型蜘蛛有爪 2 个(图 6-56)。有些种类在跗节近顶端有几根爪状刺,称为副爪。跗节及后跗节腹面密生毛群,称为足毛刷。步足的伸展方向因种类不同而异,通常第 1、第 2 对足伸向前方,第 3、第 4 对足伸向后方,称为前行性,如狼蛛科、盗蛛科种类;各足横向伸展于体的两侧,称为横行性,如蟹蛛科、巨蟹蛛科种类。

(2) 蜘蛛的腹部　是体躯的后段,由腹柄与头胸部相连接。腹部呈卵形、椭圆形、球形等。腹部背面生有密毛。现存在的绝大多数蜘蛛,腹部不分节,仅八纺器蛛科和七纺器蛛科腹部背面留有分节的痕迹。

蜘蛛腹部背面正中央为心区,其上有可见的斑痕,称为心脏斑,系体内心脏所在处,此外,还有叶状斑和树状斑,其斑纹的色彩和形状是种类的鉴别依据之一。腹部腹面前方有一生殖沟(胃外沟),生殖孔开口于沟的正中,雄蛛生殖孔为简单的小孔,无生殖器构造,雌蛛其生殖器,称为外雌器或生殖厣。生殖沟的前方两侧有书肺,其开口称为书肺孔。腹部腹面的末端有纺丝器官,纺丝器官是蜘蛛目所特有的器官,主要包括纺器(纺绩突)、筛器及纺前突(舌状体)。纺器通常为 3 对。纺丝器的前方有一气孔,后方有肛门。

3. 蜘蛛的生活史和习性

蜘蛛没有变态现象。一生中可分为卵、幼蛛(若蛛)、亚成蛛及成蛛几个时期。每年发生的世代因种而异,有 1 年 1 代、1 年 2 代或 1 年多代,如微蛛科中有的种类则 1 年发生 8~10 代。蜘蛛是雌雄异体,于春末夏初或夏末秋初交尾、产卵,产卵后不久即孵化成幼蛛。幼蛛不立即出卵袋,营短暂的团居生活,蜕皮

1次后才各自分散活动。若遇寒冷，幼蛛则在卵袋内越冬，春暖时才出卵袋。从幼蛛到成蛛，需经几次蜕皮，蜕皮的次数随外界环境条件和蜘蛛种类而异。蜕去最后1次皮，便进入成蛛阶段，性器官成熟，各部特征显现。

蜘蛛由于有飞航习性，能在自然界中广泛分布，并以多种多样的方式生存与繁殖，其基本的生活类型可分为定居型和游猎型两大类。蜘蛛交配后即行产卵，多在夜间产卵，产卵结束，便以腹部压紧卵粒，形成扁圆形的卵块，并以纺丝覆盖于卵块上，形成卵囊，而后用纺器粘住卵囊，过携带卵囊的游猎生活。蜘蛛越冬生境广泛，可在树上、土中、枯枝落叶、石缝及洞穴等处。

二、螨类

螨类属于蛛形纲蜱螨目。

1. 蜱螨目与昆虫及其他蛛形纲动物的区别

蜱螨类与昆虫的主要区别是，体无明显的头、胸、腹三段之分；无翅，无复眼，或只有1～2对单眼；足4对（少数足2对或3对）；其变态经过卵、幼虫、若螨、成螨。与蛛形纲其他动物的区别在于：体躯通常不分节，腹部宽阔地与头胸相连接。

2. 形态特征

体通常为圆形或卵圆形，一般由四个体段构成，即颚体段、前肢体段、后肢体段、末体段（图6-57）。颚体段即头部，着生口器。口器由1对螯肢和1对足须组成。口器分为两类：刺吸式和咀嚼式。刺吸式口器，螯肢端部特化为针状，称为口针，基部愈合成片状，称颚刺器，基部背面向前延伸形成上口板，与下口板愈合成一个管子，包围口针；咀嚼式口器，螯肢端节连接在基节的侧面，可以活动，整个螯肢呈钳状，可以咀嚼食物。前肢体段着生前面2对足，后肢体段着生后面2对足，合称肢体段。足由6节组成：基节、转节、腿节、膝节、胫节、跗节。末体段即为腹部，肛门和生殖孔一般开口于末体段腹面（真足螨科开口于背面）。

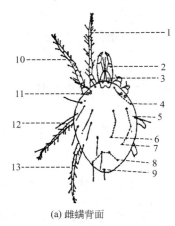 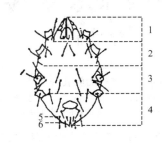

(a) 雌螨背面　　　　　　　　　　　　　　(b) 雌螨腹面

1—第一对足；2—须肢；3—颚刺器；4—前足体段背毛；　1—颚体段；2—前足体段；3—后足体段；
5—肩毛；6—后足体段背中毛；7—体段背侧毛；　　　4—末体段；5—肛侧毛；6—肛毛
8—骶毛；9—臀；10—第二对足；11—单眼；
12—第三对足；13—第四对足

图6-57　体躯结构

3. 生物学特性

多系两性卵生繁殖，发育阶段雌雄有别，雌性经卵、幼螨、第一若螨、第二若螨到成螨；雄性则无第二若螨期。幼螨足3对，若螨以后足4对。有些种类孤雌生殖。其繁殖迅速，一年最少2～3代，最多20～30代。

4. 主要科的特征

（1）叶螨科　体长约1mm以下，梨形，后端较尖；前面略呈肩状，口器刺吸式[图6-58(a)]植食性，通常生活在植物叶片上，刺吸汁液，有的能吐丝结网。为害农作物的重要种类有棉红蜘蛛、麦长腿红蜘蛛等。

（2）真足螨科　也叫走螨科，体长0.1～1mm；圆形，绿、黄、红或黑色；皮肤柔软，有细线纹或细

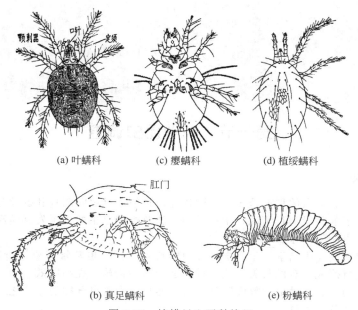

图 6-58　蜱螨目主要科特征

毛，口器刺吸式，肛门开口于体背面 [图 6-58(b)] 为害农作物的有麦圆红蜘蛛等。

（3）瘿螨科　极微小，长约 0.1mm，体蠕虫形，狭长；足 2 对，前肢体段背板大，呈盾状，后肢体段和末体段延长，分为很多环纹 [图 6-58(c)]。为害果树和农作物的叶片或果实，刺激受害部变色或变形或形成虫瘿。如为害小麦的小麦瘿壁虱，即所谓的"糜花"，陕北、甘肃常发生。

（4）植绥螨科　体小，椭圆形，白色或淡黄色，足须跗节上有 2 叉的特殊刚毛，雌虫螯肢为简单的剪刀状，雄虫螯肢的活动趾上有一导精管；背板完整，着生刚毛 20 对或 20 对以下；捕食性 [图 6-58(d)]。我国已从国外引进智利小植绥螨繁殖利用，并在广东发现纽氏钝绥螨，并在果园试用以防治叶螨。

（5）粉螨科　体白色或灰白色；口器咀嚼式，前体段与后体段之间有一溢缝；足的基节与身体腹面愈合为 5 节 [图 6-58(e)]。为库中最常见的一类害虫，如粉螨、卡氏长螨等。

思 考 题

1. 试述昆虫分类的意义。
2. 怎样书写昆虫的拉丁学名。
3. 简述昆虫种的概念。昆虫的亚种和型在本质上有何区别？
4. 鞘翅目昆虫中肉食亚目和多食亚目的主要区别点。
5. 如何区分胡蜂和蛾类？
6. 如何区分天牛科与叶甲科？
7. 如何区分夜蛾科与舟蛾科的成虫？
8. 鳞翅目幼虫与膜翅目幼虫的主要区分标志何在。
9. 双翅目昆虫亚目划分的依据有哪几点？
10. 列表比较昆虫、蜘蛛、螨类的形态特征。
11. 简述蜘蛛分类的根据。
12. 列表比较所学昆虫各目科的主要形态特征。

第七章 农业昆虫的调查和预测预报

第一节 农业昆虫调查

一、调查的意义

(1) 农业害虫及其天敌的种类繁多，规律各异，必须通过田间调查和统计分析，掌握昆虫种群在一定环境条件下的数量消长情况，用科学的方法对田间昆虫的发生发展情况作出正确的分析及判断，以指导害虫防治和益虫利用。

(2) 害虫种群之间在生物学、生态学等方面的特点不同，也常常需要进行数量调查和分析，对害虫的防治法进行研究，有的放矢地选择最合适的防治措施，提高防效。

(3) 随着科学的发展，昆虫"数值"分类法，逐渐成为昆虫分类的方法之一，主张根据数量分析结果确定昆虫的分类系统。

因此田间调查和统计分析，是农业昆虫研究过程中非常重要的环节。为了不与生物统计学课题内容重复，这里主要介绍一般数理统计方法以外常用的调查统计方法。

二、昆虫田间分布型和取样方法

1. 昆虫的田间分布型

昆虫个体在田间的分布型式，常因昆虫种类、虫态、发生阶段（早期、中期或后期）而不同，亦与地形、土壤及寄主植物的种类、栽培方式等有密切关系。调查昆虫田间发生情况之前，须先了解这种昆虫在田间的分布型，以便采用相应的调查方法，使调查结果符合客观实际。常见的昆虫田间分布型有以下几种。

(1) 随机分布（波阿松分布） 通常分布较稀疏，每个个体之间的距离不等，但较均匀，调查取样时每个个体出现的概率相等［图7-1(a)］。如三化螟卵块在稻田中的分布及玉米螟卵块在玉米田间的分布则属该类型。

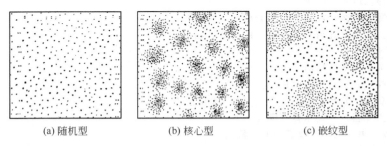

图 7-1 昆虫的田间分布型示意图

(2) 核心分布（奈曼分布） 是不均匀分布，即昆虫在田间的分布呈多数小集团，形成核心，并自核心做放射状蔓延。核心之间是随机的，核心内常为较浓密的分布［图7-1(b)］。如玉米螟幼虫在田间的分布及它们所造成的螟害株都属型。

(3) 嵌纹分布（负二项分布） 也是不均匀分布，昆虫在田间的分布呈不规则的疏密相间状态［图7-1(c)］。如棉红蜘蛛在虫源田四周的棉田内分布多属此型。

测定昆虫在田间分布型的简略方法是：先在田间随机取样调查若干数量的植株，按每株虫数的多少分为若干等级,再分级计算株数,算出它的方差(S^2)和平均数(X)。如果方差与平均数之比在 1~1.5 之间,则属于随机分布型。如果方差与平均数之比在 1~5.3 之间,则属于非随机分布型。

2. 田间调查的取样方法

取样的方法决定于昆虫分布型,取样数目要以最少的人力取得最大的代表性。样点的大小和规格随不同作物、虫种和调查者的要求而不同。

常用的取样法为随机取样法,"随机"并不是"随便",而是按照一定的取样方式,间隔一定的距离,选取一定数量的样点。样点内全面计数,不得随意变换,以免参加调查者的主观成分。随机取样方法包括以下几种。

(1) 对角线取样法　适宜于密集的或成行的植物和随机分布的结构,有单对角线和双对角线两种[图 7-2(a) (b)]。

(2) 棋盘式取样法　适宜于密集的或成行的植物和随机分布的结构[图 7-2(c) (d)]。

(3) 分行取样法　适宜于成行的植物和核心分布的结构[图 7-2(e) (f)]。

(4) Z 字形取样法　适宜于嵌纹分布的结构[图 7-2(g)]。

(5) 等距取样法　其特点是样点均匀又能错开位置,可以避免田间周期性的影响。一般适用于随机分布型的田块。取样点数目参考表 7-1。取样时用尺子或走步丈量都可。长乘宽除以样点数再开方就是全距,取第一点时用半距,以后用全距。具体方法见图 7-2(h)。

表 7-1　等距取样点数与田块大小

田块面积	样点数	田块面积	样点数
2 亩以下	7	31~60 亩	20
2.1~10 亩	10	61~100 亩	25
11~30 亩	15	100 亩以上	30

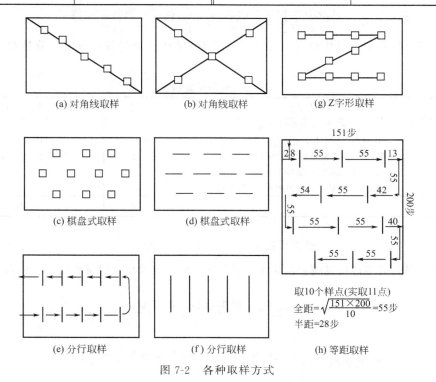

图 7-2　各种取样方式

三、田间调查（虫情）的表示方法

1. 虫口密度

根据所调查对象的特点，调查其在单位面积、单位时间、单位容器或一定寄主单位上出现的数量。

$$虫口密度（单位寄主上的虫数）＝调查总虫数/总调查单位数$$

（1）地上部分的虫口　抽样检查单位面积、单位植株或单位器官上害虫的卵（或卵块）数或虫（幼、若虫或成虫）数。这项工作需在害虫发生季节、最易发生的时期或地上部分越冬期进行，如对黏虫常调查每平方米的幼虫数；对麦田蚜虫常调查平均百株蚜虫数（百株蚜量）。

（2）地下部分的虫口　用筛土或淘土的办法统计单位面积一定深度内害虫的数目，必要时进行分层调查。如对金针虫、蛴螬、拟地甲等地下害虫和桃小食心虫、李小食心虫等幼虫或蛹在土内休眠的害虫等调查。常用挖取平均每平方市尺的土中虫数表示。

（3）飞翔的昆虫或行动迅速不易在植株上计数的昆虫如飞虱、叶蝉等，以及有趋光（和色）性、趋化性的昆虫可用黑光灯、糖蜜诱杀器或黄皿诱集器（只用于有翅蚜）等进行诱捕，以单个容器逐日诱集数表示。网捕是调查田间该类虫口的重要方法，标准捕虫网柄长1m，网口直径30cm，来回扫动180°为1复次，以平均1复次或10复次的虫数表示。有的人用机动喷粉器鼓风将虫吹入网内以代替用手扫动。

2. 作物受害情况

（1）被害率　表示作物的株、秆、叶、花、果实等受害的普遍程度，这里不考虑每株（秆、叶、花、果等）的受害轻重，计数时同等对待。

$$被害率（\%）＝被害株数/调查总株数$$

（2）被害指数　许多害虫对植物的为害只造成植株产量的部分损失，植株之间受害轻重程度不等，被害率并不能说明受害的实际情况，而被害指数能较实际地反映作物的受害程度。具体做法是在调查前先按受害轻重分成不同等级（重要害虫的等级由全国会议讨论确定），然后分级计数，代入下面公式：

$$被害指数＝\frac{各级值×相应级的株（秆、叶、花、果）数的累计值}{调查总株（秆、叶、花、果）数×最高级值}×100\%$$

例如，调查棉田蚜虫发生情况，将蚜害分成表7-2中5个等级，分级计算株数，计算蚜害指数。

表 7-2　分级调查蚜害

等级	蚜害情况	株数	株数×等级
0	无蚜虫，全部叶片正常	41	
1	有蚜虫，全部叶片无蚜害异常现象	26	1×26＝26
2	有蚜虫，受害最重叶片出现皱缩不展	18	2×18＝36
3	有蚜虫，受害最重叶片皱缩卷卷，超过半圆形	3	3×3＝9
4	有蚜虫，受害最重叶片皱缩全卷，呈圆形	0	
合计		88	71

$$蚜害指数＝\frac{71}{88×4}×100\%＝20.2\%$$

（3）损失率　蚜害指数只能表示受害轻重程度，但不直接反映产量损失。产量损失应以损失率表示。

$$损失率＝\frac{损失系数×被害率}{100}$$

其中：

$$损失系数（\%）＝\frac{健株单株产量－被害株单株产量}{健株单株产量}×100\%$$

例：调查某玉米地玉米螟为害情况，取样 160 株，其中螟害株 62 株，籽粒产量 8.5 斤（1 斤＝500g），健株 98 株，籽粒产量 18.1 斤。计算损失率如下。

$$被害率(\%)=\frac{62}{160}\times 100\%=38.8\%$$

$$损失系数(\%)=\frac{\frac{18.1}{98}-\frac{8.5}{62}}{\frac{18.1}{98}}\times 100\%=25.8\%$$

$$损失率(\%)=\frac{25.8\times 38.8}{100}\times 100\%=10.01\%$$

3. 防治效果

用各种措施，尤其是用农药防治农作物害虫，常需要在防治前后进行调查，并在此基础上计算防治效果。

对于裸露的害虫，如黏虫、红叶螨、蚜虫等通常在施药前后记载虫数，并以害虫种群减退表示防治的效果：

$$害虫种群减退率(\%)=\frac{施药前活虫数-施药后活虫数}{施药前活虫数}\times 100\%$$

对于潜藏的害虫，如大豆食心虫、玉米螟等在植物体内蛀食的害虫，以及蛴螬、根蛆等地下害虫，常以处理区的被害率与对照区的被害率比较来表示防治效果：

$$防治效果(\%)=\frac{对照区被害率-处理区被害率}{对照区被害率}100\%$$

如果用药前已有被害株，用药后被害株仍有增加，则防治效果可用下式进行校正：

$$防治效果(\%)=\frac{对照区施药后新增被害率-处理区施药后新增被害率}{对照区施药后新增被害率}\times 100\%$$

$$施药后新增被害率(\%)=\frac{施药后新增被害株}{调查株数}\times 100\%$$

4. 害虫发育进度

发育进度表示害虫种群完成某一阶段发育的虫数占调查虫数的比例。如孵化率、化蛹率、羽化率等。

$$当日孵化率(\%)=\frac{到当天为止孵化的卵块(粒)数}{当天检查卵块(粒)总数(已孵化+未孵化)}\times 100\%$$

$$累计孵化率(\%)=\frac{累计孵化卵块(粒)数}{累计总卵块(粒)数(已孵化+未孵化)}\times 100\%$$

$$化蛹率(\%)=\frac{活蛹数+蛹壳数}{总活虫数(幼虫+蛹+蛹壳)}\times 100\%$$

$$羽化率(\%)=\frac{蛹壳数}{总活虫数(幼虫+蛹+蛹壳)}\times 100\%$$

5. 生命表

生命表以产卵数或期望卵数为起点，将各发育阶段中由于不同原因造成的死亡数列入表中。用这种表格化的数据来分析种群变动的主要原因和发展趋势，是害虫测报和防治的重要依据（表 7-3）。

四、调查应注意的事项

害虫调查是整个害虫防治工作中一个十分重要的环节，为了搞好调查，事先要制订出一个比较详细而又切实可行的调查计划，除个别情况需中途修改外，一般应严格按计划要求进行。资料要有科学性，其科学性是指调查结果能反映客观实际情况。因此调查中不能任意减少地块数、样点数和调查次数。资料要系统完整，只有成虫资料，没有幼虫发生情况；只有害虫密度，没有作物受害程度；只有害虫资料，缺乏必要的气象资料；上次用面积单位，下次用长度单位等，都会

表 7-3 稻绿蝽第一代生命表

虫期/x	发育天数	各虫期开始时的生存数	死亡原因/M_xF	死亡数/M_x	死亡率/%	累计死亡率/%
卵	5	713(9块)	寄生 不受精 死 小计	325 1 	45.58 0.14 	59.11
1龄	3	291(5集团)	暴雨 不明 小计	54 	18.56	76.33
2龄	4	169(5集团)	暴雨 蜕皮时死亡 不明 小计	9 9 	5.33 5.33 	85.14
3龄	4	104(4集团)	蜕皮时死亡 不明 小计	24 	23.08 	89.36
4龄	5	76(4集团)	蜕皮时死亡 不明 小计	22 	28.95 	92.86
5龄	6	51(4集团)	台风 不明 小计	10 	19.61 	96.36
成虫		31(2集团)	台风 羽化时死亡 剩余虫中的雄虫 产卵死亡雌虫 小计	5 7 10 	16.13 22.58 32.26 	98.88
产卵雌①		8				

① 产卵数为1075粒，孵化卵数为690粒。

使资料的利用价值降低，甚至失去参考价值。资料要妥善保存，资料反映了害虫发生规律，具有重要的科学价值。此外，害虫调查资料多是相对数据，如被害率、百株虫量、黑光灯一夜虫量等，只有把这些数据与历史资料比较时才能表现出其实际意义。因此，害虫调查资料不仅具有现实意义，而且具有历史价值，调查资料大致可以分为原始资料和整理资料两大类，两类资料都应建立档案，以待查用。

第二节 农业害虫的预测预报

一、害虫测报的意义、任务和原则

害虫的预测，是以已掌握的害虫发生规律为基础，根据当前害虫的发生密度和发育状态，结合气候条件和作物发育等情况，进行综合分析，判断害虫未来的动态趋势。把预测结果通过电视、广播、报刊等各类传播方式广而告之，保证及时、经济、有效地预防害虫为害，称为预报。预测预报的主要任务是：测报害虫发生为害的时期，以便确定防治的有利时机；测报害虫发生数量的多少和为害性的大小，以便确定防治的规模和力量部署；测报害虫发生的地点和轻重范围，以便按不同的地区采取不同的对策，把虫害的损失降到最低。

影响害虫种群发生的因子多种多样，关系错综复杂，这些因子对不同种类的害虫的影响也不一致。因此做好害虫的测报工作，必须坚持以下原则：一是要坚持科学的态度。本者弘扬竞业奉献精神，认真做好测报过程中各个环节的工作，确保各类数据的连续性、真实性、可靠性。二是要针对具体的害虫深入调查研究，进行具体分析，特别是要找到对害虫发生起决定性作用的主导因子，用最简便的方法对害虫的发生发展作出尽可能准确的预报。

二、预报的种类

预报种类一般分为短期预报、中期预报、长期预报、补充预报和警报五种。短期预报：发布5日以外、10日以内害虫发生期和发生量的预报；中期预报：发布10日以外、1个月以内害虫发生期和发生量的预报；长期预报：发布1个月以外害虫趋势的预报（包括年预报）；1年以上的预报也可称超长期预报；补充预报：发布预报后，如气候有特殊变化或者其他原因致使害虫发生了新的变化，应立即发布补充预报，对原预报进行订正；警报：当害虫呈现大发生趋势，距离防治适期又较近时，为引起人们的注意，需发布害虫警报，抓紧部署防治。

目前短期、中期预报较为普遍。长期预报不太可靠时只作为展望或估计。在短期、中期预报中，为了应对突发"事件"，往往发出紧急预报、通报或警报。如山东济宁市2008年5～6月份间灰飞虱暴发，短时间内有的（麦套玉米田）地块目测虫口密度达几千头/m^2甚至更多，为了避免虫病双害的发生（灰飞虱传播玉米粗病毒），济宁市农业技术部门发出紧急预报，采取果断措施，使虫病害的损失降到了最低。

三、发生期的预测

害虫的发生时期按各虫态可划分为始见期、始盛期、高峰期、盛末期、终见期，预报害虫始盛期、高峰期和盛末期三个时期。在生物防治中始见期也很重要。我国将上述三个时期分别定为：出现20%——始盛期；出现50%——高峰期；出现80%——盛末期。

1. 期距预测法

一般是指各虫态出现的始盛期、高峰期或盛末期间隔的时间距离，它可以是由一个虫态到下一个虫态，或者由一个世代到下一个世代的期距。不同地区、季节，世代的期距差别很大，每个地区应以本地区常年的数据为准，其他地区不能随便代用。这需要在当地有代表性的地点或田块进行系统调查，从当地多年的历史资料中进行总结。有了这些期距的经验或历年平均值，就可依次预测发生期。

（1）系统调查

系统调查常用的方法有以下几种。

① 诱集法。一般用于能够飞翔，迁飞活动范围较大的成虫。利用其趋性、潜藏、产卵等习性，进行诱集。如设置诱虫灯、黑光灯，诱集各种夜蛾、螟蛾、天蛾、金龟甲等；设置杨树枝诱集棉铃虫成虫，设置谷草诱集黏虫蛾；设置糖蜡酒液盆诱集地老虎等成虫；设置黄皿诱测有翅蚜虫迁飞等。每年从开始发生到发生终了，长期设置，逐日计数，同时应注意积累气象资料，以便对照分析。

② 田间调查法。在害虫发生阶段，定期、定田、定点（甚至定株）调查其发生数量，统计各虫态的百分比，将逐期统计的百分比顺序排列，便可看出害虫发育进度的变化规律及发生的始、盛、末期和各个期距。

③ 人工饲养法。对于一些在田间难以观察的害虫或虫态，可以在调查的基础上结合人工饲养观察，饲养时的控制条件应该尽量接近害虫在自然界发育的条件。根据各虫态（及龄期）发育的饲养记录，求出平均发育期，必要时计算标准差，估计置信区间。

例如，室内饲养观察棉铃虫各虫态历期见表7-4。

据江苏南通资料：红铃虫越冬代的期距如下。

化蛹20%～50%：（6.3±1.28）天；羽化20%～50%：（5.4±1.44）天；

化蛹20%～羽化50%：（12.3±1.89）天；化蛹50%～羽化50%：（11.2±1.81）天。

表 7-4 棉铃虫各世代虫态平均历期

世代	各虫态天数			
	卵	幼虫	蛹	成虫
第二代	3	13.8	12.7	8.0
第三代	3	14.2	16.3	7.7
第四代	4.8	34.8		

（2）推算方法

例如，7 月 16 日调查各类型田采到三化螟幼虫和蛹共 102 头，分析其龄期和蛹的级别如表 7-5。

表 7-5 三化螟发育进度调查表

项目	合计	幼虫						蛹								蛹壳
		1龄	2龄	3龄	4龄	5龄	小计	1级	2级	3级	4级	5级	6级	7级	小计	
虫数	102	1	2	4	8	12	27	18	23	17	8	5	3	1	75	0
百分比/%	100	0.98	1.96	3.92	7.84	11.77		17.65	22.55	16.67	7.84	4.90	2.94	0.98		0
累计	100	100	99.02	97.06	93.14	85.30		73.53	55.88	33.33	16.66	8.82	3.92	0.98		0

从表 7-5 看，当 4 级蛹羽化时，达到羽化率 16.66%，距始盛期（20%）尚差 3.34%，因此当 3 级蛹再羽化 3.34% 时，即羽化达到始盛期。计算羽化始盛期的方法为：

7 月 16 日＋0.5 天（4 级蛹折半）＋4.4 天（五级蛹到羽化的平均天数）为 7 月 21 日

即 7 月 21 日为羽化始盛期

表 7-5 看出 3 级蛹羽化时达羽化率 33.33%，距羽化高峰（50%）尚差 16.67%，因此当 2 级蛹再羽化 16.67% 时，即羽化达到高峰期。

计算羽化高峰期的方法为：

$$\frac{16.67}{22.55} \times 1.2 + 6.0 = 6.888，7 月 16 日 + 6.888 = 7 月 23 日$$

即 7 月 23 日为羽化高峰期

2. 有效积温预测法

昆虫为了完成一定的发育阶段（一个虫期或一个世代），需要一定的热量积累。完成该发育阶段所需要的温度积累值是一个常数。对昆虫发育起作用的是发育起点以上的温度，称为有效温度，有效温度积累值称为有效积温，单位是"日度"。在适宜害虫生长发育的季节，温度的高低是左右害虫生长发育快慢的主导因素。只要了解了一种害虫某一虫态或全世代的发育起点温度和有效积温及当时田间的虫期发育进度，便可根据近期气象预报的平均温度条件，推算某害虫某一虫态或下一世代的出现期。计算方法（公式）：

$$K = N(T-C) \quad 或 \quad N = \frac{K}{T-C}$$

式中，K 为有效积温；N 为发育天数；T 为观测温度；C 为发育起点温度；$(T-C)$ 为逐日的有效温度。

3. 物候预测法

物候是指各种生物现象出现的季节规律性，是季节气候（如温度、湿度、光照等）影响的综合表现。各种物候之间的联系是间接的，是通过气候条件起作用的。在这方面，劳动人民有丰富的经验，流传着许多生动而形象化的农谚，其中包括不少与害虫发生期有关的物候。河南对粘虫有"柳絮纷飞蛾大增"等说法。

但是进行预报，仅仅注意与害虫发生在同一时间的物候是不够的，必须把观察的重点放在发生期以前的物候上。为了积累这方面的资料，测报工作人员应该在观察害虫发育进度的同时经常留意记录各种动植物的物候期（如吐芽、初花、盛花、展叶等），用简明符号标出，经过多年积累，从中找出与害虫发生期联系密切，可用于预报的物候指标。

四、发生量的预测

害虫的数量变化规律是生态学的中心课题。特别是暴发型害虫,有的年份它们销声匿迹,甚少为害,有的年份却大肆猖獗,到处成灾,摸清其发生消长的规律最为重要。

从防治角度,对害虫数量的多寡有四种不同的考虑:第一,估计发生数量达不到防治标准,为害损失不超过经济允许水平,则不必进行防治。第二,估计发生数量明显上升,但田间天敌也大量繁殖,足以抑制害虫数量的发展,因此为害损失不至超过经济容许水平,可以不进行防治。第三,估计在天敌、气候等因子的综合影响下,害虫发生数量呈下降趋势,为害损失在经济容许水平以内,也不必进行防治。第四,估计害虫数量大量增加,超过防治标准,为害损失超过经济容许水平,而田间天敌数量远不能阻止害虫数量的发展,则需要迅速组织人力、物力及时加以防治。由此可见,在进行害虫数量预报时不能单纯只看害虫数量的多寡,还必须充分估计生物群落内的自然平衡作用,合理治理害虫,避免防治工作的盲目性。

1. 依据虫口基数预测

害虫的发生数量通常与前一世代的基数有密切的关系,基数大,下一代可能发生多,反之则少。对很多害虫进行早春(越冬后)有效基数的调查,结合检查雌虫比率和可能卵量,依此估计下一代的发生量,这是当前较普遍应用的一种方法,对一代性害虫或一年发生 2~4 代害虫的第一、第二代的预测效果比较好。

(1) 繁殖数的推算　常用以下公式。

$$P = P_0 \left[e \times \frac{f}{m+f} \times (1-d_1)(1-d_7)\cdots(1-d_n) \right] = P_0 \left[e \times \frac{f}{m+f} \times (1-d_g) \right]$$

式中,P 为后一代发生量;P_0 为前一代基数;e 为平均每雌虫产卵数;$\frac{f}{m+f}$ 为♀虫比率(f 为♀虫数,m 为♂虫数);$d_1, d_2, \cdots, d_n$ 为各虫期的死亡率;d_g 为整个世代的死亡率。

上式右侧去掉 P_0,则成为虫口消长指数公式:

$$I = e \times \frac{f}{m+f} \times (1-d_1)(1-d_2)\cdots(1-d_n) = e \times \frac{f}{m+f} \times (1-d_g)$$

式中,I 是一代虫口消长指数,即下一代虫口为前一代基数的倍数,以此表示未来种群的增长或下降趋势。

如果一种昆虫在发生世代中有迁出者,则以上两式右侧都应乘以 $(1-M)$,M 是迁出比率。P 值或 I 值的推算和生命表(表 7-3)的分析意义相同,P 值相当于表中的最终生存数,P_0 相当于初始生存数;I 值相当于最终生存数除以生存数。

(2) 由害虫的形态生理变化进行预测　昆虫形态的变化与其内在的生理机制有密切的联系,如型的变化、不同体重的比例、脂肪体的含量与结构、生殖器官的变异、雌雄性比的改变等,都影响到下一代或后一虫期的繁殖能力。研究这些特性与昆虫数量变化的关系,也可用来估计害虫的发生程度,如无翅若蚜多于有翅若蚜,蚧类的雌介壳比率大,均预示种群数量增加。据观察,棉田内有翅若蚜达到 40% 以上,7~10 天内棉蚜将大量迁飞,虫口随之下降。飞虱类短翅型雌虫寿命较长,产卵量较多,因此短翅型雌虫比率大,预示该种飞虱下代虫口将显著增长。

2. 以气候条件预测害虫发生情况

(1) 湿温系数　是一定时期相对湿度和相对温度的比值。从资料分析得出,主导棉蚜季节性消长的重要因素是湿温系数。

$$湿温系数 = \frac{5\ 日平均相对湿度}{5\ 日平均相对温度}$$

当湿温系数为 2.5~3 时,棉蚜将猖獗为害。

(2) 雨温系数 (R)　是一定时期降雨量和气温的比值。据资料统计分析,江南地区三化螟发生轻重受 1~2 月降雨量和气温的综合影响。

$$R = \frac{1\sim 2\ 月份总降雨量}{1\sim 2\ 月份平均气温的平均值}$$

当 $R>6$ 时为偏轻发生年，$R=4\sim6$ 时为中等发生年，$R<4$ 时为偏重发生年。

另外，据多年的实践和资料分析如下：

4 月和 5 月两月的湿温系数（x）与第一代玉米螟有虫株率（m）的回归公式：
$$m=22.7x-25$$

7 月下旬到 8 月下旬的湿温系数（x）与第三代玉米螟百株虫数（y）的回归公式：
$$y=5330-1355.5x$$

3. 以虫口基数结合气候条件推测以后害虫的发生情况

（1）据研究，早春非棉田内棉盲蝽虫口基数以及 6 月份降水与 7 月上旬棉田内棉盲蝽虫口呈对数曲线相关，因此将数据换算成对数值（表 7-6），计算二元一次回归式。

表 7-6　早春非棉田内棉盲蝽虫口、6 月份降水
与 7 月上旬棉田棉盲蝽虫口的关系

年份	早春非棉田虫口 x_1/(头/亩)	$\lg x_1$	6 月降水 x_2/mm	$\lg x_2$	7 月上旬棉田虫口 y/(头/亩)	$\lg y$
1995	6000	3.778	46.1	1.663	1300	3.121
1996	14000	4.146	37.9	1.579	1010	3.000
1997	18600	4.269	183.8	2.264	3000	3.477
1998	6780	3.831	85.8	1.933	440	2.644
1999	726	2.861	73.2	1.864	119	2.075
2000	8160	3.911	4.2	0.623	176	2.245
2001	20	1.309	6.0	0.778	48	1.681
2002	251	2.399	88.6	1.947	560	2.748

注：1 亩 $=666.67\text{m}^2$。

$$\lg y=0.9005+0.2925\lg x_1+0.4735\lg x_2$$

或

$$y=7.9524\times x_1^{0.2925}\times x_2^{0.4735}$$

（2）有资料认为，麦田黏虫幼虫发生程度与 4 月上中旬蛾量及 4 月上中旬水分积分指数有关（表 7-7）。

$$4\text{ 月上中旬水分积分指数}=\left[\frac{4\text{ 月上中旬雨量}}{1.57(\text{雨量标准差})}+\frac{4\text{ 月上中旬雨日}}{2.30(\text{雨日标准差})}\right]\div 2$$

表 7-7　麦田黏虫幼虫量与 4 月上中旬蛾量及水分积分指数的关系

麦田幼虫发生程度	4 月上中旬最多连续 5 天蛾量/(头/诱杀器)	4 月上中旬水分积分指数
轻	<300	<1.58
中	≥300	≥1.58
重	≥600	≥2.20
严重	≥900	≥2.80

（3）关中地区棉田蕾期小绿盲蝽的预测指数

$$I=\frac{P_4}{10000}+\frac{R_6}{S_6}$$

式中，I 为蕾期小绿盲蝽的预测指数；P_4 为 4 月中旬首蓿田中每亩虫数；R_6 是 6 月份总雨量；S_6 为 6 月份日照时数；10000 为常数。

$I>3$ 时发生严重；$2<I>1$ 时发生中等；$I<1$ 时发生轻。

4. 以天敌指数预测害虫种群动态

例如，中国农科院植物保护研究所提出华北地区棉蚜的天敌指数公式：

$$P=\frac{x}{\sum y_i e_i}$$

式中，P 为棉蚜天敌指数；x 为当时平均每株蚜虫数；y_i 为某种天敌平均每株虫数；e_i 为此

种天敌每日食蚜量；足标 i 是天敌种类。

$P \leqslant 1.64$ 时，预示 4～5 天后棉蚜虫口受到天敌抑制，不需防治。

五、分布蔓延地区的预测

分布蔓延地区预测的意义有两方面：其一，知道了一种害虫各虫期的生存条件后，就可以预测其可能分布的地区。食料及气象因子常常具有决定性作用，气象因子中又以温度和湿度对害虫分布的影响更为重要。

其二，对于有迁飞习性的害虫，在了解其迁飞规律（如迁飞前虫群的食料状况、虫群密度、虫体内部器官的发育状况等，以及迁飞路线，成虫的活动能力及所趋向的地形条件和气象因子等）的基础上，可以预测其在某一定时期内可能蔓延的地区。

从上面的讨论中可以看出，进行害虫预测预报的基本条件，首先要具备害虫和其生态环境方面足够的技术资料，这些资料来自于实践中多年的观察和研究，只有积累丰富的定点、定期系统观察资料，才能从中找出害虫种群变动的规律。这里要特别强调长期坚持和认真细致的工作作风，因为零散的、断断续续的和不能反映客观实际的资料是没有科学价值的。其次，应充分掌握各种数理统计方法，只有这样，才能从所提供的资料中得出正确的结论。

思 考 题

1. 昆虫的预测预报可以分为哪几种类型？
2. 害虫发生期预测常用的方法有哪些？

第八章 农业害虫防治原理及方法

第一节 植物检疫

植物检疫的传统概念，是从预防医学借用的，"检疫"（quarantine）一词的拉丁原文为 quadra-ginta，本意是 40 天。1403 年威尼斯共和国规定来自鼠疫流行地区的抵港船只必须滞留停泊 40 天，在此期间对船上全部人员进行强制隔离，以便使疾病通过潜伏期而得以表露，无病者才允许登陆。后 quarantine 就成为检疫的同义语。

植物检疫目的在于防止植物病原物、害虫等有害生物传入或传出一个国家或地区，保障一个国家或地区农林生产安全和农产品贸易信誉。一般由国家制定法律和设置专门机构，依法对进出口（或过境）及在国内运输的植物及其产品进行检疫检验，发现带有有害生物时，即采取禁止或限制出入境等安全措施。

农业植物检疫是指依据法律、法规规定，禁止或限制农业植物及其产品等上面的危险性有害生物人为传播，保障农业生产安全的重要措施。农业植物检疫包括产地检疫、调运检疫、境外引种检疫审批等。

在农业上，防止病虫害传播的早期法规是 1660 年法国卢昂地区为了控制小麦秆锈病流行而提出的有关铲除小檗（小麦秆锈病菌的转主寄主）并禁止其输入的法令。19 世纪 40～70 年代，由于一系列灾难性病虫的远距离传播，造成爱尔兰马铃薯晚疫病的大流行，葡萄白粉病和葡萄黑腐病的相继发生，以及为害柑橘的吹绵蚧从澳大利亚传入西欧等，逐渐使越来越多的国家重视采用检疫措施以保护农业。1873 年德国明令禁止美国的植物及其产品进口，以防止毁灭性的马铃薯甲虫传入。1877 年英国也为此而颁布了禁令。随后，欧洲、美洲、亚洲其他一些国家，以及澳大利亚等纷纷制定植物检疫法令，并成立了相应机构执行检疫任务。当前世界上绝大多数国家都已制定了自己的植物检疫法规。

一、植物检疫的内容和任务

植物检疫就是依据国家法规，对调出和调入的植物及其产品等进行检验和处理，以防止人为传播的危险性病、虫、杂草传播扩散的一种带有强制性的防治措施。因此植物检疫是一种保护性、预防性措施。

从植物检疫的定义可以看出其内容包括两方面，即对内检疫和对外检疫。

1. 对内检疫

亦称国内检疫，是为了防止国内原有的或新从国外传入的危险性病、虫、杂草在国内各省、自治区、直辖市之间由于交换、调运种子、苗木及其他农产品而传播扩大蔓延。其目的是将其封锁于一定范围内，并加以彻底消灭。国内各省、自治区、直辖市的植物检疫机构会同邮局、铁路、公路、民航等有关部门，根据各地人民政府公布的对内检疫对象名单和检疫办法进行。

2. 对外检疫

亦称国际检疫，是为了防止危险性病、虫、杂草传入国内或带出国外，由国家在沿海港口、国际机场，以及国际交通要道等处，设置植物检疫或商品检查站等机构，对出入口岸及过境的农产品进行检验和处理。

植物检疫的主要任务是：①做好植物及植物产品的进出口或国内地区间调运的检疫检验工作，杜绝危险性病、虫、杂草的传播与蔓延；②查清检疫对象的主要分布及为害情况和适生条件，并根据实际情况划定疫区和保护区，同时对疫区采取有效的封锁与消灭措施；③建立无危险性病、虫的种子、苗木基地，供应无病、虫种苗。

二、植物检疫对象的确定和疫区、保护区的划分

植物检疫对象就是检疫法或植物检疫条例所规定的防止随同植物及植物产品传播蔓延的危险性病、虫、杂草等。

植物检疫对象是每个国家和地区为保护本国或本地区农业生产的实际需要和病、虫、杂草的发生特点而确定的，不同国家和地区所规定的检疫对象可能是不同的。但其依据的原则是相同的。

① 主要依靠人为传播的危险性病、虫、杂草。作为植物检疫对象的危险性病、虫、杂草，它们本身的自然传播能力很弱，主要依靠种苗的调运、农产品及其包装物的传带传播蔓延，即容易随同种子、栽植材料、农产品、工业原料等运往各地。

② 在各国或传播地区，对经济有严重危害性而防除极为困难的病、虫、杂草，并可以通过植物检疫方法加以消灭，阻止其传播和蔓延。

③ 国内或局部地区尚未发现或虽已发现而分布不广，或发生相当普遍，但正在大力处治，进行消灭的病、虫、杂草。

以上三方面的原则不能分割，应综合起来加以考虑。

疫区是指局部地区发生了植物检疫对象，为了防止检疫对象的扩散蔓延，保护广大地区的生产安全，经省级以上人民政府批准后公布，把该地区划定为疫区，并采取封锁、消灭措施，严防检疫对象的传出。

保护区是指在检疫对象发生已较为普遍的地区，将未发生的地方经省级以上政府批准公布划定为保护区，并采取严格的保护措施，严防检疫对象的传入。

疫区应根据植物检疫对象的传播情况及当地的地理环境、交通状况，以及采取的封锁、消灭措施来划定。划定疫区时，既要有利于控制、消灭检疫对象，又要有利于商品经济的发展，尽可能方便生产和经济活动。所以，疫区范围必须严格控制。因而，并不是所有发生检疫对象的地方都划为疫区。

有检疫对象发生，而没有正式划定为疫区的地方，不能称为疫区，只能称为检疫对象发生区或病区。

三、植物检疫的实施方法

1. 制定法规

制定法规是植物检疫方法实施的基础。植物检疫工作包括检疫程序、技术操作规程及具体检疫检验和处理的一整套措施，都可以用制定法规的方式加以确定，使其具有法律效力。植物检疫法规是由国家立法机构制定的法规，与其他法律（条例）具有同等的效力。当前世界上绝大多数国家都制定了自己的植物检疫法规。据统计，在171个国家中有160个国家制定了有关检疫法规（条例）。我国现行的植物检疫法规是国务院1983年颁布的《植物检疫条例》，并于1992年进行了修订和补充。农业部和林业部根据检疫条例的规定，制定了实施办法。此外，还修订公布了《进出口植物检疫对象名单》、《农业植物检疫对象和应实施检疫的植物、植物产品名单》，对植物检疫的实施提供了重要保证。当前，国际间的交流更为频繁，国家、地区间也通过制定协议、贸易合同等不同形式实施检疫规定，这些协议和合同同样具有法律约束力。

2. 确定检疫对象名单

植物检疫对象名单是实施检疫的具体目标。当然，在制定检疫对象名单之前，要有充分的调查研究和科学依据。同时，还要根据国家和国家间的具体利益和要求来考虑。此外，也允许由于情况和需要的变化而做出修订，但这仍需经过规定的程序办理和批准才能生效。

3. 植物检疫程序

（1）对内检疫程序

① 报检。调运和邮寄种苗及其他应受检的植物产品时，应向调出地有关检疫机构报检。

② 检疫检验。检疫机构人员对所报检的植物及其产品要进行严格的检验。到达现场后凭肉眼和放大镜对产品进行外部检查，并抽取一定数量的产品进行详细检查，必要时可以进行显微镜检及诱发实验。检疫检验一般可分为入境口岸检疫、原产地田间检验、隔离种植检验。隔离种植检验主要是指入境后的检验，通常可采取检疫苗圃、隔离试种圃、检疫温室来实施。

③ 检疫处理。经检疫如发现检疫对象，应按规定在检疫机构监督下进行处理。一般根据规定和合同，可以采取禁止入境、退货、就地销毁，或者限定一定的时间或指定的口岸、地点入境，也有采取改变用途（如将种用改为加工用）的方法对其进行处理。对休眠期或生长期的植物材料，可用化学农药进行处理或采用热处理的办法消毒除害。对于侵入的危险性病、虫、杂草，在其尚未蔓延传播前，要迅速划为疫区，严密封锁，采取铲除受害植物或其他除灭的方法进行处理。这是检疫处理中的最后保障措施。

④ 签发证书。经检验后，如不带检疫对象，则检疫机构发给国内植物检疫证书放行；如发现检疫对象，经处理合格后，仍发证放行；无法进行消毒处理的，停止调运。

(2) 对外检疫程序　我国进出口检疫包括以下几个方面：进口检疫、出口检疫、旅客携带物检疫、国际邮包检疫、过境检疫等。应严格执行《中华人民共和国进出口动植物检疫条例》及其实施细则的有关规定。

疫区内的植物和植物产品，除了用行政手段制定相应的封锁、消灭措施外，必要时可在交通要道设置检疫哨卡，严格禁止疫区内的种子、苗木及其他繁殖材料，以及应施检疫的植物和植物产品运出疫区，只允许在疫区内种植、使用。如有特殊情况需要运出疫区的，必须事先征得所在省植物检疫机构批准，调出省外应经农业部审批。

第二节　农业防治方法

农业防治法是利用现代的、科学的农业生产方法，根据作物、害虫、环境条件三者之间的相互关系，结合整个农事操作过程中的各种具体措施，创造一个既适合农作物生长发育要求又能恶化害虫的生活条件，甚至直接杀死害虫，以达到避免或减轻害虫为害目的的措施。农业防治是有害生物综合治理的基础措施。

作物是农业生态系统的中心；有害生物是生态系统的重要组成成分，并以作物为其生存发展的基本条件。一切耕作栽培措施都会对作物和有害生物产生影响。农业防治措施的重要内容之一就是根据农业生态系统各环境因素相互作用的规律，选用适当的耕作栽培措施，使其既有利于作物的生长发育，又能抑制有害生物的发生和为害。具体措施主要有以下几方面。

一、种植制度

1. 合理轮作

对寄主范围狭窄、食性单一的有害生物，轮作可恶化其营养条件和生存环境，或切断其生命活动过程的某一环节。如大豆食心虫仅为害大豆，采用大豆与禾谷类作物轮作，就能防治其为害。水旱轮作（如稻麦、稻棉轮作）对麦红吸浆虫、棉花枯萎病和不耐旱或不耐水的杂草等有害生物具有良好的防治效果。

2. 合理间作套种

合理选择不同作物实行间作或套作，辅以良好的栽培管理措施，也是防治害虫的途径。如麦、棉间作可使棉蚜的天敌如瓢虫等顺利转移到棉田，从而抑制棉蚜的发展，并可由于小麦的屏障作用而阻碍有翅棉蚜的迁飞扩展。高矮秆作物的配合也不利于喜温湿和郁闭条件的有害生物的发育繁殖。但如间、套作不合理或田间管理不好，则反会促进病、虫、杂草等有害生物的为害。如不合理的棉豆间作，使先发生于豆株上的棉红蜘蛛转移到棉苗而加重为害；玉米与大豆间作，蛴螬类为害往往加重。

3. 作物布局

合理的作物布局，如有计划地集中种植某些品种，使其易于受害的生育阶段与病虫发生侵染的盛期相配合，可诱集歼灭有害生物，减轻大面积为害。在一定范围内采用一熟或多熟种植，调整春、夏播面积的比例，均可控制有害生物的发生消长。如适当压缩春播玉米面积，可使玉米螟食料和栖息条件恶化，从而减低早期虫源基数等。但如作物和品种的布局不合理，则会为多种有害生物提供各自需要的寄主植物，从而形成全年的食物链或侵染循环条件，使寄主范围广的有害生物获得更充分的食料。如桃、梨混栽，有利于梨小食心虫转移为害。此外，种植制度或品种布局的改变还会影响有害生物的生活史、发生代数、侵染循环的过程和流行。如单季稻改为双季稻，或一熟制改为多熟制，不仅可增加稻螟虫的年世代数，还会影响螟虫优势种的变化。

二、耕翻整地

耕翻整地可改变土壤环境，可使生活在土壤中和以土壤、作物根茬为越冬场所的有害生物经日晒、干燥、冷冻、深埋或被天敌捕食等而被治除；耕作可对其造成直接机械损伤，或破坏其巢穴和蛹室；植物地下部分被翻出使害虫失去食料。如棉铃虫蛹原在表层土壤4~6cm处的蛹室越冬，冬季深翻可能破坏其蛹室并可使蛹大量损伤而死亡。冬耕、春耕或结合灌水常是有效的防治措施。对生活史短、发生代数少、寄主专一、越冬场所集中的病虫，防治效果尤为显著。调整土壤气候，提高土壤保水保肥能力，促进作物生长健壮，增强抗虫能力，从而对害虫的发生为害产生影响。粟灰螟90%左右的越冬幼虫存在于谷茬内，结合春耕、秋耕处理谷茬是防治粟灰螟的主要措施。

三、播种

包括调节播种期、播种密度、播种深度等。调节播种期，可使作物易受害的生育阶段避开病虫发生侵染盛期。如麦秆蝇在小麦拔节期尤其拔节末期着卵最多，在春麦区适当早播可以减轻受害；而在冬麦区早播则秋季受害较重，迟播的小麦在成虫产卵之后出苗，则受害较轻。在南方稻区，采取调整播种期、插植期，使易受螟害的水稻的生育期与稻螟的发生盛期错开，即栽培避螟是有效的防治措施。此外，适当的播种深度、密度和方法，结合种子、苗木的精选和药剂处理等，可促使苗齐苗壮，影响田间小气候，从而控制苗期有害生物为害。如密植可减少春麦区麦秆蝇成虫产卵，但利于黏虫、稻飞虱、棉铃虫等害虫的发生。

四、田间管理

田间管理是各种增产措施的综合运用。加强田间管理对作物生长有利，而不利于害虫的发生发展。其包括水分调节、合理施肥，以及清洁田园等措施。合理灌溉、排水可以改变田间环境条件和作物生长状况，从而防治某些害虫。如大水漫灌可使害虫缺氧而窒息死亡；稻田适时晒田，有助于防治飞虱、叶蝉、纹枯病、稻瘟病。合理施肥是作物获得高产的有力措施，在防治害虫上有多方面的作用：改善作物的营养条件，提高作物的抗虫能力；促进作物的生长发育，避开有利于害虫的危险期或加速虫伤部位愈合；改变土壤性状，恶化土壤中害虫的环境条件；直接杀死害虫。例如，施用腐熟有机肥，可杀灭肥料中的病原物、虫卵和杂草种子；合理施用氮、磷、钾肥，可减轻病虫为害程度，如增施磷肥可减轻小麦锈病等。合理使用氮肥，有利于水稻生长发育，减轻稻飞虱、稻螟的为害，但氮肥过多易致作物生长柔嫩，田间郁闭阴湿利于病虫害发生。此外，清洁田园是田间管理的重要一环，对病虫防治也有重要作用。田间的枯枝、落叶、落果、遗株等各种农作物残余物中，往往潜藏着不少害虫，在冬季又常是某些害虫的越冬场所；田间及附近的杂草常是某些害虫的野生寄主、蜜源植物、越冬场所，也常是某些害虫在作物幼苗出土前和收获后的重要食料来源。因此，清除田间的各种残余物及杂草，对防治多种害虫具有重要意义。

五、收获

收获的时期、方法、工具，以及收获后的处理，也与病虫防治密切有关。如大豆食心虫、豆荚螟，均以幼虫脱荚入土越冬，若收获不及时，或收获后堆放田间，则有利于幼虫越冬繁衍。

六、植物抗虫性的利用及抗虫育种的选育

植物的抗虫性就是作物对某些昆虫种群所产生的损害具有避免或恢复能力。通常在同一条件下，抗性品种受病、虫为害的程度较非抗性品种为轻或不受害。植物抗虫性的研究内容主要包括抗虫性的分类、抗性机制、环境条件对抗虫性的影响、抗性遗传规律，以及抗虫育种技术等。按抗虫的性质划分，可分为生态抗性和遗传抗性。生态抗性是因环境因子引起的某种暂时性的抗虫特性，其不受遗传因素所控制；遗传抗性一般认为是昆虫对作物取食过程中的一系列反应和植物对昆虫适应性反应的综合结果。

植物抗虫性是植物与昆虫协同进化过程中形成的一种可以遗传的生物学特性，能使植物不受虫害或受害较轻。植物对植食性昆虫抗性包括两个方面，即植物的组成抗性和诱导抗性。组成抗性是植物在遭受植食性昆虫进攻前就已经存在的抗虫性；诱导抗性是植物在遭受植食性昆虫进攻后表现出来的抗虫性。植物防御一般有两种方式：一种是通过改变自身的理化组成阻止昆虫取食和病原扩散的直接防御。如诱导产生的非挥发性化合物的变化，如营养物质的减少及次生代谢物质的增加，能抑制植食性昆虫的生长发育或提高死亡率，从而直接、快速地防御植食性昆虫的危害。另一种是通过化学信息素介导的间接防御。例如，植物在受到植食性昆虫为害后产生对昆虫天敌具有引诱作用的挥发性次生化合物，通过提高天敌的寄生率控制植食性昆虫的为害。

植物的抗虫机制是指从植物抗虫现象的描述，进一步深入揭示抗虫的本质问题（即抗虫的机理）。植物的抗虫性根据抗性机制可分为以下 3 个主要类型。

① 排趋性（不选择性）。表现为害虫不喜在其上取食或产卵。植物的某些形态特征（如叶形、茸毛、刺等）与害虫的偏嗜密切有关，并能影响昆虫的取食、消化、交配和产卵等行为活动；如水稻株高、剑叶大小、茎秆粗与二化螟的着卵量呈正相关。

② 抗生性。表现为作物受虫害后产生不利于害虫生活繁殖的反应，从而抑制害虫取食、生长、繁殖和成活。有些木本植物能在虫伤处分泌树脂乳液，阻止害虫继续活动并促其死亡。

③ 耐害性。表现为害虫虽能在作物上正常生活取食，但不致严重为害。如抗螟的水稻品种，其茎秆具有坚实的厚壁细胞组织，外层细胞间大部分为硬化组织所覆盖。

决定品种抗虫性的因素，作物本身是内因，而害虫的生物学特性和有关外界环境条件是外因。因此，选育推广抗虫品种必须从改变品种的特性入手。选育抗病虫品种要符合育种目标的综合要求，在以一种病虫害抗性为主要目标的育种计划中，要兼顾其他病虫害的抗性。

第三节 化学防治方法

化学防治方法是利用化学农药或化学药剂直接杀死害虫的方法，也称药剂防治，是植物保护工作的主要措施之一。特别是在有害生物大量发生而其他防治方法又不能立即奏效的情况下，此法能在短时间内将种群或群体密度降低到经济损失允许水平以下，防治效果明显，且很少受地域和季节的限制。农药可进行工业化生产，品种和剂型多，使用方法灵活多样，能满足多种有害生物防治的需要。

一、农药的使用方法

农药品种繁多，加工剂型也多种多样，同时防治对象的为害部位、为害方式、环境条件等也各不相同。因此，农药的使用方法也多种多样，主要有喷雾、喷粉、土壤处理、拌种、浸种或浸苗、闷种、毒谷、毒饵、熏蒸、涂抹、毒笔、毒绳、根区撒施。

二、合理使用农药

化学防治的关键在于科学、合理地使用农药，正确的使用方法会起到事半功倍的效果。任何农药都有一定的应用范围，即使是广谱性药剂也不例外，因而要按照药剂的有效防治范围与作用

机制，以及防治对象的种类、发生规律和危害部位的不同合理选用药剂与剂型，做到对"症"下药。

农药的合理使用就是要求贯彻"经济、安全、有效"的原则，从综合治理的角度出发，运用生态学的观点使用农药。在生产中应注意以下几个问题。

1. 正确选药

各种药剂都有一定的性能及防治范围，即使是广谱性药剂也不可能对所有的病害或虫害都有效。因此，在施药前应根据实际情况选择合适的药剂品种，切实做到对症下药，避免盲目用药。

2. 适时用药

在调查研究和预测预报的基础上，掌握病虫害的发生发展规律，抓住有利时机用药，既可节约用药，又能提高防治效果，而且不易发生药害。如一般药剂防治害虫时，应在初龄幼虫期应用，若防治过迟，不仅害虫已造成损失，而且虫龄越大，抗药性越强，防治效果也越差，而且此时天敌数量较多，药剂也易杀伤天敌。除此之外，还要考虑气候条件及物候期的影响。

3. 适量用药

施用农药时，应根据用量标准来实施，如规定的浓度、单位面积用量等，不可因防治害虫心切而任意提高浓度、加大用药量或增加使用次数。这样不仅会浪费农药，增加成本，而且还易使植物体产生药害，甚至造成人、畜中毒。另外，在用药前，还应搞清农药的规格，即有效成分含量，然后再确定用药量。

4. 交互用药

长期使用一种农药防治某种害虫，易使害虫产生抗药性，降低防治效果，病虫防治难度越大。这是因为一种农药在同一种病虫上反复使用一段时间后，药效会明显降低。为了提高防治效果，不得不增加施药浓度、用量和次数，这样反而更加重了抗药性的发展。因此应尽可能地轮回用药，所用农药品种也应尽量选用作用机制不同的类型。

5. 混合用药

将2种或2种以上的对病虫具有不同作用机制的农药混合使用，以达到同时兼治几种病虫、提高防治效果、扩大防治范围、节省劳力的目的。如灭多威与菊酯类混用、有机磷制剂与拟除虫菊酯混用等。农药之间能否混用，主要取决于农药本身的化学性质。农药混合后它们之间应不产生化学和物理变化。

药剂使用不当，可使植物受到损害，称为药害。在施药后几小时至几天内出现急性药害，在较长时间后出现慢性药害。药害主要是药剂选用不当、植物敏感、农药变质、杂质过多，以及添加剂、助剂用量不准或质量欠佳等因素造成的，使用新药剂前应作药害试验或先少量试用。另外，农药的不合理使用，如混用不当、剂量过大、喷药不均匀、再次施药相隔时间太短、在植物敏感期施药，以及环境温度过高、光照过强、湿度过大等也可能造成药害，都应力求避免。

三、化学防治的优、缺点

化学防治有很多优点：①收效快，防治效果显著。它既可作为害虫发生之前的预防性措施，以避免或减少害虫为害，又可作为害虫发生之后的急救措施，迅速消除害虫为害。②使用简便，受区域性和季节性限制较小。③可以大面积使用，便于机械化。④杀虫范围广，几乎所有的害虫都可以用杀虫剂来防治。⑤杀虫剂可以大规模工业化生产，品种和剂型多，可远距离运输和长期保存。

但化学防治亦存在不少缺点：①长期广泛使用化学农药，易造成一些害虫对农药的抗药性增加；②用广谱性杀虫剂，在防治害虫的同时，杀死害虫的天敌，易出现主要害虫的再猖獗和次要害虫上升为主要害虫；③长期广泛使用化学农药，易污染大气、水域、土壤，对人畜健康造成威胁，甚至中毒死亡。

化学防治总的原则是与综合防治中的其他防治方法相互配合，以取得最佳效果。其基本策略包括两方面：一是对作物及其产品采取保护性处理，力求将有害生物消灭在发生之前。如在作物栽种前对苗床、苗圃、田园施药，农产品入库前进行空仓消毒和使用谷物保护剂，以杀灭越冬和作物苗期病虫。这些措施对某些常发性病、虫、草害收效尤为显著。二是对有害生物采取歼灭性处理。在作物生长期间或农产品储藏保管期间，病、虫、草、鼠等有害生物如已发生则施药歼除，以控制和减轻发生为害的程度。这是化学防治中经常而普遍采用的急救措施。

第四节　生物防治方法

广义的生物防治方法是指凡利用生物或其代谢产物控制有害物种群的发生、繁殖或减轻其为害之方法。狭义的生物防治方法一般指利用有害生物的寄生性、捕食性和病原性天敌来消灭有害生物。

生物防治具有不污染环境、对人和其他生物安全、防治作用比较持久、易于同其他植物保护措施协调配合并节约能源等优点。同时，天敌在自然界建立起种群能使自己繁殖扩散，对害虫的控制作用相对稳定。一般来说生物防治能与其他防治措施能协调应用，与化学防治有一定的矛盾，但可以通过不同的方法加以解决。我国利用生物防治的历史悠久，天敌资源丰富，成本低，因此，这类防治方法有广阔的发展前景。

生物防治也存在着一定的局限性。例如，利用天敌昆虫及病原微生物防治害虫，由于依赖自然平衡的控制作用往往不能在短期内达到好的防治效果，必须利用人为因素予以加强。当然，天敌、寄主、环境之间的相互关系比较复杂，受到多种因素的影响，如杀虫作用缓慢、生产范围较窄、不容易批量生产、储存运输也受限制等，不如药剂防治单纯。

一、天敌昆虫

1. 天敌昆虫的种类

天敌昆虫可分为寄生性和捕食性两大类。寄生性昆虫大部分属于膜翅目和双翅目，捕食性昆虫主要属于鞘翅目、脉翅目、膜翅目、双翅目、半翅目和蜻蜓目。

（1）膜翅目　生物防治成功的例子 2/3 以上出现在膜翅目寄生蜂中，主要类群有小蜂，包括应用很广的赤眼蜂，全为卵寄生，有的还是蚜虫和粉虱的重要天敌；茧蜂，喜寄生于鳞翅目、鞘翅目、双翅目的幼虫和同翅目昆虫，特别是蚜虫；姬蜂，种类很多，约占寄生性昆虫的 20%；细蜂，以缘腹细蜂和广腹细蜂最为重要，前者寄生于鳞翅目、半翅目和直翅目昆虫的卵，以及蝇类，后者寄生于瘿蚊幼虫和同翅目若虫，如粉虱和粉蚧等。此外，蚂蚁和胡蜂也能捕食多种农业害虫。

（2）双翅目　其中最重要的天敌为寄蝇，如螟利索寄蝇、康刺腹寄蝇、松毛虫狭颊寄蝇，是抑制农林害虫发生数量的因素之一。也有一些种类是捕食性的，如食蚜蝇是蚜虫的天敌，盗虻幼虫在土内捕食害虫；瘿蚊的幼虫捕食蚜虫、蚧类、粉虱、蓟马和螨类。

（3）鞘翅目　其中瓢虫和步行虫是生物防治中利用最广的类群，如澳洲瓢虫、孟氏隐唇瓢虫、七星瓢虫和大红瓢虫等对控制蚧类和蚜虫非常有效。

其他捕食性昆虫还有脉翅目中的草蛉和褐蛉，常被用来控制蚜虫、蚧类、粉虱、螨类和鳞翅目害虫；半翅目中的猎蝽、姬猎蝽、花蝽、盲蝽、长蝽，可用以控制多种害虫；蜻蜓目的成虫喜欢捕食蚊虫、蝇类，以及鳞翅目、膜翅目的害虫和白蚁，若虫则捕食水中生活的害虫。

2. 利用天敌昆虫防治害虫的途径

利用害虫天敌来控制害虫，是农业生物防治的重要组成部分。开发和保护利用天敌资源，也是保护农业生态资源的重要组成部分，是保持农田生态平衡的重要环节。

（1）保护利用自然天敌昆虫

① 避免和减少直接杀伤天敌。在这一方面，科学使用农药居首要地位。包括选用对天敌比较安全的农药和剂型；制订合理的防治指标和加强预测预报，以减少施药的次数、剂量和范围；调整施药的时间以躲开天敌繁殖期、盛发期或释放期；改进施药的方法和技术等。其次，合理安排耕种、灌溉、施肥、收获、清洁田园等各种农事活动，以减少对天敌的伤害。此外，还应制订

和实施保护鸟类、青蛙等有益动物的法规。

② 创造适宜天敌生存和繁殖的条件。包括补充寄主（猎物）或营养物、使用信息化学物质、提供栖息和营巢的场所、改善田间的小气候和保护越冬等。如棉花与小麦或油菜间种，可使棉蚜的天敌瓢虫和草蛉等从小麦和油菜上获得丰富的蚜虫以作为食料，繁殖后移至棉花，以抑制棉蚜为害。许多天敌昆虫特别是一些大型寄生性天敌，需补充营养才能保证其正常生长发育，如姬蜂若缺少营养会影响卵巢发育甚至失去寄生功能，其他小型寄生蜂补充必要营养后可延长寿命及增加产卵量。因此，在田边适当种植一些蜜源植物，能够引诱天敌栖息并可提高其对害虫的寄生能力。

（2）天敌昆虫的繁殖和释放　在天敌自然发生率低的情况下，人工大量繁殖和释放天敌对某些害虫有明显的防治作用。如繁殖和释放赤眼蜂以防治玉米螟、棉铃虫和稻纵卷叶螟，繁殖、释放平腹小蜂以防治荔枝蝽，利用丽蚜小蜂以防治温室白粉虱等。有些天敌在某一个时期某一个作物上大量发生，可以直接将其转移到另一作物上防治另一种害虫，如从麦田助迁七星瓢虫到棉田防治棉蚜；从麦穗上采集中华草蛉移至柑橘园防治叶螨等。

（3）异地引进天敌　引进天敌昆虫应当首先做好深入的调查研究工作，主要包括：① 确定目标害虫的原产地，尽量在原产地寻找有效的天敌；② 在目标害虫发生少的地区搜集有效天敌；③ 充分了解引进天敌在原产地或轻发生地的气候、生态等情况。需要注意的是从国外常规引入天敌昆虫常存在一定的潜在危险，即易于将危险性病虫及其他寄生昆虫等同时带入。因此，应特别注意植物检疫工作。

引进的天敌昆虫，应选繁殖力强、繁殖速度快、生活周期短、性比大、适应能力强、寻找寄主的活动能力大，并与害虫的生活习性比较相近的。

现在，世界上已进行商品化生产的天敌种类正在不断增加。其中，以赤眼蜂的生产规模最大。俄罗斯采用机械化和自动化繁殖方法，放蜂面积已达1亿亩以上；瓢虫、丽蚜小蜂、捕食螨、草蛉、多种寄生蜂和寄生蝇的繁殖利用面积也在扩大。

二、昆虫病原微生物

昆虫病原微生物包括真菌、细菌、病毒等，目前全世界有病原微生物2000多种，利用人工方法对病原微生物进行培养，然后制成菌粉、菌液等微生物农药制剂，田间喷施后可侵染害虫致其死亡。可利用的昆虫病原物种类很多，但必须符合高效、安全、生产成本低和耐储存等要求，且须经国家批准后才能使用。

1. 细菌

昆虫病原细菌已经发现90余种，多属于芽孢杆菌科、假单胞杆菌科和肠杆菌科。在害虫防治中应用较多的是芽孢杆菌属和芽孢梭菌属。病原细菌主要通过消化道侵入虫体内，导致败血症或由于细菌产生毒素致使昆虫死亡。被细菌感染的昆虫，食欲减退，口腔和肛门具黏性排泄物，死后虫体颜色加深，并迅速腐败变形、软化、组织溃烂，有恶臭味，通称软化病。

目前我国应用最广的细菌制剂主要有苏云金杆菌（包括松毛虫杆菌、青虫菌均为其变种）。该类制剂无公害，可与其他农药混用，并且对温度要求不严，温度较高时昆虫发病率高，对鳞翅目幼虫防治效果好。

2. 真菌

病原真菌的类群较多，约750种，但研究较多且实用价值较大的主要是接合菌中的虫霉属及半知菌中的白僵菌属、绿僵菌属及拟青霉属。病原菌以其孢子或菌丝自体壁侵入昆虫体内，以虫体各种组织和体液为营养，随后虫体上长出菌丝，产生孢子，随风和水流进行再侵染。感病昆虫常出现食欲锐减、虫体萎缩，死后虫体僵硬，体表布满菌丝和孢子。

目前应用较为广泛的真菌制剂是白僵菌，不仅可有效控制鳞翅目、同翅目、膜翅目、直翅目等害虫，而且对人、畜无害，不污染环境。

3. 病毒

昆虫病毒病很普遍。利用病毒来防治害虫，其主要特点是专化性强，在自然情况下，往往只寄生一种害虫，不存在污染与公害问题。昆虫感染病毒后，虫体多卧于或悬挂在叶片及植株表面，后期流出大量液体，无臭味，体表无丝状物。

在已知的昆虫病毒中，防治应用较广的有核型多角体病毒（NPV）、颗粒体病毒（GV）和质型多角体病毒（CPV）三类。这些病毒主要感染鳞翅目、双翅目、膜翅目、鞘翅目等的幼虫。如上海使用大蓑蛾核型多角体病毒防治大蓑蛾的效果很好。

4. 线虫

有些线虫可寄生于地下害虫和钻蛀害虫，导致害虫受抑制或死亡。被线虫寄生的昆虫通常表现为退色或膨胀、生长发育迟缓、繁殖能力降低，有的出现畸形。不同种类的线虫以不同的方式影响被寄生的昆虫，如索线虫以幼虫直接穿透昆虫表皮进入体内寄生一个时期，后期钻出虫体进入土壤，再发育为成虫并交尾产卵。索线虫穿出虫体时所造成的孔洞可导致昆虫死亡。

目前，国外利用线虫防治害虫的研究正在形成生物防治"热点"。我国线虫研究工作起步虽晚，但进度很快。

5. 杀虫素

某些微生物在代谢过程中能够产生杀虫的活性物质，称为杀虫素。目前取得一定成效的有杀蚜素、浏阳霉素等。近几年大批量生产并取得显著成效的为阿维菌素（杀虫、杀螨剂）、浏阳霉素（杀螨剂）等。

该类药剂杀虫效力高，不污染环境，对人、畜无害，符合当前无公害生产的原则，因而极受欢迎。

6. 其他病原微生物

能使昆虫致病的主要是微立克次体属的一些种，寄生于双翅目、鞘翅目和鳞翅目的某些种类。已知与昆虫有关的微孢子虫有 100 多种，可寄生于鳞翅目、鞘翅目等 12 个目的数十种昆虫。

三、其他有益动物

① 捕食螨。捕食植食性螨类和植食性害虫的螨类。有的种类如绒螨、异绒螨、甲螨等也捕食其他害虫。益螨以隶属于植绥螨科（Phytoseiidae）和长须螨科（Stigmaeidae）的分布最广，经济意义最大。智利小植绥螨、西方盲走螨、虚伪钝绥螨是国际上著名的捕食螨。中国利用比较成功的捕食螨有纽氏绥螨、尼氏钝绥螨和拟长毛钝绥螨等。

② 蜘蛛是捕食性天敌中的主要类群，在生产上较为重要的种类多属微蛛科（Erigonidae）、狼蛛科（Lycosidae）、球腹珠科（Therdiidae）、蟹蛛科（Tomisidae）和圆蛛科（Araneidae）。其主要种类有草间小黑蛛、拟环纹狼蛛、水狼蛛和八斑球腹蛛等。

某些脊椎动物也可用来控制害虫。除青蛙和家鸭迄今仍是中国防治稻田害虫的重要工具外，中国有 1000 多种鸟类，其中吃昆虫的约占半数，常见的食虫益鸟有 20 余种，对控制害虫也有巨大作用。此外，食蚊鱼、斗鱼和鲤等还可用来消灭孑孓。

四、昆虫激素的利用

昆虫的激素类别很多。根据激素的分泌及作用过程可分为内激素（又称昆虫生长调节剂）和外激素（又称昆虫信息素）。内激素是昆虫分泌在体内的化学物质，外激素则是分泌在体外的挥发性化学物质。两大类昆虫的内激素、外激素，都可用于治虫研究、应用较多的是保幼激素和性外激素。

1. 内激素的利用

（1）蜕皮激素在昆虫幼虫期施用，可使昆虫立即蜕皮，蜕皮过量则致死亡，用于蛹则可使蛹再次蜕皮而不能成活，对成虫可造成不育。目前虽能人工合成蜕皮激素，因成本高，不能用于生产。

（2）保幼激素作为杀虫剂，多在昆虫不存在激素或只存在少量激素的发育阶段（幼虫末期和蛹期）使用过量激素，抑制昆虫的变态或蜕皮，影响昆虫的生殖或滞育。保幼激素活性很高，制成杀虫剂后，很少量就可达到良好防治效果。各种保幼激素对昆虫的作用大致有以下几个方面：

①阻止正常变态或导致异常变态；②打破滞育，造成昆虫不适环境而亡；③导致昆虫不孕或使卵不孵化。保幼激素活性高、无污染，但选择性差、成本高，要求作用时间严格。

2. 昆虫外激素的利用

按昆虫外激素的作用分为性外激素、集结外激素、追踪外激素、告警外激素等。目前用于害虫防治的主要有性外激素。

性外激素又称性信息素，人工合成的性外激素通常叫性诱剂。昆虫性引剂是昆虫分泌的一种外激素，能引诱同种昆虫的异性个体前来交尾，是由分泌性外激素的腺体分泌的。昆虫性外激素的释放与性别有关，大多数昆虫只有雄性具有性外激素，有的两性皆可分泌。每头雄蛾排出的性外激素可产生红外线和微波，会吸引数千米远的雌蛾前来交尾。

性激素目前有多种应用方式：①利用释放性激素的昆虫活体；②利用人工合成的性外激素；③利用性激素抽提物；④性诱剂和其他防治法相结合，与黑光灯、不孕剂、保幼激素及其他杀虫剂合用效果更佳。

干扰交配即迷向法，其原理是大量放置害虫性诱剂，让环境中充满性信息素气味，雄虫就会丧失寻找雌虫的定向能力，致使田间雌雄蛾间的交配率大大降低，从而使下一代虫口密度急剧下降。

诱杀法，即在一定区域内设置足够数量的性外激素诱捕器来诱杀田间害虫，通常诱杀大量雄虫，通过降低雄虫交配率来控制害虫。

昆虫生长调节剂可抑制昆虫的几丁质合成，干扰昆虫正常发育，达到防治害虫的目的。如人工合成的抑太保、盖虫散等，可杀死卵、胚胎或幼虫，对防治螨、粉虱、蚜虫、叶蝉及某些鳞翅目害虫有较好的效果。总之，可以利用不同的信息素干扰害虫的取食和生殖行为，达到控制害虫危害的目的。

五、杀虫活性植物的利用

某些害虫嗜食的有毒植物可用于诱杀害虫。在自然界具有这种特性的植物不多，因而应用也有限。例如，七叶树和天竺葵的花对日本丽金龟有致死活性；大黑金龟子、黑皱金龟子等取食蓖麻叶后虫体麻痹，随即死亡。生产实践表明，在花生地间作蓖麻，每公顷播种4500株左右，后期花生虫果率可降低至5%以下，虫口减退率达87.5%。

随着生物技术和遗传工程的发展，人们已成功地将某些具杀虫活性物质的基因导入多种作物中，培育出转基因抗虫品种，为害虫防治开辟了新的途径。现今已培育出的转基因抗虫作物主要有转苏云金杆菌（Bt）内毒素蛋白基因抗虫作物、转蛋白酶抑制基因抗虫作物、转淀粉抑制剂基因抗虫作物和源凝集素基因抗虫作物。

第五节 物理机械防治方法

物理机械防治是指在农业生产中应用各种物理因子如光、电、色、温度、机械设备及多种现代化除虫工具来防治害虫的手段。其应用领域相当广泛，方法也有很多种，在可能的情况下尽量推广物理防治，既可以使害虫的抗药性降低，也不会污染环境。其中一些方法能有效杀死较为隐蔽的害虫，而且没有化学防治所产生的副作用。但物理防治也有其弊端，如耗费大量的人力、物力，或害虫大发生时无法补救，所以有时需要与其他防治方法综合应用。总之，利用物理方法防治农业害虫，在实践中已取得很好的效果，但生态环境的复杂性，使得将各种方法综合起来共同防治农业害虫显得更为必要。

物理机械防治常用的是人工用简单机械，利用害虫的假死性、群集性等习性来消灭害虫；或用灯光、物质等诱杀害虫；或用套袋、涂白、挖沟、堆沙、设置屏障等措施不让害虫为害；另外，还可用高温或低温杀死害虫。随着现代科学的发展，射线和激光等高科技也用于防治害虫上。

一、人工机械捕杀

根据害虫的生活习性，设计比较简单的器械进行捕杀。

1. 人工捕捉

主要是根据某些害虫活动集中、产卵集中、初孵幼虫集中取食的习性，结合田间管理，可摘除卵块和初孵幼虫群集的叶片，从而降低虫口密度。甜菜夜蛾将卵块集中产在叶背，上有白色鳞毛，极易识别，且初孵幼虫都集中在叶背取食。二十八星瓢虫同样有假死性，可于上午 10 时前至下午 4 时后捕捉。

2. 筛选

有些病原物如小麦线虫的虫瘿等常在脱粒的过程中与农作物的种子混杂在一起，并随种子的转移而传播，播种前应该用机械筛选方法将其筛除。利用水、风等进行筛选选种时一般盐水选种效果较好。

二、诱杀

利用害虫的趋光性或其他习性进行诱集，然后加以处理，也可以在诱捕器内加入洗衣粉或杀虫剂或者设置其他直接杀灭害虫的装置。如利用害虫的趋光性进行诱杀，目前广泛应用于诱集或诱杀的光源是 20W 黑光灯、单管双光灯、金属卤素灯等对害虫的诱集效果比黑光灯好。利用害虫的潜伏习性，造成各种适合场所以引诱害虫，然后及时消灭。利用蚜虫对黄色的趋性，可制成黄色的黏虫板诱杀蚜虫。

三、汰选法

利用健全种子与被害种子大小、密度上的差异进行器械或液相分离，剔除带有害虫的种子。常用的方法有手选、筛选、盐水选等。

带有害虫的苗木，有的用肉眼便能识别，因而引进、购买苗木时，要汰除有虫害的苗木，尤其是带有检疫对象的材料，一定要彻底检查，将害虫拒之门外。特殊情况时，应进行彻底消毒，并隔离种植。在此需要特别强调的是，从国外或外地大批量引进种苗时，一定要经有关部门检疫，有条件时最好到产地进行实地考察。

自己繁育的苗木出售或栽植前，也应进行检查，剔除带虫植株，并及时进行处理，以防止扩展蔓延。

另外，与汰选法相近的阻隔分离法也是一种很好的物理防治方法。

四、温湿度的应用

持续高温能使昆虫体内蛋白质变性失活，破坏酶系统，使有机体生理功能紊乱，最终导致死亡；持续低温使昆虫的生理代谢活动下降，体内组织液冷却结冰而逐渐丧失存活能力；热水处理可防治昆虫、线虫及螨类，如热水能杀死芒果中的实蝇卵及低龄幼虫、苹果蠹蛾幼虫、豆象和小蜂幼虫；微波处理可防治豆象幼虫；热处理和低温冷藏综合应用可防治苹果蠹蛾 5 龄幼虫；冷藏与溴甲烷处理可防治三叶草斑潜蝇。利用温湿度杀灭害虫的方法多用于防治贮粮害虫如粮食烘干夏季暴晒，几乎对所有的贮粮害虫都有一定的杀灭作用。

第六节 综合防治的概念及发展

在与有害生物的漫长斗争史中，人类不断探索有害生物及其发生的奥秘，寻求防除生物灾害的方法。特别是在 19 世纪以来，随着科学技术的快速发展，以及人们在与有害生物斗争中经验与教训的积累，提出了各种有害生物管理策略，这些策略在不同的历史时期及不同的农、林生产系统中对有害生物的治理发挥了重要作用，特别是有害生物综合治理（Integrated pest management，IPM）策略，在过去近半个世纪的有害生物管理中所发挥的作用难以估量。

人类对害虫的管理策略大致分以下 4 个主要发展历程。

一、初期防治阶段

即 19 世纪后期至 20 世纪 40 年代。此期提出综合防治（integrated control）的原则。主要为农业技术防治（灌溉、轮作、选用抗性品种等）＋农药或引用天敌，配合人工捕捉等机械方法。此阶段强调害虫的生物学、生态学习性的研究。

二、化学防治阶段

即20世纪40年代至70年代中期。1946年开始大面积使用DDT，相继六六六、氯丹、毒杀芬等一系列高效、持久的有机氯杀虫剂在害虫防治上发挥巨大作用。1962年美国生物学家Carson出版《寂静的春天》，提出"农药合并症"，而且虫害损失并未因大量使用农药而下降。

三、害虫综合管理阶段

即20世纪70年代至90年代中期。20世纪60年代末70年代初，提出了很多害虫防治的新策略，主要包括害虫综合管理、全部种群管理、大面积种群管理等。

1. 害虫综合治理（integrated pest management，IPM）

Stern等于1959年最早提出害虫综合防治（integrated pest control，IPC），1972年将IPC改为IPM。

定义：在预防为主、综合治理的方针指导下，以园林技术措施为基础，充分利用生物间相互依存、相互制约的客观规律，因地因时制宜，合理使用生物的、物理的、机械的、化学的防治方法，坚持安全、经济、有效、简易的原则，把害虫数量控制在经济阈值以下，以达到保护人畜健康、增加生产的目的（马世骏，1979）。

经济阈值（economic threshold，简称ET）概念于20世纪50年代首先由Stern（1959）正式提出，他将ET定义为：害虫的某一密度，对此密度应采取防治措施，以防害虫达到经济危害水平（economic injury level，简称EIL），即引起经济损失的最低虫口密度。不少学者在ET研究中，提出了多种不同的定义，对于经济阈值的争论问题，盛承发（1989）结合棉铃虫ET的研究工作，对经济阈值进行了较为深入的探讨和剖析，并提出经济阈值的新定义："害虫的某一密度，达到此密度时应采取控制措施，否则，害虫将引起等于这一措施期望代价的期望损失。"

IPM的特点如下。

① 生态学观点：从生态学观点出发，综合考虑生态平衡、社会安全、经济利益和防治效果，立足于整个生态系统。

② 经济学观点：不要求彻底消灭害虫，只要求将害虫数量控制在经济允许水平之下。

$$净活动收益＝挽救资源的价值－活动费用。$$

③ 容忍哲学：允许一定数量的害虫存在。强调各种防治措施的协调，强调自然控制因子，特别注意充分发挥天敌的自然控制作用，力求少用或不用农药，不造成环境污染。

IPM的局限性如下。

① 综合管理着重强调多种防治措施的综合应用，包括生物的、化学的及经营管理措施，对如何提高系统本身的自我调控能力强调不够，主要是考虑害虫发生时如何防治，而不是强调如何使其不发生或少发生。

② 综合管理中的经济阈值是基于害虫发生危害引起经济损失时的虫口密度，没有考虑害虫的发生趋势，相当于火燃起来了才救火，而不是消灭每一个火星。

③ 综合管理中所采取的各种措施着重压低虫口密度于经济允许的水平以下，没有考虑这些措施的长期作用，没有把每一个措施都作为增加系统稳定性的一个因子，所以出现年年防治，年年有虫灾的现象。一些生物剂或天敌被当成农药一样使用，Tshernyshev（1995）认为大量释放天敌，对系统稳定性是有害的。

2. 全部种群管理（total population management，TPM）

其哲学基础是消灭哲学。昆虫学家张宗炳（1988）曾对IPM和TPM进行比较。

① TPM主要针对卫生害虫，也针对少数危害严重的大害虫，如光肩星天牛、杨干象。对多数农林害虫实行IPM。

② 对化学防治的态度。IPM和TPM都反对单纯使用化学农药，TPM主张化学防治为主，

辅以不育技术；IPM 则考虑尽量避免使用化学防治。

③ 对生物防治的态度。IPM 强调自然控制，生物防治助增自然控制。TPM 不反对生物防治，但持怀疑态度。

④ 费用和收益上，TPM 更注重长期效益，IPM 多考虑短期效益。

⑤ TPM 注重消灭技术，而 IPM 着重于生态学原则。

四、有害生物生态管理（EPM）和有害生物可持续控制（SPM）

20 世纪 90 年代以来提出的主要策略有有害生物生态管理（EPM）和有害生物可持续控制（SPM）等。

1. 有害生物生态管理（ecological population management，EPM）

为了满足有害生物可持续控制的需要，Tshernyshev（1995）提出了有害生物生态管理（EPM）策略。

EPM 在充分吸收 IPM 合理部分的基础上，强调维持系统的长期稳定性和提高系统的自我调控能力，在不断收集有关信息，随时对系统进行监测、预测的基础上，以系统失去平衡时的虫口密度为阈值，于害虫暴发的初期虫口密度较低时采取措施，以生物防治措施为主进行防治。

由于 EPM 不采用昂贵的化学农药和大规模释放天敌，防治费用将比 IPM 更低。实施 EPM 必须对生态系统的动态及自然调控机制有深入的了解，就目前对生态系统的认识水平和技术水平，还不能完全实施 EPM，因此有必要加强这方面的基础及应用技术研究。

有害生物生态管理以保持整个系统稳定性为目标，不局限于某一种害虫，所有害虫都应处于被控制状态，否则必须采取措施。采取的措施不能危害整个系统的稳定性，不能导致其他害虫的发生。当害虫的天敌不足以控制害虫的大发生时，通过人工饲养释放或助迁天敌是必要的，但这些天敌应该作为增加系统自然控制力的一种手段，而且应在害虫虫口密度还较低的上升阶段使用，这时只需要释放一定数量的天敌，而不是将天敌当成农药一样使用。有害生物生态管理不采用化学农药，主要应用生物农药，如病毒、细菌、真菌、线虫等微生物农药和昆虫生长调节剂、植物性农药、信息素等新型农药。

EPM 与 IPM 的区别主要在于：其管理的基础是维持生态系统平衡，在害虫发生初期采取措施，避免害虫的大发生；EPM 的实施必须具备能对信息进行不断收集、处理的系统，并不断对害虫及天敌的发生趋势进行预测；由于 EPM 不采用昂贵的化学农药和大规模释放天敌，将会比 IPM 更经济；能提高系统稳定性的方法（如农林技术措施、抗性利用技术等）将得到加强和发展，对那些能在害虫暴发初期起作用的捕食性天敌和多食性寄生天敌的应用将得到更多的重视。

就目前人类对害虫自然控制机制的认识水平和害虫防治的技术水平，还不能完全实施 EPM，只能一方面在 IPM 的基础上向 EPM 发展，一方面加强有关基础研究，该研究应包括以下几个方面。

① 系统生态学研究。针对不同生态系统类型，研究害虫的自然控制机制、系统稳定性与多样性的关系、系统各部分之间的相互关系、影响系统稳定性的关键因子等。

② 天敌对害虫的控制机制。从生物学、行为学、生态学等不同方面研究天敌与害虫之间的相互关系，不同类型天敌对害虫的控制作用，什么样的天敌才能在害虫暴发的初期起作用，天敌释放的最佳方式、最佳时间、最佳数量等。

③ 防治指标研究。研究系统失去平衡的临界点及其确定方法和指标。

④ 生态管理信息系统及预测系统研究。研究适用于生态管理需要的信息系统和预测系统，以便随时对系统的动态进行监测和预测。

⑤ 生态管理技术研究。在系统生态学研究的基础上，进行人工生态系统设计，并研究能增加系统稳定性和降低害虫增长率的经营管理措施和生物防治技术。

总之，害虫持续控制是一种原则和指导思想，是一个系统工程，而有害生物生态管理是具体的理论、方法和技术。虽然目前还不能完全实行生态管理，但这是发展的方向和必然趋势。

2. 有害生物可持续控制（sustainable pest management，SPM）

现在，人类社会和经济发展已跨入可持续发展的新时代，在农、林业可持续发展思想的指导下,新的有害生物管理策略——有害生物可持续控制(SPM)策略被提出。

1995年7月在荷兰海牙召开的第13届国际植物保护大会上,明确提出发展"可持续的植物保护"。以前的有害生物控制,从策略上看,着重于生物灾害的防治,而没有重视未来的、长远的有害生物控制;从方法上讲,化学防治是有害生物控制的主要方法和措施,有的情况下甚至是唯一措施,因此"3R"问题不可避免,致体生态系统的物种多样性降低、稳定性遭到严重破坏,与可持续发展思想相违。由此可见,要实现农、林业的可持续发展,必须要有与之相适应的有害生物可持续控制策略和方法。

可持续植物保护的观点是"从保护作物到保护农业生产系统",即要从过去仅仅针对直接危害作物的病、虫、草、鼠等有害生物进行综合防治,扩展到保护农业生产系统,以利于发展可持续的植物保护。

近年来,对SPM的讨论虽较多,但尚难以找到一个比较一致的定义。对SPM的理解可以大致分为两种:一种是作为可持续农业的重要组成部分,有害生物的治理要为可持续农业发展服务,与可持续农业的要求保持一致,即经济高效、环境改善、稳定协调、持续发展。也就是在农业生态系统的整体中,以合理的经济代价和尽可能小的环境代价,将有害生物维持在低发生水平上,实现当前生产的高效目标,且不损害他人和未来的利益,这种观点在农业有害生物治理中较为普遍。另一种是从有害生物种群的持续控制角度出发,强调以生态系统为基础,依靠系统的长期稳定性和自我调控能力及利用环境友善的措施调节有害生物种群,以达到建立良好的生态系统,持续控制生物灾害的目的,这种观点在森林有害生物治理中较为普遍。

总之,着眼于可持续发展的有害生物管理既要考虑防治对象和被保护对象,也要考虑整个农业生产体系,以及环境保护和资源的永续利用;既考虑当时当地害物发生情况,也要考虑未来及更大时空的害物发生动态;既考虑满足当代人的生存需要,也要考虑不至于破坏后代人赖以生存的资源基础和环境条件,从而使有害生物管理的目的由过去的将害物控制在经济允许水平之下发展为致力于社会和经济可持续发展的综合资源管理(integrated resource management)。

有害生物可持续控制要遵循两大原则,即生态学原则和三重效益(生态、经济和社会效益)同步发展原则。从生态学原则出发,SPM的目的是建立稳定的有良好自我调节能力的农林生态系统,充分发挥系统内物质循环和信息流动所构建的物种之间的复杂联系,包括天敌的作用及寄主植物的耐害性、补偿性、抗逆性与变异性和植物之间的相生关系等来抑制或调控有害生物的种群。利用先进技术(如3S)进行有害生物监测,制定经济和生态损失的防治阈值,如环境经济危害水平,在有害生物种群水平达到防治阈值时,利用天敌、有害生物生长调节剂、有害生物行为调节剂(性诱剂、拒食剂等)、微生物农药、植物源杀虫剂、物理方法及其他环境友善的措施来调控有害生物种群,达到经济、生态和社会效益共同发展。

思 考 题

1. 名词解释

经济阈值 植物检疫 农业防治 生物防治 化学防治 物理机械防治 IPM TPM EPM SPM

2. 何为植物检疫?作为植物检疫对象应具备哪些特点?
3. 何为农业防治?农业防治包括哪些途径?
4. 害虫生物防治的途径包括哪些方面?生物防治有何优缺点?在害虫防治途径中怎样协调化学防治与生物防治?
5. 何为物理机械防治?目前常用防治害虫的物理机械方法有哪些?在科技发展的现代社会,如何评价物理机械防治法在害虫防治中的作用和实用价值?
6. 试举例说明植物抗虫性的定义及植物抗虫性的机制是什么?
7. 试比较IPM、TPM和EPM三者的特点及区别是什么?
8. 未来害虫治理的发展趋势如何?请结合科学发展趋势提出一些新的策略或方法。

第二篇 主要农业害虫

- 第九章 地下害虫
- 第十章 粮食作物害虫
- 第十一章 棉花害虫
- 第十二章 油料作物害虫
- 第十三章 蔬菜害虫
- 第十四章 果树害虫
- 第十五章 薯类害虫
- 第十六章 园林花卉害虫
- 第十七章 贮粮害虫
- 第十八章 桑茶糖烟等害虫

第九章 地下害虫

地下害虫是指活动为害期或为害虫态在土壤中生活，主要为害植物地下部分或近地面根茎部的害虫。地下害虫的特点：有的长期生活在土中，主要为害植物的种子、地下部及近地面的根茎部，如金针虫和蛴螬；有的白天在土中生活，夜间出土取食为害，如地老虎类；有的可取食植物的地下部分和地上部分，如东方蝼蛄。据统计，我国已记载的地下害虫有 320 余种，常见种类有地老虎类、蛴螬类、蝼蛄类、金针虫类、种蝇类、白蚁类等。

第一节 地 老 虎

一、发生及为害情况

地老虎属鳞翅目夜蛾科，幼虫俗称地蚕、土蚕、切根虫，是我国各类农作物苗期重要的地下害虫，也是世界性大害虫。我国已知的地老虎种类有 30 余种，食性较杂，寄主达 36 科 60 多种植物。为害大的有小地老虎、大地老虎、黄地老虎。一年中主要以春、秋两季发生较重，小地老虎低龄幼虫在植物地上部为害，取食子叶、嫩叶、造成孔洞、缺刻。中老龄幼虫白天躲在浅土穴中，晚上出穴取食植物近地面的嫩茎，造成缺苗断垄，甚至毁种重播。

二、形态特征

以小地老虎为例，见图 9-1。

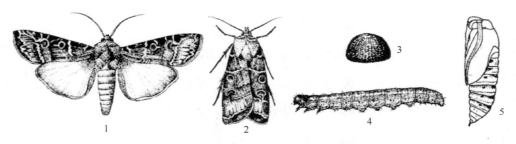

图 9-1 小地老虎形态
1，2—成虫；3—卵；4—幼虫；5—蛹

1. 成虫

体长 16～23mm，暗褐色。雌虫触角丝状，雄虫双栉状。前翅上肾状纹、环状纹、楔形纹十分明显。在肾状纹外侧凹陷处有一尖端向外的楔形黑斑与亚外缘线上两个尖端向内的楔形纹相对。

2. 卵

半球形，直径 0.61mm。表面有纵横交错的隆起线纹。初产乳白色，后变灰褐色。

3. 幼虫

成长幼虫体长 41～50mm。暗褐色。体表极粗糙，布满龟裂状的皱纹和黑色小颗粒。腹背各节有 4 个毛片，前方 2 个较后方 2 个小，腹部末节臀板有 2 条褐色纵带。

4. 蛹

体长 18～24mm。暗褐色。腹部第 4～7 节背面前缘有粗大刻点，腹末具臀刺 1 对。

三、发生规律

1. 生活史

小地老虎是一种迁飞性害虫。我国1年发生代数,由北至南不等,一般1～7代。主要在春、秋两季发生量大,以春季作物为害最严重,夏季高温发生数量少,冬季一般以幼虫和蛹在土中越冬。在暖冬(1月份平均气温为8℃)地区,其在冬季能继续生长、繁殖与为害。

2. 主要习性

小地老虎成虫昼伏夜出,以晚上19～22时活动最盛,在春季傍晚温度愈高,活动数量愈多。成虫羽化后需补充营养,喜趋食甜酸味的液体。卵散产或数粒聚集在一起,产卵时多选择叶片表面粗糙多毛的植物。每雌虫平均产卵800～1000粒。成虫对黑光灯及糖醋酒等趋性较强。幼虫一般6龄,有时也有7～8龄的个体。1～2龄幼虫昼夜为害,多群集在植物心叶间或叶背上啃食叶肉,留下一层表皮,也可咬食成小孔洞或缺刻,3龄后扩散,白天潜伏在表土下,夜间出来取食,4～6龄为暴食期,可将植物茎基部咬断,造成大量缺苗断垄,3龄后幼虫有假死性和自相残杀性。幼虫老熟后筑土室化蛹。

3. 发生与环境的关系

小地老虎喜温暖潮湿的条件,最适发育温区为13～25℃。一般前一年10～12月份温度偏高,降雨较多,翌年越冬代成虫数量大,发蛾量随春季温度的升降而增减,地势低洼,雨水多,土质疏松,保水强的壤土、黏壤土、沙壤土均适其发生。在蜜源植物多的地方,可为成虫提供补充营养,可形成较大的虫源,发生严重。

四、调查测报

1. 成虫诱测

越冬成虫诱测是预测小地老虎第一代发生期和发生量的重要依据。可采用黑光灯或蜜糖液诱蛾器,诱蛾时间由2月份开始至5月中旬结束。当平均每天每台诱蛾器诱蛾5～10头以上,表示进入盛蛾期,蛾量最多的一天即为发蛾高峰期,过后20～25天即为2～3龄幼虫盛期,为防治适期。诱蛾器如连续两天在30头以上,预计将有大发生的可能。

2. 查卵孵化进度、确定防治时期

选择不同类型地1～3块,每块取样9点,每点1平方尺(1平方市尺=0.111m^2)。从越冬成虫始盛期起到产卵末期止,每3～5天调查一次,检查杂草及农作物苗上的卵,当卵70%已孵化,继续检查幼虫,当幼虫1～2龄者占70%以上,为防治适期。

3. 检查幼虫数量、确定防治对象田

当2龄幼虫进入盛期后,采取五点取样,每点查1m^2,如定苗前幼虫0.5～1头/m^2,或定苗后幼虫0.1～0.3头/m^2(或蔬菜幼苗上1～2头/百株)的田块,定为防治对象田。

4. 被害株调查

在作物定苗后进行调查,每块调查五点,每点查30～50株,当幼苗心叶被害株率达5%时,应进行防治。

五、防治方法

1. 农业防治

早春铲除地边及其周围和田埂杂草,春耕耙地。在各种作物收获后,及时进行翻耕晒田,可以杀死大量的土中幼虫和部分越冬蛹。

2. 诱杀及人工捕杀

在成虫盛发期,利用黑光灯或糖酒醋液进行诱杀。在幼虫盛发期,用新鲜泡桐叶、莴苣或烟叶浸泡后于傍晚放入菜地内,次日清晨翻叶进行人工捕杀。

3. 药剂防治

在1～2龄幼虫盛发期选用10%氯氰菊酯乳油1500倍液,或10%高效氯氰菊酯乳油3000～

4000倍液，或5%锐劲特悬浮剂1500～2000倍液，或20%杀灭菊酯乳油2000～4000倍液喷雾，施药以上午为宜，集中喷洒植株心叶。在高龄幼虫盛发期选用90%晶体敌百虫1000倍液或50%辛硫磷乳油1000倍液，拌鲜碎草或麦麸制成毒饵，于傍晚撒在苗根附近诱杀幼虫。在虫口密度高时选用80%敌百虫可溶性粉剂1000倍液，或50%辛硫磷乳油1000～1500倍液，或50%二嗪农乳油1000倍液灌根。

第二节 蛴螬

一、发生及为害情况

蛴螬是鞘翅目金龟甲科幼虫的总称，是地下害虫中种类最多、分布最广、为害最大的一类，我国约有1300种，俗称地蚕、白土蚕。蛴螬是多食性害虫，幼虫喜啃食刚播种的种子及幼苗的根、茎或块根、块茎。成虫主要取食植物叶片。作物受幼虫及成虫为害后，造成缺苗断垄或使植株发育不良，严重时造成毁灭性灾害。发生为害较普遍的种类有华北大黑鳃金龟、暗黑鳃金龟、铜绿丽金龟甲等。

二、形态特征

以华北大黑鳃金龟为例，见图9-2。

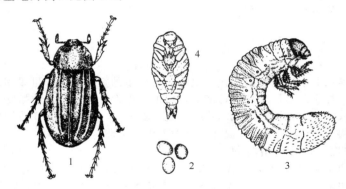

图9-2 华北大黑鳃金龟形态
1—华北大黑鳃金龟成虫；2—卵；3—幼虫；4—蛹

1. 成虫

体长16～22mm，黑褐色至黑色，有光泽。头部密生刻点，雄虫前臀节腹板中间具有明显的三角形凹坑，雌虫无凹坑。

2. 卵

长约2.7mm。初产长椭圆形，发育后期呈圆形，洁白，有光泽。

3. 幼虫

成长幼虫体长35～45mm。体形弯曲呈C形，多为白色，少数为黄白色。头部前顶毛每侧3根，排一纵列。肛腹片后部的钩状刚毛群，紧挨肛门孔裂缝处，两侧具明显的横向小椭圆形的无毛裸区。

4. 蛹

体长20mm，椭圆形。初为黄白色，后变橙黄色。腹部末端有叉状尾角1对，末节腹面雄蛹有3个毗连的瘤状突，雌虫无。

三、发生规律

1. 生活史

蛴螬由于种类多，其生活史不同，一般为1年发生1代，也有1年发生2～3代或2年发生1

代的。多数种类以幼虫在土中越冬,也有成虫在土中越冬的,每年4~5月份成虫开始出土活动取食为害。

2. 主要习性

成虫白天藏匿土中,傍晚活动,取食各类作物、果树、花卉的新梢、嫩叶,造成缺刻、孔洞或落花落果,是各种植物地上部的重要害虫。成虫趋光性强,有群栖性和假死性,飞翔力弱。卵一般散产或成堆产在松土中,每头雌虫可产卵100粒左右。幼虫共3龄,在土中生活,取食植物地下器官,1~2龄食量少,3龄是幼虫主要为害期,幼虫有自相残杀性。

3. 发生与环境的关系

蛴螬世代历期常随种类及土壤温湿度、食料、耕作栽培及农田附近的林木、果树等生态条件因素的变化而变化。幼虫在土中的分布常随土壤质地、土壤湿度及土温的变化而升降。当10cm土温达5℃时开始上升土表,13~18℃时活动最盛,23℃以上则往深土中移动,秋季土温下降时,再移向土壤上层。土壤潮湿其活动加强,尤其是连续阴雨天气。春、秋季在表土层活动,夏季多在清晨和夜间到表土层活动。

四、调查测报

1. 虫口密度的调查

根据各地蛴螬种类、气候及作物栽培情况,在秋季选择有代表性的不同类型的田块,采取"Z"形或棋盘式取样法进行调查。每块查20点,每点30cm^{2}为宜。记载各田块蛴螬种类、虫龄及数量,统计每公顷虫口密度。

2. 发生期调查与测报

(1) 化蛹进度调查 将上一年秋季从各类型田采集到的大量幼虫放于观察圃内越冬。从4月20日开始调查,化蛹前每2~3天查1次,始盛期后每天查1次,每次不少于30头,统计化蛹进度。

(2) 成虫发生期调查 每年4月1日开始,用20W黑光灯或100W白炽灯,每天统计诱集成虫的数量,至10月底结束。当成虫数量达最多的日期,则为成虫盛发高峰期。根据蛴螬为害特点,蛴螬防治适期应掌握在1、2龄幼虫高峰期。其预测式为:

$$1龄幼虫高峰期=成虫出土高峰期+产卵前期+卵期$$

或 $1龄幼虫高峰期=化蛹高峰期+蛹期+成虫蛰伏期+产卵前期+卵期$

$$2龄幼虫高峰期=1龄幼虫高峰期+1龄幼虫期$$

五、防治方法

1. 农业防治

在农作物收获后及时翻耕晒田,结合人工捕杀,减少虫源。有条件的地区,可开展水旱轮作,科学施肥,施充分腐熟肥料,减少成虫产卵的可能性。

2. 灯光诱杀

掌握成虫盛发期灯光诱杀成虫,减少蛴螬的发生数量。

3. 药剂防治

(1) 拌种 用50%辛硫磷乳油0.5kg,加水20~25kg,拌种250~300kg,或用40%甲基异硫磷乳油0.5kg,加水15~20kg,拌种200kg,对蛴螬防治效果良好。

(2) 毒土 用50%辛硫磷乳油或25%辛硫磷微胶囊缓释剂1.5kg/hm^2,加水7.5kg和细土300 kg制成毒土,或3%米乐尔15~22.5kg/hm^{2}加细土300~375kg拌匀,撒施种苗穴中防治幼虫。

(3) 毒饵 用50%对硫磷乳油或50%辛硫磷乳油50~100g拌饵料3~4kg,撒于种沟中,可收到良好防治效果。

(4) 药剂灌根 在幼虫盛发期,用50%辛硫磷乳油3~3.75kg/hm^2,加水6000~7500kg灌根。

(5) 喷药防治 在成虫盛发期用90%晶体敌百虫或80%敌敌畏1000倍液,或5%快杀1500

倍液于傍晚喷施。

第三节 蝼蛄

一、发生及为害情况

蝼蛄属直翅目蝼蛄科，俗称拉拉蛄、土狗，主要为害禾谷类、豆类、花生、蔬菜、甘薯等多种作物。蝼蛄以成虫、幼虫在土中取食刚播下的种子、种芽和幼根，或咬断幼苗根茎，也蛀食薯类的块根和块茎。幼苗根茎被害后呈麻丝状。全世界已知约50种。在我国发生普遍为害严重的有东方蝼蛄、台湾蝼蛄、华北蝼蛄。

二、形态特征

以东方蝼蛄为例，见图9-3。

1. 成虫

体长30～35mm，灰褐色，腹部色较浅，全身密布细毛。头圆锥形，触角丝状。前胸背板卵圆形，中间具一明显的暗红色长心形凹陷斑。前翅灰褐色，较短，仅达腹部中部。后翅扇形，较长，超过腹部末端。尾须1对。前足为开掘足，后足胫节背侧内缘有棘3～4个。

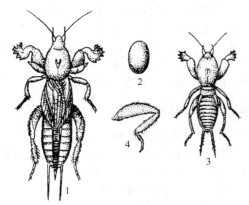

图9-3 东方蝼蛄形态
1—成虫；2—卵；3—若虫；4—后足

2. 卵

初产长2.8mm，孵化前4mm。椭圆形。初产乳白色，后变黄褐色，孵化前暗紫色。

3. 若虫

末龄若虫体长25mm。共8～9龄，体似成虫。

三、发生规律

1. 生活史

在北方地区2年发生1代，在南方1年1代，以成虫或老龄若虫在地下越冬。翌年3月后移至土表活动取食。在洞口可顶起一小虚土堆。5月上旬至6月中旬是蝼蛄最活跃的时期，也是第一次为害高峰期，6月下旬至8月下旬，天气炎热，转入地下活动，6～7月份为产卵盛期。产卵前先在腐殖质较多或未腐熟的厩肥土下筑土室产卵，每室产卵25～40粒。1头雌虫可产卵60～80粒。9月份气温下降，再次上升到地表，形成第二次为害高峰，10月中旬以后，陆续钻入深层土中越冬。

2. 主要习性

蝼蛄昼伏夜出，以夜间17～23时活动最盛，特别是在气温高、湿度大、闷热的夜晚，大量出土活动。早春或晚秋因气候凉爽，仅在表土层活动，不到地面上，在炎热的中午常潜至深土层。蝼蛄具强趋光性、趋湿性和趋厩肥习性，还嗜食香、甜食物。

3. 发生与环境的关系

成、若虫均喜松软潮湿的壤土或沙壤土，20cm表土层含水量20%以上最适宜其活动，小于15%时活动减弱。当气温在12.5～19.8℃，20cm土温为15.2～19.9℃时，最适宜蝼蛄活动。温度过高或过低，则潜入深层土中。

四、防治方法

1. 农业防治

有条件的地区，可实行水旱轮作。结合农田基本建设，适时翻耕，增施腐熟肥，减少蝼蛄产卵。

2. 药剂拌种

用 40% 甲基异硫磷乳油 50mL 或 50% 辛硫磷乳油 100mL，兑水 2~3kg，拌麦种 50kg，拌后堆闷 2~3h，对蝼蛄、蛴螬、金针虫都有较好的防治效果。

3. 灯光诱杀

在成虫盛发期，利用 20W 黑光灯诱杀成虫，可起到良好的防治效果。

4. 毒饵诱杀

将豆饼或麦麸 5kg 炒香，或秕谷 5kg 煮熟晾至半干，再用 90% 晶体敌百虫 150g 兑水将毒饵拌潮，将毒饵按 25~35kg/hm² 撒在地里或苗床上。

5. 药剂防治

在蝼蛄受害严重的田块，选用 50% 辛硫磷乳油 800 倍液灌洞杀虫，或 3% 米乐尔 15~22.5kg/hm²，或二嗪农颗粒剂 30~45kg/hm²，或 5% 辛硫磷颗粒剂 15~22.5kg/hm²，与 450~750kg 细土混匀后撒施于苗床上或栽前沟施。

第四节　蟋　蟀

一、发生及为害情况

蟋蟀属直翅目蟋蟀科，是一类多食性害虫，主要为害果树、园林植物、花卉及旱作物幼苗。成虫和若虫都喜食植物的幼嫩部分，特别喜食油质和香甜味的食物。常咬断嫩茎后拖回洞中啃食，有的也会把嫩茎咬断弃于洞外，造成缺苗，损失很大。常见种类有大蟋蟀和油葫芦。

二、形态特征

以大蟋蟀为例，见图 9-4。

1. 成虫

体长 30~40mm，粗壮，暗褐色，头大。头部较前胸宽，复眼之间具有"Y"字形浅沟。触角丝状，与体等长或稍长。前胸大，中央具一纵沟，其两则各具一近三角形的黄褐纹。后足腿节肥大，胫节有刺 4~5 对，发达，善跳跃。雄虫前翅上有发音器。雌虫产卵器管状，短于尾须。

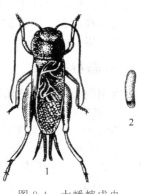

图 9-4　大蟋蟀成虫及卵的形态
1—成虫；2—卵

2. 卵

长约 4.5mm。近圆筒形，淡黄色，稍有弯曲，两端钝圆。表面平滑，浅黄色。

3. 若虫

体似成虫，共 7 龄，2 龄起出现翅芽。

三、发生规律

1. 生活史

一年发生 1 代，以 3~5 龄若虫在土穴中越冬。翌年 3~4 月出土活动，为害各种农作物的幼苗。5~6 月份羽化为成虫，7 月份为成虫盛发期，继续为害。9 月份为产卵盛期，同时新若虫开始出现，10~11 月份新若虫出土为害，12 月份起以若虫开始越冬。

2. 主要习性

蟋蟀是夜出性地下害虫，喜欢在疏松的沙土营造土穴而居。洞穴深达 20~150mm，傍晚出来活动，闷热的夜晚活动最盛。卵产于雌成虫洞穴底部，20~50 粒一堆，每一雌虫约产卵 500

粒以上。初孵若虫数十头在一起，稍大后即分散自行觅食。虫口过于密集时，常自相残杀。

3. 发生与环境的关系

蟋蟀性喜干燥，多发生于沙壤土或沙土、植被疏松或裸露、阳光充足的地方，潮湿壤土或黏土很少发生。晴天闷热无风或久雨初晴的温暖夜晚，出穴最多，阴雨凉快的夜晚则很少出穴。

四、防治方法

1. 毒饵诱杀

用90%晶体敌百虫125g拌麦麸或米糠5kg，加入少量水搓成团，于闷热天气的傍晚，投放于洞穴口上风处诱杀。

2. 人工防治

在雨水多的季节，用锄头挖开洞口，常易找到虫体即可将其杀死。

第五节 金 针 虫

一、发生及为害情况

金针虫属鞘翅目叩头甲科，是叩头虫的幼虫。金针虫为杂食性，主要为害禾谷类、薯类、豆类、甜菜、棉花及各种蔬菜和林木等。以幼虫长期生活于土壤中，为害作物地下部分，咬食刚播下的种子、嫩苗、须根、嫩茎。受害部分不完全咬断，常咬成小洞，苗被害后仍直立，但逐渐枯死，拔起后断处呈刷状，不整齐，造成缺苗缺穴，还能蛀入块茎和块根，使品质变劣。常见的金针虫有细胸金针虫、褐纹金针虫、沟金针虫等。

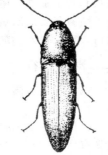

图9-5 细胸金针虫成虫形态

二、形态特征

以细胸金针虫为例见图9-5。

1. 成虫

体长8～9mm，体细长，黑褐色有光泽，密布褐色细毛。前胸背板长大于宽，后缘角伸向后方。鞘翅长约为头部和胸部的2倍，具有9条纵列的点刻。触角褐色，第2节球状。足呈红褐色。

2. 幼虫

成长幼虫体长23mm。体细长，圆筒形，淡黄褐色，有光泽。尾节圆锥形，近基部两侧各有一褐色圆斑，并有四条褐色纵纹。

3. 卵

长0.5～1mm，圆形，乳白色。

4. 蛹

体长8～9mm。初为乳白色，后变黄色。羽化前复眼黑色，口器淡褐色，翅芽黑色。

三、发生规律

1. 生活史

细胸金针虫多2年完成1代，也有1年或3～4年完成1代的。以成虫和幼虫在土中20～40cm处越冬，翌年3月上中旬开始出土，4月中下旬或5月上旬盛发。为害返青麦苗和早播作物。

2. 主要习性

成虫昼伏夜出，有假死性，略具趋光性，对腐烂植物气味有趋性。雌虫不能飞翔，雄虫可作短距离飞翔。常群集在腐烂发酵气味较浓的烂草堆和土块下。成虫一般不为害，卵散产于3～

7cm 的土中，一般每雌虫可产 5～70 粒。幼虫一般 7 龄，耐低温，早春上升为害早，秋季下降迟，喜钻蛀和转株为害，食料缺乏时，有残食其蛹和相残的习性。

3. 发生与环境的关系

细胸金针虫适生于偏碱和潮湿黏重的土壤中，土壤温湿度对其影响较大。幼虫耐低温而不耐高温，地温超过 17℃时，幼虫则向深层移动。细胸金针虫不耐干燥，要求较高的土壤湿度，适于偏碱性潮湿土壤，在春雨多的年份发生重。

四、防治方法

1. 农业防治

合理施肥，增施腐熟肥，在成虫尚未大量产卵前，在田埂上堆放杂草，第二天捕捉堆下成虫。

2. 药剂拌种

选用 50%辛硫磷乳油，或 48%毒死蜱乳油，或 48%地蛆灵乳油 1kg，加水 30～40kg，拌种 400～500kg。

3. 毒土

选用 48%地蛆灵乳油、50%辛硫磷乳油 3～4kg/hm²，加水 10 倍，喷于 35～450kg 细土上拌匀即成毒土，或用 5%毒死蜱颗粒剂 30～45kg/hm²，拌细土 35～450kg 即成毒土，顺垄条施，随即浅锄。或用 5%毒死蜱颗粒剂、5%辛硫磷颗粒剂 35～45kg/hm² 处理土壤。

第六节　种　　蝇

一、发生及为害情况

种蝇属双翅目花蝇科，俗称地蛆，是一种世界性害虫，食性极杂，主要为害蔬菜、果树、林木及多种农作物。幼虫蛀食各类植物的种子或幼苗的地下组织，造成烂种、烂根。

二、形态特征

1. 成虫

体长 4～6mm。雄虫体稍小，色暗黄或暗褐色，两复眼几乎相连，触角黑色，胸部背面具黑纵纹 3 条，前翅基背毛短，其长度不及盾间沟后的背中毛的 1/2，后足胫节内下方具 1 列稠密末端弯曲的短毛，腹部背面中央具黑纵纹 1 条，各腹节间有一黑色横纹。雌虫灰色或灰黄色，两复眼间距为头宽的 1/3，前翅基背毛同雄虫，后足胫节无雄蝇特征，中足胫节外上方具刚毛 1 根，腹背中央纵纹不明显。

2. 卵

长约 1.6mm。长椭圆形，稍弯，乳白色，表面具网纹。

3. 幼虫

成熟幼虫体长 8～10mm，蛆形，乳白而稍带浅黄。尾节具肉质突起 7 对，1～2 对等高，5～6 对等长。

4. 蛹

体长 4～5mm。红褐或黄褐色，椭圆形，腹末 7 对突起可辨（图 9-6）。

三、发生规律

1. 生活史

一年发生 3～4 代，以蛹在土中越冬。南方长江流域冬季可见各虫态。越冬代成虫翌年 4 月下旬至 5 月上旬羽化。

图 9-6　种蝇形态
1—成虫；2—卵；
3—幼虫；4—蛹

2. 主要习性

成虫喜白天活动，早晚躲在土块缝隙中或其他隐蔽场所，特别喜欢生活在腐臭或发酸的环境中，对蜜露、腐烂有机质、糖醋的发酸味有趋性。卵多产在较潮湿的有机肥料附近的土缝中，每雌虫可产卵10～100粒。幼虫一般3龄，孵化后多在表土下活动，为害种子，钻食种胚，蛀食植物的幼根、嫩茎，造成严重缺苗。

3. 发生与环境的关系

种蝇发育的适宜温度是25℃，温度在35℃以上时70%的卵不能孵化，幼虫、蛹死亡，故夏季种蝇少见。

四、调查测报

调查成虫，定防治时期。在成虫产卵高峰期及地蛆孵化盛期，采用糖醋液（糖1份、醋1份、水3份，加适量敌百虫拌匀加盖）进行诱杀。每天在成蝇活动时打开盖，及时检查诱杀数量，并注意添补诱杀剂，当诱器内种蝇数量突增或雌雄比近1：1时，即为成虫盛发期，应立即进行防治。

五、防治方法

1. 农业防治

清除田间被害作物和腐烂植物，施用充分腐熟的有机肥，防止成虫产卵。

2. 诱杀成虫

根据成虫具有的趋化性特点，在成虫盛发期，采用糖醋液进行诱杀。

3. 土壤处理

选用50%辛硫磷乳油3～4kg/hm^2，加水10倍，喷于400～450kg细土上拌匀即成毒土，顺垄条施，随即浅锄，或以同样用量的毒土撒于种沟或地面，随即耕翻，或混入厩肥中施用，或结合灌水施入；或用2%甲基异硫磷粉30～45kg/hm^2，拌细土40～450kg即成毒土以处理土壤。

4. 药剂拌种

用50%辛硫磷乳油100～165mL，加水5～7.5kg，拌麦种50kg，能兼治金针虫和蝼蛄等地下害虫。

5. 药剂防治

在成虫发生期，用36%克螨蝇乳油1000～1500倍液或2.5%溴氰菊酯3000倍液喷施，隔7天1次，连续防治2～3次。当地蛆已钻入幼苗根部时，可用50%辛硫磷乳油800倍液或25%爱卡士乳油1200倍液、20%甲基异硫磷乳油2000倍液灌根。

思 考 题

1. 何为地下害虫？它们的发生为害有何特点？
2. 小地老虎的发生与温湿度及土壤质地有什么关系？
3. 怎样防治小地老虎？
4. 如何开展蛴螬的防治工作？

第十章 粮食作物害虫

第一节 小麦害虫

小麦是我国尤其是北方地区主要的粮食作物之一。由于我国小麦种植面积大，历史悠久，小麦害虫种类多，为害重，常因虫害而造成严重的损失。因此，有效防治小麦害虫为害对于小麦的保产增收起着举足轻重的作用。

主要麦类害虫有麦蚜、黏虫，在北方麦区蝼蛄、金针虫、蛴螬等地下害虫为害也较重；在局部地区为害较重的有麦蜘蛛、麦叶蜂和小麦吸浆虫等。

一、麦蚜

（一）发生及为害情况

麦蚜属同翅目蚜科，俗称腻虫、油汁、蜜虫等。我国常见为害小麦的蚜虫主要有麦长管蚜、麦二叉蚜、禾谷缢管蚜，局部地区发生的有无网长管蚜、玉米蚜、红腹根蚜等。

麦蚜的分布范围很广，常见的三种麦蚜在世界各产麦国均有分布。在我国遍布各地，但不同地区发生数量不一样。在西北、华北地区主要以麦二叉蚜为害严重，黄河流域三种混合为害，淮河流域及其以南地区，则以麦长管蚜和禾谷缢管蚜发生数量最多。

麦蚜属于寡食性害虫，除主要为害麦类外，还为害高粱、玉米、雀麦、马唐、看麦娘等禾本科作物及杂草。禾谷缢管蚜在北方尚能为害苹果、李、杏等果树。

麦蚜以成、若蚜刺吸麦株嫩茎、嫩叶和嫩穗汁液，被害部位出现黄白点，重时变黄，甚至整株枯死；穗部受害，造成麦粒干瘪，千粒重下降，严重减产；并排泄蜜露，影响小麦的呼吸作用和光合作用；还能传播小麦黄矮病毒，引起小麦黄矮病的流行。

（二）形态特征

蚜虫为多型性昆虫，个体发育过程中经历卵、干母、干雌、有翅胎生雌蚜、无翅胎生雌蚜、

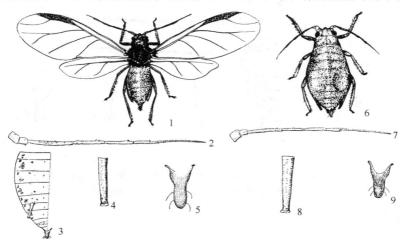

图 10-1　麦二叉蚜

有翅胎生雌蚜：1—成虫；2—触角；3—腹部一侧；4—腹管；5—尾片
无翅胎生雌蚜：6—成虫；7—触角；8—腹管；9—尾片

性蚜等,田间以无翅胎生雌蚜和有翅胎生雌蚜发生数量最多,出现历期最长,为主要为害蚜型。

麦二叉蚜、麦长管蚜和禾谷缢管蚜的形态特征见表 10-1 和图 10-1~图 10-3。

表 10-1 三种麦蚜的形态特征

虫态	特征	麦二叉蚜	麦长管蚜	禾谷缢管蚜
有翅胎生雌蚜	体长/mm	1.8~2.3	2.4~2.8	1.6 左右
	体色	头胸部灰黑色,腹部淡绿色,腹背中央有一条深绿色纵纹	头胸部暗绿色或暗褐色,腹部黄绿色、浓绿色或橘红色,背腹两侧有褐斑 4~5 个	头胸部黑色,腹部暗绿带紫褐色,腹背后方有红色晕斑 2 个
	额瘤	不明显	明显,外倾	略显著
	触角	比体短,第 3 节有 5~8 个感觉孔	比体长,第 3 节有 6~18 个感觉孔	比体短,第 3 节有 20~30 个感觉孔
	前翅中脉	分 2 叉	分 3 叉	分 3 叉
	腹管	圆锥状,黄绿色,中等长	管状,黑色,极长	近圆形,黑色,端部呈瓶颈状
无翅胎生雌蚜	体长/mm	1.4~2	2.3~2.9	1.7~1.8
	体色	淡黄绿色至绿色,腹背中央有深绿色纵纹	淡绿色或黄绿色,背侧有褐色斑点	浓绿色或紫褐色,腹背后方有红色晕斑
	触角	为体长的一半或稍长	与体等长或超过体长	为体长的一半
	尾片	圆锥状,中等长,黑色,有 4 根毛	管状,长,黄绿色,有 6~8 根毛	圆锥状,中部缢入,有 6~8 根毛

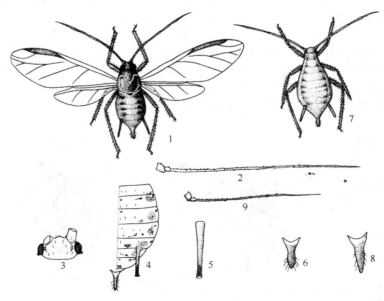

图 10-2 麦长管蚜

有翅胎生雌蚜:1—成虫;2—触角;3—头部;4—腹部一侧;5—腹管;6—尾片
无翅胎生雌蚜:7—成虫;8—尾片;9—触角

(三) 发生规律

1. 生活史

麦蚜的生活周期可分不全周期和全生活周期两种类型。三种常见麦蚜在温暖地区可全年行孤雌生殖,不发生性蚜世代,表现为不全周期型;在北方寒冷地区,则表现为全生活周期型。一般三种麦蚜一年可发生 10~30 代。年发生代数因地而异,在北方春麦区一年发生 10 代左右;黄河流域中、下游地区一年发生 20 代左右；长江流域及以南地区发生 30 代左右。其越冬虫态因种类和地区而异。

（1）麦长管蚜　麦长管蚜属于迁飞性害虫，每年春、夏季（3～6月份）随小麦生育期逐渐推迟，逐渐由南方迁往北方，为害春麦，麦收后在禾本科杂草上繁殖，秋季（8～9月份）再南迁。其在 1 月份 0℃ 等温线（大致沿淮河）以北不能越冬；淮河至长江流域以无翅胎生成蚜和若蚜在麦田越冬，个别年份在麦叶上也能查到少量越冬卵；华南地区可周年繁殖。在南北各麦区其生活史属不全周期型。

（2）麦二叉蚜　在北纬 36°以北较冷的北部麦区，多以卵在麦苗枯叶上、土缝内或多年生禾本科杂草上越冬，愈向北以卵越冬率越高，生活史属全周期型。在南方以无翅成、若蚜在麦苗基部叶鞘、心叶内或根际土缝中越冬，冬季天暖时仍能爬上麦苗取食；华南地区冬季无越冬期，生活史属不全周期型。

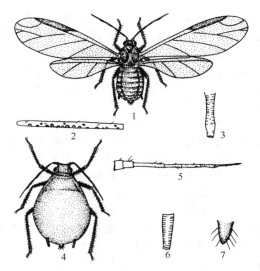

图 10-3　禾谷缢管蚜

有翅胎生雌蚜：1—成虫；2—触角第 3 节；
　　　　　　　3—腹管
无翅胎生雌蚜：4—成虫；5—触角；
　　　　　　　6—腹管；7—尾片

（3）禾谷缢管蚜　在北方寒冷地区产卵于桃、李等李属植物上越冬，翌春繁殖后迁飞到禾本科植物上，春夏季为害麦类、玉米、高粱等，秋后产生性蚜，交配后在李属植物上产卵越冬，世代交替明显，属异寄主全生活周期型。在南方则营同寄主不全周期型生活，全年在同一科寄主植物上营孤雌生殖，不产生雌雄性蚜，以无翅成、若蚜在麦苗根部、近地面的叶鞘或土缝内过冬。

麦蚜在麦田内多混合发生。我国北方冬麦区秋播麦苗出土后，在高粱、玉米等禾本科植物及杂草上为害的麦蚜陆续迁入麦田繁殖为害，以后气温逐渐下降，当温度下降到麦蚜发育临界点后，便进入越冬阶段。第二年 2～3 月份小麦返青后麦蚜开始活动为害，以后随气温升高麦蚜繁殖加速，种群数量大增，当小麦进入拔节至孕穗期，麦二叉蚜繁殖达到高峰。至抽穗前后，麦长管蚜大量迁入麦田，在小麦灌浆乳熟期达到繁殖高峰，田间蚜量呈直线上升，因此，小麦穗期（抽穗至乳熟期）是麦蚜为害的关键时期。小麦蜡熟期，产生大量有翅蚜，陆续飞离麦田，迁向禾本科植物上继续为害和繁殖，并在其上或自生麦苗上越夏。

2. 主要习性

麦蚜在麦田内的生活习性因种类不同而异。麦长管蚜喜光照、耐潮湿，成株期多分布在麦株上部，叶片正反面，小麦抽穗后，蚜量急剧上升，并大多集中穗部危害，遇惊扰有坠落习性。麦二叉蚜耐低温、干燥，但畏光，成株期多分布在麦株下部和叶片背面为害，最喜幼嫩组织或生长衰弱、叶色发黄的叶片，因耐低温，故早秋为害、繁殖早，秋苗受害时间长，而且致害能力强，刺吸时能分泌有毒物质，破坏叶绿素形成黄色枯斑，受害重者常导致全叶黄化枯死。禾谷缢管蚜耐高温，不耐低温，喜潮湿，怕光，嗜食茎秆、叶鞘，故春季有相当一段时间分布在植株下部的叶鞘、叶背、根茎部为害，抽穗后部分个体迁移到麦株上部和麦穗上繁殖为害。

3. 发生与环境的关系

麦蚜发生并非连年严重，常间歇性猖獗为害，其发生主要受气候条件、栽培制度和天敌等因素的影响。

（1）气候条件　自然条件下，温、湿度对麦蚜发生消长常起主导作用。温度 15～25℃，相对湿度 40%～80%，即中温低湿常为麦蚜大发生的条件。但种类不同，对温湿度的适宜范围也有所差异。在温度方面，麦二叉蚜抗低温能力强，其卵在旬平均气温 3℃ 左右开始发育，5℃ 左右开始孵化，13℃ 可产生有翅蚜，5℃ 时胎生雌蚜发育并大量繁殖，最适温区为 15～22℃，温度超过 33℃ 则生育受阻；麦长管蚜的适温范围为 12～20℃，不耐高温和低温，在 7 月份 26℃ 等温线以南的地区不能越夏，在 1 月份 0℃以下的地区不能越冬；禾谷缢管蚜在适宜的湿度情况下，30℃左右发育最快，但不耐低温，在 1 月份平均温度为－2℃的地区不能越冬。在湿度方面，麦二叉蚜最喜干燥，适宜的相对湿度为 35%~67%，大发生地区都位于年降雨量 250~500mL 以下的地区；麦长管蚜喜潮湿，适宜的相对湿度为 40%~80%，适宜发生地区的年降雨量为 500~750mL，或一年降雨量超过 1000mL，但小麦生育阶段雨量较少时也能成灾；禾谷缢管蚜则喜高湿而不耐干旱，在年降雨量 250mL 以下地区不致大发生。

通常冬暖、春旱的年份有利于麦蚜猖獗为害，主要是冬暖延长了麦蚜繁殖时间，增加了越冬基数；春旱提早了麦蚜的活动期，增加了繁殖机会，为穗蚜的发生累积了更多的虫源。春季持续干旱是麦二叉蚜发生猖獗的一个重要条件，而春季雨水适宜，有利于麦长管蚜数量增加。暴风雨可将麦蚜冲落，致使蚜虫数量迅速下降。

(2) 栽培制度 不同地区栽培制度不同，蚜虫发生轻重程度也不同。在冬麦区，秋季小麦出苗后，麦蚜由夏寄主迁入麦田繁殖为害，并传播病毒，秋苗成为麦蚜建立越冬种群和发病中心的基地。翌春，从小麦返青至小麦抽穗前期是蚜虫猖獗发生、病害扩大流行的有利时期。在冬春麦混种区，麦蚜可由冬麦田再迁入春麦田为害，由于小麦苗期最易感染病毒病，因此，增加了春麦苗期麦蚜为害、繁殖和传病的机会，造成春麦受害严重。在春麦区，麦蚜在禾本科杂草上产卵越冬，翌春孵化后即在越冬寄主上繁殖，春麦出苗后才迁入麦田为害，麦蚜和病毒病的发生都受到限制。

同一地区，麦蚜发生的轻重程度与小麦播种期、施肥、灌水和作物布局等有密切关系。一般早播麦田蚜虫迁入、繁殖早，蚜量大，为害重。合理施肥、适时灌水，有利于小麦生长健壮，增强抗虫能力，同时冬灌可机械杀伤麦蚜、麦蜘蛛；麦二叉蚜在缺氮素的贫瘠田为害重，而麦长管蚜和禾谷缢管蚜在肥沃、通风不良、湿度大的麦田发生重。小麦、玉米、高粱、谷子循环种植区，为麦蚜的周年生活提供了良好的食料条件，麦蚜发生较重。

(3) 天敌 麦蚜的天敌种类较多，主要有瓢虫、食蚜蝇、草蛉、蜘蛛、蚜茧蜂、蜘蛛和蚜霉菌等，其中以瓢虫、食蚜蝇和蚜茧蜂最为重要。瓢虫有七星瓢虫、龟纹瓢虫、异色瓢虫；食蚜蝇有大灰食蚜蝇、黑带食蚜蝇；草蛉有大草蛉、丽草蛉、中华草蛉；蚜茧蜂有菜蚜茧蜂、燕麦蚜茧蜂；蜘蛛类的为 T 纹狼蛛、草间小黑蛛、黑腹狼蛛等，这些天敌对麦蚜的追随现象十分明显，对抑制蚜虫的发生。起到一定作用；蚜霉菌在温度升高后，多雨的情况下寄生率也很高。

(四) 虫情调查和预测

1. 虫情调查

冬麦秋苗期，从出苗开始每 10 天调查 1 次，至麦蚜进入越冬期；春季当冬麦开始拔节和春麦出苗后，每 5 天调查 1 次，孕穗后，当蚜量急剧上升时，每 3 天调查 1 次，以适时指导防治。

(1) 田间消长调查 选择当地有代表性的麦田 2~3 块，每块田对角线随机 5 点取样，每点查 50 株，百株蚜量超过 500 头，株间蚜量差异不大时，每点可减至 20 株。分别记载调查日期、小麦生育期、调查株数、有蚜株数及各种蚜虫的有翅蚜和无翅蚜数量，统计平均百株蚜量。

(2) 天敌调查 调查麦蚜时，同时分别记载被蚜茧蜂寄生的僵蚜数和各种捕食性天敌的虫态和数量，并折算为百株天敌单位。

2. 防治适期预测

根据虫情调查结果，若天敌单位与蚜虫数之比大于 1:150 时，一般不需防治；若天敌单位与蚜虫数之比小于 1:150 时，应根据下列防治指标及时开展防治：麦二叉蚜在秋苗期百株平均蚜量达 20 头左右，有蚜株率 10%~15%；拔节初期有蚜株率 10%~20%，百株平均蚜量达 30~50 头；孕穗期有蚜株率 30%~40%，百株平均蚜量 100 头以上，即为防治适期。麦长管蚜在孕穗期百株平均蚜量达 200~250 头，有蚜株率达 50% 左右；灌浆初期百穗平均蚜量达 500 头以上，有蚜株率达 70% 左右，即为防治适期。

(五) 防治方法

麦蚜的防治应以农业防治为基础，关键时期使用化学药剂防治，并注意保护天敌。在黄矮病流行区，除抓好穗期防治外，还应抓好苗期防治，已达到治蚜灭病的目的。在非黄矮病流行区，重点是穗期防治。

1. 农业防治

麦收后浅耕灭茬，结合耕翻消灭自生麦苗和杂草，适时冬灌，早春镇压，可减少虫源；此外，注意选育推广抗蚜耐蚜品种，冬麦区适当迟播，春麦区适当早播，冬春麦混播区冬春麦分别种植，适时集中播种，可减少繁殖量和损失程度；抽穗后适时喷灌，可抑制有翅蚜迁飞，同时对穗部蚜虫有冲刷作用；增施基肥和追施速效肥，促进麦株健壮生长，增强抗蚜能力。

2. 生物防治

麦蚜天敌种类较多，可减少和改进施药措施，避免杀伤天敌；改善农田生态环境，促进天敌繁殖，充分发挥天敌对麦蚜的控制作用；必要时还可人工繁殖或助迁天敌。

3. 化学防治

（1）种子处理　在黄矮病流行地区，秋播时可用40%甲基异硫磷乳油100mL或70%吡虫啉拌种剂60～180g，加水10L，与100kg小麦种子搅拌均匀，摊开晾干后播种；或结合播种，每公顷用3%呋喃丹颗粒剂22.5～30kg，随种子条施土中，再覆土，可维持药效40～50天。

（2）喷药防治　小麦生长期施药，应选用速效、低毒、低残留的农药，有利于保护天敌。可用48%乐斯本乳油1500倍液，或40%氧化乐果乳油1500～2000倍液，或50%抗蚜威可湿性粉剂3000倍液，或20%杀灭菊酯乳油2500倍液等。喷药适期应掌握在小麦扬花后麦蚜数量急剧上升期。

二、小麦害螨

（一）发生及为害情况

为害小麦的害螨主要有麦圆叶爪螨（*Penthaleus major* Duges）和麦岩螨（*Petrobia latens* Muller）两种。前者俗称麦圆红蜘蛛，属蜱螨目叶爪螨科；后者俗称麦长腿红蜘蛛，属蜱螨目叶螨科。

麦圆叶爪螨分布于北纬37°以南的山东、山西、陕西、河南、湖北、安徽、江苏、四川、江西、浙江等地，主要发生在江淮流域的水浇地和低洼地。麦岩螨分布于北纬34°～43°之间的辽宁、内蒙古、北京、甘肃、青海、新疆、河北、河南、山东、山西、陕西、安徽等地，猖獗区为黄河以北的旱地和山区麦地。

两种害螨均以为害小麦为主，麦圆叶爪螨还可为害大麦、豌豆、蚕豆、油菜、苜蓿及小蓟、看麦娘等，而麦岩螨尚能为害大麦、棉花、大豆和桃、槐、柳、桑等树木，以及红茅草、马拌草等。

小麦害螨以成、若螨吸食小麦叶片、叶鞘的汁液，被害处呈现黄白色斑点，后斑点合并成斑块，使麦苗逐渐枯黄，轻者麦株矮小，麦穗少而小，重者麦苗枯萎死亡。

（二）形态特征

（见图10-4）。

1. 麦圆叶爪螨

（1）成螨　雌螨体长0.65～0.8mm，背面观椭圆形，腹背隆起，深红色或黑褐色。4对足几乎等长，末体背面中央的肛门隆起，肛周红色，雄成螨尚未发现。

（2）卵　椭圆形，初产时暗红色，后变淡红色，表面皱缩，外有一层胶质卵壳，表面有五角形网纹。

（3）幼螨　圆形，初孵淡红色，取食后变为草绿色，足3对，红色。

（4）若螨　分前若螨和后若螨两个时期，体色、体形与成螨相似，足4对。

2. 麦岩螨

（1）成螨　雌螨体长0.62～0.85mm，背面观阔椭圆形，紫红色或褐绿色，背中央有一个红斑。背毛13对，粗刺状，有粗茸毛。足4对，第1、第4对足特别长，其长度超过第2、第3对足的1～2倍。雄螨体长约0.45mm，背面观梨形，背刚毛短，具茸毛。

(2) 卵　有两型。一种为红色非滞育卵，长约 0.15mm，圆球形，表面有隆起纵纹 10 多条。另一种为白色滞育卵，长约 0.18mm，圆柱形，端部向外扩张，形似倒放的草帽，顶面有星状辐射条纹，卵壳表面有白色蜡层。

(3) 幼螨　体长、宽皆约 0.15mm，圆形，初为鲜红色，取食后变为暗褐色，足 3 对。

(4) 若螨　分第一若螨和第二若螨两个时期，体色、体形与成螨相似，足 4 对。

(三) 发生规律

1. 生活史

(1) 麦圆叶爪螨　1 年发生 2～3 代，以雌成螨或卵在麦株或田间杂草上越冬，来年 2 月下旬雌成螨开始活动并产卵繁殖，越冬卵也陆续孵化。3 月下旬至 4 月上旬田间虫口密度最大，是为害盛期。以后由于温度渐高，不宜生活，通常 4 月中下

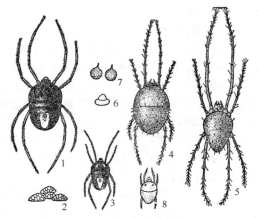

图 10-4　小麦害螨
麦圆叶爪螨：1—成虫；2—卵块；3—若虫
麦岩螨：4—雌成虫；5—雄成虫；6—越夏卵；7—非越冬卵；8—若虫

旬其田间密度开始减退，产卵越夏，至夏收时成螨已很少见。10 月中旬越夏卵开始孵化，为害秋播麦苗或田边杂草，11 月上旬出现成螨并陆续产卵，11 月中旬田间密度较大，出现第 2 代成螨，产第 3 代卵越冬，或直接以成螨越冬。完成 1 代需 46～80 天，平均 57.8 天。

(2) 麦岩螨　1 年发生 3～4 代，以成螨或卵在麦田根际或土缝中越冬。翌年 2 月中下旬或 3 月上旬，月平均气温达到 8℃ 左右时，成螨开始活动，越冬卵开始孵化。4 月中旬至 5 月上旬，正值小麦孕穗至抽穗期，虫量最多，为害最重。5 月中下旬麦株黄熟，气温猛升，螨量急剧下降，并产滞育卵越夏。10 月上旬，越夏卵陆续孵化，在秋苗上繁殖为害，可完成 1 代，12 月份以后即产越冬卵或以成螨越冬，部分越夏卵也能越冬。完成 1 代需 24～46 天，平均 32.1 天。

2. 主要习性

两种小麦害螨皆可春秋两季为害，以春季为害严重，有群集性和假死性，可借风力、雨水或爬行传播。麦圆叶爪螨性喜阴凉湿润，怕高温干旱，一天中早晨 6～8 时和下午 18～22 时为两次活动高峰，小雨天仍能活动。至今尚未发现雄螨，营孤雌卵生，卵多聚集成堆或成串产于麦丛分蘖茎近地面处或干叶基部或土块上。麦岩螨性喜温暖干燥，一天中一般多在 9～16 时活动，其中又以 15～16 时数量最多，晚 20 时后即潜伏在麦株基部土缝中或地面其他覆盖物下，此虫对大气湿度较为敏感，遇小雨或露水大时即停止活动。麦岩螨也主要行孤雌卵生，但在陕西武功地区小麦上曾发现过极少雄螨，说明部分行两性生殖；卵多产于土块、土缝、砖瓦片等基物上，越冬卵和越夏卵的卵壳上覆有一层较厚的白色蜡质物，能耐夏季高温多湿和冬季干旱严寒，且可多年滞育。

3. 发生与环境的关系

两种小麦害螨的发生与气候、土壤及耕作制度关系较大。每年发生的轻重程度有其共同点和不同点。二者的共同点就是：连作麦田及靠近村庄、堤堰、坟地等杂草较多的地块发生为害重，水旱轮作和麦收后耕翻的地块发生轻；推广免耕有加重为害的趋势。二者的不同点表现为：麦圆叶爪螨发生的最适温度为 8～15℃，最适湿度为 80% 以上，故水浇地、地势低洼、秋雨多、春季阴凉多雨，以及沙壤土麦地发生为害重；麦岩螨生长发育的最适温度为 15～20℃，适宜湿度在 50% 以下，因此，秋雨少、春暖干旱，以及壤土、黏土、高旱麦田易成灾。

(四) 虫情调查和预测

1. 越冬基数调查

在秋末冬初麦螨基本停止活动或来年早春麦螨活动前，选当地有代表性的麦田 2～3 块，5 点取样，每点挖取表土 1 平方市尺（深 5 寸）（1 市尺＝0.333m），淘土检查，统计不同虫种、不

同虫态的数量。

2. 田间虫情调查

冬麦区从春季小麦返青后开始，选当地历年小麦害螨发生较重的麦田 2~3 块，3 天调查一次，至虫情下降为止。每次每块地随机 5 点取样，每点调查 1 市尺单行，在小麦害螨日活动高峰期，目测小麦地上部分发生的螨数，或轻拍麦株，将其震落在白色塑料布或盛水的脸盆中或血球计数器中，再统计螨数。

3. 虫情分析

麦螨越冬基数和越冬成虫及卵所占比例，与翌年早春麦螨的发生时期及为害程度关系密切。一般越冬基数大，且越冬成虫所占比例较大时，来年早春麦螨不仅为害重，而且发生为害时期提前。因此，根据田间系统调查、虫情消长动态和不同虫种、虫态比例及气象条件等进行综合分析，当虫量迅速增长，气候适宜，每市尺单行麦垄有害螨 200 头以上，应及时开展防治工作。

（五）防治方法

1. 农业防治

结合当地栽培制度，因地制宜地尽可能采用轮作倒茬，避免小麦连作，可减轻麦螨为害。麦收后深耕灭茬，及时中耕，可大量消灭越夏卵，显著降低秋苗和来春虫口密度。有水利条件的麦田，可在灌水时，先震动麦株使害螨假死后再灌水，使之被泥水黏附而死，效果可达 80% 以上。

2. 化学防治

在黄矮病流行区结合防蚜避病，于小麦播种时进行种子处理，对小麦害螨也有明显的控制效果。此外，在麦螨初盛期进行田间喷药。喷粉可用 3% 混灭威粉剂或 1.5% 乐果粉剂，每亩用 1.5~2kg。喷雾可用 40% 氧化乐果乳油 2000 倍液，或 50% 马拉硫磷乳油 2000 倍液，或 15% 扫净乳油 2000 倍液，或 20% 哒螨灵可湿性粉剂 2000 倍液，或 20% 螨克乳油 1500 倍液，或 73% 克螨特乳油 2000~3000 倍液等。

三、小麦吸浆虫

（一）发生及为害情况

小麦吸浆虫俗称小红虫、黄疸虫、麦蛆等，属于双翅目瘿蚊科。在我国为害小麦的吸浆虫主要有麦红吸浆虫（*Sitodiplosis mosellana* Gehin）和麦黄吸浆虫（*Contarinia tritici* Kirby）两种。

小麦吸浆虫是世界性的重要害虫，广泛分布于亚、欧、美主要小麦栽培国家，除美洲只有麦红吸浆虫外，欧亚大陆是两种吸浆虫的混发区，亚洲一般以麦红吸浆虫为主。我国国内主要发生在北纬 31°~35° 之间的黄河、淮河流域冬小麦主产区。麦红吸浆虫主要发生于平原地区的河流两岸潮湿水浇地；麦黄吸浆虫主发发生于高原地区的高山地带，如陕西、甘肃等省高山区；两种吸浆虫并发区多是高原地区的河谷地带，如四川、青海、甘肃、宁夏等河谷地区，也发生于少数平原地区（如山东济宁两种吸浆虫都有发生）。

小麦吸浆虫主要为害小麦，亦为害大麦、青稞、燕麦、黑麦、鹅冠草等。以幼虫吸食正在灌浆的麦粒汁液，造成籽粒秕瘦而减产，轻者减产 10%~20%，重者可减产 40%~50%，受害严重时几乎绝产。此虫 20 世纪 50 年代已基本得到控制，近几年由于品种更换和疏于防治，又有回升现象。

（二）形态特征

1. 麦红吸浆虫

其形态见图 10-5。

（1）成虫　体长 2~2.5mm，橘红色，头小，复眼大，左右复眼接触。触角 14 节，雌虫触角各节呈长圆形膨大，上面环生两圈刚毛；雄虫触角每节有两个球形膨大，每个球形部分各着生一圈刚毛和一圈环状毛。只有一对膜质透明的前翅，后翅退化为平衡棒。足细长，形似蚊子。

（2）卵　长卵形，长 0.32mm，约为宽度的 4 倍。淡红色，表面光滑，末端无附属物。

（3）幼虫　体长 2~2.5mm，扁纺锤形，橙黄色。头小，无足蛆状。前胸腹面有一 "Y" 形

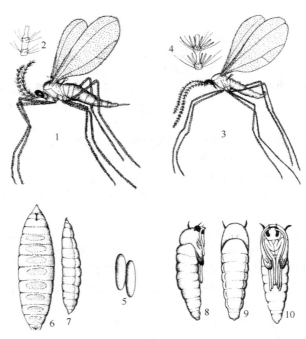

图 10-5 麦红吸浆虫

1—雌成虫；2—雌成虫触角的 1 节；3—雄成虫；4—雄成虫触角的 1 节；5—卵；6—幼虫腹面；
7—幼虫侧面；8—蛹侧面；9—蛹背面；10—蛹腹面

剑骨片，前端凹陷呈锐角，腹末有两对突起。

（4）蛹　长约 2mm，橙红色，裸蛹，头部前端有两根白色短毛和一对长的呼吸管。

2. 麦黄吸浆虫

麦黄吸浆虫形态（图 10-6）与麦红吸浆虫基本相似，其主要区别见表 10-2。

表 10-2　两种吸浆虫各虫态主要区别

虫态	种类	麦红吸浆虫	麦黄吸浆虫
成虫		体橘红色	体姜黄色
		雌成虫产卵管不长，伸出时约为腹长 1/2，末端呈圆瓣状	雌成虫产卵管极长，伸出时约与腹部等长，末端呈针状
		雄成虫抱握器基部内缘有齿；腹瓣末端稍凹入，阳茎长	雄成虫抱握器光滑无齿，腹瓣明显凹入分为两瓣，阳茎短
卵		长卵形，约为宽度的 4 倍，末端无附属物	香蕉形，前端略弯，末端有细长的卵柄附属物
幼虫		橙黄色，体表有鱼鳞状突起	姜黄色，体表光滑
		前胸"Y"形剑骨片中间呈锐角深凹陷。腹末有两对突起	前胸"Y"形剑骨片中间呈弧形凹陷。腹末有一对突起
蛹		橙红色，头部前一对毛比呼吸管短	淡黄色，头部前一对毛比呼吸管长

（三）发生规律

1. 生活史

两种麦吸浆虫都是 1 年发生 1 代，以老熟幼虫在土中结圆茧越夏、越冬。翌春由土层深处破茧移至表土层，结长茧化蛹和羽化。若当年气候条件不适，部分幼虫可在土中继续休眠，形成隔年或多年羽化现象。

麦红吸浆虫的发生期与当地小麦生育期具有密切的物候联系。一般在翌春小麦拔节期，当10cm土温上升到7℃左右时，越冬幼虫大量破茧并向表土移动；当10cm土温达15℃左右时，正值小麦孕穗期，幼虫在约3cm土层中结茧化蛹，蛹期8～10天；10cm土温达20℃左右，小麦开始抽穗时，成虫大量羽化，当天交配后把卵产在未扬花的麦穗上；小麦开始扬花灌浆时，幼虫孵化即侵入麦粒为害；小麦渐近黄熟时，大部分幼虫老熟，离穗入土，结茧越夏、越冬。

2. 主要习性

成虫上午7～10时和下午3～6时羽化最盛，羽化后先在地面爬行一段时间，后爬到麦株或杂草上栖息。白天活动，但畏强光和高温，故早晚活动最盛，中午常藏匿在植株下部叶背等荫蔽处。成虫羽化当天，即可交尾产卵，以傍晚6～9时选择已抽穗而未扬花的麦穗产卵，很少在已扬花的麦穗上产卵，以护颖与外颖之间着卵量最多，小穗间和小穗柄等处着卵量次之，一头雌虫一生可产卵50～90粒，卵期3～5天。幼虫孵化后从内外颖缝隙间侵入，以口器刺破正在灌浆的麦粒种皮吸

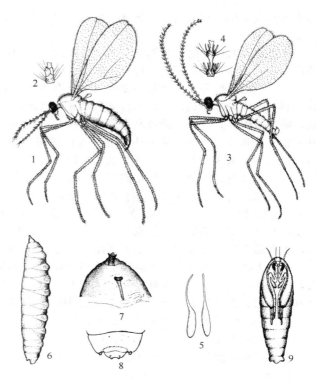

图10-6 麦黄吸浆虫
1—雌成虫；2—雌成虫触角的1节；3—雄成虫；4—雄成虫触角的1节；5—卵；6—幼虫侧面；7—幼虫体躯前端；8—幼虫腹部末端；9—蛹腹面

食浆液，幼虫共3龄，约经20天蜕皮两次而老熟，老熟幼虫缩在第二次蜕皮内不食不动，遇雨露从颖壳蜕皮内爬出，随水滴流落地面或弹跳落地，从土缝中钻入10cm土深处结茧越夏、越冬。

麦黄吸浆虫与麦红吸浆虫的生活习性大致相似，唯成虫发生较麦红吸浆虫稍早，在春麦区为害青稞较重，雌虫产卵在麦穗的内、外颖中间，每次产卵5～8粒，一生可产卵100粒左右，卵期7～9天。幼虫孵化后先为害花器，后吸食子房和灌浆的麦粒，老熟幼虫不停留在第二次的蜕皮内，所以离穗时间较早，抗旱能力弱于麦红吸浆虫。

3. 发生与环境的关系

（1）气候条件　在气候条件中，温湿度和雨水对吸浆虫的发生起着重要作用。早春温度影响吸浆虫发生的迟早，气温回升早，土温上升快，发生就早。但幼虫耐低温而不耐高温，由于夏季高温干旱，越夏死亡率高于越冬死亡率。由于吸浆虫发生所需温度与小麦各生育期所需温度一致，所以雨量或土壤湿度是吸浆虫发生程度的关键因素。小麦吸浆虫喜湿怕干，春季少雨干旱，土壤含水量在10%以下，幼虫不化蛹；土壤含水量低于15%，成虫很少羽化；土壤含水量达22%～25%时，成虫大量发生。越冬幼虫破茧上升土表时若遇长期干旱，仍可再次结茧入土潜伏。同样，成虫产卵、幼虫孵化和入侵均需较高的湿度。因此，一般3～4月份阴湿多雨，土壤湿润一有利于化蛹和羽化，导致当年发生重。而5月下旬至6月初降雨对老熟幼虫离穗入土有利，可使下一个发生期的虫源多。

（2）小麦品种和生育期　不同的小麦品种对吸浆虫的为害表现不同程度的抗感性。一般芒长多刺、挺直、小穗排列紧密、颖壳厚或护颖大能将外颖背部遮盖，内外颖扣合紧密及子房或籽粒的表皮组织较厚的品种，具有明显的抗性。如20世纪50年代推广的南大2419、西农6028、中农28等；60年代推广的丰产3号和70年代推广的阿勃、矮丰3号等均表现为较好的抗虫性。近

年来的研究表明扬花时内外颖张开的角度与侵入虫量呈显著的负相关,即随着张开角度增加,侵入虫量减少。

成虫产卵对小麦的生育期有严格的选择性。凡抽穗整齐、灌浆迅速、抽穗盛期与成虫盛发期两期不吻合的品种,受害轻,反之受害重。

(3) 土壤与地势　土壤是小麦吸浆虫幼虫和蛹的主要栖息场所。土壤的结构、性质和地势因影响到其含水量、酸碱度、保水性能和温度,因而与小麦吸浆虫的发生关系密切。壤土因土质松软,团粒结构好,有相当的保水力和透水性,而且温差小,有利于小麦吸浆虫的存活,因此,其发生比黏土和沙土为重。从地势来看,麦红吸浆虫在低地发生得比坡地多,阴坡又比阳坡发生多。在土壤酸碱度方面,麦红吸浆虫喜碱性土壤,而麦黄吸浆虫则较喜酸性土壤。

(4) 轮作与栽培制度　轮作倒茬、土地耕翻、灌溉、播种时期和播种方式等,都会直接或间接影响吸浆虫的发生。小麦连作和小麦与玉米等禾谷类轮作的麦田受害重;水旱轮作或2年3熟(小麦-大豆-棉花)的地区受害轻。冬小麦收获后随即播种作物,因地面有覆盖,能保持一定的湿度,并降低了土壤温度,幼虫越夏死亡率低;麦收后耕翻暴晒,则幼虫死亡率高。撒播麦田郁闭,田间湿度比条播麦田高,温差常比条播麦田小,吸浆虫发生数量多。

(5) 天敌　小麦吸浆虫天敌种类较多,其中以卵期寄生的宽腹姬小蜂和尖腹黑蜂控制作用较大,寄生率可达75%。1头寄生蜂可控制1.5头吸浆虫所产的卵,即虫蜂比达1.5:1时,下年度就不致造成严重为害。幼虫期有寄生真菌,在高温高湿条件下,容易寄生在幼虫体上致其死亡。捕食小麦吸浆虫成虫的天敌有蚂蚁、蜘蛛、食虫蓟马及舞虻等。

(四) 虫情调查和预测

小麦吸浆虫虫情调查和测报方法主要有以下几种。

1. 普查

其目的是为了查清各地区土中虫口密度和分布范围,以便拟定防治计划和确定防治地块。春季解冻后10天或秋播整地前10天,选当地地势、土质、耕作制度不同的地块,采用对角线或棋盘式五点取样,每样点10cm见方、深20cm,挖土检查。把挖出的土样分别装进塑料袋内,带到有水的地方,用清水淘洗。淘土时先把土样倒入铁桶中,盛水搅拌成泥浆,静置几分钟后泥土下沉,幼虫和蛹漂浮水面,用80目的尼龙纱滤去泥水,幼虫和蛹留在筛底上,用湿毛笔粘取虫体,统计幼虫数量。若一次淘不净土中的幼虫,可反复淘洗滤过的泥水4~5次。一般平均每样点内有幼虫5头以上则定为防治田。

2. 查化蛹进度

其目的是为了掌握幼虫数量及其上升化蛹情况,进而预测防治适期。在普查的基础上,选虫口密度大有代表性的麦田2~3块,自3月中旬开始,每3~5天淘土检查一次,始见前蛹后,隔天淘土一次,直到蛹盛期过后为止,当查到前蛹期(幼虫头部缩入前胸,体形变得粗短,不甚活动,胸部白色透明,准备化蛹)占总虫数的16%~20%时,结合天气预报(主要是降水),采用历期法预测成虫羽化盛期,据此可预报成虫防治适期。

3. 查成虫数量

其目的是预报成虫发生盛期及防治对象田。在当地栽培的小麦品种中,从早熟品种开始抽穗到晚熟品种灌浆为止,各选不同播种期的代表田块,每天调查一次。调查时,双手扒开中下部麦株,轻拍麦丛,如一眼能见到2~3头成虫起飞;或每天下午6时左右,用网径33cm、柄长1m的捕虫网,于麦穗上往返兜捕10网次,平均有虫10~25头,即为成虫盛发期,应开展防治工作。

(五) 防治方法

1. 选用抗虫品种

因地制宜进行小麦品种抗虫性鉴定,选择适合当地的抗虫、高产、优质品种。据近几年的筛选鉴定,较抗虫的品种,安徽淮北有徐州211、马场2号、烟农128;河南有徐州21号、洛阳851、新乡5809、偃农7664;陕西有咸农151、武农99号等。

2. 农业防治

在小麦吸浆虫严重发生的地块，可实行轮作倒茬，将小麦田改种油菜、大蒜、棉花、红薯等作物，待2~3年后再种小麦，就会减轻为害。麦收后及时浅耕暴晒2~3天，尤其是麦垄点种和贴茬播种的秋作物田，要及时深锄中耕，划破表土层充分暴晒，使刚入土的幼虫在高温干燥条件下死亡。

3. 化学防治

由于小麦吸浆虫较难防治，因此，在化学防治上一定要坚持"麦播期土壤处理和蛹期防治为主，穗期补治成虫为辅"的防治策略。

（1）播前土壤处理　在播前用毒土处理土壤，可兼治地下害虫和麦蜘蛛等。每公顷用40%甲基异硫磷乳油或50%辛硫磷乳油3L兑水75L稀释后，喷拌300kg细土；或每公顷用3%甲基异硫磷颗粒剂22.5~30kg，拌细土300kg，拌均匀后，边撒边耕，翻入土中。

（2）幼虫期药剂防治　3月下旬至4月上旬小麦拔节期，土中幼虫上升活动以后，用40%甲基异硫磷乳油或50%辛硫磷乳油或这两种药剂的颗粒剂配制成毒土，用药量与土壤处理时的一样，将毒土均匀撒于麦垄地面，结合锄地把毒土混入表土层。

（3）蛹期药剂防治　蛹期是小麦吸浆虫防治最关键的时期，一般在小麦抽穗前3~5天，即需防治，此时，由于麦株高，不能结合锄地将毒土浅锄入土，可在露水干后撒药土，紧跟着用株秆把麦叶上的药土抖落地面，施药后及时浇水，可提高防治效果。

（4）成虫期药剂防治　小麦抽穗开花前为成虫防治的适期。可用40%的乐果乳油，或40%的辛硫磷乳油，或80%的敌敌畏乳油1000倍液，或2.5%的溴氰菊酯乳油，或20%的杀灭菊酯乳油2000倍液兑水喷雾。

四、麦叶蜂

（一）发生及为害情况

麦叶蜂俗称齐头虫、小黏虫和青布袋虫，属膜翅目叶蜂科。在我国发生的有小麦叶蜂（*Dolerus tritici* Chu）和大麦叶蜂（*Dolerus hordei* Rohuer）两种。其中分布范围广、为害较重的是小麦叶蜂。

麦叶蜂主要分布在华东、华北、东北和西北东部地区。除可为害小麦、大麦外，尚可取食看麦娘等禾本科杂草。以幼虫取食叶片，呈刀切状缺刻，严重发生时，可将麦叶吃光，仅剩麦穗，使麦粒灌浆不足，影响产量。

（二）形态特征

1. 小麦叶蜂

见图10-7。

（1）成虫　雌蜂体长8.6~9.8mm，雄蜂体长8.0~8.8mm。体大部分为黑色，仅前胸背板、中胸盾片纵沟之间、翅基片及中胸侧板为赤褐色，后胸背板两侧各有一白斑。头部有网状花纹，复眼大。翅膜质、透明。雌蜂腹末有锯齿状产卵期。

（2）卵　扁平肾形，淡黄色，长约1.8mm，宽约0.6mm，表面光滑。

（3）幼虫　老熟幼虫体长17.7~18.8mm，圆筒形，头褐色，后头后缘中央有一黑点，胸腹部灰绿色。腹部末节背面有2个暗色斑点。胸部较粗，腹部较细，胸腹各节均有横皱纹。具7对腹足和1对尾足。

（4）蛹　体长9~9.5mm，初化蛹时黄白色，将羽化时棕黑色。头顶圆，头胸部粗大，腹部细小，末端分叉。

2. 大麦叶蜂

成虫与小麦叶蜂相似，不同之处是：雌蜂中胸盾片除后缘为赤褐色外，其余为黑色，盾片两叶全为赤褐色。雄虫全体黑色。

（三）发生规律

小麦叶蜂在各地均为1年发生1代，以蛹在土中20cm左右处越冬，翌春2~3月间羽化为成

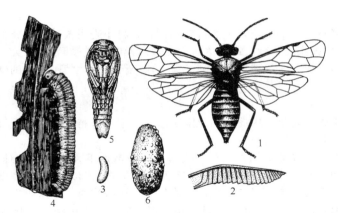

图 10-7　小麦叶蜂（仿南京农业大学等）
1—成虫；2—雌虫产卵器；3—卵；4—幼虫为害状；5—蛹；6—茧

虫。幼虫于4月上旬至5月上旬为害，以4月中下旬为害最盛。小麦抽穗时，幼虫老熟钻入土中，分泌黏液，把周围的土粒粘住，做成土茧在其中越夏，直至10月上中旬才蜕皮变蛹越冬。

成虫活动时间为上午9时至下午3时，飞翔力不强，有假死性。成虫产卵有选择性，卵多产在叶背主脉两侧组织中。产卵时用锯状产卵器把主脉锯一裂缝，边锯边产卵，每叶产卵1～2粒或6～7粒，卵粒可连成一串，产卵处呈现长2mm、宽1mm的突起。卵期10天左右。

幼虫共5龄，具假死性，幼虫期30～35天。1～2龄幼虫日夜在麦叶上取食，3龄后由于怕强光白天潜伏在麦丛或附近表土下，傍晚才爬上麦株为害直至翌日10时下移潜藏，有时阴天也出来取食。4龄后食量大增，可将整株麦叶吃光。

（四）防治方法

1. 农业防治

麦播前深耕翻土，可将土中休眠的幼虫翻出，使其不能正常化蛹而死亡；有条件地区实行水旱轮作，可彻底根除为害。

2. 药剂防治

防治适期应掌握在3龄幼虫前，可用50%辛硫磷乳油1500倍液，或2.5%溴氰菊酯乳油300～600mL，或20%氰戊菊酯乳油4000～6000倍液喷雾；也可用2.5%敌百虫粉或4.5%甲敌粉，每亩1.5～2.5kg，兑细土20～25kg拌匀，顺麦垄撒施。施药时间宜选择傍晚或早晨10时前，可提高防治效果。

3. 人工捕杀

利用麦叶蜂幼虫的假死习性，傍晚时用脸盆顺麦垄敲打，将其震落在盆中，集中捕杀。

第二节　水稻害虫

水稻是我国的重要粮食作物之一，无论是栽培面积，还是总产量均占世界第一位。有效控制水稻害虫的为害，对确保水稻"高产、优质、高效"具有重要意义。

我国已知为害水稻的害虫有385种，常见的有30多种。按为害稻株的部位可将水稻害虫分为五类：蛀茎的主要有三化螟、二化螟、大螟、台湾稻螟和褐边螟；为害叶片的有稻飞虱类、稻叶蝉类、稻蓟马类、稻苞虫类、稻纵卷叶螟、稻眼蝶、稻双带夜蛾、稻蝗、黏虫、稻负泥虫、稻铁甲虫、稻象甲等；蛀食心叶和生长点的有稻瘿蚊、稻秆潜蝇；为害谷粒的有稻蝽类（稻绿蝽、稻褐蝽和稻缘蝽）、稻蝗、黏虫；为害种子、幼芽和稻根的有稻象甲、稻摇蚊、稻根叶甲等。

这些害虫有的常年发生，严重为害水稻，如三化螟、二化螟、大螟、褐飞虱、白背飞虱、灰飞虱、黑尾叶蝉、白翅叶蝉、稻纵卷叶螟、稻蓟马等；有的多发生于山区等局部地区，为害较轻，如稻负泥虫、稻铁甲虫等；有的普遍发生但为害不重，如稻双带夜蛾、稻眼蝶等；有的在南方间歇性大发生，如黏虫；有的为新近传入我国的害虫，如稻水象甲，原产北美，为检疫性害虫，20世纪80年代末，我国北方稻区始见，1993年浙江省发现了较大规模的稻水象甲种群。水稻害虫发生分布格局不是一成不变的，随着水稻耕作栽培制度的改变、良种的推广使用、新防治技术和新农药的采用，其发生主次及轻重也会改变。

一、水稻螟虫

（一）发生及为害情况

水稻螟虫俗称水稻钻心虫，我国稻区的水稻螟虫主要包括三化螟、二化螟、大螟、台湾稻螟和褐边螟，均属鳞翅目。除大螟属夜蛾科外，其他四种均属螟蛾科。其中三化螟、二化螟和大螟发生普遍，为害严重，台湾稻螟和褐边螟局部发生，为害较轻。

水稻螟虫皆可以幼虫蛀入稻株茎秆内取食，在水稻苗期、分蘖期呈现枯心苗，孕穗、抽穗期造成枯孕穗和白穗，灌浆、乳熟期造成虫伤株，使秕粒增多，易风折倒伏。二化螟、大螟还可在叶鞘内蛀食，形成枯鞘。

三化螟分布于亚洲热带至温带南部。在我国分布于北纬38℃以南地区，以沿海和长江流域平原稻区受害重。三化螟食性单一，仅为害水稻和野生稻。

二化螟在国外分布于亚欧大陆及东南亚各国，国内分布于北达黑龙江克山县，南至海南岛，东起台湾，西至云南南部和新疆北部的主要稻区，其主要分布为害地区为湖南、湖北、四川、江西、浙江、福建、江苏（苏北）、安徽（皖北）、陕西、河南及贵州、云南高原地带。二化螟食性较杂，主要寄主有水稻、小麦、玉米、高粱、茭白、甘蔗、粟、稗、慈姑、蚕豆、油菜、游草及芦苇等。

大螟在我国分布于云南、河南、安徽、江苏、浙江、江西、湖北、湖南、广东、广西、福建、四川、台湾等省，尤以长江流域及附近稻区发生较多。大螟食性较杂，其寄主除与二化螟近似外，还可为害棉花。

（二）形态特征

三种稻螟虫的形态特征见表10-3和图10-8～图10-10。

表10-3 三种稻螟虫的形态特征

虫态	三化螟	二化螟	大螟
体长/mm	雌虫12～13 雄虫9	雌虫12～15 雄虫10～12	雌虫约15 雄虫约12
翅展/mm	雌虫23～28 雄虫18～22	雌虫25～31 雄虫20～25	雌虫约30 雄虫约27
前翅	近三角形，雌虫黄白色，翅中央有一黑点；雄虫灰黄色，翅中央有一黑点，外缘有7～9个黑点，顶角至后缘有一黑褐色斜纹	略呈长方形，灰黄色，雌虫前翅外缘有7个小黑点，雄虫前翅中央有一灰黑斑，下面有3个黑点	近长方形，淡灰褐色，自翅基部沿中脉至外缘有1条暗褐色纵带，纵带上下各有2个小黑点
后翅	灰白色或白色	白色	银白色
卵	椭圆形，卵粒叠3层，卵块表面覆盖黄褐色鳞毛，似半粒发霉的黄豆，初产时乳白色，后变为黑色	卵块由多个扁半椭圆形的卵粒排成鱼鳞状，初产时乳白色，后渐变为黄褐色，近孵化时为黑色	扁圆球形，顶部稍凹，表面放射状细隆起，常单层2～3行排列，初产时乳白色，后为褐色，孵化前为灰黑色
体长/mm	12～24	20～30	30左右
体色	头棕色，胸腹部黄绿色，前胸背板后缘有1对褐色新月形斑	头褐色，体背有5条棕红色纵线	头红褐色或暗褐色，胸腹背面淡紫红色
腹足趾钩	趾钩21～36个，单序扁圆形	趾钩51～56个，3序全环形或缺环形	趾钩17～21个，单序半环形
虫态	三化螟	二化螟	大螟
蛹	长12～13mm，圆筒形，黄色，外包白色薄茧。后足长，雌虫伸达腹部5～6节处，雄虫达腹部7～8节	长10～17mm，初为米黄色，后变为棕色，前期背面可见5条纵线。后足末端与翅芽等长	长13～18mm，圆筒形，初为淡黄色，后变为黄褐色。胸部覆有白色粉状物。翅芽近端部在腹面有一段接合

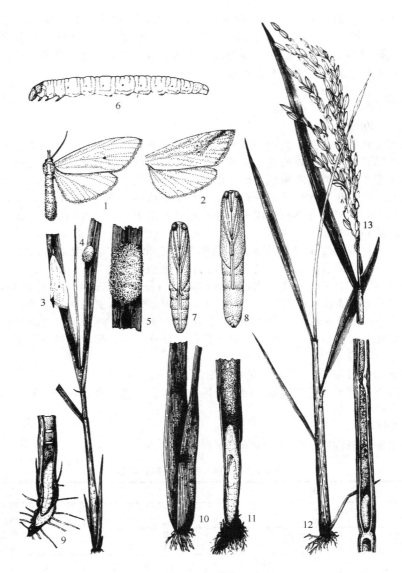

图 10-8 三化螟
1—雌成虫；2—雄成虫前后翅；3—雌虫停息在稻叶上；4,5—稻叶上的卵块 6—幼虫；
7—雄蛹；8—雌蛹；9—幼虫在稻桩内过冬（部分剖开）；10—幼虫咬的羽化孔；
11—在稻桩内化蛹状；12—枯心苗 13—白穗

（三）发生规律

1. 生活史与习性

（1）三化螟 三化螟在我国每年发生的世代数，因各地气候和栽培制度不同而不同，自北向南或从高原向平原代数递增，有2~7个世代的变异。海拔1800m以上地区，发生2~3代；长江流域以北至山东烟台一带发生3代；长江流域中、下游，每年发生3~4代；长江流域以南，可发生4~7代。

三化螟以老熟幼虫在稻桩内越冬。当冬季来临时，随着气温的降低幼虫向稻茎下钻行，蛀入土表下的茎节内，或吐丝黏附在地下茎的内壁上，并造丝隔保护自己，在其内越冬。翌春气温回升到16℃以上时，陆续化蛹，越冬蛹约经14日羽化，各地越冬化蛹期平均10.5~19.9天。

三化螟成虫昼伏夜出，有较强的趋光性，尤其是无风、闷热的黑夜扑灯蛾数多，而月明、大

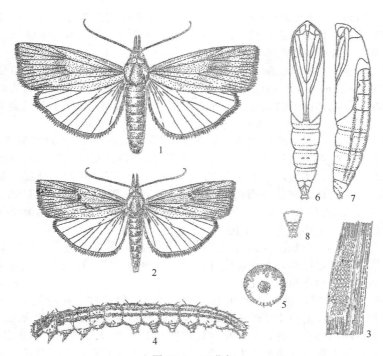

图 10-9 二化螟
1—雌成虫；2—雄成虫；3—卵块；4—幼虫；5—幼虫腹足趾钩；6,7—雌蛹；8—雄蛹腹部末端

风大雨夜扑灯蛾数少；多在傍晚羽化，性比约1∶1，羽化后1~3天交配，以22时最盛；交配后第二天晚上即可产卵，每雌虫一生可产卵1~7块，平均2~3块，每块含卵粒数30~180粒。雌虫喜在叶色浓绿及粗壮高大的稻株上产卵，卵块多产于叶片或叶鞘上。

蚁螟多在黎明和上午孵化，孵化时先咬破卵块上的胶质和绒毛或咬破底部叶片穿孔而出，先爬向叶尖，吐丝随风飘荡到附近稻株蛀入稻茎。一头蚁螟从孵出到侵入稻茎，平均需时40~50min，蚁螟暴露在稻株茎叶上的这段时间是利用触杀剂防治的好时机。从一卵块孵出的幼虫，都集中在附近稻株侵害而形成田间枯心团（群）或白穗群。卵块密度大时，则各群连接成片。蚁螟可为害不同生育期的水稻，表现出不同的被害状，水稻苗期、分蘖期和圆秆期被害形成枯心苗，孕穗期形成枯孕穗，出穗后形成白穗、半白穗和虫伤株。分蘖期、孕穗期和破口期蚁螟侵入率高，对水稻产量影响较大。

幼虫为害有两个特点，有别于其他稻螟：一是取食叶鞘茎部白嫩组织、穗包内的花粉、柱头及茎秆的内壁，基本不食含叶绿素的部分；二是蛀入后大量取食前，必先在叶和茎节部位作"环状切断"，咬断大部分维管束，切口整齐，称为"断环"，不久稻株即表现青枯或白穗等被害状。幼虫长期在断环上方取食组织。

幼虫龄数因地区不同而异，多数为4~5龄，各龄历期为3~13天。幼虫2龄后，有转株为害习性，一生转株1~3次，以3龄转株最盛；各龄幼虫每次侵入一

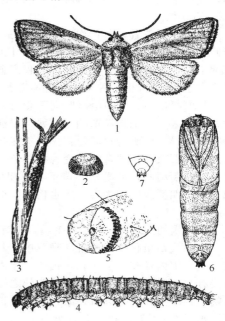

图 10-10 大螟
1—成虫；2—卵；3—产在叶鞘内的卵；4—幼虫；5—幼虫腹足趾钩；6—雌蛹；7—雄蛹腹部末端

新稻株必定造成"断环"。转株的方式有多种，2～3龄多是裸露在株外活动；3～4龄多负有叶囊或茎囊，幼虫藏匿其中，伸出头胸移动，找到新株后，在距水面2～3cm处吐丝，将囊固定于叶鞘上，进而钻蛀稻茎，整个过程约需2h。

幼虫老熟后，移至稻茎基部化蛹。非越冬代大多在水面上1～2cm处做薄茧化蛹；越冬代幼虫老熟后在土面下1～2cm处，做一丝隔和薄茧越冬，次春化蛹。化蛹前老熟幼虫将稻茎内壁咬去，仅留一层薄膜，作成椭圆形的羽化孔，成虫羽化后破膜而出。蛹历期与气温关系密切。早春越冬代历期最长，可达18～20天，而夏、秋间以8～10天较为普遍。

(2) 二化螟　二化螟在我国从北到南一年发生1～5代。在北纬44°以北的黑龙江、哈尔滨，一年发生1代。北纬32°～36°之间的陕西南部、河南（信阳）、安徽（皖北）、湖北（鄂北）、四川（川北）和江苏（苏北）等地，一年发生2代。北纬26°～32°之间的长江流域稻区，一年发生3～4代。北纬20°～26°之间的福建（闽南）、江西、（赣南）、湖南（湘南）、广东、广西等地，一年发生4代。北纬20°以南的海南岛，一年发生5代。在地势复杂的云南、贵州高原地带，因受海拔高度和温度的影响，一年发生2～4代。

二化螟以4～6龄幼虫在稻桩、稻草、茭白及稻田周围的杂草上越冬。越冬幼虫抗逆力及活动力都很强，环境不适即可迁移，春季温度升高后，可爬出稻桩转移至小麦、油菜及蚕豆上，蛀入茎秆内为害，并在茎秆内化蛹、羽化。

当春季气温达到11℃时，越冬幼虫开始化蛹。由于二化螟越冬环境复杂，越冬幼虫化蛹、羽化时间参差不齐，一般在茭白中的幼虫化蛹、羽化最早，在麦田稻桩中的次之，再次为油菜和蚕豆中的幼虫，稻草中的幼虫最迟，其羽化期依次推迟10～20天。所以，越冬发蛾期很不整齐，常持续2个月左右，从而影响其他各代发生期，形成多次发蛾高峰，造成世代重叠现象，给测报和防治工作带来困难。

二化螟成虫习性大致与三化螟相似，白天潜伏于稻丛基部及杂草中，夜间活动，趋光性强，对黑光灯的趋性更强。成虫羽化后当晚或次晚交配产卵。雌蛾喜在植株高大生长嫩绿茂盛的稻株上产卵。如杂交水稻，由于稻苗生长旺盛、茎秆粗壮、叶宽而绿、生育期较长易诱致二化螟产卵，其受害程度重于常规品种。每雌蛾产2～3个卵块，每块有卵40～80粒，每雌蛾能产卵100～200粒。

成虫产卵位置，各代均以叶片为主，产在叶鞘上的为极少数。多将卵产在叶片的下半部，产于叶背面的卵则更靠近叶基部，产于叶正面的卵距基部较远。产卵叶位和在叶上的位置因水稻生育期不同而有所变化。水稻生育期程度愈高，产卵叶位相应升高，如分蘖期产于1～3叶上，圆秆后产于2～5叶上；秧苗期叶正面着卵多，以后叶背面着卵量渐多。

蚁螟孵出后，一般沿稻叶向下爬行或吐丝下垂，从叶鞘缝隙侵入，或在叶鞘外面选择一定部位蛀孔侵入。水稻从秧苗期至成熟期，都可遭受二化螟为害。其被害症状，随水稻生育阶段不同而有所差异。蚁螟孵化后，首先群集在叶鞘内为害，蛀食叶鞘内部组织，一个叶鞘内的虫少则几头，多则百余头，被害叶鞘变为枯黄色，形成枯鞘；2龄后幼虫开始蛀食稻株内部心叶，在分蘖时期，咬断稻心，造成枯心苗；孕穗期为害造成枯孕穗（又叫"胎里死"）；抽穗期为害造成白穗；乳熟期至成熟期为害造成虫伤株。虫伤株外表虽与健穗无异，但秕谷率增加，千粒重降低，影响产量。

二化螟幼虫发育一般经过6龄，也有5龄或7龄的，少数为8龄。幼虫各龄历期为3～9天。

越冬代幼虫化蛹于稻桩和稻草中，其他各代幼虫在稻茎内或叶鞘与茎秆之间化蛹。化蛹前，在寄主组织内壁咬一羽化孔，仅留一层表皮膜，羽化时破膜而出。化蛹位置的高低与化蛹前田水深浅有关，田面水位高，化蛹位置随之提高，反之，则降低。利用这一点，可采用灌水方法淹浸灭蛹，在幼虫即将化蛹时，结合水稻生长需要，先排水降低水位，使幼虫在稻株基部化蛹，然后再灌水浸3～4天，越冬代淹水10天，可使大部分蛹致死。蛹期在平均气温20℃为13.5天，25℃为9天，28℃为7.1天，30℃为6.6天。

(3) 大螟　大螟在江苏、浙江、安徽、四川、重庆一年发生3～4代，江西、湖南、湖北一年发生4代，福建一年发生5代，广东一年发生6代，台湾一年发生6～7代。以幼虫在稻桩、杂草根际或玉米、茭白等残株内越冬。未老熟的越冬幼虫至次年春暖时，可转移蛀食大麦、小麦、油菜、蚕豆等作物。越冬幼虫抗逆性强，遇淹水有逃逸习性。早春气温达11℃以上时，越冬幼虫陆续化蛹，气温达12℃以上开始羽化。因越冬场所复杂，越冬幼虫化蛹羽化有早有迟，各代发生期很不一致，有世代重叠现象。田间整年有成虫出现，诱虫灯下无突出的发蛾高峰期。

成虫白天潜伏于杂草丛中或稻丛基部，夜晚飞出活动，趋光性弱，但趋黑光灯性较强。成虫多在黄昏羽化，羽化后当晚或次晚交配产卵，产卵期一般5~6天，单雌能产卵200~300粒。成虫有趋向秆高茎粗、叶片宽大、叶色浓绿稻株上产卵的习性，故田边稻株、杂交品种落卵量大，稻田中的稗草或恶苗病株因返青比健株早，植株高大，着卵亦多。成虫产卵对水稻品种也有选择性，一般糯稻多于粳稻，粳稻多于籼稻。

越冬代大螟发蛾期比二化螟、三化螟早，当大螟发蛾时，大部分水稻尚未插植，而田边杂草已很嫩绿，所以第1代多在杂草或甘蔗、玉米、茭白等寄主上为害，第二代才转移到水稻上为害。一般靠近田埂5~6行水稻，虫口密度大，为害重，稻田中央虫口密度小，为害轻。但有些种植杂交水稻的地区，大螟遍布全田，无明显的田中、田边之分。

大螟产卵部位因水稻生育期不同而有所差异。水稻分蘖期在叶鞘内侧产卵，孕穗期则多产在穗包内（即剑叶叶鞘内）。卵的孵化率在80%~90%。平均气温在25~29℃时卵期为6天，30.1℃时为4天。

幼虫孵化后群集在叶鞘内取食，2~3龄后，分散转株为害。幼虫多不能穿节为害，4~5龄时，食量大增，一节食尽即爬出另寻他节或他株为害。大螟的为害症状与二化螟相似，随着水稻生育期的不同而表现为枯鞘、枯心苗、枯孕穗和白穗等。大螟的食量大，被害茎秆，虫蛀孔较大，并排出大量虫粪，有别于二化螟、三化螟。

水稻分蘖期至抽穗期均可被大螟为害。幼虫除蛀入为害外，还能咬断植株和咬食花器，虫粪堆积伤口。大螟在四川、湖北、湖南也为害玉米，在湘西为害玉米，有时比玉米螟还严重，第一至第二代幼虫于5~7月为害春玉米，第二至第三代幼虫于6~8月为害夏玉米，第三至第四代幼虫于8~9月为害秋玉米，以8~10月为害最重。四川以第一代幼虫为害玉米，第二代幼虫部分为害玉米，大部分为害正处于分蘖期的中稻，第三至第四代幼虫为害水稻。1~3龄幼虫蛀食玉米心叶和叶鞘，造成"花叶"和枯鞘，大龄幼虫蛀食玉米茎秆，蛀孔粗大，易引起玉米风折。

大螟幼虫发育，第一、第四代幼虫共6龄，第二、第三代幼虫为5龄。老熟幼虫经2天左右的预蛹期后蜕皮化蛹。化蛹位置，第一代多在寄主茎内和枯叶鞘内，少数在杂草茎中及泥土中化蛹；第二代多在稻田距水面3.3cm左右的枯叶鞘内或稻丛间化蛹。在茎内化蛹的幼虫，化蛹前先在化蛹处上方3~4cm处咬一羽化孔，以便成虫羽化时飞出。

2. 发生与环境的关系

（1）气候　气候条件中的温湿度影响三化螟的发生，尤其是温度对三化螟的发生期、发生量影响显著。各虫期的适宜温度范围是20~27.5℃；卵孵化的适温为20~27.5℃；蚁螟侵入为20~35℃；蚁螟生长为22.5~27.5℃；幼虫化蛹和羽化为20~32.5℃；产卵为22.5~27.5℃。卵、幼虫和蛹的发育起点温度分别是16.0℃、12.0℃和15.0℃。越冬期间不同月份的三化螟越冬幼虫的发育起点温度是有变化的，它们随着时间的推移而呈下降趋势。

春季温度的高低直接影响越冬代蛾发生期的迟早。当气温达16℃左右时越冬幼虫即开始化蛹，16℃以上开始羽化产卵。越冬代蛾产卵期间，若温度低于16℃，则不产卵而死亡。因此，早春气温回升到16℃以上的日期来临越早，发生越早。

气候因素影响三化螟越冬有效虫源基数。冬季低温对越冬幼虫的存活有一定的影响。1月份低温达−4~−20℃的条件下，持续2~3天，三化螟越冬幼虫死亡率达95%。在春季生理转换期，死亡率高。湿度的高低、降雨量的多少影响越冬幼虫的存活。若湿度低，越冬幼虫易干死，湿度太高易窒息或霉烂而死。

气候因素影响螟卵的孵化和蚁螟的侵入。螟卵在42℃以上和17℃以下超过3h都不能孵化，相对湿度60%以下亦不能孵化。温暖多湿对蚁螟的孵化和侵入有利，但温度超过40℃，侵入率降低，侵入后因环境温度高，枯心苗内幼虫极易死亡。在蚁螟分散为害阶段遇暴雨或田间淹水，能增加蚁螟死亡率和减少蚁螟侵入率。

春季低温多雨，越冬幼虫化蛹和羽化延迟，发生量减少；反之，春季温暖干燥，越冬幼虫化蛹和羽化提早，发生量增多。夏、秋季台风暴雨、稻田受浸，稻株内的幼虫和蛹会大量死亡。越冬场所过于干燥，不仅会推迟化蛹，而且有致死作用。稻桩被翻出、暴晒，其内的幼虫和蛹易干死。

气候变化可直接或间接影响二化螟的发生期、发生量和为害程度。二化螟发生的迟早与越冬代发生迟早有关。二化螟化蛹的起点温度是11℃，因此，早春旬平均温度达11℃以上来临愈早，化蛹越早，发生也早。二化螟的发生量与气候关系也非常密切。二化螟卵孵化的适宜温度为23～26℃，适宜相对湿度为85%～100%；12℃以下不能孵化，温度过高（33℃）或过低（10℃）对其胚胎发育不利。温度在20～30℃之间，湿度在70%以上，有利于幼虫发育。因此，春季温暖、湿度正常，幼虫死亡率低，发生期提早，数量多，为害重；相反，春季低温高湿，则延迟其发生。夏季高温（30℃以上）干旱对二化螟幼虫发育不利。气温在35℃以上，羽化的蛾多为畸形，幼虫不能正常孵化而死于卵壳内；稻田水温持续几天35℃以上，幼虫死亡率可达80%～90%。因此，温度较低的丘陵山区二化螟发生重。

（2）栽培制度　水稻栽培制度与水稻螟虫种群数量的消长和为害程度关系密切。凡是水稻分蘖期和孕穗期与螟虫盛孵期相遇、种植结构复杂、布局混乱的稻区，螟虫种群数量大，水稻受害重，三化螟由于食性单一尤其突出。

水稻栽培制度对三化螟的发生有一定影响。在双季稻为主混栽部分单季稻地区，三化螟蛾的发生期正与水稻分蘖期相遇，有利于螟蛾产卵繁殖，三化螟发生数量较多。

在纯双季稻区一般有两种情况：一种情况是迟熟早稻面积小，第一代蛾盛发期，早稻多已齐穗，三化螟失去产卵繁殖和生存场所，各代螟害发生轻。另一种情况是迟熟早稻面积大，第一代蛾盛发期与迟熟早稻孕穗末期相遇，利于三化螟蛾产卵；但第二代发蛾期正是迟熟早稻收割、插晚稻时期，部分螟虫未来得及羽化就被翻耕于地下，所以二代蛾量少，但已羽化飞出的部分螟蛾，正碰上早插连作晚稻的分蘖期，因此，三代螟蛾量大，形成"三代多发型"。

在早、中、晚稻混栽区也有两种情况：一种情况是以中稻为主，迟中稻田比例大，三种螟害都重，迟栽稻田面积越大，三化螟为害越重。另一种情况是以双季稻为主，中稻迟栽迟熟面积小的地区，由于桥梁田少，压低了虫源，三化螟为害呈下降趋势。

三化螟食性单一，只取食水稻，水稻是影响三化螟发生与为害的重要环境因素。在水稻生长发育过程中，对三化螟有利的生育期是分蘖期和孕穗期，对其不利的是秧田期、移栽至返青及乳熟后。某些粳稻品种的圆秆期对三化螟也不利。在水稻不同生育期孵化的蚁螟，对水稻造成的为害程度及本身的繁殖状况不同。

水稻栽培制度对二化螟的发生也有一定影响。双季连作稻区，由于水稻生育期比较整齐，蚁螟盛孵期与有利蚁螟侵入的水稻生育期吻合程度相对比较短暂，二化螟发生较轻。这一类型的稻区，因播种和插秧时间均较早，春耕灌水早，越冬幼虫在化蛹前大量死亡，越冬代蛾量少，致使第一代螟害轻。但第一代发蛾和产卵主要在早稻本田时期，有利于其侵入和存活，形成"二代多发型"，早稻收割时，第二代幼虫或蛹经过灌水、翻耕及暴晒，大量死亡，使第三代数量显著下降，晚稻螟害轻。

单、双季稻混栽区，田间有利于二化螟侵入的水稻生育期接连不断，桥梁田多，食物适宜而丰富，二化螟发生较重。这类稻区由于早稻移栽期长，有利于越冬代螟蛾产卵繁殖，其他各代也都有适宜生存的环境，发生数量逐代增多，形成"三代多发型"。

纯单季稻区，由于播种、插秧期晚，春耕时间迟，有利于越冬幼虫化蛹羽化，且第一代虫源较广泛，第一代发生量多，形成"一代多发型"。

二化螟食性杂，寄主多，不同寄主的营养状况不同，亦影响二化螟的发生期和发生量。如以茭白和野茭白为食料的发育速度快，发生期比以水稻为食料的早，甚至增加一代；雌蛾的产卵量也比食水稻的多1～2倍。杂交水稻所含的二化螟所需的淀粉和糖量都比常规水稻品种高，所以取食杂交水稻的二化螟，比取食常规水稻的生长发育快，且繁殖力高。

在水稻栽培制度改革过程中，随着旱育直播，抛秧稻和传统的育秧移栽稻混栽程度加大，使螟害在各地又大幅度回升。近年来，推行"超稀播"育秧技术（每公顷播种量150kg），更利于三化螟的发生。

许多栽培管理技术与螟害发生程度有关。如稻种混杂、生长不齐，易受螟害期延长，螟害重；管理不当，稻株不及时转色，易招引螟蛾，又拖长了受害期，使螟害加重；合理施肥灌水，施足基肥、早施追肥、浅水勤灌，水稻生长健壮整齐，则螟害轻。

(3) 天敌　螟虫的天敌种类很多，有捕食性的天敌和寄生性的天敌，对其发生量有一定的控制作用。捕食性的天敌有青蛙、蜻蜓、步行虫、虎甲、蜘蛛和鸟类等。寄生性天敌有卵期、幼虫期和蛹期寄生蜂。二化螟卵期寄生蜂主要是赤眼蜂，如螟黄赤眼蜂等。幼虫期寄生蜂有姬蜂和茧蜂，如中华茧蜂、螟黑纹茧蜂等；蛹期寄生蜂有螟蛉瘤姬蜂、松毛虫黑点瘤姬蜂等。其中卵期寄生蜂尤为重要，其寄生率可高达80%～90%。有些地区在幼虫期，白僵菌相当活跃，对降低越冬幼虫密度有一定作用。

三化螟卵期寄生蜂主要有稻螟赤眼蜂、等腹黑卵蜂、长腹黑卵蜂和螟卵啮小蜂4种。赤眼蜂和黑卵蜂类寄生率高，在蜂量充足的情况下，经常保持40%左右。螟卵啮小蜂摧毁三化螟卵粒的威力远比赤眼蜂和黑卵蜂强，因为它是寄生性兼捕食性的。寄生于三化螟幼虫的寄生蜂主要有8种茧蜂和11种姬蜂，其寄生率一般为10%～20%。早春三化螟越冬幼虫死亡的重要原因是病原微生物的寄生。

(四) 虫情调查和预测

1. 虫情调查的内容和方法

水稻螟虫的调查内容主要有虫口密度和死亡率调查，化蛹进度调查，卵块密度、孵化进度调查，天敌调查，螟害率调查等。

(1) 化蛹进度调查　按水稻类型、品种、栽插期、抽穗期或按螟害轻、中、重分成几种类型田，每类型选有代表性的田3块。在各代化蛹始盛期前开始，至盛末期结束，每隔3～5天调查一次。在选中田中连根拔起被害株，进行剥查，每次剥查活虫数50头以上。分别记载剥查到的幼虫、蛹、蛹壳，计算化蛹、羽化率。

化蛹率和羽化率的计算如下：

$$化蛹率(静态)(\%) = \frac{蛹数 + 蛹壳数}{活幼虫数 + 死幼虫数 + 蛹数 + 蛹壳数} \times 100\%$$

$$化蛹率(动态)(\%) = \frac{蛹数 + 蛹壳数}{活幼虫数 + 蛹数 + 蛹壳数} \times 100\%$$

$$羽化率(静态)(\%) = \frac{蛹壳数}{活幼虫数 + 死幼虫数 + 蛹数 + 蛹壳数} \times 100\%$$

(2) 螟害率和虫口密度调查　当越冬幼虫化蛹率达20%左右时进行越冬虫口密度调查。在始蛹期开始时进行其他各代虫口密度调查，如上选各类型田3块，每块田用平行跳跃式取样200丛，记载其被害株数，将被害株连根拔起剥查，记载其中的幼虫和蛹数及活虫和死虫数。同时调查20丛稻的分蘖或有效穗数；测量10个行距和丛距。推算各田螟害率和虫口密度，再推算出平均螟害率和虫口密度。

如：

$$平均螟害率 = \frac{查得枯鞘数}{20丛分蘖数 \times 10} \times 100\%$$

$$平均虫口密度 = \frac{每公顷稻丛总数 \times 查得活幼虫数}{200}$$

(3) 卵块密度及孵化进度调查　以上各类型田各选代表2块，每块固定调查500～1000丛，秧田调查10～20m²。本田调查采取平行线取样，秧田调查采取5点取样。在每代发蛾始盛期、高峰期和盛末期后2天各调查1次。记载卵块数，推算单位面积卵块密度。将着卵株连根拔起，按类型田分别栽于田边，每天下午定时观察记载1次孵化卵块数，至全部卵孵化为止，计算孵化率。在当天孵化率达到20%～30%时，即相当于全代孵化始盛期；在当天孵化率达到50%～

60%时,即相当于全代卵块盛孵高峰期。

$$当天孵化率=\frac{至当天卵块孵化累计数}{当天卵块累计数}\times100\%$$

$$全代孵化率=\frac{至当天卵块孵化累计数}{全代卵块总数}\times100\%$$

2. 预测预报

螟虫的预测预报分长期预测、中期预测、短期预测及发生期预测、发生量预测和为害趋势预测,必要时还作产量损失预测。预测预报的依据主要为各种有关历史资料、发育进度、螟害率和防治指标,包括经济损害允许水平、水稻及天敌状况等。预测预报方法主要有期距法、发育进度法、物候法、数理统计法及现代计算机的应用。

(1) 发生期的短期预测 根据上一代幼虫的化蛹、羽化进度及常年同代的蛹历期,结合当时气象预报,预测下一代螟蛾的发生期。再根据预测的螟蛾发生期,以及常年当代的卵历期和产卵前期,考虑当时气象预报,预测螟卵孵化期。其发生期分为始见期、始盛期(16%)、高峰期(50%)、盛末期(84%)和终见期。田间化蛹率达16%、50%、84%的日期加当地常年同代蛹的历期,或田间某一蛹级达16%、50%、84%的日期加上该蛹级至羽化所需要的发育天数,分别为该代螟蛾的始盛期、高峰期、盛末期;再分别加上产卵前期和常年当代卵历期则分别为螟卵孵化始盛期、高峰期、盛末期。结合灯诱资料和田间卵孵化进度调查,可较为准确地了解当地的卵孵化时期,用以指导螟害防治。

(2) 防枯心苗的"两查两定"

① 按苗情,查卵量,定防治对象田。在螟蛾盛发期和高峰期后2天,选各种水稻类型田2块,进行卵块密度调查。重点查长势旺盛、叶色嫩绿的田块,以确定防治对象田。当调查结果为每亩有卵块30块以上时,定为普治对象田;不足30块的,定为"抓枯心团"防治田。

② 查卵孵化进度,定施药日期。在查卵量的同时,从确定为普治对象的各类对象田中连根拔起带卵块的稻株50棵,集中移栽到便于观察的地方,每天下午检查卵块发育情况,统计卵块"孵化始盛期"和"孵化高峰期"。若决定施一次药,则于孵化高峰期用药;决定施两次药的,分别于卵孵化始盛期和孵化高峰期各施一次药;"抓枯心团"的可于卵孵化高峰期后2~3天,当有青枯心苗少量出现时,应以青枯心苗处为中心1m²的范围内施药。由于卵块孵化进度不一,隔几天要复查、补施药。

(3) 防白穗的"两查两定"

① 查孕穗情况,定防治对象田。在螟卵盛孵期内,经常检查当地各类型田的苗情,每类型田查2块,每块按对角线查5个样点,每点5丛水稻(各点应距田基1.7m以上),分别记载大肚、破口和出穗的稻株数,计算其各占调查总株数的比率。凡卵孵化始盛期以前,出穗已超过80%的和盛孵化末期大肚不足10%的类型田,不作为重点施药对象田;前者可不施药,后者可作为防治枯心苗处理。在盛孵期内,大肚已超过10%,抽穗不到80%的田块,均列为施药防治白穗的对象田。

② 查水稻破口露穗情况,定施药日期。在防治对象田中,每天或隔天检查一次,逐块落实施药日期。凡破口已超过50%,而抽穗不足80%,以及在盛孵末期破口不足50%而大肚已超过10%的田块,均应立即施药。

(五) 防治方法

采取以农业防治为基础,生物防治和化学防治为重点,防、避、治相结合的综合防治技术措施。

1. 农业防治

(1) 消灭越冬虫源 齐泥割稻,将稻根以上虫源带走,通过饲料、燃料、沤肥等措施消灭其中的虫源;水稻收割后,拣尽外露稻桩或及时灌水,淹没稻桩,杀死越冬幼虫;春季化蛹前结合晒田排水,使化蛹部位降低,化蛹后灌深水3~5天将蛹淹死。

(2) 栽培避螟 调整水稻布局,提倡水稻品种单一化,尽量避免早、中、晚稻混栽,消除有利螟虫生存的"桥梁田";大量种植生长期长短适宜的良种,适时栽插,合理管理,使螟虫的盛发期与水稻的分蘖期和孕穗期错开。

2. 生物防治

(1) 保护和利用天敌　选择对天敌杀伤小的农药品种,改进施药方法,可以起到保护天敌的作用。在卵初盛期释放赤眼蜂,每亩2万头,3天1次,共放3次。

(2) 应用微生物农药　可使用杀螟杆菌、苏云金杆菌(Bt)和白僵菌制剂。

3. 物理机械防治

(1) 灯光诱杀　利用成虫的趋光性,在发蛾高峰期设置黑光灯诱杀成虫。

(2) 设置诱集田　在大面积稻田中设置诱集田,提前插秧并加强肥水管理使水稻生长茂绿诱集成虫产卵,然后集中处理诱集田。

(3) 人工防治　人工摘除田间卵块,连根拔除幼虫为害的"枯心苗"和"白穗"等。

4. 药剂防治

在以二化螟为主的地区,采取"一代狠治秧田,二代挑治本田,压上控下兼治其他稻虫"的药剂防治方法,在以三化螟为主地区,应采取"挑治一、二代,狠治三代"的策略。

当达到防治指标时,应在各代螟卵盛孵期幼虫钻蛀前施药。常用的农药种类有:5%锐劲特悬浮剂 450~600mL/hm^2,或 92%杀虫单可湿性粉剂 750mL/hm^2,或 20%三唑磷乳油 1500mL/hm^2,或 25%杀虫双水剂 75mL 加 Bt 乳剂 100mL 混配兑水 40kg 常规喷雾。18%杀虫双撒滴剂 3750mL/hm^2 撒施。

用药后3天内田中保持3~5cm水层,高温季节提倡早、晚用药。

二、稻飞虱

(一) 发生及为害情况

稻飞虱又称稻虱,属同翅目飞虱科,别名火蠓、火旋、化秆虫等,是危害水稻的主要害虫之一。在我国为害水稻的飞虱主要有褐飞虱、白背飞虱、灰飞虱3种。其中以褐飞虱发生和为害最重,白背飞虱次之。20世纪70年代以来,由于栽培制度的变更,高产耐肥品种尤其是杂交水稻的大面积推广,以及施肥水平的提高,稻飞虱的为害逐年加重。

稻飞虱分布广泛,全国各稻区均有发生。3种飞虱由于对温度、食物的要求及适应性的不同,其地理分布和各稻区的发生为害情况也各不相同。褐飞虱在长江流域以南各省发生为害较重,属偏南方性种类,云、贵、川、渝四省(直辖市)则主要分布在1700m以下稻区。白背飞虱主要分布于长江流域,北方稻区亦偶尔猖獗为害,属广跨偏南方种类。灰飞虱在全国各地都有分布,但以华东、华中、华北、西南等地发生为害较重,华南稻区发生较少,属广跨偏北种类。

褐飞虱食性单一,在自然情况下只取食水稻和普通野生稻。白背飞虱主要为害水稻兼食大麦、小麦、玉米、粟、甘蔗、高粱等作物,以及看麦娘、稗草等禾本科杂草。灰飞虱取食水稻、麦类、玉米及看麦娘、游草、稗草等禾本科植物。

稻飞虱以成虫、若虫群集于稻丛基部刺吸汁液,消耗稻株养分,并从唾液腺分泌有毒物质(酚类物质和多种水解酶),引起稻株中毒萎缩。雌虫产卵时,用产卵器刺破水稻叶鞘和叶片组织,易使稻株失水和感染菌核病,其排泄物常招致霉菌滋生,影响水稻的光合作用和呼吸。稻株受害后水分含量迅速下降,叶片中的蛋白质、淀粉含量下降,游离氨基酸和还原糖显著增加,稻株基部常变黑腐烂,引起烂秆倒伏。田间受害稻丛常由点、片开始,远望较正常稻株黄矮,俗称"冒穿"、"黄塘"或"塌圈"。以后稻株干枯,千粒重下降,瘪粒增加,"冒穿"范围继续扩大,重发生年常使全田颗粒无收。

飞虱类尚可传播病毒病。灰飞虱能传播稻、麦、玉米黑条矮缩病,稻、麦条纹叶枯病,小麦丛矮病和玉米粗缩病等。褐飞虱能传播水稻丛矮缩病和锯齿叶矮缩病。白背飞虱能传播黑条矮缩病。

(二) 形态特征

3种稻飞虱的形态特征比较见表10-4和图10-11、图10-12。

表 10-4　3 种稻飞虱的形态特征比较

虫态	特征	褐飞虱	白背飞虱	灰飞虱
成虫	体长/mm	长翅雄虫：4.0 短翅雄虫：2.2～2.5 长翅雌虫：4.5～5.0 短翅雌虫：3.5～4	长翅雄虫：3.8～4.6 短翅雄虫：2.7～3 长翅雌虫：4.5 短翅雌虫：3.4	长翅雄虫：3.5～3.8 短翅雄虫：2.1～2.3 长翅雌虫：4.0～4.2 短翅雌虫：2.4～2.8
	体色	褐色、茶褐色或黑褐色	雄虫灰黑色；雌虫和短翅雌虫灰黄色	雄虫灰黑色；雌虫黄褐或黄色；短翅雌虫淡黄色
	主要特征	前胸背板和小盾片都有 3 条纵行的黄褐色隆起线	小盾片两侧黑色，雄虫小盾片中央淡黄色，雌虫小盾片中央姜黄色。前翅半透明，雄虫翅末端茶色	雄虫小盾片黑色，雌虫小盾片中央淡黄色，两侧各有半月形的褐色或黑褐色斑
卵	卵长/mm	0.89	0.70～0.80	0.75
	卵形	香蕉形	新月形，一端稍尖	茄子形
	主要特征	卵块 10～20 粒，呈行排列，前端单行，后端挤成双行，卵帽稍露出	卵块 5～10 粒，前后呈单行排列，卵帽不露出	卵块 2～5 粒，前端单行，后端挤成双行，卵帽稍露出
3～5 龄若虫	体长/mm	2.0～3.2	1.7～2.7	1.5～3.0
	体色	黄褐色至暗褐色	石灰色	乳白、黄白等色
	主要特征	腹背第 3、第 4 节有一对较大的浅色斑，第 5～7 节各有"山"字形浓色斑，翅芽明显	胸部背面有云纹状的斑纹，腹背第 3、第 4 节各有一对乳白色大斑，翅芽明显	胸部背面有不规则灰色斑，腹背两侧色深，中央色淡，腹背第 3、第 4 节各有"八"字形淡色纹，腹末较钝圆，翅芽明显

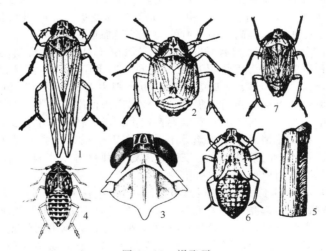

图 10-11　褐飞虱

1—长翅型成虫；2—短翅型雄虫；3—头胸部背面；4—5 龄若虫；5—卵块；6—长翅型若虫；7—短翅型若虫

(三) 发生规律

1. 生活史与习性

(1) 褐飞虱

① 生活史。褐飞虱为远距离迁飞性害虫。我国各地每年发生的代数，随迁入期迟早、总有效积温高低和栽培制度不同而有所差别。在我国北纬 19°以南的海南省的陵水县、崖县，褐飞虱可终年繁殖，每年发生约 13 代；北纬 19°～21°的海南岛中、北部和雷州半岛南部地区每年发生

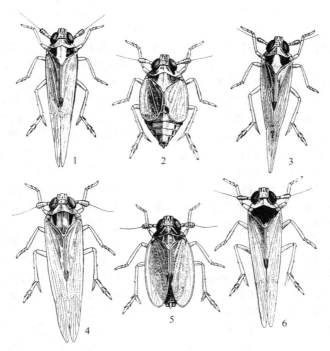

图 10-12　白背飞虱、灰飞虱
白背飞虱：1—长翅型雌虫；2—短翅型雌虫；3—长翅型雄虫
灰飞虱：4—长翅型雌虫；5—短翅型雌虫；6—长翅型雄虫

9~11代；北纬21°~24°的广东、广西中南部、福建南部等双季连作稻区，每年发生8~9代；北纬24°~26°的南岭山脉附近地区，即广东、广西北部，湘、赣南部及黔南和闽南等双季稻区，常年发生6~7代；北纬26°~28°的湘江、赣江中、下游，黔、闽的中、北部和浙江南部的双季稻区，常年发生5代左右；北纬28°~32°的湘、赣北部，鄂、浙和四川东南部，苏南、皖南等双季或部分单季稻地区，常年发生4~5代；北纬31°~33°江淮之间的苏北、皖北、鄂北、豫南、陕南等单季稻区，于7~8月上、中旬迁入，常年发生3代，而位于北纬33°~35°的苏北、皖北和鲁南桥稻区，常年发生2代左右；北纬35°以北的其他稻区，常年仅发生1代。

褐飞虱越冬北界大体在1月份12℃等温线，冬季低温和食料缺乏是限制其越冬的两个关键因素，因此，冬季田间有无稻苗存活是褐飞虱能否越冬的重要生态指标。褐飞虱在我国的越冬情况可划分为3个地带：①安全越冬带，为北纬21°以南，1月份平均温度16℃以上的海南岛的陵水、崖县等地，褐飞虱可终年繁殖，无越冬现象，初次虫源为本地虫源；②少量间歇越冬带，暖冬年份褐飞虱越冬界限可北移至北纬25°左右，寒冬年份为北纬20°左右；1月份平均温度10~16℃，如岭南地区，暖冬年份各虫态能在再生稻、落谷自生苗上存活，但数量极少，不能成为次年的主要虫源。不能越冬带，为北纬25°以北，1月份平均温度低于10℃的地区。在云南低纬高原的复杂条件下，越冬虫源地垂直分布的高限为海拔1480m。因此，我国大部分稻区的初次发生虫源皆非本地虫源。

我国每年初次发生的虫源主要来自亚洲大陆南部和热带终年发生地。每年春、夏随暖湿气流由南向北推进而逐代逐区往北迁移，常年可出现5次自南向北迁飞。迁飞路线是3月下旬至5月份，随西南气流由虫源地迁入，降落在广东和广西南部、西南部及云南南部。在早稻上繁殖2~3代，于6月份早稻黄熟时向北迁飞，主降在南岭南北，波及长江以南，7月中、下旬从南岭区迁入长江流域及以北地区，可达北纬36°~37°的山东半岛及更北的地区。9月中下旬至10月上旬，当我国北方中稻成熟时，则随东北气流向南回迁，常年可出现3次回迁。飞虱的迁飞主要依靠气流。在迁飞的过程中，可随下沉气流或降雨而降落。稻飞虱空中种群在运行中有成层行为。

褐飞虱迁飞时的飞行高度夏季为1500～2000m，秋季为500～1000m。长距离迁飞有利于促进褐飞虱的生殖能力，经长距离迁飞后平均产卵量可增加62.4%。

褐飞虱完成一个世代的起点温度为11.7℃，有效积温为401.5℃。在25～26℃下卵和若虫的平均历期分别为7.4天和14.9天；在26～28℃下，短翅型成虫产卵前期为2～3天，长翅型为3～5天，成虫寿命15～25天；在发生期间一般约经1个月完成一个世代。

② 生活习性。褐飞虱成虫分短翅型和长翅型两种类型。短翅型成虫是居留型，不能飞，但繁殖力强，寿命长，产卵量比长翅型多1～2倍。短翅型数量增多，是造成严重为害的预兆。长翅型为迁移型，能飞、善跳，但产卵量少，长翅型成虫的发生，预示飞虱将大量迁移。

褐飞虱成虫多在晚上和清晨羽化，有较强的趋光性和趋嫩绿性。成虫产卵部位随稻株老嫩而不同。在青嫩的稻株上产卵于叶鞘中央肥厚部位，在衰老水稻上产卵于叶片基部中脉组织内。每雌平均产卵200～700粒。产卵痕迹初呈黄白色，后渐变为褐色长条形裂缝。成虫、若虫喜阴湿，怕阳光直射，一般都在稻丛下部的叶鞘上群集取食、产卵、栖息。当虫口密度大，下部食料恶化时，亦可移至叶面或穗颈上取食和产卵。

(2) 白背飞虱　白背飞虱与褐飞虱一样，属于迁飞性害虫。在我国由南到北发生代数因地而异，1年可发生2～8代。以卵在自生稻苗、晚season残渣、游草上越冬，越冬北界在北纬26°左右地区。在此以北广大地区的虫源由越冬地迁飞而来，成虫初次迁入期，从南向北推迟，世代重叠。

白背飞虱生活习性与褐飞虱相似。白背飞虱雌虫亦有长翅型、短翅型之分，但雄虫仅有长翅型，未发现短翅型。白背飞虱长翅成虫的飞翔力强，其1次迁飞范围广。雌虫繁殖能力较褐飞虱低，平均每雌可产卵85粒左右。白背飞虱不耐群集拥挤，田间虫口密度稍高，即迁飞转移。雌虫除产卵于稻株此外，尚喜在稗草上产卵。成虫、若虫栖息部位稍高，田间分布比较均匀，水稻受害比较一致，几乎不出现"黄塘"。

白背飞虱在23.7℃和30.1℃时，卵历期分别为9.5天和6.3天；在21℃和29℃时，若虫期分别为29.8天和18.1天；成虫寿命14～20天。

(3) 灰飞虱

① 生活史。灰飞虱在福建等南方地区，1年发生7～8代，长江流域地区1年发生5～6代。在我国各发生地区均可越冬，在南方稻区可以成虫、若虫或卵在麦田、绿肥田及田边、沟边禾本科杂草或再生稻上越冬。在温暖的冬季，仍可活动取食，华北等北方稻区则以若虫在田边草丛、稻根丛或落叶下越冬，而以背风向阳、温暖、潮湿处最多。浙江、上海、江苏和四川等地越冬若虫于3月中旬羽化，在原地产卵繁殖后，第一代成虫于5月中下旬羽化，以长翅成虫占优势，迁入早稻秧田和早栽大田繁殖为害。华北稻区越冬若虫于4月中旬至5月中旬羽化，迁向迟嫩麦田产卵繁殖，第一代成虫于5月下旬至6月中旬羽化，迁入水稻秧田和早栽大田及玉米田繁殖，一年中8月中下旬到9月上旬是严重的为害时期。到10月中下旬，发育至3～4龄若虫进入越冬。

② 生活习性。灰飞虱抗寒力和耐饥力强，不耐高温且喜通透性良好的环境，在35℃左右高温下，若虫有停育现象。在田间栖息时，若虫平时都集中于稻株下部取食，寄主抽穗后，晚上、清晨常在穗部取食。成虫晴天多栖息于稻丛下部叶鞘上取食，阴天有时爬到叶片上，水稻黄熟期多移至上部叶片或穗上取食，生长嫩绿的稻苗内成虫数量多。卵多产在寄主下部叶鞘内，少数卵产于叶片中肋基部和嫩茎内。在稻田中成虫可产卵于稗草上；在麦田内，看麦娘上的着卵量高于麦株。在湿度大、营养好的条件下，灰飞虱可发生短翅型成虫。

2. 发生与环境的关系

稻飞虱在1年中发生的轻重与气候条件、食料、种群数量和天敌有密切关系。迁入早、虫量大、气候及食料条件适宜，田间短翅型成虫比例高，数量大，天敌控制力不足常暴发成灾。

(1) 气候

① 温度。褐飞虱喜温暖高湿，耐寒能力弱，其生长发育的适宜温度为20～30℃，最适范围为26～28℃，高于30℃或低于20℃对成虫繁殖、若虫孵化和生存都不利。因此，一般盛夏不热，晚秋（9～10月份）不凉，则有利于褐飞虱的发生。若夏末秋初（7月下旬至8月中旬）平均气温低于28℃，昼夜温差大，褐飞虱的虫口数量上升快；若9月下旬气温在20℃以上，即晴天多

的年份，预兆褐飞虱将大发生。

白背飞虱的发育适温范围较广，在30℃高温和15℃较低的温度下都能正常生长发育。灰飞虱耐低温能力强，而不耐高温，其发育适温为15～28℃，最适温度为25℃左右，冬暖夏凉利于发生；其耐寒性强，3龄时在0～4℃下20h，仅部分个体临时冻僵，以后随温度回升还能复苏。

② 雨量和湿度。褐飞虱、白背飞虱属喜湿种类，多雨、高湿（相对湿度在80%以上）对其发生有利。6～9月份降雨日频繁、雨量适中特别有利于褐飞虱的发生，尤其在6月底7月上旬卵盛孵期，雨日多，降雨强度小，虫口数量可数十倍增长；若7月中旬后突然干旱，预兆当地会暴发成灾。但大暴雨对稻飞虱有冲刷作用。湿度偏低利于灰飞虱的发生。因此，一般生长茂密的田中和长期有水的田块，有利于褐飞虱和白背飞虱的发生。田边及通风透光良好田块，有利于灰飞虱的发生。干旱对白背飞虱不利，洪涝对褐飞虱不利，淹水能使褐飞虱的卵孵化率明显下降，尤其是淹水和高温的互作可杀死稻株内的绝大部分褐飞虱卵。淹水还能使褐飞虱的取食量、产卵量和生殖率明显下降。同时淹水使稻株内游离氨基酸含量明显下降，总糖含量明显增加，从而对褐飞虱的生长发育不利。

（2）食料　孕穗至开花期间的水稻对褐飞虱的生长发育和繁殖最有利，此时水稻植株中的水溶性蛋白含量高，田间虫口密度迅速上升。而水稻分蘖期和孕穗、抽穗前对白背飞虱最适宜。稻飞虱的大发生取决于短翅型成虫出现的迟早、数量的多寡。营养条件适宜或虫口密度小时，短翅型成虫数量增加，反之，则长翅型成虫数量增加，大量短翅型成虫的出现是飞虱大发生的预兆。

水稻对稻飞虱的抗性差异为野生稻＞常规稻＞杂交稻；粳稻对褐飞虱敏感，对白背飞虱较有耐虫性。近年来，我国各稻区由于推广矮秆、耐肥、杂交品种和耕作制度、栽培技术的变革，造成水稻品种极其复杂，生育期交错衔接，为稻飞虱的发生提供了充裕而适宜的食料，利其生长、发育和繁殖，尤其是褐飞虱的发生和为害明显上升。水稻迟栽可导致飞虱种群增大；直播，褐飞虱和灰飞虱猖獗；偏施氮肥和过度密植亦有利于稻飞虱的发生；而免耕法则可发挥飞虱天敌的控制作用。

（3）种群数量　种群数量是造成为害的关键因素。褐飞虱和白背飞虱是迁飞性害虫，当年的种群数量与初始虫源的迁入量关系密切，发生的迟早与迁入期有关。迁入主峰早、基数大，褐飞虱发生早、主害代发生量大。在一定虫口基数下，充足的食料和适宜的气候有利于此3种飞虱大量繁殖，种群数量迅速增加，造成严重为害。

（4）天敌　天敌对飞虱的种群数量有很强的控制作用。寄生性的天敌有卵寄生蜂，如稻虱缨小蜂、褐腰赤眼蜂等。田间卵寄生率一般为5%～15%，最高可达75%。成虫、若虫期的寄生性天敌有稻虱红螯蜂、黑腹螯蜂、稻虱索线虫、白僵菌等。螯蜂成虫捕食稻飞虱低龄若虫，产卵于3龄若虫，寄生率为5%～10%，8～9月份最高可达98%。常见的捕食性天敌有：蜘蛛，如草间小黑蛛、食虫沟瘤蛛、稻田狼蛛等90多种捕食蜘蛛；步甲，如印度长颈步甲、黑尾长颈步甲；瓢虫，如狭臀瓢虫、稻红瓢虫；蝽类，如黑肩绿盲蝽、尖钩宽鳌蝽；此外，还有青翅蚁形隐翅虫、小黄家蚁等。其中蜘蛛对控制稻飞虱的作用显著。

（四）虫情调查和预测

1. 调查项目和方法

（1）越冬情况调查　飞虱能在当地越冬的地区，应调查当地主要越冬场所及冬后有效虫量，以确定当年实际越冬北界。同时还要了解主要虫源地湄公河三角洲上一年9～12月份的气候及稻飞虱的发生情况，为分析当年初次虫源提供依据。

（2）虫口密度调查　以田间调查为主，结合灯诱和网捕的统计数值，进行综合分析。

① 灯诱和网捕。用200W白炽灯或20W黑光灯，光源距地167cm左右，引诱飞虱成虫，用氰化钾毒杀稻飞虱；从当地早发年份成虫始见期前10天开始点灯，至终见期后10天止；每天天黑前1h开灯，天亮后熄灯收虫。网捕则用高山网和低空网，网口正方形，边长1m，网体用60目尼龙网纱制成，按东、东南、南、西南、西、西北、北、东北8个方位分别设置；于每天上午7时收虫1次，或分别在上午7时和下午6时收虫两次，检查结果折算成每平方米虫量。

② 田间系统调查。本田从返青期开始至黄熟期结束，选各类型稻田2块，采用平行多点跳跃法或随机分散取样法，定田不定点，逢5逢10每5天调查一次。分蘖期每田查25点，每点查

4丛，共100丛；孕穗至黄熟期，每田查10～20点，每点查1～2丛，共20～40丛。迁入初期，主要调查迁入量，可用目测法，须增加调查次数和样点，以掌握迁入始期和第1次迁入盛期；其他时期用盘拍法，即统一用33cm×45cm长方形白磁盘，内涂一薄层黏虫胶或煤油，将盘轻轻倾斜置稻丛下部，重拍稻株2～3次，飞虱落入盘内，统计虫种、虫型，结果折算成百丛虫量。每次调查时，抽查并统计各龄若虫比率。

卵量调查：早稻在主害代成虫高峰后调查1次，晚稻在主害代的前1代成虫高峰期调查1次，主害代成虫开始突增后13天左右再调查1次。可在上述定田内取样，每田取10个样点，每个样点拔半丛稻，共5丛，逐株剥查，记载虫种、未孵卵、被寄生卵、死卵及卵壳数，换算成百株和每公顷有效卵数。若卵条数不足20，再增查一定数量；若卵量太大亦可先计卵条数，然后剥查20条卵条，再换算成卵数。

③ 虫情普查。在各代防治前，进行1次虫情普查，以验证上述调查结果，并确定重点防治类型田。防治5～7天后，普查残虫量，以决定是否需要继续防治。

④ 天敌调查。捕食性天敌可结合田间系统调查进行；寄生性天敌调查在各代成虫高峰期进行，每代每次采集高龄若虫50头以上；卵寄生性天敌可结合卵情调查进行。将结果换算成百丛寄生率。

全国统一的发生统计标准如下。

a. 世代划分。除海南岛外，划分世代以我国大陆南部的第一个世代为基础。全国范围内1年共分8个世代：

第一代——4月中旬以前；　　　　第二代——4月下旬至5月中旬；
第三代——5月下旬至6月中旬；　　第四代——6月下旬至7月中旬；
第五代——7月下旬至8月中旬；　　第六代——8月下旬至9月中旬；
第七代——9月下旬至10月中旬；　 第八代——10月下旬以后。

各地习惯称呼的世代，可在相应的统一世代数后用括弧注出，如4（3）代。每一世代的具体起止日期可根据当年实际发生日期来确定。若遇早发生年或迟发生年世代的起止日期可适当提前或推后，但一般不宜超过5天。

b. 发生程度分级。以主要类型田百丛虫量及其发生面积为依据，全国统一分为5个等级，见表10-5。

表10-5 稻飞虱发生程度分级

发生程度	重	中偏重	中等发生	中偏轻	轻
虫口密度/(头/百丛)	>3000	2000～3000	1000～2000	500～1000	<500
该密度的面积占该类型水稻面积的百分率/%	≥20	≥20	≥20	≥20	≥85

2. 虫情预报

(1) 发生期预测　根据灯诱、网捕和田间系统调查，确定成虫发生期，当成虫数量明显增加时为成虫始盛期，成虫数量增加最多的一天为高峰期，成虫数量明显下降时为盛末期。成虫始盛期或高峰期加上当时气温下的产卵前期和卵期，即可预测出下一代若虫孵化始盛期或高峰期，再加上1龄若虫历期，即可预测2龄若虫始盛期或高峰期。

(2) 发生趋势预测　可根据上一代总虫数或成虫数，按当地常年增值倍数结合气候因子，估计下一代总虫发生量，各地调查统计的第四代到第五代总虫量增加倍数，一般在10～20倍。第四代短翅型成虫数量到第五代总虫量则增加50倍。另外，在一定虫口基数上，如果大发生前一代的短翅型成虫比例高，则下一代虫口数量可能剧增。据各地调查分析，凡9月上旬每百丛有短翅型成虫10只左右，预测晚稻后期有大发生的可能。

(3) 防治适期预测　主害代的防治适期，为低龄若虫高峰期。通过田间调查低龄若虫比例数，定防治适期，当卵孵化始盛后，即开始调查低龄若虫比例数。当1～2龄若虫比例占总虫数的 40%～50%，虫口又达到防治指标时，即为防治适期。

防治指标参考表 10-6 稻飞虱防治指标。

表 10-6 稻飞虱防治指标

田间高峰	稻型和生育期	防治指标/(头/百丛)
第一次	早稻：拔节至孕穗期 中稻：分蘖期	300～600
第二次	早稻：乳熟期 中稻：圆秆拔节期	1500
第三次	中稻：乳熟期 迟中稻：乳熟期	1500
第四次	迟中稻：乳熟期 晚稻：分蘖期	600～800
第五次	晚稻：乳熟期	1500

（五）防治方法

1. 农业防治

（1）清除杂草 冬季彻底清除杂草，消灭灰飞虱越冬虫源。结合秧田和本田除草，彻底拔除稗草，消灭部分虫卵。

（2）合理布局 同品种、同生育期水稻连片种植，避免插花田，防止飞虱来回迁移，并有利于统一防治。

（3）加强肥水管理 施足基肥，因苗追肥，避免偏施氮肥，防止水稻后期贪青徒长；根据水稻生长情况，适时晒田，不长期积水，创造不利于稻飞虱滋生繁殖的生态条件。无白叶枯地区，晚稻秧苗移栽前一周，秧田放浅水，使稻飞虱成虫产卵部位下降，移栽前 2 天放深水淹灌（不超过秧心）24h，可杀死大量虫卵。

（4）培育、选用抗虫品种 这是防治一些迁飞性害虫最经济、有效的措施。1976 年国际水稻研究所推广了抗褐飞虱的品种 IR_{26} 和 IR_{36}，有效控制了东南亚稻区的褐飞虱为害。近年来我国不少科研单位利用野生稻资源研制出一系列抗稻飞虱的品系或株系；亦已成功地将抗稻飞虱的基因转移到水稻内。同时抗稻飞虱品种的选育也取得一定成就，浙江测选出抗性品种嘉 45 和丙 1067，并在生产上推广。

2. 生物防治

稻飞虱各虫期的寄生性和捕食性天敌种类较多，除寄生蜂、黑肩绿盲蝽、瓢虫等外，还有青蛙、蜘蛛、线虫、菌类等，保护利用好天敌，对稻飞虱的发生有很大的控制作用。据四川调查，水稻混栽地区，早稻田中的蜘蛛和飞虱比例为 1:4，晚稻田为 1:(8～9) 时，可不用药防治。早熟水稻收获后，可于田中散布草把，然后灌浅水，逼蜘蛛上草，人工助迁到迟熟水稻田内。另外，稻田养鸭也有较好防治效果，在稻飞虱迁飞到来之时，不定期或定期地将鸭子放在田中，每 $667m^2$ 稻田放 20～25 只鸭子，在水稻分蘖期至抽穗前期赶入田中，能有效减轻稻飞虱危害。

3. 化学防治

（1）防治策略 对于褐飞虱以治虫保穗为目标，采取狠治大发生前 1 代，挑治大发生当代的策略。灰飞虱以治虫防病为目标，狠治 1 代，控制 2 代，采用"治麦田，保稻田；治秧田，保大田；治前期，保后期"的策略；抓住 1 代成虫扩散高峰期和第 2、第 3 代若虫盛孵高峰期，集中将其歼灭在秧田和本田初期，以控制直接传毒。白背飞虱以治虫保苗为目标，采取治上压下，狠治大发生前 1 代，控制暴发成灾的策略。

（2）防治指标和施药适期 同虫情调查和预测。

（3）药剂种类和施药方法 目前稻飞虱对有机磷杀虫剂、氨基甲酸酯类杀虫剂、拟除虫菊酯类杀虫剂的抗性逐年提高，如溴氰菊酯已不宜用于稻田害虫防治，因此应选用目前还未产生抗性或抗性发展慢的农药品种，并不断更换使用农药品种，目前较有效的农药品种有：10% 吡虫啉可湿性粉剂（每亩 15～20g）或 25％噻嗪酮可湿性粉剂（每亩 50g），兑水 50～60kg 常规喷雾，持效期长达 30 天以上。也可用 5％锐劲特浓悬浮剂 1600 倍液或 25％扑虱灵可湿性粉剂 1400 倍液或 50％二嗪农乳油，每亩 50～100mL，兑水 50～75kg 喷雾。

三、稻叶蝉

（一）发生及为害情况

稻叶蝉又称浮尘子，属同翅目叶蝉科，是我国水稻上的一类重要害虫。在我国为害水稻的叶蝉有 10 多种，其中以黑尾叶蝉［*Nephotettix cincticeps*（Uhler）］和白翅叶蝉［*Empoasca subrufa*（de Motschu-lsky）］发生为害最重。黑尾叶蝉在我国东部各稻区均有分布，长江中、上游和西南各省发生较多；白翅叶蝉主要分布在长江以南的稻区，两种叶蝉皆以南方稻区发生较为严重。黑尾叶蝉以成、若虫群集稻株茎秆刺吸汁液，也可在叶片和穗上取食，对水稻的为害类似稻飞虱，其成虫和若虫还能传播水稻普通矮缩病、黄矮病和黄萎病。白翅叶蝉则在叶片上刺吸汁液，被害叶初呈白色斑点，后变成褐色斑点，严重时整叶干枯，形同火烧。叶蝉类的主要寄主为禾本科作物和杂草等，如水稻、小麦、大麦、稗草、甘蔗、茭白、游草、看麦娘等。

（二）形态特征

两种为害水稻的叶蝉形态比较见表 10-7 和图 10-13、图 10-14。

表 10-7　黑尾叶蝉和白翅叶蝉的形态特征

虫	态	黑尾叶蝉	白翅叶蝉
成虫	体长/mm	4.5～6	3.5
	体色	黄绿色	头、胸部橙黄色
	主要特征	头顶前缘弧形，有一条黑色横纹；前胸背板黄绿色；雄虫胸、腹部黑色，前翅鲜绿色，末端黑色；雌虫腹部腹面黄白色，前翅端部淡褐色	前翅膜质半透明，被白色蜡质物，故呈白色，翅脉无色，有虹彩闪光，腹部背面暗黑色，腹面及足黄色
卵	卵长/mm	1～1.2	0.65
	卵形	长椭圆形，一端略尖，稍弯曲	瓶形
	主要特征	卵多数产于稻株叶鞘内侧表皮内，少数产于叶片中肋内，一般 10 余粒成单行排列	散产于叶片中肋的空腔内，每一空腔产卵 1 粒
若虫	体色	黄白至黄绿色	淡黄绿色，半透明
	主要特征	体两侧黑褐色，各胸节和腹部 2～8 节背面有两列小褐点，5 龄雄若虫腹背黑色，雌若虫腹背淡褐色。中、后胸背中央各有一个倒"八"字形褐纹	全体杂有淡绿色碎斑，体背具长刺毛

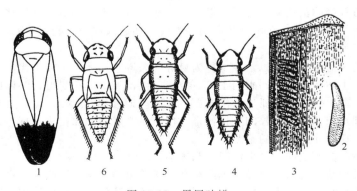

图 10-13　黑尾叶蝉

1—成虫；2—卵；3—产在叶组织内的卵块；4—第 1 龄若虫；5—第 3 龄若虫；6—第 5 龄若虫

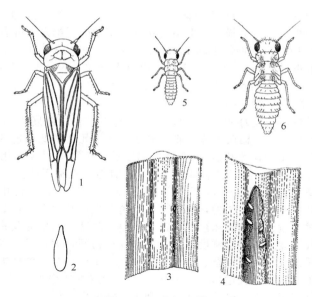

图 10-14　白翅叶蝉
1—成虫；2—卵；3—产卵叶的叶面，示裂缝；4—叶背，示卵在中肋组织内的情况；
5—第 1 龄若虫；6—第 3 龄若虫

（三）发生规律

1. 生活史与习性

（1）黑尾叶蝉　黑尾叶蝉在长江流域各稻区一年发生 5～7 代，淮河以北一年发生 4 代。同一地区，由于年度间气温的差异，发生代数常有 1～2 代的差别。除第 1～2 代发生较整齐外，其余各代发生世代重叠。

黑尾叶蝉多以 1～2 龄若虫和少量成虫在绿肥田、小麦田、休闲田、田边和沟边的杂草上越冬，其中看麦娘、生长旺盛的绿肥田越冬虫口密度最大。若天气晴朗，气温在 12.5℃ 以上，还可活动取食。3 月中下旬平均气温达到 11℃ 以上或连续 4～5 天气温达 13℃ 以上时，越冬若虫陆续羽化。越冬成虫在平均气温 15℃ 以上时开始转移。4～5 月份越冬成虫集中在秧田为害、产卵和繁殖，并随秧苗被带到本田。6 月中下旬至 7 月上旬第 2 代集中在早稻本田及晚稻秧苗为害。7 月中下旬至 8 月下旬发生第 3～4 代，主要集中在双季晚稻秧田、本田及单季晚稻本田，这是全年发生数量最大、为害最重的时期。9 月份以后虫量逐渐减少，但若遇秋季高温、干旱年份则迟熟晚稻也可受害。

成虫多 5～10 时羽化，趋光性强，趋嫩绿稻田；白天栖息在稻丛基部，晚上到叶片上为害；善于横走、斜行和跳跃。羽化后 7～8 天产卵。卵多数产于叶鞘组织内，每雌虫产卵几十到数百粒，平均 120 余粒。若虫共 5 龄，多在上午 7～9 时孵化，有群集性。

平均气温 24～25℃ 时卵期为 8～11 天；26～28℃ 时若虫期为 17～20 天；25～27℃ 时成虫寿命为 13～14 天；越冬成虫寿命可达 120～170 天。

（2）白翅叶蝉　白翅叶蝉一年发生的代数各地不同。湖南、浙江 1 年发生 3 代，福建、重庆 1 年发生 4 代。发生 3 代地区，第一代于 5 月下旬至 6 月中下旬发生，第二代于 7 月下旬至 8 月中下旬或 9 月上旬发生，第三代于 9 月下旬至 11 月发生，以第二、第三代为害早稻后期、中稻和双季晚稻，虫口密度大，为害重。

白翅叶蝉以成虫在小麦田、绿肥田、茭白田及田边、沟边等禾本科杂草上越冬。冬季温度较高的年份，越冬成虫仍可活动、交配。日平均温度达到 11℃ 以上时，仍能取食为害小麦。次年 3 月下旬气温转暖时，迁入早稻秧田、早稻和中稻本田内取食产卵。

成虫多在上午羽化，活泼、善飞，具趋嫩绿性，趋光性强；需补充营养，产卵期长。卵产于叶中肋肥厚部分的组织内，散产。每雌产卵量30～60粒。若虫共5龄，上午8时左右孵化最盛。初孵若虫喜潜伏在心叶内为害，会横爬，但不会跳跃，多数时候栖息于叶背取食。

气温25.6～29.1℃时，产卵前期平均14.9天；26.8℃～28.3℃时，卵期平均5.0～5.3天；27.8℃～29.5℃时，若虫期平均18.1～19.5天。成虫寿命比较长，25.6℃～29.1℃时，为15～30天，越冬成虫寿命可达7个月。

2. 发生与环境的关系

（1）气候　黑尾叶蝉生长发育的适宜温度为28℃左右，相对湿度为70%～90%。若冬春霜冻、寒冷多雨，则死亡率高；若温暖干燥，则有利于越冬，死亡率低，越冬基数大，有利于大发生。夏秋高温、少雨利于发生，尤其是6～7月份温度偏高、降雨量少，相对湿度偏低，则早稻后期第2、第3代虫口密度高，不但影响早稻产量，而且造成晚稻死苗。

白翅叶蝉发生的适宜温度为20～25℃，相对湿度85%～90%。白翅叶蝉抗寒力差，冬春低温霜冻，越冬死亡率高；气温偏高年份，死亡率低，越冬虫口基数大。若7月份雨水适中，8～9月份干旱，稻叶蝉的发生量大，如川东南地区的"伏旱"是其大发生的预兆。

（2）耕作制度和栽培技术　栽培制度方面，冬小麦种植面积大，越冬场所广，叶蝉越冬虫口基数增高。单、双季稻混栽、品种混杂、生育期不整齐、桥梁田多、食料丰富有利于各代成虫互相迁移扩散，使叶蝉虫口数量逐代增多，为害加重。一般双季连作稻区较混栽区发生轻。密植、肥多、生长茂盛、嫩绿郁闭、小气候温度增高有利于叶蝉的发育繁殖，虫口增长。水稻对叶蝉的抗性差异：籼稻高于粳稻，粳稻高于糯稻。

（3）天敌　卵期寄生性天敌有叶蝉赤眼蜂类和叶蝉小蜂类，其中以褐腰赤眼蜂为主，寄生率相当高，8月份寄生率高达50%以上；成、若虫的寄生性天敌有双翅目的趋稻头蝇等。稻飞虱的捕食性天敌一般也能捕食叶蝉。其病原菌有白僵菌，寄生率可达70%～80%。

（四）防治方法

防治稻叶蝉应以农业防治为主，结合保护天敌和药剂防治进行。

1. 农业防治

冬、春季结合积肥，铲除田边杂草，压低越冬虫源。因地制宜，改革耕作制度，避免混栽，减少桥梁田。加强肥水管理，合理密植，防止水稻贪青徒长。选用抗虫品种。

2. 生物防治

保护和利用寄生性和捕食性天敌，如褐腰赤眼蜂、步甲、蜘蛛、青蛙等。在叶蝉卵寄生蜂中，褐腰赤眼蜂寄生率较高、而且贪青迟熟叶蝉密度高的晚稻田的稻草是褐腰赤眼蜂在越冬寄主卵内越冬的主要场所，因此，每年选寄生卵密度高、无白叶枯病田块的稻草，单独堆放在高燥场地上，次年4月中旬将带蜂稻草设置于早插早稻田附近，待其飞出，可提高第1代叶蝉卵寄生率。用药防治稻田害虫时尽量减少用药次数，争取一药兼治多虫。

3. 药剂防治

药剂种类和方法参照本章第二节稻飞虱类的化学防治。

四、稻纵卷叶螟

（一）发生及为害情况

稻纵卷叶螟［*Cnaphalocrocis medinalis*(Guenee)］属鳞翅目螟蛾科，俗称刮青虫、白叶虫、小苞虫，原是间歇性、局部性害虫，1966年以后，全国范围内的为害程度明显上升，1972年以来，曾几次大发生，已成为我国稻区的一种常发性害虫。其广泛分布于我国南北各稻区，但以南方稻区发生量大，受害重。

其主要为害水稻，偶见为害粟、甘蔗、玉米、高粱、小麦等作物，并取食游草、双穗雀稗、马唐、芦苇、狗尾草等杂草。幼虫在分蘖、孕穗和抽穗期为害叶片，受害重的稻田，稻叶一片枯白，影响株高和抽穗，使千粒重降低，瘪谷率增加，一般减产2～3成，重的达5成以上，甚至颗粒无收。

（二）形态特征

（1）成虫　体长7～9mm，翅展12～18mm，体黄褐色。前后翅亚外缘至外缘间均有黑褐色宽边，前翅有3条黑褐色波状横纹，中间1条较短；后翅具2条黑褐色条纹。雄蛾体较小，前翅前缘中央着生1丛暗褐色毛，中间微凹陷。

(2) 卵 长椭圆形，长约1mm，宽约0.5mm，表面有微细网纹，壳薄，光滑。初产灰白色，孵化时淡褐色。

(3) 幼虫 共5龄。体黄绿色至绿色，老熟时呈橘红色。前胸背板前缘具两黑点。4龄幼虫前胸背板上两黑点两侧各有一由黑点组成的弧形斑。中、后胸背面各有8个毛片，前排6个，后排2个。腹足趾钩三序缺环。

(4) 蛹 体长7～10mm，圆筒形，末端尖细，有臀刺8根。褐色至红棕色。腹足背面后缘多皱纹、突起，近前缘有两根刺毛。第5～6腹节腹面各有1对腹足痕（图10-15）。

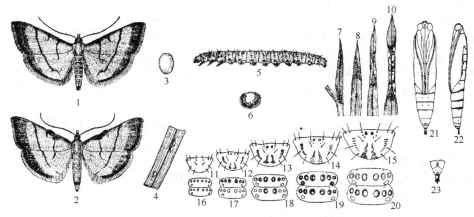

图10-15 稻纵卷叶螟

1—雌成虫；2—雄成虫；3—卵；4—叶上的卵；5—幼虫；6—幼虫腹足趾钩；7～10—为害状；11～15—1～5龄幼虫前胸盾片；16～20—1～5龄幼虫中、后胸背面观；21,22—蛹腹面和侧面观；23—蛹腹末端

(三) 发生规律

1. 生活史

稻纵卷叶螟在我国各地发生的世代数自南向北逐渐递减，我国北纬20°以南地区1年发生9～11代，周年繁殖为害，无越冬现象；南岭以南的两广南部及福建南部1年发生6～8代，此区以幼虫和蛹越冬；南岭以北到北纬31°的长江中游沿江南部地区及重庆1年发生5～6代，此区有零星蛹越冬；长江以北到山东泰沂山区至陕西秦岭一线以南地区，1年发生4～5代，任何虫态在此区均不能越冬；泰沂山区到秦岭以北地区，包括华北、东北各地，1年发生1～3代，此区不能越冬。稻纵卷叶螟抗寒力弱，越冬北界为北纬30°左右。在可越冬地区，越冬场所为再生稻、稻桩和李氏禾、双穗雀稗等杂草上，幼虫藏匿于卷叶内，蛹在叶鞘、株间或地表枯叶上的薄茧中。

2. 迁飞习性

稻纵卷叶螟是一种远距离迁飞性昆虫。在我国，每年春、夏季由南向北有5次北迁；秋季自北向南有3次回迁。第一次北迁在3月中下旬至4月上中旬，虫源由大陆以外的南方迁入我国南岭地区；第二次北迁在4月中下旬至5月中下旬，仍由大陆以外的中南半岛及我国海南岛等地向岭南和岭北地区迁入；第三次北迁在5月下旬至6月中旬，由岭南地区向岭北及长江中游的江南地区迁入，并波及江淮地区；第四次北迁在6月下旬至7月中下旬，由岭北地区向江淮地区迁入，波及华北、东北地区；第五次北迁在7月下旬至8月中旬，由江南和岭北地区向江淮地区和北方迁入。此5次北迁分别构成迁入地的第一代或第二代虫源。每年8月底至11月份有3次回迁过程：第一次在8月下旬至9月上中旬，由北方和江淮地区向江南、岭北、岭南迁入；第二、第三次回迁分别在9月下旬至10月上旬和10月中下旬。在山区还有垂直迁飞现象。

3. 其他习性

成虫昼伏夜出，飞行力强。白天多隐藏在生长嫩绿、荫蔽、湿度大的稻田及生长茂密的草丛或甘薯、大豆、棉花等田中，一遇惊动，即作短距离飞翔；有一定的趋光性，尤其对金属卤素灯趋性较强；成虫需补充营养，喜吸食植物的花蜜及蚜虫排泄的"蜜露"，取食活动多在傍晚18～20时最盛。

羽化盛期在20时以后，羽化后1～2天交配，以凌晨3～5时最盛。产卵前期1～2天，产卵期3～4天，前1～2天产卵最多；喜产卵在嫩绿、宽叶、矮秆的水稻品种上，分蘖期落卵量大于穗期。卵多为单粒散产，少数2～3粒连在一起。卵多数集中在中、上部叶片上，尤以倒数1～2叶为多。每雌平均产卵100多粒，最多314粒。

卵上午7～10时孵化最多。幼虫共5龄。初孵幼虫先从叶尖沿叶脉来回爬行，然后钻入心叶由蓟马为害形成的卷叶中啃食叶肉，致使稻叶出现针头大小的白色透明小点；2龄幼虫开始在叶尖或稻叶上、中部吐丝纵卷成小虫苞，此时称为"卷尖期"。幼虫在苞内啃食叶肉，剩下表皮，被害处呈透明白条状。3龄后开始转苞为害，转苞时间多在19～20时和凌晨4～5时。虫苞多为单叶纵卷，管状。4龄后转株频繁，虫苞大，食量大，抗药性强，为害重，1～3龄食量小，占总食量的4.6%。5龄为暴食阶段，食量占总食量的79.5%～89.6%；一头幼虫一生可为害5～7片叶，为害叶面积达22.57cm²左右。

老熟幼虫经1～2天预蛹期吐丝结薄茧化蛹。化蛹部位一般在受害株或附近的稻株上，距地面7～10cm处，以主茎与有效分蘖的基部叶鞘内为多；其次为无效分蘖的叶片中；少数在稻丛基部或老虫苞内。

26℃下各虫态的历期分别是：卵3.9天、幼虫15.2天、蛹9.6天。成虫寿命平均7天左右，可长达12天。

4. 发生与环境的关系

稻纵卷叶螟在我国各地发生的世代数、发生量和为害程度每年有异，影响各地发生的主要因素有气候、食料和天敌。

（1）气候　稻纵卷叶螟生长发育的最适温度为22～28℃，相对湿度80%以上。在高温（30℃以上）和干旱（相对湿度80%以下）条件下，成虫寿命短，产卵量少，初孵幼虫成活率也低。相对湿度60%以下，蛹羽化率显著降低；蛹期淹水48h以上，死亡率大。温暖、高湿、多雨的气候条件有利于其发生。

引起迁飞的气候因素，据南京农业大学研究，春、夏季北迁主要是由逐渐上升的高温所引起，临界温度为28.2℃；秋季光照逐渐缩短并伴随温度逐渐降低是诱导回迁的主要因素。临界光照和温度分别是13.5h和24℃。起飞、降落等迁飞过程直接受上升气流、高空水平气流和下沉气流的影响。

（2）栽培制度　稻纵卷叶螟的发生与品种、生育期和施肥水平等有着密切的关系。成虫喜欢选择多肥嫩绿、叶片色浓、叶绿素含量高、有大量氨基酸存在的稻株产卵。从品种看，一般是粳稻比籼稻受害重；矮秆品种比高秆品种受害重；阔叶品种比窄叶品种受害重；杂优稻比常规稻受害重。栽培和施肥的影响表现在密植比稀植的受害重，施氮肥过多的受害重。不同生育期受害减产的程度依次是：抽穗期重于分蘖期，分蘖期重于乳熟期。

（3）天敌　已知稻纵卷叶螟的天敌有50多种。卵寄生天敌有4种，以稻螟赤眼蜂为主，其第三、第四代寄生率可达50%～60%；幼虫寄生天敌29种，主要是稻纵卷叶螟绒茧蜂，其第三代寄生率为20%～30%，最高可达70%～80%；蛹寄生天敌有9种，重要的有无脊大腿蜂、螟蛉瘤姬蜂等。稻田害虫捕食性天敌绝大多数亦是稻纵卷叶螟的天敌，优势种群为稻田蜘蛛，占80%以上。

（四）防治方法

稻纵卷叶螟的防治应以农业防治为基础，合理使用农药，保护和利用天敌。

1. 农业防治

合理施肥，促进水稻生长稳健，防止前期徒长及后期贪青晚熟。抓紧早稻收获，及时晒稻草。铲除杂草，减少虫源。设置诱集田，进行早培、肥培，并重点防治。选用抗虫品种，如黄金波和西海89等。

2. 生物防治

保护和利用天敌。产卵盛期，分期分批释放赤眼蜂，每次每亩释放4万～5万头，连放3

次。也可用杀螟杆菌或青虫菌等生物农药于孵化后喷雾。

3. 药剂防治

应采取"狠治2代，警惕3代，挑治4代"的用药策略。防治适期为2龄幼虫高峰期。防治指标为分蘖期每百丛稻有幼虫20条或孕穗期前后有幼虫15条。目前常用的效果较好的农药有：5%锐劲特悬浮剂30~50mL/亩，兑水20~50kg；或48%毒死蜱乳油100mL/亩，兑水50~60kg；或10%吡虫啉可湿性粉剂50~100g/亩，兑水60~75kg喷雾，对低龄幼虫防治效果明显，且对稻飞虱有兼治作用。也可用1.8%阿维菌素乳油2500~3000倍液或50%辛硫磷乳油1000~1500倍液或50%杀螟松可湿性粉剂1000倍液喷雾。

五、稻弄蝶

（一）发生及为害情况

稻弄蝶俗称稻苞虫。我国为害水稻的弄蝶种类主要有直纹稻弄蝶、隐纹谷弄蝶、曲纹稻弄蝶、幺纹稻弄蝶、南亚谷弄蝶五种，均属鳞翅目弄蝶科。

五种稻弄蝶中，以直纹稻弄蝶分布最广，隐纹谷弄蝶次之。直纹稻弄蝶在我国除西藏、青海、新疆、宁夏尚未发现外，其他各省均有发生，以南方省稻区发生普遍；曲纹稻弄蝶分布于云南、四川、湖北、湖南、贵州、江西、广东、广西等地；幺纹稻弄蝶及南亚谷弄蝶仅发生于云南、贵州、江西、湖南及华南等地。

直纹稻弄蝶主要为害水稻，亦能为害高粱、玉米、麦类、茭白等作物，也取食游草、狗尾草、稗草、芦苇、白茅等多种杂草。隐纹谷弄蝶幼虫还可为害甘蔗、竹子。该虫对氮素营养要求比较严格；喜为害处于分蘖、圆秆期的水稻。

稻弄蝶皆以幼虫取食稻叶。直纹稻弄蝶、隐纹谷弄蝶和幺纹稻弄蝶幼虫吐丝将叶片缀合成苞，而南亚谷弄蝶和隐纹谷弄蝶幼虫并不缀叶成苞。弄蝶幼虫取食叶片使其缺刻或将叶吃光，使稻株矮小，稻穗缩短，千粒重降低；为害重时还可咬断穗枝梗，严重影响水稻产量。

20世纪60年代前，稻弄蝶是水稻的主要害虫，60年代后期至70年代初发生较轻，1972年以后发生量上升，在四川盆地边缘稻区、贵州稻区仍是主要害虫之一。

（二）形态特征

5种稻弄蝶的形态特征见表10-8和图10-16。

（三）发生规律

1. 生活史与习性

直纹稻弄蝶在我国发生代数从北到南逐渐增多。北纬40°以北的东北地区1年发生2代；北纬35°~40°之间的长城以南黄河以北的河北、山东1年发生3代，而在济宁1年可发生3~4代；

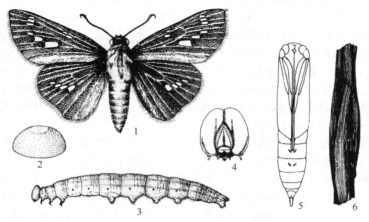

图10-16 直纹稻弄蝶

1—成虫；2—卵；3—幼虫；4—幼虫头部正面；5—蛹；6—叶苞

表 10-8　五种稻弄蝶的形态特征

虫态		直纹稻弄蝶	曲纹稻弄蝶	么纹稻弄蝶（东亚亚种）	隐纹谷弄蝶	南亚谷弄蝶
成虫	体长	16～20mm	14～16mm	14～16mm	17～20mm	17～20mm
	前翅	有7～8枚白斑，排成半环形	有5枚白斑，排成直角状	有5枚白斑，排成直角状	白斑8枚，排成半环状，雌斑纹大于雄斑纹	白斑8枚，排成半环状，雌斑纹大于雄斑纹
	后翅	翅底4枚白斑排成一字形，故名"直纹"	翅底4枚白斑排成锯齿状，故名"曲纹"	常缺斑纹，有时亦出现斑纹，前后翅斑纹小于前种，故名"么纹"	翅底有2～7枚斑纹，分离排成弧形，翅面多数无斑纹，故名"隐纹"	翅底有4～5枚斑纹，分离排成弧形，翅面仍显露2～3枚斑纹
卵	形状	半圆球形（略凸），正看不圆	半圆球形（略扁），正看似圆	半圆球形（略凸），正看很圆	半圆球形（略扁）	半圆球形（略凸）
	大小	卵径0.91mm 高0.58mm	卵径0.80mm 高0.41mm	卵径0.74mm 高0.44mm	卵径1mm 高0.60mm	卵径1mm 高0.58mm
幼虫	体长	35mm	27mm	28mm	36mm	36mm
	特征	头正面中央有"山"形褐纹，左右两臂下伸甚长，末端尖瘦，气门大而内洼较深，孔缘略与体壁平齐	头正面中央有"山"形褐纹，左右两臂下伸甚长，末端开阔，气孔孔缘略突于体壁之外	头正面中央有"山"形褐纹，左右两臂下伸甚短，末端尖削，气孔孔缘略突于体壁之外	头部侧面红褐色，八字纹的下端伸展在单眼的内侧	头部侧面红褐色，八字纹的下端以单眼为界
蛹	体长	22mm	17mm	17mm	30mm	28mm
	特征	第五、第六腹节腹面中央各有一倒"八"字形褐纹，前胸气门纺锤形，通常中央膨大，上下端尖削	第五、第六腹节腹面中央各有一倒"八"字形褐纹，前胸气门纺锤形，通常狭窄，两端尖瘦	第五、第六腹节腹面中央各有一倒"八"字形褐纹，前胸气门粗壮，显著鼓凸，略呈肾圆形	头顶突突如锥，长2mm左右，喙游离段长度在7mm以上	头顶尖突如锥，长1mm左右，喙游离段长度不及6mm

北纬35°～40°之间的黄河以南至长江以北1年发生4～5代，如河南1年发生3～4代，陕西1年发生4代；北纬25°～30°的长江以南至南岭以北1年发生5～6代；北纬25°以南的广西、广东南部和海南岛等地1年发生6～8代。

在南方稻区，以老熟幼虫于背风向阳的稻田边、低湿草地、沟渠边、河塘边等处的杂草中结苞越冬。在黄河以北，则以蛹在向阳处杂草丛中越冬。

越冬幼虫于次春小满前化蛹羽化为成虫后，主要在野生寄主上产卵繁殖1代，少数在早稻上产卵，以后的成虫飞至稻田为害，以迟中稻、一季晚稻和双季晚稻受害重。末代幼虫除为害双季晚稻外，多数生活于野生寄主上，天冷后即以幼虫越冬。

成虫昼出夜伏，以晴天上午和傍晚活动最盛。夜晚和阴雨、大风、盛夏中午阳光强烈、气温过高时则潜伏于树叶背面、花丛、稻丛和草丛等处。其飞翔力强，飞行的高、远、快。需补充营养，嗜食千日红、芝麻、棉花、菜花、瓜类等的花蜜。其羽化后，经1～4天开始交配，交配后1～3天开始产卵。卵散产于稻叶背面近中脉处，每叶着卵1～2粒；少数产于叶鞘。每雌产卵量平均约200粒。雌虫有趋绿产卵的习性，喜选择生长旺盛、叶色浓绿的稻叶产。水稻分蘖至圆秆期着卵量大于孕穗期，且幼虫成活率高。

初孵幼虫先咬食卵壳，然后爬至叶片边缘叶尖处吐丝缀叶结苞，白天躲在苞内取食，清晨前、傍晚、阴雨天则爬出苞外咬食叶片，大龄幼虫可咬断稻穗小枝梗。各龄幼虫缀叶结苞的状态是：1～2龄在叶尖或叶缘缀成小叶苞；3龄缀合单叶或两叶成；4龄缀合3～4片叶；5龄一般以5片叶以上缀合成苞。幼虫共5龄，3龄前食量小，5龄食量最大，约占幼虫总食量的86%，且3龄后抗药力强。其有转移结苞习性，幼虫探出虫苞，若受惊则迅即退回或假死坠落。幼虫老熟后，有的在叶上化蛹，有的下移至稻丛基部化蛹，蛹苞缀叶3～13片不等，苞的两端紧密而细小，略呈纺锤形。化蛹时，一般先吐丝结薄茧，将腹两侧的白蜡质物堵塞于茧的两端，再蜕皮化蛹。

各虫态的发育起点温度分别是：卵 12.6℃，幼虫 9.3℃，蛹 14.9℃，成虫 15.9℃。各虫态的发育历期分别是：卵期，25.8℃下，4.3 天；幼虫期，25.4℃下，28.9 天；蛹期，26.1℃下，8.1 天。成虫寿命一般 5 天，最长 24 天；产卵前期 3~4 天。

2. 发生与环境的关系

直纹稻弄蝶有年间间歇性发生和同一地区局部猖獗为害的现象。其发生与气候条件、天敌因素和食料关系密切。

（1）气候　直纹稻弄蝶发育的最适温度为 25~30℃，相对湿度为 80% 以上。气温低于 20℃或高于 32℃，相对湿度低于 65%，则不利于其发生。1 年中是否大发生取决于以下两个条件：一是冬春气温高低。冬季气温偏高，越冬虫量就大。凡常年 12 月份至翌年 1~2 月份三个月平均气温在 5℃以下的地区，越冬死亡率大；冬季三个月平均温度 10℃以上的地区，越冬幼虫在晴天仍可出苞取食。二是 6~8 月份三个月，尤其是 7~8 月份两个月的降雨量和温湿度条件。稻弄蝶喜生活于适温高湿的环境。若当年雨量分配均匀，特别是 7~8 月份雨日多、气温不太高时，加之食料丰富，就可能猖獗成灾。因为雨日多，不利于天敌的生存与活动，减少了寄生性天敌寄生的机会。高温高湿及高温干旱都不利于其发生。如在 22~24℃下，每雌产卵平均可达 110 粒；在 28~30℃下，仅 84 粒；在 30℃以上，相对湿度大于 90% 时，雌虫则产生不育现象；在高温干旱情况下，羽化的成虫皱翅蛾增多，初孵幼虫死亡率大。在地势方面，凡阴山、背风、湿度较高的地形，其为害重；凡开阔、向阳、迎风的稻田，湿度较小，温度较高，其为害相对较轻。

（2）食料　凡是靠近菜地或接近山林，周围蜜源植物丰富的稻田，均较一般稻田受害重。早播、早栽、早抽穗的稻田受害轻；反之，受害重。早、晚稻都搭配有早、中、迟熟品种，苗情复杂的稻田受害重。施肥不当、贪青、深水灌溉的稻田受害重。

（3）天敌　直纹稻弄蝶的天敌种类较多，常见的有寄生蜂类和寄生蝇类等寄生性天敌和步甲、螳螂、蜻蜓、蜘蛛、青蛙等捕食性天敌。其中，卵寄生性天敌有黑卵蜂和赤眼蜂；幼虫期寄生性天敌有螟蛉瘦姬蜂和稻弄蝶寄生蝇；蛹期寄生性天敌有广黑点瘤姬蜂和稻弄蝶姬小蜂等。天敌对抑制稻弄蝶的发生作用很大。

（四）防治方法

1. 预测预报

（1）幼虫盛发期预测　设置花圃诱集成虫。花圃面积 50m^2 左右，种植诱集力强的开花植物，如千日红、芝麻、马缨丹、布荆等。于各代成虫盛发期前，每天上午 9~10 时或下午 4~5 时定时观察 30min，目测并记载飞来的成虫数。花间成虫出现最多的一天即为成虫出现盛期。用历期预测法，根据成虫出现盛期预测田间幼虫盛发期。

（2）田间查幼虫，定防治对象田和防治适期　当成虫盛发 5 天后，选处于分蘖期、叶色浓绿的稻田，五点取样，每点查 20 丛，共 100 丛，记载幼虫数量。每 100 丛有 3 龄以下的幼虫 10~15 头者，为防治对象田。当 1~2 龄幼虫占调查总虫数 90% 左右或每 100 丛有初结苞 5~8 个时，即为施药适期。

2. 防治方法

（1）农业防治　防除田间、沟渠边的杂草，消灭越冬幼虫。选用高产抗虫早熟品种，合理安排迟、中、早熟品种的播栽期，使分蘖、圆秆期避过第 3 代幼虫发生期。加强田间管理，合理施肥，对冷浸田、烂泥田要增施热性肥料，干湿间歇，浅水灌溉，促进水稻早熟。

（2）药剂防治　应在 3 龄之前施药，以早晨或傍晚用药效果最好。一般防治螟虫、稻纵卷叶螟等的药剂，对此虫均有效，故可兼治。常用药剂有杀螟松乳油每公顷 100g 喷雾；25% 杀虫双水剂每公顷 200~250mL，兑水 75~100kg 喷雾；3% 杀虫双颗粒剂每公顷 1.65kg 撒施。

六、稻蓟马

（一）发生及为害情况

为害水稻的蓟马种类很多，发生普遍、为害较重的主要有稻蓟马、稻管蓟马（禾谷蓟马）、台湾蓟马及禾蓟马（玉米蓟马）等，均属缨翅目，除稻管蓟马属管蓟马科外，其余均属蓟马科。稻蓟马和稻管蓟马分布于全国各稻区。台湾蓟马主要发生于江苏稻区，禾蓟马为贵州山区一带的优势种。

稻蓟马主要为害水稻、麦类和玉米。以成虫和若虫锉吸稻叶汁液，轻者叶面出现黄白斑，重者叶尖纵卷枯黄，严重时秧田一片枯焦，状似火烧。稻蓟马主要在水稻苗期、分蘖期为害，其余三种主要在穗期为害。

（二）形态特征

见图10-17。

1. 成虫

稻蓟马成虫体长1.2~1.5mm，黑褐色，触角7节，第2节端部和第3、第4节色淡，其余黑褐色，第3节背面和第4节腹面各有叉状感觉锥，单眼间鬃短，位于单眼三角形连线的外缘，前胸后缘角的每侧各有2根鬃。前翅淡褐色，上脉鬃不连续，基鬃5~7根，端鬃3根，下脉鬃11~13根。雄虫腹部末端钝圆。雌虫腹部末端圆锥形，产卵管呈锯齿状。腹末端鬃细长。

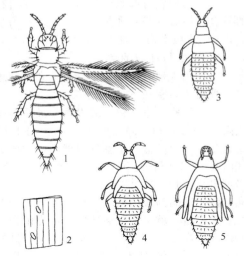

图10-17 稻蓟马
1—成虫；2—卵；3—初龄若虫；
4—3龄若虫；5—5龄若虫

2. 卵

肾形，长约0.26mm，宽约0.11mm，初产时乳白色，后变为淡黄色，将孵化时显示出两个红色眼点，对光透视叶片着卵处呈针尖大小半透明点。

3. 若虫

初孵时乳白色，体长0.3~0.4mm，头胸与腹部等长，触角串珠状，第4节膨大。2龄若虫体长0.6~1mm，乳白色至淡黄色。腹部可透见肠内食物，使体带绿色。3龄若虫又称"前蛹"，体长0.8~1.2mm，淡黄色，翅芽明显，触角分向头的两边。4龄若虫又称"蛹"，大小、颜色与3龄若虫相似，翅芽伸长达到腹部第5~7节。单眼3个，红褐色明显可见；触角向后平贴于头胸部。

（三）发生规律

稻蓟马在福建和两广南部可终年繁殖为害，1年发生15~19个世代；其他稻区年发生10~14个世代。以成虫在麦类、李氏禾、看麦娘等禾本科植物叶鞘、心叶内越冬。冬暖时仍可活动为害。

在3月份气温稳定在8℃以上时，越冬成虫即可在越冬寄主上产卵。4月中旬，当田间出现稻苗后，就大量迁往秧田，一般在稻田内可以繁殖7~8代，并在各种稻苗间辗转为害。晚稻圆秆拔节后，多数迁到再生稻或落谷苗上繁殖3~4代，世代重叠严重。成虫迁移扩散能力强，春季先在靠近越冬寄主附近的秧田扩散为害，随后迁移到其他稻田。在一块田内，先田边后田中。水稻生长中、后期，其迁到田边杂草，特别是游草上取食，或早播的麦苗上取食，然后以成虫越冬。

稻蓟马成、若虫都怕光，多栖息于心叶或叶尖卷叶内。成虫可营两性生殖或孤雌生殖，孤雌生殖后代多为雄虫。雌成虫产卵时喜选择三叶期至分蘖期的水稻，多产卵于心叶下第2片嫩叶上。叶片宽大、生长嫩绿的秧苗着卵多。羽化后3~6天内产卵最多，适温下每雌平均产卵100粒左右，产卵于叶脉间组织内，穗期则钻入穗包内产卵，孵化后在寄主组织上留下椭圆形透明卵痕。

若虫共4龄。初孵若虫96%潜入心叶内为害，至心叶完全伸出时，2龄若虫集中在叶尖，纵卷叶尖为害，若虫便在卷叶内或爬至老的卷叶内进入3龄，直至化蛹、羽化。卷叶内常有十几头甚至几十头3~4龄若虫群集。

各虫态历期分别是：气温 10～20℃，卵期 6～7 天，若虫期 10～13 天，产卵前期 1～3 天，产卵期 10～20 天。全代历期，春季约 25 天，夏季 15 天左右。雌成虫寿命为害季节为 20～40 天，秋季 52 天，越冬代可存活数月。雄虫寿命只有几天。

稻蓟马生长发育对温湿度条件要求严格。发育起点温度为 8～11℃，适宜温度为 15～25℃。耐寒力强，在 -20℃ 条件下可存活数天。不耐高温，气温超过 28℃ 时，性比、成虫寿命、产卵量和孵化率都明显降低。低龄若虫喜温凉高湿天气；高龄若虫和成虫喜多晴少雨天气。冬春温暖、早春气温回升早，有利于稻蓟马越冬和早期繁殖。在 6～7 月份，气温长期维持在 22～23℃，阴雨日多，往往造成大发生。当年高温天气来临早，时间长，则为害轻；反之则重。复种指数高、种植杂优水稻、多蘖壮秧培植、本田返青早及水肥管理不当致使叶色浓绿、分蘖期延长、无效分蘖增多及杂草丛生，为其提供了丰富、优质的食料，有利于其发生和为害。稻蓟马的天敌甚多，如小花蝽、隐翅虫、蜘蛛、稻红瓢虫、窄姬猎蝽等，对蓟马的发生为害有一定的抑制作用。

（四）防治方法

1. 农业防治

调整种植制度，尽量避免早、中、晚稻混栽，同稻型、同品种集中或成片种植，以减少稻蓟马辗转为害的机会。合理施肥，在施足基肥的基础上，适期适量追施返青肥，促使秧苗正常生长，控制无效分蘖，均可减轻为害。清除田边杂草，破坏其越冬及春、夏繁殖场所。

2. 药剂防治

秧田于 2～3 叶期后的孵化盛期施药。本田在秧苗返青后，检查初卷叶，当若虫中有个别达 4 龄（蛹）时，或每丛有 2～3 龄若虫 2.5～3 头，常规单季稻有 1.0～1.5 头时，应进行药剂防治。常用药剂及使用方法如下。

（1）土壤施药　发生严重地区，播种前在秧田表土撒施 3% 呋喃丹颗粒剂，每亩 1.5～2kg，然后播种。

（2）拌种　每 100kg 水稻干种拌 70% 吡虫啉可湿性粉剂 100～200g，持效期 30 天。

（3）浸苗　移栽前用 40% 乐果乳剂 1000 倍液浸蘸秧尖，堆闷 1h，然后移栽。

（4）喷雾　秧田或本田喷雾防治，有效的药剂有：5% 锐劲特悬浮剂 1000～2000 倍液喷雾，或 70% 吡虫啉可湿性粉剂每公顷 60g 兑水喷雾，或 25% 杀虫双水剂每公顷 3000mL，兑水 450～600kg 喷雾，或 50% 杀螟松乳剂 2000 倍液喷雾。

第三节　杂粮害虫

杂粮主要指玉米、高粱、谷子等禾本科作物。其中以玉米的栽培面积最大，为北方重要农作物之一，南方丘陵地区也广为栽培。杂粮作物在苗期普遍遭受地下害虫蝼蛄、蛴螬、地老虎等的为害。部分地区还受到网目拟地甲、蒙古拟地甲等的为害。粟茎跳甲在局部地区也可造成很大的损失。其生长季节主要害虫有玉米螟、粟灰螟、高粱条螟、桃蛀螟、粟穗螟、黏虫、棉铃虫、大螟、高粱蚜、棉红蜘蛛、蓟马、高粱长蝽等。其中以杂粮螟虫发生较为普遍，尤其是玉米螟最为严重。在天气干旱的情况下，不少地区的棉红蜘蛛对玉米和高粱为害特别严重，甚至造成植株死亡。在不少地区蝗虫也是杂粮的重要害虫，但几十年来很少发生迁飞或为害成灾的现象。

一、黏虫

（一）发生及为害情况

黏虫属鳞翅目夜蛾科，又名行军虫或剃枝虫。我国各地均有分布，是世界性禾谷类重要害虫。

黏虫为多食性害虫，除为害玉米、谷子、高粱外，还是小麦、水稻的重要害虫。猖獗发生年，也能为害蔬菜、豆类和棉花等。在东北、华北主要为害小麦、谷子、玉米和高粱；华东、华中、华南主要为害小麦、水稻；西南三省主要为害玉米、水稻和小麦。以幼虫咬食叶片，1～2龄幼虫仅食叶肉形成小孔，3龄后才形成缺刻，5～6龄达暴食期，严重时将叶片吃光使其成为光秆，造成严重减产，甚至绝收。当一块田禾被吃光后，幼虫常成群迁到另一块田为害，故又称行军虫。

(二) 形态特征

见图10-18。

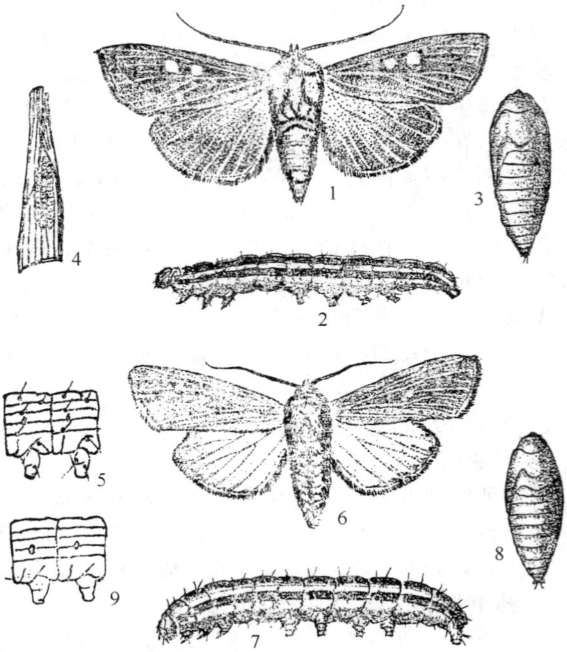

1. 成虫

体长16～20mm，翅展40～45mm，淡灰褐色或黑褐色，雄蛾色较深。前翅中室外端有两个淡黄色圆斑，外方一个圆斑的下方有一个小白点，白点两侧各有一个小黑点。自翅顶角至后缘的1/3处，有一条斜行黑褐纹，自前缘1/4处至后缘1/3处有7～9个黑点，排列成弧形；后翅内方淡灰褐色，向外方渐带棕色。

2. 卵

馒头形，卵粒排列成行或重叠成堆。初为白色，渐呈黄褐色，孵化前变黑。

3. 幼虫

一般6龄，体色变化较大。老熟幼虫体长38mm左右，头部淡黄褐色，沿蜕裂线有褐色纽纹，呈"八"字形纹。左右颅侧区有褐色网状纹。胴部圆筒形，背有5条纵线，背线白色较细，两侧各有两条黄褐色至黑色、上下镶有灰白色细线的宽带，气门滤器及气门片黑色有光，腹足基节外则有阔三角形黄褐色或黑褐色斑，密度大时体色较深。各龄幼虫区别见表10-9。

图10-18 黏虫
1,6—成虫；2,7—幼虫；3,8—蛹；4—卵；5,9—幼虫气门

表10-9 黏虫不同龄期的区别

龄别	1	2	3	4	5	6
腹足	4对腹足，第1对特别小，无趾钩，第2对小于第3、第4对	4对腹足，第1对小于第3、第4对	4对腹足，第1对略小于第3、第4对	4对腹足等长	4对腹足等长	4对腹足等长
爬行方式	拱腰	拱腰	不拱腰	不拱腰	不拱腰	不拱腰
背线	不明显	较明显	明显	明显	明显	明显
头上八字纹	无	无	无	有	有	有
被害状	吃叶肉(麻布眼状)	吃叶肉，呈长条状	吃叶肉，呈长条状	吃成缺刻	缺刻	缺刻
历期	7天	2天	3天	4天	4天	4天
体长/mm	1.5～3.4	3.4～6.4	6.4～9.4	9.4～14	14～24	24～40
头宽/mm	0.32	0.55	0.90	1.40	2.40	3.50

4. 蛹

体长约20mm，褐色，腹部第5、第6、第7节近前线有一列隆起点刻，具有一对强大尾刺，其两侧各有小刺2根。

劳氏黏虫与黏虫很相似，与黏虫的主要区别见表10-10。

表10-10　两种黏虫主要形态特征比较表

项目	黏虫	劳氏黏虫
成虫	前翅中央附近有明显白斑一个，白斑两侧有小黑点各一个，前缘附近有两个淡黄色圆斑	前翅中央有一暗褐色的条带，伸展至翅基部，中央白斑两侧不具有小黑点，前缘无黄色圆斑
卵	卵粒上网状纹为正六角形	网状纹不规则
老熟幼虫	气门过滤器黑色而有光泽，颊侧区有明显的网状纹，头中部有成对淡褐色至黑褐色的粗纵纹	气门过滤器淡黄色，网状纹颜色均一，呈淡棕褐色
蛹	腹部5～7节各节背面的前缘处有马蹄状的小刻点组成的横线	腹部4～7节各节背面前缘处有马蹄状的刻点组成的横线

（三）发生规律

1. 生活史

黏虫无滞育现象，只要条件适合，可连续繁殖和生长发育。因每年发生的世代数和发生期因地区和气候变化而异，我国由南至北每年发生2～8代。黏虫在我国各地区发生的代数、主要为害代次及为害盛期与为害作物见表10-11。

表10-11　我国东半部黏虫发生区的划分

发生区名及全年发生代数	大致地理位置	主要为害代次	为害盛期	为害的作物	越冬情况
6～8代区	北纬27°以南。广东的东南、西部、福建东、南部台湾	第5代（或第6代）和越冬代	6～10月份 1～3月份	水稻 小麦	无冬眠现象
5～6代区	北纬27°～33°间。湖北中、南部，湖南、江西、浙江、福建等省北部，江苏、安徽南部	第5代，其次为第1代	9～10月份 3～4月份	水稻 小麦	1月份8～3℃等温线间无冬眠，0～3℃线间以幼虫、蛹在稻草堆下、根茬田埂、草地越冬
4～5代区	北纬33°～36°间。江苏、上海、安徽、河南及山东南部，湖北西、北部	第1代（个别年份第3代）	4～5月份 7～8月份	小麦、谷子、水稻、玉米	漯河、荆州有个别越冬蛹（或残虫），一般查不到越冬虫态、大部分不能越冬
3～4代区	北纬36°～39°间。山东西、北部，河北中、西、南部，河南北、东部，山西东部	第3代（近年第1、第2代有发展趋势）（密植丰产地）	7～8月份（第1代在5～6月份及第2代为7月份）	谷子、玉米、高粱、水稻、早稻（第1、第2代为害小麦、麦套玉米，第3代为害谷子、玉米）	直到目前未发现越冬虫
2～3代区	北纬39°以北。东北，内蒙东、南部，河北东、北部，山东东部，山西中、北部及北京	第2代（辽南、辽西、河北东北部及北京）有时第3代发生也较重	6～7月份 7～8月份	小麦、谷子、玉米、高粱。个别年份也为害水稻	直到目前未发现越冬虫

黏虫发育一代所需的天数及各虫态的历期，受温度影响很大，因此各代历期不同。在自然情况下，第1代卵期6～15天，以后各代3～6天；幼虫期14～28天，前蛹期1～3天，蛹期10～14天；成虫产卵前期3～7天；完成一代需40～50天。

2. 习性

成虫需要补充营养，取食各种植物的花蜜、蚜虫（介壳虫）的蜜露、腐果汁液、粉浆和含发酵淀粉的各种污水等。

成虫从羽化到产卵前趋化性强，对糖醋液的趋性很强，产卵后趋化性减弱而趋光性加强。

成虫有昼伏夜出习性。白天隐伏于草丛、麦田、玉米秆、土隙、草堆下等处，夜间活动。在黄昏时及午夜（3～4时）活动最盛，天明时隐伏。

成虫具远距离迁飞的习性。飞行力强，一次飞行可达 500km 左右。通过约 100 万头以上的飞行距离测定，证实飞翔最远的可达 1400km。黏虫不能在日平均温≤0℃的天数在 30 天以上，甚至多达 100 天的地区过冬。一般在 4～5 代区在 5 月下旬至 6 月上旬前后幼虫化蛹、羽化，大部成虫继续北飞，在 2～3 代区繁殖为害，幼虫于 6 月中下旬为害谷子、小麦和玉米。7 月中下旬幼虫老熟化蛹，羽化为成虫后，即回迁降至 3～4 代区为害。幼虫大发生于 8 月份，主要为害谷子、玉米、高粱及水稻。8 月下旬至 9 月上中旬化蛹、羽化迁飞至长江以南的 5～6 代区及 6～8 代区繁殖。9～10 月份间为害晚稻，此后继续繁殖、越冬或为害小麦。次春成虫羽化后再向北迁。

各地大发生世代成虫羽化后，除大部分向外地迁移外，也有一小部分成虫在原地继续繁殖。但因蛾量较少，发生环境也不适合，所以下一代发生较少，但个别年份也能造成一定程度的为害。例如，华北地区每年 2 代幼虫也时有发生，但大部分地区发生量较少，而且群体发育进度也比 2～3 代区偏迟，到 8 月中旬才能羽化。

成虫羽化后 2～5 天交配，产卵前期 6～12 天。雌虫对产卵部位有一定的选择性。在麦田一般喜产卵于枯黄的叶尖或麦株基部的叶缝、叶鞘内；在谷子上则多产于上部 3～4 片叶尖内，枯心苗与白发病株上产卵更多；在玉米、高粱上则产于叶尖和穗子的苞叶上；在稻田则喜产卵于下部枯黄的稻叶尖上。每雌产卵一般为 500～1600 粒，少的数十粒，最高能产 3000 余粒。卵常排列成行，上有胶质物互相黏结成块，每块卵粒数不等，多的可达 200～300 粒。因此，利用黏虫产卵习性，在田间插上谷草或稻草把，诱成虫产卵，进行田间卵量消长测报。亦可发动群众进行诱卵防治。

幼虫食性很杂，主要为害禾本科作物和杂草。初孵幼虫群集取食卵壳后吐丝分散。1～2 龄幼虫白天多隐藏在作物心叶或叶鞘中，夜间活动，取食叶肉，留下表皮，呈细长条的半透明小条斑。3 龄后蚕食叶片，啃食穗轴，并进入暴食期，其食叶量占整个幼虫期的 80%以上。虫口密度大时，几天内就可把全部叶片吃光，只留主脉，而后群迁他田为害。喜在生长势好、植株嫩绿、寄主群体量大的田块取食。

幼虫具假死性，可用扑打震落的方法进行测报和防治。

幼虫老熟后，钻入寄主根旁的松土内 1～2mm 处作室化蛹。此时对土壤含水量有选择性，一般化蛹在含水量 15%左右的土壤内。在稻田内化蛹时，常在离水面 5cm 左右的稻丛基部把黄脚叶和虫粪黏结成茧化蛹其中。

3. 发生与环境的关系

黏虫的发生与为害程度，受气候条件、食料营养、生产活动及天敌的影响很大。环境条件适合，发生和为害重，反之，为害减轻。

（1）气候条件的影响　黏虫对温湿度要求比较严格，雨水多的年份往往大发生。

成虫产卵适温为 15～30℃，最适温为 19～25℃，相对湿度为 90%左右。温度高于 25℃或低于 15℃时，成虫产卵量减少。35℃时，任何相对湿度其均不能产卵。在适温条件下，湿度大则产卵多，湿度在 90%以上时，产卵很少受到影响。湿度在 40%以下，温度越高对产卵影响越大。在适温低湿的情况下，如温度平均在 21℃，相对湿度在 40%时，则卵不能孵化为幼虫。

不同温湿度组合，对幼虫的成活和发育影响也很大，特别是 1 龄幼虫更为明显。在 23～30℃之间，随湿度的降低，死亡率增大。相对湿度低于 18%则无一存活。有数据说明，初龄幼虫不耐高温低湿。在高温下，如湿度增高，幼虫成活率提高。例如，在 30℃时，湿度增加到 80%，成活率提高为 45%。幼虫的正常化蛹率，与相对湿度呈正相关；土壤过于干燥时常引起蛹死亡。此外，暴雨会使低龄幼虫大量死亡。

（2）食物营养的影响　黏虫成虫卵巢的发育需要大量碳水化合物，主要是糖类。成虫喜食果糖、葡萄糖、麦芽糖和蔗糖。取食麦芽糖的产卵量最大，乳糖其次。华北地区早春蜜源植物，如豌豆、洋槐、桃、李、杏、苹果、油菜多的地区，第 1 代幼虫数量大，这与成虫能大量取食花蜜中的糖类是分不开的。黏虫幼虫嗜食禾本科植物，取食后幼虫发育快、化蛹后的蛹重较高，羽化的成虫发育更好，平均历期仅 17 天，蛹重在 0.4g 以上，每头雌蛾平均产卵 1700 粒左右，而用小蓟（刺儿菜）和苜蓿饲养的幼虫发育慢，蛹重不到 0.3g，成虫弱，不能产卵。

（3）天敌的影响　黏虫天敌有很多，如寄生蜂、寄生蝇、金星步行虫、蚂蚁、线虫、蛙类、禽类等。蚂蚁和黑卵蜂是黏虫卵的天敌。绒茧蜂、悬茧蜂、黏虫白星姬蜂、黑点瘤姬蜂、寄生蝇等，可寄生在幼虫和蛹体内。据调查，各类天敌对黏虫的扑食和寄生率可高达 70% 左右。在生产活动中，可多措并举，为天敌的发生创造条件，充分发挥其抑制作用，可在一定程度上提高整体生产效益。

（4）生产活动的影响　除上述三种因子对黏虫发生危害程度有重大影响外，人们的生产活动对其发生亦有很大影响。据调查，第 1 代黏虫蛹的机械伤亡率达 28%，在种植时其伤亡高达 44.4%。小麦密植后，高水肥的丰产田往往成为黏虫大繁殖的集中地。在 3~4 代发生区的北部，大面积推广小麦、玉米套种后，第 1 代或部分第 2 代幼虫在麦收前后对春玉米苗为害很重。又如 7、8 月份阴雨连绵，谷子、玉米地杂草丛生，则容易引起第 3 代幼虫大发生。

（5）虫源基数　虫源基数是影响某地黏虫发生程度的一项重要因子，虫源基数大，发生重，为害加重。如 1987 年由于僻邻生态区前代发生重，虫源基数大，造成东北地区黏虫大发生。沈阳地区当年 6~7 月份间玉米田黏虫幼虫密度高达每平方米 500 多头。大面积的玉米被吃光。

（四）测报

黏虫是一种间歇性猖獗发生的大害虫，在气候条件合适的情况下，能迅速爆发成灾，造成严重减产，因此，必须做好测报工作，将其消灭在为害之前。对黏虫进行测报主要靠做好"三查"工作，即查成虫、查卵和查幼虫。

1. 成虫观测

（1）诱蛾器诱蛾　诱蛾器构造：以白铁皮制成，筒罩、底盘和诱剂皿三部分。筒罩为圆筒形，高 35cm，直径 31cm，罩壁有 12 个大小相等向内凹入的长孔，筒罩上顶焊死，并焊以拿手，下端开口。长孔外边长 34cm、宽 5cm，内边长 10cm、宽 1.5cm，凹入部分的下两端焊住，长孔下边与筒罩下边相距 11cm 以上。底盘的底直径 32cm，略大于筒罩，边高 3cm，口径略小于筒罩。诱剂皿边高 3cm，直径约为 25cm，并作一盖盖上，大小均能以罩入筒罩为限，内放诱剂"糖醋酒液"（亦可安装特制的黑光灯管，诱剂皿中放缓释熏蒸剂）。

诱蛾器应设置在离村庄稍远，较空旷，并有一定代表性的麦田、玉米田或谷田。测蛾器可用木架架起，器底离地面 1m 左右，测蛾器之间的距离应在 500m 以上。每年开设时间应在历年发蛾始期前 5~10 天，到发蛾期过后为止。风雨不停，每日诱测，并定时统计，认真记载。发现蛾子数量激增之日，即进入蛾盛期。诱蛾最多的一天，则为发蛾峰日。诱剂配法：酒 0.5kg、水 1kg、红糖 1.5kg、醋 2kg，另外加敌敌畏 12ml，先将红糖用水溶化，然后加入醋、酒和敌敌畏，拌匀即成。

（2）杨树枝（或柳树枝）把诱蛾　适于第 2~3 代成虫诱测，选两年生而且叶片较多的杨树枝条，剪成 60cm 长，基部一端用绳绑紧，每把直径约为 15cm，晾置 1~2 天待叶片萎蔫后即可使用。

把杨树枝头朝下倒捆在木棍或竹竿的一端，10 把为一组插立田间，使杨树枝把距地面 1m 左右，每把相距 5m 以上，每天早晨日出前用扑虫网套住树枝把将虫振落于网内，杀死后检查统计雌雄蛾数量。杨树枝把 5 天更换一次，设置时间各地自行规定，华北地区诱测第 2 代成虫可从 7 月中旬（11 日）开始至 8 月下旬（月底）为止。

根据诱蛾数量并与历史资料对比，参考气象预报资料，预报可能发生量，发蛾始、末期，指导田间查卵、查幼虫工作。

2. 田间诱蛾查卵

（1）麦田谷草把诱卵　用三根谷草秸扎成草把。选有代表性的一、二类麦田各 1~2 块（面积不少于 33300m²），每块地在麦行间梅盘式插草把 10 个，谷草秸顶高出麦株 15cm 左右，每 3 天检查并更换一次，剥开干叶和叶鞘检查诱卵块数，并抽查 10 块卵粒数。

（2）其他作物田间查卵　选有代表性同类型的谷子、玉米等作物地块，进行固定地块调查，3 天查卵一次，谷地 5 点取样，每点 1m 双行。玉米、高粱五点取样，每点相邻 30 株。水稻 10

点取样，每点查 5 墩。卵盛期可进行游动调查，酌情普查。

查得卵盛期，可根据当地气象条件，卵和 1～2 龄幼虫历期，推算 3 龄虫盛期，做到事前准备，防治及时。

3. 幼虫调查

(1) 调查方法　麦类及谷子用 1m 长的小杆 2 根，同时将 2 行植株向行间压弯拍打（行间衬一塑料薄膜）振虫落地。检查拾净落在垄间地面上的各龄幼虫，重复检查 3～5 次，再查潜土的幼虫数量。

(2) 确定防治地块　选定有代表性的主要被害作物地各 2～3 块，每块 3330m²，在查卵的基础上，进行定期定点调查，初期每 3 天查一次，幼虫盛期隔一天调查一次，幼虫进入 2～3 龄盛期组织大面积普查，当发现小麦每平方米有低龄幼虫 5～16 头；谷子每平方米有 5 头；高粱、玉米苗期每 100 株有虫 20～30 头，中后期 50～100 头；水稻孕穗期每亩有虫 1000～2000 头时，就应立刻进行防治。

(3) 查防治效果　防治后应及时检查效果，残量达防治指标以上，应酌情扫残补治。

(五) 防治方法

1. 诱杀成虫

在蛾子数量开始上升时起，充分发动群众锈蛾扑蛾，用糖醋酒液或其他发酵有甜酸味的食物配成诱杀剂，盛于盆、钵、碗等容器内，每 0.5hm² 放一盆，盆要高出作物 30cm 左右，诱剂保持 3cm 深，每天早晨取出蛾子，白天将盆盖好，傍晚开盖。5～7 天换诱剂一次，连续 16～20 天。糖醋酒液的配制：酒 1 份，水 2 份，糖 3 份，醋 4 份，调匀后加 1 份敌敌畏。另外也可用黑光灯和"杨枝把"诱杀成虫。

2. 诱蛾采卵

从产卵初期开始直到盛末期止，在田间插设小谷草把，每 66m² 插一把，采卵间隔时间，第 1 代约 5 天，第 2～3 代以 3 天左右为宜，最好把谷草把上的卵块带出田外消灭，全部更换新谷草把。

3. 化学农药防治

(1) 喷粉　以下各种粉剂每亩❶喷撒 1.5～2kg。

① 40%氧化乐果可湿性粉剂 1.5～2kg/666m²，可兼治蚜虫。

② 5%马拉硫磷粉剂。

③ 3%乙基稻丰散粉剂。

(2) 喷雾　以下各种药液用一般喷雾器每亩喷 60kg 左右。

① 50%辛硫磷乳油 5000～7000 倍液。

② 2.5%高效氯氟氰菊酯（功夫）乳油 25mL/666m²。

③ 5%氟啶脲（抑太宝）乳油 25～50mL/666m²。

④ 50%西维因可湿性粉 300～500 倍液。

(3) 地面超低容量喷雾　大面积防治小麦玉米套种地黏虫，每亩喷 30%敌百虫水剂 500mL，或 5%高效氯氟氰菊酯（功夫）乳油 30mL/亩。

二、玉米螟

(一) 发生及为害情况

玉米螟属鳞翅目螟蛾科，俗称玉米钻心虫，我国各地均有分布，主要寄主有玉米、谷子、高粱、水稻、棉花、向日葵、辣椒及麻类等 50 多种作物。其野生寄主很多，主要有小蓟（刺儿菜）、苍耳、水稗等。春玉米受害株率常年为 30%左右，减产 10%，夏玉米受害较重，一般减产 20%～30%，严重时，被害株率高达 90%，减产 30%左右。

玉米螟以幼虫钻蛀寄主心叶丛、茎秆及果实。除根部外，玉米、高粱的整个植株均受其害。

---

❶　1 亩＝666.67m²。

初孵幼虫取食嫩叶叶肉，留表皮。3～4龄后，即可咬食其他坚硬组织。在玉米、高粱心叶期集中在心叶内为害。被害叶长出喇叭口后，呈现不规则的半透明薄膜"不透孔"、孔洞或排孔。被害严重的叶片支离破碎，不能展开。在孕穗期，心叶中的幼虫集中到上部，为害幼嫩穗苞内未抽出的玉米雄穗或高粱嫩穗，至雄穗不能正常抽出。当玉米雄穗抽出后，大部分幼虫开始蛀入雄穗柄和雌穗以上的茎秆，造成折雄，这是蛀茎初期。到雌穗逐渐膨大或开始抽丝时，幼虫喜集中在花丝内为害，其中一部分较大龄虫则向下转移蛀入雌穗着生节及其附近茎节，破坏营养物质的运输，严重影响雌穗的发育和籽粒的灌浆，这是蛀茎盛期，也是影响玉米产量最严重的时期。为害谷子时主要是为害茎基部，苗小时发生枯心苗。抽穗前受害，多数不能抽穗。抽穗后受害，植株易被风吹断。为害棉花时，主要钻蛀于茎、枝条、嫩尖及叶柄内，常使嫩头倒折枯萎，幼虫也可以为害蕾铃，引起落蕾和烂铃。

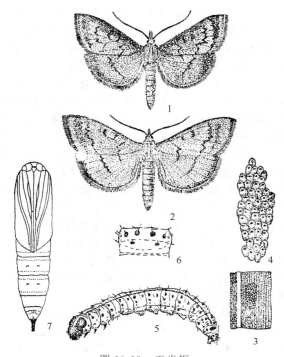

图 10-19　玉米螟
1—雄成虫；2—雌成虫；3—卵块；4—卵块放大；5—幼虫；6—幼虫第2腹节；7—蛹

（二）形态特征

见图 10-19。

1. 成虫

雄蛾体长 10mm，翅展 22mm 左右，黄褐色。前翅内、外横线锯齿状，中间有两个小褐斑。外缘线与外横线间有一条宽大褐色带；后翅淡褐色，亦有褐色横线，当翅展开时，与前翅内外横线正好相接。雌蛾前翅淡黄，不及雄蛾鲜艳，内外玉米螟横线及斑纹不明显，后翅黄白色；腹部较肥大。

2. 卵

扁椭圆形，长约 1mm，由几粒至百余粒组成块状，卵块一般 30～40 粒黏在一起，排列成鱼鳞状，边缘不整齐。初产时蜡白色，继而发黄，临孵化前颜色灰黄，卵粒上端附近出现一个小黑点（幼虫头壳），称作"黑点卵块"，表示即将孵化（此与赤眼蜂寄生卵不同，赤眼蜂寄生卵粒整个漆黑）。

3. 幼虫

老熟幼虫体长 20～30mm，淡褐色，头壳及前胸背板深褐色有光泽，体背灰黄或微褐色，背线明显，暗褐色，中后胸毛片每节 4 个，腹部 1～8 节每节 6 个，前排 4 个较大，后排 2 个较小，腹足趾钩 3 序缺环。

4. 蛹

红褐色或黄褐色，长 15～16mm，腹部背面 1～7 节有横皱纹，3～7 节具褐色小齿一横列，5～6 节腹面各有腹足遗迹 1 对。尾端臀棘黑褐色，尖端有 5～8 根钩刺。

（三）发生规律

1. 生活史和习性

玉米螟在我国从北到南，每年发生 1～6 代。北纬 45°以北的黑龙江为 1～2 代区；北纬 40°～45°间的河北北部、吉林、辽宁及内蒙古大部地区，属于 2 代区；长江以北的河北、河南、山东、陕西、安徽、江苏为 3 代区；湖北、四川、湖南、江西及浙江基本为 4 代区；广西、广东中北部及台湾北部等地属 5～6 代区；广西南部及海南岛每年发生 6～7 代；各地的玉米螟均以末代老熟幼虫在寄主秸秆、穗轴或根茬中越冬，次年生长季节到来后开始化蛹、羽化，并产卵为害。越往北则发生的代数愈少。在同一发生区或同一省份，由于地势和气温的不同，发生的代数也不同。如黑龙江庆安一带，每年只有1代，但齐齐哈尔、哈尔滨每年却发生2代。河南大部分地区每年发生3代，但西部山区，每年却只发生2代。

2代区以东北的哈尔滨及沈阳地区为例，第1代一般为害谷子，第2代为害玉米。哈尔滨地区的越冬幼虫于6月上旬开始化蛹，6月中旬为化蛹盛期，越冬代成虫于6月中下旬盛发，7月中旬谷田出现大量第1代幼虫及被害植株。8月上中旬大量化蛹，8月中旬第1代成虫盛发。产卵后，幼虫于8月下旬至9月上旬孵化为害，10月间开始越冬。

3代区以河南为例，每年9月中下旬老熟幼虫在玉米茎秆和穗轴中开始越冬，次年5月中下旬大量化蛹，5月下旬至6月上旬越冬代成虫盛发，随即产卵。第1代幼虫于6月中旬盛发，此时正值春玉米心叶期，为害很重。第2代幼虫盛发于7月中旬左右，此时正值夏玉米心叶期与春玉米的乳熟期，幼虫集中为害夏玉米，第3代幼虫盛发于8月中旬至9月上旬，此时夏玉米正处于乳熟期，幼虫多集中为害夏玉米的雌穗等，如果此时雨水较多，则被害株率可高达100%。收获玉米时，幼虫大部分老熟并开始越冬。在豫北及豫西种植春玉米的地区，第1代玉米螟幼虫的虫口密度高，为害较重，其余两代一般较轻，有时第3代亦重；豫东和豫中春、夏玉米混作区，虫口以第3代最多，为害亦最重。总之，河南省玉米螟发生为害的规律是：第1代重，第2代轻，第3代最重。

多代区，如广东，每年发生6代，海南岛每年发生6～7代，广东越冬代成虫始见于3月下旬。第一代的发生量不大。5月份以后数量渐多，第2代幼虫对春玉米为害较重。秋季第3～5代在田间重叠发生，对夏玉米为害很重。各代发生的时间依次为3月下旬、5月上旬、6月上旬、7月上旬、8月下旬及9月下旬。成虫大多在晚上羽化，白天躲藏在茂密的作物田里或田边沟旁的杂草丛内，夜间开始活动，飞行力强，有趋光性。其对黑灯光的趋性比白炽灯强，可利用黑灯光诱集成虫。成虫羽化后当天即可交尾，1～2天后开始产卵，头1～2天产卵量最多，3～4天后逐渐减少。一般产卵于叶片背面，以中脉附近较多，每头雌蛾产卵10～20块，300～600粒，每卵块有卵20～60粒，蛾后期产卵亦有散产现象，2～3粒到十数粒不止，但此种情况不多。

成虫寿命3～21天，一般8～10天。卵期因温度而异，第1代卵期3～10天，一般5～6天，第2～3代卵期较短，一般3～4天。幼虫孵化后群集在卵壳上，取食卵壳，约1h后开始分散爬行，一般潜入心叶内或吐丝下垂，随风飘移到临近植株上，因此被害株常连成一片，形成点片发生罗列田间，幼虫5龄，一般在被害部位附近化蛹，蛹期一般为4～10天，越冬代蛹期较长，4月下旬化蛹者，蛹期长达9～10天，整个幼虫期20～30天（越冬代除外）。

2. 发生与环境的关系

（1）越冬基数的影响　根据经验，一般越冬基数大，田间第1代卵量和被害株率就高。越冬基数的大小，与越冬寄主秸秆和穗轴的残存量、百秆内越冬虫量有很大的关系。如山东济宁的调查，冬后平均百秆活虫数在48头以下时，春玉米被害株率为34%左右；48～93头时，被害株率为46%～65%；280头以上时，被害株率达88%以上。

（2）气候条件的影响　玉米螟的发生、消长受温湿度影响最大。常年平均温度越高，发生代数越多，冬季暖和，早春气温回升早，越冬幼虫化蛹也早。春季越冬幼虫恢复活动时，幼虫必须咬食潮湿的秸秆，从中吸足水分后方能化蛹。成虫羽化后也必须饮水才能正常产卵，因此，3～5月份雨量多，对化蛹有利，反之，春季雨量少，5月份温度低，不利于越冬幼虫化蛹、羽化及产卵。据山东调查，相对湿度在25%以下，螟蛾不产卵，或极少产卵，40%以上时卵量增加，80%以上时产卵量达高峰。相对湿度低，雌蛾寿命短，卵块孵化率降低。心叶期干旱，玉米叶片经常卷缩，能使已产在叶片上的卵块脱落。春季气候温暖，常力大发生的征兆。而产卵期和初孵期雨量过大，玉米螟的发生亦受限。一般来说，温度影响玉米螟的发育进度，而湿度影响当年的发生量和为害程度。

（3）天敌的影响　在自然条件下，天敌对玉米螟具有相当大的抑制作用，在综合防治中，其意义重大。例如，2000～2001年在山东济宁调查，在诸多天敌中，赤眼蜂对玉米螟的抑制作用最大，寄生率高达60%。此外，还有草蛉、食卵瓢虫等扑食螟卵。其幼虫天敌还有寄生蝇、黄金小蜂、黑蜘蛛、步行甲、白僵菌、苏云金杆菌等。据调查，寄生蜂和寄生蝇的总寄生率高达47%～63%。白僵菌和苏云金杆菌的常年致病率达10%左右。

（4）玉米品种抗螟性的影响 据研究，抗螟玉米品系之所以能抗螟，是因为心叶期的心叶中含有抗螟素（甲、乙、丙）的缘故。其中以抗螟素甲和抗螟素丙（又名"丁布"）为主。"丁布"具有遗传性，造成不同玉米品种抗螟素含量不同，抗螟素甲的产生与浓度是随玉米不同生育期而变化的；而玉米不同生育期，不同部位的含糖量也是多变的，含糖多则抗螟性消失；抗螟素的致死含量期必须与幼虫的初龄期吻合。可见玉米品种之间、相同品种的不同生育期、不同部位之间的抗螟性差异很大。因此选育抗螟性较强的玉米品种，是防治玉米螟的重要措施之一。据山东观察：当地种植的玉米品种郑单358、俊单20、俊单18、莱农14等对初孵幼虫抗性较强。

（5）不同田块着卵量的影响 玉米螟雌蛾喜到播种早、水肥足、长势好的植株上（生育期吻合、含糖量高）产卵。在同一地区，同样发蛾量的情况下，丰产田的着卵量远比一般田为多。因而，防治时必须早治、狠治丰产田，相对减少其他田块的虫源。

（6）玉米生育期对幼虫成活率的影响 据测定，玉米自心叶初期至心叶末期，幼虫成活率自0.4%增至10%左右；穗期的抽丝授粉期其成活率最高，春、夏玉米上幼虫成活率分别为18%、27%。花丝干枯后到乳熟期其成活率则分别降为2%、10%。在春、夏玉米同一个生育期考查，夏玉米上其成活率高于春玉米。综上所述，同样的着卵量，但由于生育期、播期不同，受害轻重不一样，人们在心叶期进行防治时，不仅应抓紧卵盛期的防治，也不能放松对后期卵的防治。而且中、后期春、夏玉米混种的地区，应狠抓夏玉米地的防治，这一点是千万不能忽视的。

高粱开花期最易吸引雌蛾产卵，而且小花与嫩粒上的幼虫成活率远比心叶期高，所以也不能忽视穗期的防治。

（7）与作物布局的关系 制定玉米螟综合防制规划，必须注意种植布局。在压缩春播玉米、谷子、高粱面积而扩大夏玉米面积的地方，可以显著减轻夏玉米第2代幼虫为害的程度。

（四）主要测报方法

1. 越冬虫源调查

（1）冬前基数调查 为了掌握历年发生消长情况和当年防治效果及虫量，初步预测第二年可能发生的程度，推动冬季治螟工作的开展，应在主要寄主作物收获后，选取播期、品种、生长情况和有代表性的寄主若干处，每处随机取样，各剥查秸秆100～200株，检验其中活虫数。另外选择虫量大的秸秆，按当地习惯堆存，备翌年春季调查化蛹、羽化进度之用。

（2）冬后存活率及虫量调查 目的在于掌握越冬期间的死亡情况及总虫量，以便掌握第1代发生消长的趋势。4月下旬（化蛹前）调查越冬幼虫成活率一次，每点随机抽查100～200株，检查总虫数不少于20头，调查其中的活、死及被寄生的幼虫数。一般虫体僵硬，外有白粉状物的为白僵菌寄生，发黑软腐的为细菌寄生，出现丝质虫茧或蝇蛹的为寄生蜂或寄生蝇寄生。分别加以统计，并估计羽化前当地残存秸秆量和总虫量，采取处理秸秆、消灭越冬虫源的措施。

越冬后活虫总量＝冬后平均每千克秸秆活虫数×秸秆存留量

2. 预测第1代发生期的调查

（1）化蛹、羽化进度调查 化蛹开始前在选存的秸秆中每3～5天检验一次，每次剥查30～50头活虫，直到羽化末期为止。

$$化蛹率 = \frac{活蛹数 + 蛹壳数}{总活虫数（活的幼虫、蛹、蛹壳）} \times 100\%$$

由于越冬幼虫必须获得足够水分，才能正常化蛹，在调查期间可以将降雨（雪）日期和数量进行记载，以备分析虫情时作为参考。

（2）成虫发生数量调查 为了掌握成虫发生消长情况和相对数量，系统积累资料，预测发生趋势，应在早期悬挂黑光灯诱蛾，每天进行调查，记载始、盛、末期的数量、性别及气象要点。

（3）田间卵量消长调查 百株卵量是表示各代发生轻重的主要指标之一。在化蛹进度检查中，出现新鲜蛹皮或黑光灯下出现成虫时，应选择不同播期、有代表性的玉米、高粱地各两块，每块面积不小于 5 亩（3330m²），按对角线五点取样，每点 20 株（最好双行取样）并做好标记，每 3 天调查一次，逐叶观察，发现卵块后随即记载，并把卵块圈住，留待下次检查时观察其寄生情况后再抹去，以避免重复记载，如不做寄生率观察可立即抹去，此外在各代产卵始、盛、末期分期随机取样 10～20 块卵，调查平均粒数。

3. 玉米生育期调查

实践证明，玉米心叶末期和抽丝期是防治玉米螟的适期，心叶末期一般可用手捏法和数叶片法进行，抽丝盛期调查应从见抽丝开始，每两天调查 1 次，当抽丝达 60% 时即为盛期，如用剪花丝抹药泥法防治时，抽丝盛期后 7 天左右即为防治适期。

4. 幼虫为害调查

目的是查明被害程度，并根据防治标准，确定防治地块，并检查防治效果。一般是选择有代表性的玉米、高粱若干块，在心叶中期和末期调查花叶株率，穗期调查雌穗的虫穗率，指导防治，每块地采用五点取样法，调查 100～200 株。其防治方法须采用田内与田外（包括野生寄主）相结合、越冬时期与生长季节相结合、农药防治与其他方法相结合的综合防治办法，才能收到显著效果。

（五）防治方法

1. 农业防治

（1）处理越冬寄主、压低虫口基数　我国北方地区常因地制宜，利用粉碎饲料和沤、轧、封、剥、铲等办法，把越冬幼虫数量降低到最低程度。

（2）选育抗螟品种　育出抗螟性强而又性状和产量好的玉米品种，可以不用农药治螟就可达到增产的目的。鉴定抗螟品种所采用的方法是：把越冬代及第 1、第 2 代螟蛾饲养在笼内，笼内壁衬一层蜡纸便于雌蛾把卵块产在纸上。将黑点卵 50 粒丢入一株供试玉米的心叶中，让幼虫在其中孵化为害。待玉米抽雄后，再检查各供试株原心叶中的 4～5 片叶，按下列级别鉴定各品种的抗螟性：

0 级（特抗型）：叶片无或几乎无虫孔；

1 级（高抗型）：叶片上的虫孔均为针眼状孔；

2 级（中抗型）：叶片多针眼孔，有少量中等大小的虫孔；

3 级（感虫型）：叶片有大量中等虫孔，有部分大虫孔；

4 级（极感型）：叶片布满大虫孔，呈筛眼状。

（3）改变耕作制度　改春播为夏播，夏玉米及套种玉米面积比往年扩大了，这样，第 1 代玉米螟就丧失了繁殖基地，结果第 2 代玉米螟为害程度很轻。但应注意，改为夏播后，其心叶时期与穗授粉期正好分别为第 2～3 代玉米螟的卵盛期，必须加强防治方法，将螟卵破坏掉，否则将遭到严重危害。

（4）推广玉米与麦套种　山东、河南等地套种玉米于 5 月 15～20 日播种（比常年春玉米晚播 1 个月），这样完全避过了第 1 代幼虫的为害期。又由于其成熟期比夏玉米早 20 天左右，可以减少第 3 代幼虫为害的机会，全年只要集中力量控制住二代玉米螟的为害就行了。这样可以少治一代，大大减少农药的开支。

2. 生物防治法

当前用于玉米螟防治的益虫、益菌主要为赤眼蜂、白僵菌等。

（1）赤眼蜂　在玉米螟产卵始、盛、末期各放蜂一次。每亩放 1 万～3 万头，视虫情程度而定。每次用不同数量来进行防治。盛期放蜂量大些，效果比较理想，寄生率达 65%～85% 以上。

（2）白僵菌　一般心叶期防治，可用 500g 含孢子量为每克 50 亿～100 亿的白僵菌粉，兑煤渣颗粒 5kg，于心叶中期每株施入 2g，持效期很长，亦很少伤害天敌，不污染环境，这是其优点。但其作用慢，有时受气候影响，效果不太稳定。有的人对此菌有"过敏"反应，施用时应注意安全操作规程。蚕区不能使用。

在 4 月份把剩余的玉米秸秆堆垛好，每立方米喷土法生产的白僵菌粉 100g（大垛垛面每平方米喷一个菌粉圈，分层喷撒），杀虫率达80%。

3. 化学防治法

（1）心叶末期防治　5%辛硫磷颗粒剂：2~2.5kg/亩，撒心，但拌颗粒时，不可用手触及药液，以防中毒。

（2）穗期防治　一般可用0.5%的一六〇五颗粒剂，每株在棒子花丝及其上、下各两片叶子的叶腋撒施一些即可。为害严重地区常剪去花丝，在穗头抹上一层药泥。药泥配法：40%辛硫磷1份，水260份，干细黏土500份，调成泥糊即可。

4. 物理器械防治法

玉米螟趋光性强，用黑光灯可以诱到大量成虫（70%多未产卵）。据测定，一般距黑光灯150m以内的地块，玉米螟的为害显著少于200m开外的地块。据调查资料看，灯区（平均3hm²一支灯）的玉米螟卵量相对降低50%~55%，被害株率降低55%以上。

5. 性诱剂的利用

（1）人工合成玉米螟性诱剂，对此虫进行"迷向防治"，将雄虫集中消灭，致雌虫产下未受精的无效卵。

（2）活雌虫笼性诱　捕捉未交配的雌蛾10头，放在16mm高、周长40mm的无味窗纱笼内，引诱雄虫，集中消灭。

三、粟灰螟

（一）发生及为害情况

粟灰螟为鳞翅目螟蛾科，以幼虫钻蛀为害，主要寄主有粟（谷子）、糜、黍，少数为害玉米、高粱、狗尾草、谷秀草和稗草等，在谷子上常与玉米螟混合发生。苗期被害形成枯心苗；抽穗期被害形成瘪穗。由于茎秆基部被蛀损，遇风吹折而倒伏，因而营养输送被中断而形成籽粒空瘪。一般情况下，谷子受害后产量损失达10%~15%。

（二）形态特征

见图10-20。

1. 成虫

成虫与水稻二化螟很相似，但额不延伸或突出，没有单眼。雌蛾体长约8.5mm，翅展约18mm；雄蛾体长约10mm，翅展约25mm。体背面和前翅淡黄色并混有黑褐色鳞片；前翅近长方形，其上散布不规则的小黑点，中室近翅中央处，有一小黑点，外缘有7个并列的小黑点，偶然也为6个小黑点；后翅灰白色，外缘淡褐色，中室后缘也有一列长毛。足淡褐色，中足肠节上有1对距，后足胫节上有距2对。

2. 卵

卵椭圆形，黄白色，长约0.98mm，宽约0.64mm。表面有网状细纹。卵常几粒或几十粒叠

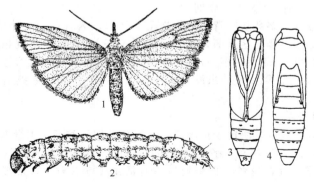

图 10-20　粟灰螟
1—成虫（4倍）；2—幼虫（6倍）；3—蛹，腹面观（5倍）；4—蛹，背面观（5倍）

置成鱼鳞状，排列成扁平的卵块。

3. 幼虫

幼虫体长 15～23mm。头部赤褐色或黑褐色，中胸以后为灰白色。背部有 5 条明显的茶褐色纵纹，位于背中线、亚背线和气门上线处，其中背线稍细。

4. 蛹

蛹长约 12mm，略呈纺锤形，黄白至黄褐色。幼虫期的 5 条纵线仍存在。腹部第 7 节以后突然瘦削，末端平。第 5～7 腹节背面和第 6～7 腹节腹面近前缘处均有几个横列不规则的片状突起，其中第 6 节腹面的突起较不明显，第 5、第 6 节腹面有腹足痕迹。

（三）生规律

1. 生活史和习性

粟灰螟年发生世代与为害时期，因地区不同而异。三北（西北、东北、华北）地区为 2 代区，北京、河北、河南、山东为 3 代区。陕西绥德地区粟灰螟生活史见表 10-12、图 10-20。

表 10-12　陕西绥德地区粟灰螟生活史图

虫态	1～4月	5月	6月	7月	8月	9～12月
越冬代	—	○○ +	○○○ +++			
第一代			●●●	●● ○○○ +++	○ ++	———
第二代				●● — ○	●●● ○○○	———

注：●为卵；—为幼虫；○为蛹；+为成虫。

我国北方谷子产区，粟灰螟年发生世代有三种情况：长城以北早播春谷区年发生 1～2 代；长城以南迟播春谷区年发生 2 代，受害最严重；渭河流域夏谷区年发生 3 代。不管发生几代，共同的特点是第一代幼虫为害较严重，都以老熟幼虫在寄主茬内越冬。

越冬幼虫于翌年 5 月中旬开始化蛹，经 8～18 天羽化为成虫。白天成虫潜伏隐蔽，晚间外出活动。成虫有趋光性。成虫羽化后立即就能交配，第 2 天产卵。因此，成虫羽化盛期也是产卵盛期。成虫产卵对谷苗高度有选择性，一般选择茎秆较粗、高过 2 寸以上而生长旺盛的谷苗，着卵多、受害重。将卵产于下部叶片背面主脉处，形成卵块。一头雌蛾一般产卵 50～150 粒，最多的可达 200 粒以上。成虫寿命 5～8 天。卵期 4～8 天。

幼虫孵化后很快分散，多数从叶背经茎部爬至茎基部，然后立即从叶鞘缝隙蛀入茎内为害，少数随风吐丝下垂至地面，爬至茎基部分蘖节处蛀入谷苗，5 天后则出现枯心苗。第 1 代幼虫蛀入谷苗后，一株上常有虫 4～5 头，多的达 10 头，3 龄以后有转株为害习性，一般每株只有 1 头幼虫，能为害谷苗 2～3 株。第 2 代幼虫没有转株为害的习性。幼虫老熟后即在谷秆中化蛹，蛹期一般为 8～11 天。

2. 发生与环境的关系

粟灰螟的发生与危害程度，决定于虫源基数、气象条件与谷子的生育期三个方面因素的综合作用。一般谷茬遗留率在 10% 左右，平均百茬活虫达 3 头以上，枯心苗率在 10% 左右。

（1）虫源基数　据研究，越冬幼虫平均每亩有活虫 100 头时，可形成 10% 左右的枯心苗；每亩有活虫 140 头时，可形成 25% 左右的枯心苗。

（2）气象条件　3～4 月份湿度大，幼虫存活率高，5 月份降水量较大，有利于化蛹、羽化和成虫产卵。5月份降水量在15mm左右时，在常年虫源基数条件下，枯心苗率在12%左右；降水量在25mm左右时，枯心苗率能达20%以上；如果降水量低于10mm时，则发生较轻，枯心苗率在5%左右。但是，干旱年份谷子主茎被害后，不能正常分蘖，受害重。当5月份降水量超过40mm，降雨次数达8次以上时，则可能大发生。据山东省研究，一般5月中旬至6月上旬温度在20~25℃、相对湿度在70%以上、旬降水量不低于25mm时，第1代发生严重；相对湿度低于50%时，第1代发生轻。若第1代发生数量大，7月上中旬相对湿度在80%以上，则第2代幼虫发生重。

据研究，当春季温度上升到8℃以上，积温达到300日度左右时，即开始化蛹。在温度能满足幼虫化蛹时，若降水量在30mm，一般7天后幼虫可大批化蛹，再经10天后出现成虫羽化高峰。在成虫产卵期间，旬平均温度达20~25℃、相对湿度在75%左右时，最适宜于成虫生活、产卵及幼虫孵化，湿度过大，则不利于发生。

(3) 与寄主品种及其生育阶段的关系　其意义在于培育抗虫品种和运用栽培措施。一般来说，茎秆粗而柔软的品种比茎秆细而坚硬的品种受害程度重；单秆品种比分蘖力强的品种受害重；如果粟灰螟产卵盛期与谷子拔节期吻合则受害较重。

群众将粟灰螟的发生条件总结为四句话："冬季不冷，来春干旱，入夏多雨，粟灰螟易生。"这有一定道理。

(四) 主要测报办法

(1) 调查越冬基数，预测来年第1代粟灰螟发生趋势　冬前选择有代表性的春、夏谷田3~5块，每块地取五点，每点20m²。检查地面和浅埋在土中的谷茬数，剥查茬内的越冬幼虫数，计算每亩遗留茬数和越冬幼虫数，预报明春发生趋势，推动拾茬灭虫防治。

(2) 调查越冬幼虫存活率，预测第一代发生程度　春季选择田间谷茬遗留量较多的地块，调查谷茬内越冬幼虫存活率。如果田间谷茬很少，可于冬前拾茬并分地上、地下（埋土5~10cm）存放，冬后检查。

(3) 调查化蛹羽化进度，预测发生期，预报药剂防治适期　从越冬幼虫开始化蛹时起至全部羽化止，隔3~5天检查田间谷茬，剥查地上、地下共30头活虫，确定化蛹盛期（50%）。化蛹盛期加蛹期天数，推算羽化和产卵盛期。从产卵盛期起，1星期内为药剂防治适期。如田间不易查找谷茬时，可查冬前存放的谷茬，或冬前将有虫茬扣在养虫笼内，冬后不定期喷水，保持一定湿度，定期检查。亦可在田间剥查第1~2代粟灰螟造成的被害苗，观察记载化蛹、羽化进度，预测第2~3代粟灰螟发生期。

(五) 防治方法防治

粟灰螟必须贯彻"预防为主，综合防治"的方针，根据农业生产高速度发展和稳产高产的要求，掌握粟灰螟发生规律，抓住防治上的有利条件，及时采取有效的综合防治措施，保证作物不因虫害而减产。

(1) 彻底刨烧谷茬，及时处理谷草，是控制虫源基数的有效方法。据调查，粟灰螟越冬幼虫有87%~91%集中在谷茬内，其余在谷草中越冬。因此，春前于越冬幼虫羽化以前彻底处理谷茬与谷草，毫无疑问就能大大压低虫源基数。

(2) 调整播种期　研究发现，粟灰螟喜产卵于播种早、生长茂密、苗高在10~13cm的田块。因此，适当晚播，可打破谷子宜卵期与粟灰螟产卵盛期的吻合。当粟灰螟进入产卵盛期时，苗高仅5~7cm，成虫则不去产卵，因而躲过了螟蛾羽化产卵盛期，田间被害程度显著减轻。

(3) 种植早播诱集田　种植早播诱集田，引诱螟蛾集中在早播诱集田产卵，从而及时喷药防治。早播诱集田作为药剂防治的重点田，面积不宜过大，在成虫产卵盛期连续用药2次，每亩用25%的锌硫磷可湿粉剂1~1.5kg，拌细土30kg，撒于谷苗上下。邻近的迟播田作为保护田，适时挑治。基本上可以控制第1代粟灰螟的危害。

(4) 拔除枯心苗　此措施可有效控制第2代粟灰螟为害。第1代粟灰螟幼虫为害部位集中在谷苗心叶丛中，从幼虫蛀入到成虫羽化，均不离开枯心苗。因此，彻底拔除枯心苗，既可控制第

2代螟害,又能大大压低后期虫源。一般可在第1代粟灰螟幼虫为害和化蛹期间,结合中耕锄草,拔除枯心苗,集中深埋沤肥或晒干烧毁,对控制第2代螟害有良好效果,还可节省用药和减轻环境污染,并能保护天敌。

(5)药剂防治 当苗高16~20cm,有8~9叶时可用5%滴滴涕喷粉或用300倍的25%滴滴涕乳剂、400倍的50%可湿性滴滴涕、100倍的敌百虫等喷雾。必要时隔1周再喷一次。

四、高粱条螟

(一)发生及为害情况

高粱条螟为鳞翅目螟蛾科,俗名高粱钻心虫、甘蔗条螟等。分布较广,我国从东北到华南都有分布。在广东、广西和台湾等省,主要为害甘蔗,而在旱粮地区,主要为害高粱、玉米,以幼虫蛀茎危害。常和玉米螟混合发生。受害植株苗小时形成枯心苗;心叶受害,展开时有许多不规则的半透明斑点或虫孔,附近有细粒虫粪;被蛀茎秆内可见幼虫数头或10余头群集,而茎秆外部蛀孔少而小,被害株易倒折或成秕穗;发生较重的年份,可减产10%~15%。

(二)形态特征

见图10-21。

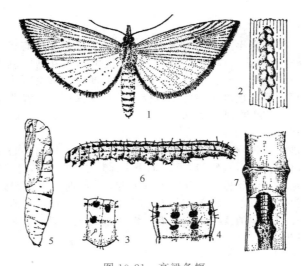

图10-21 高粱条螟
1—成虫;2—卵;3—幼虫前胸侧毛片;4—幼虫背面毛片;5—蛹;6—幼虫;7—被害状

1. 成虫

体长12~14mm,翅展25~33mm,体及前翅灰黄色,翅面有20多条暗褐色纵线,顶角尖锐,外缘垂直,中室外端有小黑点1个,雄蛾小黑点尤为明显,翅外缘脉间有7个小黑点;后翅银灰色,雄蛾近外缘渐呈灰黄色。

2. 卵

卵粒椭圆而扁平,初产时乳白色,近孵化时,出现小黑点,卵粒成"人"字形,双行重叠排列。

3. 幼虫

幼虫成熟时体长20~23mm,背血管不明显。幼虫分冬型和夏型。夏型幼虫腹部各节近前缘有4个暗褐色毛片,近后缘有2个,后排2个毛片与前排中间2个毛片呈正方形排列。化蛹前茎内老熟幼虫及越冬幼虫为冬型,其体背暗褐色,毛片退色,现出4条紫色纵线。

4. 蛹

体长13~15mm,赤褐色或暗褐色,有光泽,腹部5~7节各节背面前缘有深褐色不规则网纹,腹部末节背面有2对尖锐的小突起,中间1对较小。

（三）发生规律

1. 生活史及习性

高粱条螟在长江以北1年2代，江西、广州等地1年4代，均以老熟幼虫在寄主茎秆内越冬，而以茎秆上部数量较多。在江西4月下旬即可见越冬代蛾。在河北省越冬代成虫盛期出现在6月中旬末前后，第1代幼虫为害盛期为7月上中旬，主要为害春高粱、春玉米，第2代幼虫为害盛期为8月中下旬。主要为害夏高粱、麦茬玉米和麦套玉米。

成虫夜出活动，有趋光性，喜选择高大嫩绿的植株产卵。高粱、玉米同时存在的情况下，高粱上的卵量明显高于玉米。每雌产卵200粒左右。多产卵于寄主叶背，部分产在叶片正面或茎部。成虫寿命一般7~10天，卵期6~8天。初孵幼虫迅速分散，爬至心叶，同一卵块孵化出的幼虫多集中在本株心叶内为害，少数吐丝下垂并向邻株转移。群集心叶内的幼虫，3龄后即在原取食叶腋间蛀入茎内。蛀茎早的，咬食生长点造成枯心。高粱穗期孵化的幼虫上爬，潜入穗下第1、第2片叶的叶腋处及穗基部，在叶腋间和叶鞘内取食，2龄幼虫开始蛀茎，3龄幼虫大部分蛀入茎内。由于蛀茎早，而且从叶鞘内蛀入，所以蛀孔小而少。幼虫蜕皮5~6次，幼虫期20~40天，平均28天左右。老熟幼虫在茎内或叶鞘间结茧化蛹，蛹期7~15天，平均约10天。

2. 发生环境的关系

在越冬基数大、死亡率低、春季雨水多、湿度大的年份，第1代高粱条螟可能发生重。一般田间湿度大的地块和杂交高粱田受害重。高粱条螟的天敌主要有赤眼蜂、黑卵蜂、绒茧蜂和稻螟瘦姬蜂等。在河北，玉米螟赤眼蜂对第2代卵的自然寄生率较高。

（四）测报调查

参照玉米螟。

（五）防治措施

高粱条螟防治措施与玉米螟基本相似，须注意的是施药有利时期应为卵孵盛期，将颗粒剂撒于心叶内或叶腋间。可选用0.25%—六○五颗粒剂、0.1%辛硫磷颗粒剂、1.3%乙酰甲胺磷颗粒剂、1%甲奈威颗粒剂和1.25%螟蛉畏颗粒剂等，每公顷120kg。或用50%辛硫磷乳油50mL，加水20~50L灌心叶，每株10mL，也可用Bt乳剂10mL，兑水25L，在高粱穗期浸穗。此外，在收获时长掐穗部，碾压，消灭越冬幼虫。也可设置黑光灯诱杀成虫。注意高粱对敌百虫、敌敌畏等药剂敏感，极易发生药害，不能使用。

五、高粱蚜

（一）发生及为害情况

高粱蚜又名甘蔗蚜，属同翅目蚜虫科。我国东北、内蒙古、山东、河北、河南、山西、陕西、安徽、湖北、江苏、浙江、台湾等地均有发生，是突发性、猖獗性害虫。一般群集于叶片背面，以口针刺入叶内吸吮高粱的汁液，轻者使叶片发红，重时叶片干枯。同时排泄大量蜜露，污染叶面，形成"油叶"。受害植株，往往不能抽穗，或者穗而不实，常造成严重减产或者绝收。高粱蚜尚能危害野生寄主如荻草、抓根草等。另外，危害高粱的蚜虫还有玉米缢管蚜、麦长管蚜、麦二叉蚜及榆四条绵蚜等，这些蚜虫在高粱上出现的时间短，数量小。

（二）形态特征

高粱蚜（图10-22）为多型性昆虫，有越冬卵、干母、有翅孤雌胎生雌蚜、无翅孤雌胎生雌蚜、性蚜等。

1. 干母

无翅，灰黄色或灰紫色。卵圆形，体侧有显著突起。触角5节，比体长短。腹部有黑褐色横斑纹，尾片近圆锥形。

2. 有翅孤雌胎生雌蚜

体长2mm左右，长卵形，淡蜜黄色至大豆黄色，少数紫色。头和腹部各节背板上各有一条深色骨化横带，腹部 1～4 节侧方各有一枚深色骨化斑。触角 6 节，第 3 节有次生感觉圈 8～13 个。触角各节、喙、腿节、胫节、跗节的端部及腹管、尾片均为黑色。腹管筒形。

3. 无翅孤雌胎生雌蚜

体长 1.8～2mm，卵圆形，米黄色或淡赤色。后胸侧有一个黑色斑纹，腹部 1～5 节背侧方各有一黑色斑纹。触角 6 节，第 5 节端部和第 6 节黑色。足腿节端部、胫节、腹管、尾片黑色，其余部分与体色相同。腹管筒形。

4. 雄蚜

有翅，比一般有翅胎生雌蚜小。触角感觉圈比较多，秋末大量出现。

5. 产卵雌蚜

无翅，腹部肥大，色深，后足胫节宽大。

6. 卵

长圆形，初为黄色，后变黑色，有光泽。

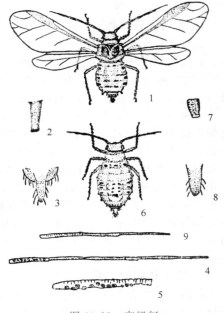

图 10-22　高粱蚜
1—有翅孤雌胎生雌蚜；2—有翅蚜腹管；
3—有翅蚜尾片；4—触角 3～6 节；
5—有翅蚜触角第 3 节；6—无翅
孤雌胎生雌蚜；7—腹管；
8—尾片；9—触角 3～6 节

（三）发生规律

据研究，东北地区以卵在荻草等的叶背或鞘上越冬，次春 4 月中下旬相继孵化，沿土缝爬到尚未出土的嫩芽上寄生，繁殖 1～2 代后产生有翅胎生雌蚜，于 5 月下旬至 6 月上旬迁飞到高粱或玉米苗上为害，共繁殖 10 多代，直至秋季又飞返冬寄主上产卵越冬。每年约在 9 月上旬以后，当平均气温达 14℃ 左右时，开始生出无翅产卵雌蚜，另一部分在夏寄主上生出有翅雄蚜，飞到冬寄主上与雌蚜交尾，产卵越冬。

高粱蚜在东北地区辽宁省田间有 4 次迁飞高峰：第一次在高粱苗出土后，由冬寄主上迁飞入高粱地，造成点片发生；第二次发生于 6 月下旬和 7 月初，高粱有 6～10 片叶时；第三次是 7 月中下旬，高粱有 12～16 片叶时，发生全面危害；第四次发生于高粱成熟前后，部分蚜虫飞回越冬寄主。以第三次最重要，在此次迁飞后，高粱蚜往往进入猖獗发生阶段，此时应在个别植株"冒油"时即开始防治，能收到事半功倍之效。

高粱蚜初期多集中在下部叶背面为害，此后逐步蔓延到中、上部或穗部为害。因而早期防治应在下部叶片上多施些药液。高粱蚜的繁殖力很强，6 月中旬至 7 月下旬，气候、条件适合时，每五六天就能繁殖一代，雌蚜一生能胎生 70～180 头若蚜，这样短期内就会出现猖獗大发生的局面。

（四）主要测报方法

1. 查蚜量

自蚜虫迁入田间至消退期止，定点定株按对角线取样。每 5 天查一次全株蚜量。再按表 10-13 中的分级情况，分析虫情，并及时发出预报。

表 10-13　高粱蚜发生盛期的级别划分

发生级别	蚜虫高峰期平均 100 株蚜量/头	防治与否
1（轻微）	<2 万	不必防治
2（中等、偏轻）	<5 万	部分地区需要防治
3（中等）	<10 万	全面防治
4（中等、偏重）	<20 万	及早全面防治
5（大发生）	>20 万	全面彻底防治

2. 查天敌

掌握天敌单位占蚜量的比例，调查期限与方法同"查蚜量"。按表 10-13，算出天敌单位数量占总蚜量的百分比。凡在 1% 以下时，蚜虫就会猖獗发生。大发生时，此比一般为 0.1%～0.7%；轻发生时则为 1% 以上。

3. 查气候条件

东北地区根据多年大发生年份气候条件的分析，认为大发生年的共同特点是：①6 月中旬到 7 月中旬的旬平均温度多数介于 24～28℃；②6 月至 7 月中旬的雨量较少，湿度不高，旬降雨量一般均在 20mm 以下，相对湿度多为 60%～70%（早期蚜量较大，7 月 1 日有蚜株率一般为 3%～5%，株平均蚜量为 100 头，每 5 日增殖 2～8 倍）。一般认为上述气候条件对高粱蚜的大发生具有主导作用。

（五）防治方法

1. 农业防治

实行间作，推广高粱大豆间作（6∶2）能大大减轻高粱蚜的危害。间作区比纯种高粱的地区增产 6.75%。其原因是间作田的温度低于非间作田，蚜虫的增殖速度减缓，同时大豆上的天敌发生较早，为以后储备了大量的天敌来源。

2. 药剂防治

合理施药，减少用药次数，注意保护天敌。

（1）撒施乐果毒土　每亩用 40% 乐果乳油 50g，兑细土或沙 10kg。或每 666m² 用 1.5% 乐果粉 1～1.5kg，兑细土或细沙 1～1.5kg 混匀，撒到植株上，每人"把"6 垄（左右各 3 行），每人每日可撒 2hm²，效果良好。

（2）撒播异丙磷毒土　每亩用 50% 异丙磷 50g，拌细潮土 10kg，每隔 5～6 垄均匀撒施一垄，每人每日可撒 2hm²。此法对天敌影响小，效果好。异丙磷有剧毒，应该注意安全操作。

（3）喷洒 40% 乐果乳油 500～1000 倍液，每亩用乳油 50g。或每亩喷撒 1.5% 乐果粉 1.5kg，或 1.5%—六○五粉 2kg。

六、飞蝗

（一）发生及为害情况

飞蝗为直翅目蝗虫科。在我国域内发生的有三个亚种：东亚飞蝗、亚洲飞蝗和缅甸飞蝗，别名蚂蚱。东亚飞蝗分布较广，南至海南岛，西起陕西西部，东到沿海，以及台湾等地。集中分布于淮河流域、黄河流域及海河流域的低洼地区。亚洲飞蝗分布于我国蒙新高原的盆地、湖泊及河谷湿地等边缘地带。缅甸飞蝗分布于西藏草原地带。

飞蝗主要为害禾本科和莎草科植物，嗜食玉米、小麦、粟、黍、水稻、高粱、大麦等农作物，以及芦苇、荻草、狗尾草、稗草、狗牙草、爬根草等杂草。一般情况下不取食豆类、棉花、薯类、油菜等作物。

飞蝗的成虫、若虫（蝻）均咬食植物的叶和茎，大发生时可将作物吃成光秆，尤其成群迁飞危害时，常把庄稼吃得一棵不留。

（二）形态特征

1. 东亚飞蝗

见图 10-23。

（1）成虫　雄虫体长 33.5～41.5mm，雌虫体长 39.5～51.2mm。前翅长度，雄虫为 32.3～46.8mm（群居型平均为 42.6mm，散居型 42.0mm）；雌虫为 39.2～51.8mm（群居型平均为 45.8mm，散居型 46.0mm）。后足股节长度，

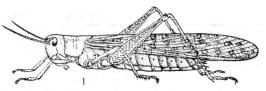

图 10-23　东亚飞蝗

1—成虫；2—卵；3—若虫

雄虫为 17.5~23.2mm（群居型平均为 30.8mm，散居型为 22.5mm）；雌虫为 19.0~28.7mm（群居型平均为 21.3mm，散居型为 24.0mm）。体色通常为绿色或黄褐色，常因类型和环境不同而有所变异。成虫颜面垂直，复眼卵形，其前下方常有暗色斑纹一条。口器为标准型咀嚼式，上颚青蓝色。前翅狭长，褐色，具光泽，长度常超过后足胫节的中部，其上有暗色斑纹，沿外缘具刺 10~11 个；后翅无色或淡黄色，透明。

（2）卵　圆柱形而稍弯曲，一端较尖，另一端稍圆；黄色，卵壳润滑。卵块长 53~67mm，平均 60mm，也呈圆柱形，稍弯曲，上端略细；上部 1/5 或更长部分为海绵状胶质物，其下部藏卵粒，卵粒间也有胶质黏附。每一卵块内含卵 45~85 粒，多的有超过 100 粒以上的，平均为 65 粒。卵在卵块内有规则地斜列成 4 行。

（3）若虫　共 5 龄。区别若虫龄期在防治上极为重要。现根据各龄若虫的主要特征（图 10-24）综合成表 10-14。

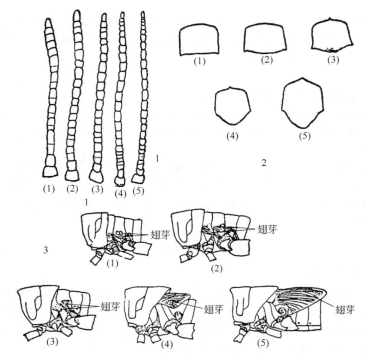

图 10-24　东亚飞蝗各龄若虫形态特征
1—各龄若虫的触角（括弧内数字示龄期，下同）；2—各龄若虫的前胸背板；
3—各龄若虫翅芽的发育情况

表 10-14　东亚飞蝗各龄蝗蝻形态特征比较表

龄别	体长/mm	体色	触角节数	前胸背板后缘形状	翅芽
1	4.9~10.5，平均 7.3	初孵时色浅，1 天后变灰黑色	13~14	不向后拱出	极小，不明显，肉眼看不到
2	8.4~14.0，平均 11.2	黑色，颜面稍红褐	18~19	向后稍拱出，不明显，仍近于直线	翅芽小，翅尖向下，肉眼也不易看到
3	10~21.0，平均 15.5	体大部黑色，头红褐色	20~21	明显向后延伸，稍呈锐角形，掩盖着中胸的背面部分	翅芽明显，长约 1mm，黑褐色，向后下方伸出
4	16.4~25.4，平均 20.4	大部红褐色，复眼、前胸及腹部背面的斑纹黑褐色	22~23	较 3 龄更向后延伸，背中央长度与下缘长度之比为 2.0	黑色，向上翻折，后翅在外，转向背上伸出，达到第 2 腹节，这是和 3 龄若虫最主要的区别
5	25.7~39.6，平均 29.3	红褐色	24~25	较 4 龄更向后延伸，形成较尖锐的角度。背中央长度与下缘长度之比为 2.2	翅芽更大，可遮盖第 4 腹节和听器的大部

2. 亚洲飞蝗

见图 10-25。

成虫与东亚飞蝗极相似，唯体形较大，一般雄体长 40mm，前翅长 41mm；雌体长 45～53mm，前翅长 51～55mm。全体灰褐色，较淡，头部、胸部和后足股节常带绿色，前胸背板的中隆线作弧形隆起。

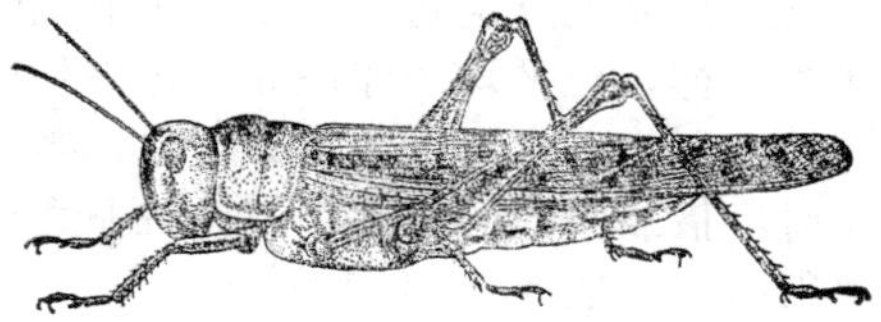

图 10-25 亚洲飞蝗

(三) 发生规律

1. 生活史

东亚飞蝗的年生活史，在北京以北地区，每年发生 1～2 代；渤海湾与黄河下游、淮河流域通常发生 2 代多，但在一般情况下只能完成 2 代，干旱年份少数完成 3 代；长江流域每年可发生 2～3 代，多数情况下完成 2 代；台湾、江西、广东岭南一带每年发生 3 代；海南岛每年可发生 4 代。其以卵在土中越冬。

越冬卵在江苏、安徽、山东南部地区，常年于 4 月下旬至 5 月上中旬孵化为第一代蝗蝻，称为夏蝻，经 35～40 天羽化为夏蝗。夏蝗出现时期常在 6 月中下旬至 7 月上旬。夏蝗羽化后经 15～20 天产卵，7 月上中旬为产卵盛期。卵期 15～20 天孵化为第二代蝗蝻，称为秋蝻，秋蝻孵化时期多在 7 月中下旬，若虫期 30 天左右，8 月上旬至 9 月上中旬羽化为秋蝗。秋蝗羽化后经 15～20 天开始交配产卵，产卵盛期在 9 月上中旬。大部分地区以秋蝗产在土中的卵越冬。有的年份 8 月中旬至 9 月下旬又孵化为第三代蝗蝻，9 月末至 11 月上旬羽化，一部分还能产卵，其卵也能越冬。

亚洲飞蝗每年只发生一代，也以卵在土中越冬。在新疆，越冬卵子 4 月下旬开始孵化为蝗蝻，6 月上旬开始羽化为成虫，8 月份为产卵盛期。

2. 主要生物特性

(1) 成虫　群居型飞蝗的成虫有成群迁移和迁飞的习性。其迁飞习性不仅扩大了为害地区，而且助长了为害的严重性，增加了防治上的困难。在正常天气下，成虫羽化后经 5～10 天性器官即成熟，性器官即将成熟时，其在晴天傍晚作试飞活动。迁飞前先有少数飞蝗飞至空中盘旋，然后大多数飞蝗跟着起飞，沿一定方向飞去。一经起飞，可连续 1 天以上，夜间亦可飞行，如遇下雨则强迫停飞。飞行中需要取食、饮水时即下降，这时成片庄稼很快被吃光。

成虫羽化后至性成熟需经 1～2 周，在此期间成虫取食多少与温度、风雨、光线等有关。雌虫一生一般交配 20～25 次，最多可达 40 次以上。雌蝗交配后 7～10 天即行产卵。产卵前先用产卵瓣锥土成孔道，并逐渐向下深入，直到整个腹部插入土中为止（图 10-26）。雌蝗将卵粒产出后，同时分泌胶液，产完卵后再分泌大量胶液封闭产卵孔，拔出腹部，用后足在产卵孔附近踩踏拨土，填平孔道，然后离开。

飞蝗产卵数量常因季节、食料而异。夏蝗每雌一般产卵 4～5 块，个别能产 12 块。每一卵块内含卵 50～75 粒，一生产卵粒数平均为 300～400 粒，个别可达 700 粒以上。秋蝗一雌一般能产卵 3～4 块，每块含卵粒数与夏蝗大致相同，一生产卵总数为 200～300 粒，个别可达 500 粒以上。取食禾本科植物的飞蝗，平均产卵量多。

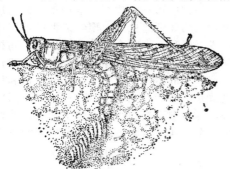

图 10-26 东亚飞蝗产卵状

成虫产卵对地形、土壤理化性质、方位和植被等有明显的选择性。干旱季节，在滨湖低洼蝗区，土壤湿度较大的湖荒地为夏蝗产卵最适宜的场所。但秋汛来临后，秋蝗常在未受水淹的河堤、坪堆等高地产卵，湖水退下后，又向退水地区转移，并选择低地中的高地产卵。凡植被稀疏、土壤结构比较坚硬、土壤含水量在 10%～20%，以及向阳的地面上其产卵较多。如果土壤质地过分疏松或坚硬、土壤含水量及含盐量过高的地方，其通常很少产卵。

近年来随着蝗区的改造，特别是能控制水位的蝗区，飞蝗产卵地点也随着改变。东亚飞蝗有孤雌生殖现象，进行孤雌生殖的雌蝗，一切活动与其他雌蝗一样，但平均产卵率和孵化率均较低，孵出的蝻均为雌性，羽化后仍可交配产卵。

(2) 卵　东亚飞蝗无滞育现象，当蝗卵内胚胎发育完成后，只要环境条件适宜，即可孵化。孵化时，借颈膜泡的收缩作用，将卵壳顶破，推去土粒而向上移动，幼蝻逐渐移至土表。蝗卵孵化率很高，一般在95%以上。

(3) 蝗蝻　群居型蝗蝻有群聚习性，日出后，蝗蝻逐渐群聚活动，开始点片集中，后许多小片汇成大片，互相重叠堆积，最后形成庞大蝻群。群居型蝗蝻还有成群迁移的习性。

(4) 变型特性　飞蝗在发育过程中，由于密集程度的改变而形成两种类型，即群居型和散居型。它们的形态和生理特性均不同（图10-27、表10-15）。但是在一定的条件下，这两种型是可以互相转变的。

表10-15　群居型和散居型飞蝗形态区别

虫态	形态	群居型	散居型
成虫	体色	黑褐色，较固定	常带绿色，或随环境而变化
	前胸背板	略短，呈马鞍状；从侧面看，中隆线较平直或在中部微凹，前缘近圆形，后缘呈钝圆形	稍长，不呈马鞍状；从侧面看，中隆线呈弧状隆起，如屋脊形；前线为锐角形向前突出。后缘直角形
	前翅长度及其与后足腿节长度的比	前翅较长，超过腹端较多。后足腿节较短，短于或等于前翅长度的一半	前翅较短，超过腹部不多。后足腿节较长，通常长于前翅长度的一半
	后足胫节	淡黄色，略带红色	通常淡红色
蝻	体色	橙黄色或在幼蝻期有黄黑斑点	不带有橙色
	前胸背板	常有丝绒状的黑色纵条纹	常无黑色纵条纹，通常为单纯绿色

   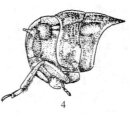

1　　　　　2　　　　　3　　　　　4

图10-27　东亚飞蝗变型的形态比较
1—群居型头、胸部背面观；2—散居型头、胸部背面观；3—群居型头、胸部侧面观；
4—散居型头、胸部侧面观

飞蝗变型现象，不仅发生于两代之间，同一代内蝻期密度的增减也可影响成虫形态变型。一般在转变过程中，变异现象首先出现在生活习性上，然后才是相应形态的改变。散居型蝗蝻密度增加后，个体间经常接触，通过感觉器官的彼此作用和感觉到的邻近蝗虫，对聚集成群的习惯产生了群居性的条件反射，使个体密集地群居在一起，并且成群迁移。这种合群的生活方式，同样也改变了蝗虫个体的生理特征，神经系统强烈活动，运动更加频繁，新陈代谢作用加强。代谢作用加强的结果是产生黑色或赤红色的色素，造成体色加深；强烈的运动使身体个别部分比例和构造发生改变；同时由于色素积留在皮肤中，能吸收更多的光能，提高了体温并且加大了感受性。因此，形成了群居型的形态和生理特性。但由于防治结果，群居型飞蝗的大量个体被消灭，使蝗群残留下少数零星个体，以致虫群密度降低，减少和停止了个体间的接触。因此，群居型的条件反射就会消失，并且开始单独生活，又变为散居型。

(四) 发生与环境的关系

分析我国飞蝗的发生历史，可明显看出，影响飞蝗发生的气候、水文、土质、地势、植被和耕作状况等因素综合作用的结果，形成了各种蝗区，而突出表现在旱、涝、蝗三者间的相互关系上。每逢大旱之后，往往发生蝗害。群众总结说"先涝后旱，蚂蚱成片"，恰当地说明了它们之间的规律关系。

历史上由于旱、涝、蝗三者间相互关系的长期演化而自然形成了各类蝗区。各种类型蝗区都有其不同生态适度的发生地，即发生基地。一般发生地、扩散区，在自然条件下，当气候、水文等环境条件不适宜时，飞蝗只能在发生基地维持较低数量；环境条件对其有利时，大量繁殖后，向外地扩散迁移，扩大为害面积。

飞蝗适生环境往往表现为地形较低洼，多数为洼地或湖沼地，而且是"无雨即旱，有雨即涝"的地势。由于水位涨落不定，影响土地利用，形成大面积荒地或耕作粗放地区，当水位下降时，就成为适宜的生长繁殖场所。而且，在这些大面积的荒地上，又生长着飞蝗的嗜好食料，如禾本科植物和莎草科杂草，这些条件为飞蝗的生存繁殖提供了必要的环境条件，如不采取有效措施则猖獗发生。因此，彻底改造飞蝗发生基地，才是根治蝗害的关键。

(五) 主要测报方法

1. 查残

查残即检查防治后的残蝗数量，目的在于了解治蝗效果和确定下代防治任务。查残要分期进行，夏蝗调查二次：一次在全面防治后，另一次在产卵盛期。秋蝗产卵期长，应查残三次：一次在全面防治后，一次在产卵盛期，另一次在产卵末期。对沿海、湖区、荒洼等大面积集中蝗区，每5~10亩（3330~6660m^2）取一点；内涝蝗区每10~20亩（6660~13320m^2）取样一点；水库、分洪道等特殊环境，每5亩（3330m^2）取一点，每点取样10m^2，步行目测飞蝗数量。每亩有残蝗6头以上的地块，则算作残蝗面积。

2. 查孵化

查卵的孵化是为了掌握当地蝗蝻的出土时间，及时进行防治。一般应在查残的基础上，进行重点检查。夏蝗从4月中旬开始，每10~15天一次，共查2次。分别不同环境，每种环境每次挖卵5块，将卵粒充分混合，从中取50粒活卵，在烧杯中煮沸片刻，用刀片纵切而后用肉眼观察，分出各个卵粒的发育期，将发育期相近的并为一组，算出百分比，估计孵化期。

3. 查蝻

其目的是确定防治面积，及时将蝗虫消灭在扩散以前。查蝻应在查残的基础上，在测报站预报的蝗蝻出土时间进行普查，取样方法同查残。在特殊环境查蝻时，应带药侦察，发现蝗蝻立即防治。

(六) 防治方法

坚持"改治并举，根除蝗患"的方针。所谓"改"，即改造飞蝗的发生基地，使其失去生息繁殖的场所；所谓"治"，即根据测报及时用药消灭。

1. 改造飞蝗发生基地

飞蝗的发生基地，多为河滩地、湖泊四周、盐碱荒地、黄泛区及内涝地区。这些地区由于水位涨落不定，不能耕种，荒无人烟，生长着大片的芦苇，给飞蝗创造了生息繁殖的基地，所以才形成大量的蝗群。一旦起飞，落到哪里就在哪里成灾。因此，改造蝗虫发生基地，使其失去繁殖的场所，是防治飞蝗的根本措施。如兴修水利，植树造林，固定水位，使河湖滩地、内涝地区和黄泛区改为耕种的农田；改良盐碱土壤，开垦荒地种植作物；在新垦区种植棉、麻、豆等不适于飞蝗取食的作物，不利其生活繁殖。同时在农、林、牧、水利等建设中合理利用农地和牧场，防止土壤盐碱化等。做好改造飞蝗发生基地的工作，就可消灭飞蝗的发生为害。

2. 农药防治

根据测报对不同发生地区的飞蝗，及时采取药剂防治。对发生地地形较复杂，蝗卵孵化又不整齐的零星地区，一方面发动群众侦查，掌握蝗情，一方面组织专业队带药侦查，随孵化，随用药，使其消灭在点片发生阶段；对大面积荒地的蝗蝻，掌握将其消灭在3龄以前的原则；对农田及其附近的蝗虫，应将其消灭在孵化阶段。在年发生2~3代地区，必须尽力防治夏蝗，并统一安排劳力，抓紧时机，彻底扫清残蝗，从而抑制秋蝗的发生。

治蝗用的主要农药是锌硫磷（可湿粉或乳油），可喷粉或喷雾。

用毒饵防治的效果也很好，但在地面有积水或杂草茂盛的地方不适宜应用。锌硫磷毒饵的调制和撒施方法：50kg 饵料加锌硫磷 40% 乳油 1.5kg，加水 75kg。毒饵用量一般为 1.5～2kg/666m²。饵料：麦麸、谷糠、玉米皮、青草等。均以干重计算。

附：土蝗简介

蝗虫种类繁多，除成群远飞的飞蝗外，都可称为土蝗，其种类组成，随各地环境条件不同而不同。现就常见的几种加以概述。其形态识别见图 10-27。

(1) 长翅黑背蝗　体长雄虫 22.5～29mm，雌虫 32.5～41.5mm；前翅雄虫 19.5～25.5mm，雌虫 27.5～36.5mm。体形匀称，暗褐色；头部背面沿后头和前胸背板具宽而明显的黑纵条纹；前胸背板具狭的黄色纵条纹；前翅褐色，圆形斑点甚多；后翅本色。后足股节外侧的黑褐色纵条纹间断或不明显，内侧近中部的黑褐色横斑明显，底侧黄色；后足胫节基部黄色，顶端红色。

(2) 短星翅蝗　体长雄虫 12.5～21mm，雌虫 25～32.5mm；前翅雄虫 7.8～12.2mm，雌虫 13.8～19.5mm。体形中等、褐色；头顶，雄性低凹，雌性较平。前翅顶端具许多黑色斑点；后翅本色，后足胫节上侧有 3 个暗色横斑，外侧沿下隆线具一列黑点，内侧红色，有 2 个黑色横纹。后足胫节红色，胫节刺的顶端黑色。

(3) 宽翅曲背蝗　体中等；体长雄虫 23.3～28mm，雌虫 35～39mm；前翅雄虫 18～21mm，雌虫 17～20.5mm。通常褐色或黄褐色，前胸背板的背面具淡色"×"形纹，中隆线较低，侧隆线中部在沟前区颇向内弯曲。前翅黄褐色，前缘脉域具淡色纵条纹，后翅本色。雄性后足股节外侧具 3 个暗色斜纹，底侧鲜红色；后足胫节鲜红色。

(4) 亚洲小车蝗　体形中等；体长雄虫 21～24.7mm，雌虫 31～37mm；前翅雄虫 20.0～24.5mm，雌虫 28.5～34.5mm。通常绿色或灰褐色。前胸背板中部明显缩狭，背面有不完整的"×"形淡色斑纹，后纹不宽于前者。前翅超过后足股节顶端，后翅宽大，在中部具暗色横带纹，基部黄色或黄绿色。

(5) 新疆西伯利亚蝗　体较小，体长雄虫 18～23.4mm，雌虫 19～25mm；前翅雄虫 13～16.5mm，雌虫 12～14.7mm。暗褐色；头部和胸部近乎黑褐色；触角顶端膨大。前翅褐色，后翅本色；雄虫前足胫节膨大，近乎梨形。

思　考　题

1. 当地为害水稻的害虫有哪些重要种类？其近年来消长情况怎样？
2. 当地为害水稻的稻螟有哪几种？其生活习性和为害有哪些异同点？
3. 当地为害水稻的飞虱主要有哪几种？其发生为害情况怎样？如何进行田间调查？
4. 稻纵卷叶螟的消长主要受哪些环境因素的影响？怎样进行测报和防治？
5. 稻蓟马、稻苞虫在本地为害情况怎样？如何进行田间调查和防治？
6. 本地水稻秧苗期、分蘖期及孕穗抽穗期易遭哪些主要害虫为害？怎样进行综合防治？
7. 了解当地有哪几种麦蚜？历年来何种为害重？什么环境下有利其发生？如何防治？
8. 当地发生的麦害螨有哪几种？其发生、为害有何特点？怎样防治？
9. 小麦吸浆虫有哪几种？如何鉴别？当地哪一种发生重？其习性与防治有何关系？近几年局部地区有增长趋势，试分析其原因。
10. 了解当地还有哪些害虫影响麦类生产？如何为害？应采取哪些防治措施？
11. 黏虫成虫和幼虫形态有何特征？哪些习性可以在防治上利用？
12. 玉米螟、高粱条螟各虫态形态上有何区别？其生活史和习性有何异同？怎样掌握其虫情变化？防治上应分别采用哪些措施？
13. 简述高粱蚜的发生规律，防治其为害应采用的有效措施。
14. 试述东亚飞蝗的生活习性。什么环境易引起其大发生？我国采用哪些防治措施以控制蝗害？最根本的措施是什么？
15. 了解当地玉米、高粱、粟等作物上有哪些主要害虫？简述它们的形态特征、发生规律，针对这些害虫，试拟定综合防治措施。
16. 怎样区分群居型和散居型的飞蝗？

第十一章 棉花害虫

我国植棉区辽阔，自然条件差别大，耕作制度复杂，棉花害虫种类较多，棉花受害严重。据统计，我国棉花害虫约300种，其中其重要种类有：棉蚜、棉铃虫、棉叶螨、棉红铃虫、地老虎类和玉米螟（另章）、烟蓟马、盲蝽类、棉长管蚜、苜蓿蚜、鼎点金刚钻、翠纹金刚钻、棉叶蝉、造桥虫类、棉大卷叶螟、棉花蓟马等。

棉花不同生育期其害虫为害情况亦有很大差别，播种至出苗期，施用未腐熟有机肥的棉田，常招引种蝇产卵，因种蝇幼虫取食种子和幼芽，常造成缺苗断垄。出苗后至现蕾前，地老虎幼虫截断幼茎；三点盲蝽和烟蓟马危害棉花的生长点，造成"公棉花"或"多头棉"；棉蚜造成卷叶、棉苗生长停滞。其次，蝼蛄、金针虫、蛴螬等危害地下部分；棉叶螨有时可造成红叶等。开花现蕾到盛花期，即6月中旬到7月中旬，主要害虫有棉盲蝽、棉铃虫、棉叶螨。棉盲蝽刺吸危害嫩头、嫩叶及幼蕾，造成破头烂叶和落蕾。第2代棉铃虫幼虫蛀食蕾花造成大量脱落。棉叶螨造成红叶，干枯脱落。还有棉蚜、棉尖象、玉米螟等。该阶段是棉株营养生长和生殖生长并进阶段，害虫危害对棉花产量和品质影响很大，因此也是防治的关键阶段。盛花期之后铃期为主的阶段，直至吐絮收获，其主要害虫是第3代棉铃虫，部分地区个别年份为第4代棉铃虫，还有红铃虫，可造成蕾铃脱落或僵瓣花（红铃虫）。有些年份伏蚜或棉叶螨大发生，造成卷叶、油腻或干枯脱落。棉小造桥虫也常取食叶片，还有棉大卷叶螟、棉叶蝉等。

第一节 棉　　蚜

一、发生及为害情况

棉蚜属同翅目蚜虫科，为世界性害虫，我国各棉区均有分布。北方棉区常发且严重，南方棉区除干旱年份外，一般为害较轻。

棉黑蚜主要发生于西北内陆棉区。全新疆均有分布，其中北疆发生较南疆为重，其危害与棉蚜相似。苜蓿蚜分布于长江、黄河流域，在苗期群集于根部刺吸汁液，影响棉苗生长，严重时造成叶片卷缩、落叶。棉长管蚜仅分布于新疆，无群集现象，分散在叶背、嫩枝和花蕾上，受害部位呈淡黄色细小点，叶片不卷缩。

二、形态特征

见图11-1。

1. 干母

由越冬受精卵孵化。体长1.6mm，宽卵圆形，多暗绿色。触角5节，为体长的1/2。尾片常有毛7根。

2. 无翅胎生雌蚜

体长1.5~1.9mm，卵圆形，深绿色，体表有网纹。前胸、腹部第1节及第7节有缘瘤。触角不及体长的2/3，尾片常有毛5根。在盛夏常胎生体形较小的、体为黄色的伏蚜。

3. 有翅胎生雌蚜

体长1.2~1.9mm，腹背各节间斑明显。触角第3节和第6节较长。第3节常有次生感觉圈6~7个。尾片常有毛6根。

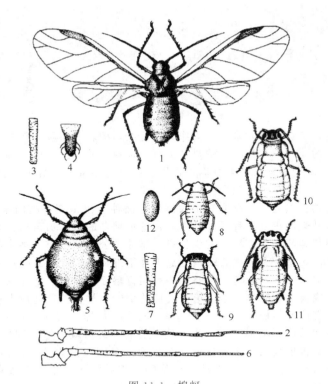

图 11-1 棉蚜
有翅胎生雌蚜：1—成蚜；2—触角；3—腹管；4—尾片
无翅胎生雌蚜：5—成蚜；6—触角；7—腹管
有翅胎生雌蚜：8~11—1~4龄若蚜；12—越冬卵

4. 有翅性母蚜

体背骨化斑纹更明显。触角第3节有次生感觉圈7~14个，一般为9个；第4节为0~4个；第5节偶有1个。

5. 无翅有性雌蚜

体长1~1.5mm，触角5节，后足胫节膨大，尾片常有毛6根。有翅雄蚜体长，卵形，较小，腹背各节中央均有一黑横带。触角6节，第3~5节依次有次生感觉圈33、25、14个。尾片常有毛5根。

6. 若蚜

复眼红色，无尾片，共4个龄期。1龄若蚜触角4节，腹管长宽相等；2龄触角5节，腹管长为宽的2倍；3龄触角也为5节，腹管长为1龄的2倍；4龄触角6节，腹管长为2龄的2倍（图11-1）。

7. 卵

长0.5~0.7mm，椭圆形，初产时橙黄色，后变漆黑色，有光泽。

三、发生规律

1. 生活史

棉蚜因生活地域和寄主植物种类不同，其生活周期可分为3个类型。

（1）异寄主全周期型　在北方棉区，棉蚜冬季在花椒、石榴、木槿、夏枯草、车前草、苦菜等寄主（第一寄主或称越冬寄主）上以卵越冬，早春越冬寄主上的卵孵化为干母（3月下旬），其下一代为干雌。干雌产生有翅迁移蚜，在4~5月间迁飞到棉苗、瓜类等寄主（第二寄主或称侨居寄主）上取食、繁殖或扩散蔓延为害。通常在 5 月下旬至 6 月上旬形成为害高峰，7～8 月高温季节其数量下降，遇条件适合时，暴发"伏蚜"。10～11 月间有翅性母蚜迁回越冬寄主上进行性蚜交配、产卵，以卵越冬。由此可以看出，棉蚜在春夏两季的棉花生长季节，为孤雌胎生，到秋末产生性蚜，行两性生殖，这种孤雌生殖和两性生殖随季节变化而交替出现的现象称"异态交替"。

为害棉花的棉黑蚜、棉长管蚜和苜蓿蚜，也都属于异寄主全周期型，其寄主种类各有差异。

（2）同寄主全周期型 棉蚜在木槿、花椒、石榴树上发生危害的过程中，可完成其全周期的发育。

（3）不全周期型 在热带地区和温室中，全年营孤雌生殖，为不全周期型。

2. 主要生活习性和生物学特性

（1）棉蚜的迁飞习性 蚜虫群体拥挤、营养恶化是有翅蚜产生的主要因素，棉蚜迁飞大体可分为 3 个阶段。在 5 月上中旬棉苗出土期，棉蚜由越冬寄主迁往棉田，在棉田内点片发生，形成第一次迁飞高峰，亦称点片发生阶段。一般在 5 月下旬至 6 月上旬，棉蚜在棉田内大量扩散，形成第二次迁飞高峰，亦称普遍发生和严重危害阶段。此阶段持续时间较长，少量有翅蚜在棉田内迁飞为害，直到秋末，由棉田迁往越冬寄主，形成第三次迁飞高峰，亦称衰亡或绝迹阶段。

（2）色敏感习性 棉蚜对黄色和灰色较敏感，在测报和防治时可用此习性进行黄色诱蚜和灰色避蚜。

（3）伏蚜 伏蚜是棉蚜种群在盛夏形成的生物型。其体小、色黄、耐高温，7～8 月份黄河流域和长江流域棉区常发生。一般持续为害 20～40 天，常因蚜霉菌的流行而结束。

（4）秋蚜 有些地区气候反常，加之施肥、喷药不当，9～10 月份棉花吐絮期间，棉蚜虫口密度迅速增长。

（5）食性及寄主范围 干母和干雌只能在第 1 寄主上生活。侨蚜的食谱较广，可取食棉花、瓜类、黄麻、红麻、菊科、茄科、苋科等。

（6）棉蚜的繁殖 棉蚜的繁殖力极强，是造成其猖獗发生的内在因素。棉蚜每年可发生 20～30 代。春季每代平均历期 8.4 天，夏季 4 天，产若蚜期一般为 8～24 天，每雌产若蚜 46～60 头。

从 1 头蚜虫开始，在条件适宜时，经过 1 个月，即可发展到百万头之多。

（7）抗性蚜虫的发现 1963 年在我国首次报道河北蚜虫种群对 1059 和 1605 出现抗性，1985 年对氰戊菊酯溴氰菊酯产生抗性。体壁穿透性下降，解毒作用增强，究其原因，实为长期使用和滥用农药的结果。

（8）棉蚜可传播 CMV 等病毒。

3. 发生与环境的关系

（1）气候因素

① 温度。黄河流域棉区气温为 17～28℃，随温度的升高而发育速度加快，棉蚜种群数量急剧上升，29℃以上气温对其发育才有延缓作用。

伏蚜的最适温度为 24～28℃，6 月末至 7 月上旬，气温较低且延续时间长，对伏蚜形成有利。

② 湿度。苗蚜在相对湿度 47%～81% 时，蚜口急剧增长，其中 58% 左右最为适宜。伏蚜适宜的相对湿度则为 69%～89%，最适湿度为 76% 左右，超过 90% 时，棉蚜虫口下降。

③ 风和气流。在有翅蚜迁飞时期，近地面的微风有助于有翅蚜迁飞扩散到附近或较远的棉田。热空气上升对流运动，可将起飞的蚜群送至空中，带向远处。

（2）食物营养 氮肥增加，棉叶内可溶性氮和蛋白质含量提高，利于棉蚜的生长发育和繁殖。棉叶绒毛短（小于 100μm）而密（100 根/mm^2），则棉蚜的活动和取食定位受阻，取食时间短，繁殖力低，棉花受害轻。矮壮素可抑制其种群数量，赤霉素可促进其种群数量的增长。

（3）天敌 捕食和寄生棉蚜的天敌种类很多，主要有瓢虫类、草蛉类、食蚜蝇类、蜘蛛类、食虫螨类、蚜茧蜂类、蚜小蜂类和蚜霉菌类。

① 早春期。棉蚜天敌主要有七星瓢虫、食蚜蝇、蚜茧蜂等。一般天敌数量较少，无明显的抑制作用。但在麦二叉蚜大发生的年份，所诱发的天敌数量多，可显著减少棉苗期的蚜源。

② 苗期。绒螨在棉田发生最早，个别年份5月上中旬能有效地控制棉苗期的蚜害。有些年份5月下旬至6月中旬蚜茧蜂寄生率达20%，可使棉蚜虫口大幅度下降。6月上中旬，七星瓢虫与多异瓢虫迁入棉田，当瓢蚜比达1∶150时，即可有效控制蚜害。

③ 伏蚜期。6～7月份间，在不喷药或改进施药方式的情况下，棉田发生的多异瓢虫、龟纹瓢虫、食虫蜘蛛、小花蝽、草蛉等捕食性天敌足以抑制伏蚜的猖獗发生。但不适当的多次用药，大量杀伤天敌，失去自然平衡，会导致伏蚜发生严重。

四、调查与测报

1. 调查方法

(1) 调查虫源基数　棉花播种前，选择当地代表性越冬寄主，调查记载其上的蚜虫数量。

(2) 棉田苗期调查　选择有代表性的棉田2～3块进行调查，5点取样，每点20株，每3～5天调查1次，记载卷叶株数、蚜虫数量及天敌的种类和数量。

(3) 棉田伏蚜调查　5点取样，每点查10株，每株选上、中、下3片叶，记载卷叶株数、蚜虫数量及天敌的种类和数量。

2. 测报方法

(1) 棉苗期预测　黄河流域棉区常以花椒树上的越冬蚜量预测棉苗期蚜量。在一般年份，4月中旬花椒枝梢上的蚜量与5月中旬棉田单株蚜量紧密相关。

(2) 现蕾初期预测　根据5月下旬至6月上旬的蚜量预测6月中下旬的蚜情。该阶段起决定性的预测因子为天敌。据调查，当敌蚜比大于1∶150时，6月中旬蚜害极轻或无蚜害，不需防治。如果敌蚜比小于1∶150时，根据百株蚜量和卷叶株率确定是否需要防治。

(3) 伏蚜预测　伏蚜会不会大发生，受蚜口基数、瓢蚜比和温度等因素的综合影响。如6月下旬蚜口基数较大，伴随时阴时雨的降温过程，且瓢虫数量较少时，常出现7月中旬的伏蚜大发生。故应加强田间普查，当棉株下部出现小油点及棉蚜向上转移时，即为伏蚜上升的预兆，要发出预报，及时指导防治。

五、防治方法

1. 农业防治

(1) 合理作物布局　可采用多种作物条带种植、间作、套种或插花种植，以丰富棉区植物和动物的生态结构，给棉蚜的天敌提供季节性的食物和生境。并利用麦类、油菜类等作物上的蚜虫诱来蚜虫天敌，创造天敌自然控制棉蚜的条件。

(2) 选用抗蚜品种　选用抗蚜或耐蚜害的棉花品种。

(3) 合理施肥　棉田应配方施肥，不宜过多施用氮肥，尤其是棉苗期更应注意。

(4) 拔除虫株　结合间苗和定苗，注意将有蚜苗拔除并携出田外集中销毁。

2. 化学防治

棉花苗期棉蚜的化学防治指标为：2～3叶期卷叶株率45%，百株蚜量4500头；3叶期以后卷叶株率50%，百株蚜量6000头。棉花伏蚜防治指标：7月上旬一类田平均单株上、中、下3叶蚜量686.5头；7月下旬一类田单株3叶蚜量258头，二类田为163头，三类田为137～144头。

(1) 播种期防治

① 药剂拌种。一般用棉种重量0.8%～1.0%的75%的3911乳油。将棉种先在55～60℃温水中浸烫半小时捞出，晾至绒毛发白。然后将稀释30倍的药液均匀喷洒在棉种上，边喷边搅，混合均匀，然后堆闷6～12h，待种子将药液全部吸收后再播种。此法可预防棉苗期蚜害，持效期达1个月左右。

近年来，一些地方棉农采用3%呋喃丹颗粒剂或5%涕灭威颗粒剂拌种，药剂与棉种的用量比为 1：（3～4）。先将棉籽用 50～60℃的温水浸泡 30min，然后用凉水浸泡 6～12h，捞出后均匀拌入药剂，堆闷 4～5h 即可播种，控制蚜害时间可达播种后 50～60 天，且对棉花还有显著促进生长的作用。

② 颗粒剂盖种。用 3%呋喃丹颗粒剂或 5%涕灭威颗粒剂每公顷 22.5～37.5kg，棉花播种时先开沟溜种，然后溜施颗粒剂，再覆土。为了施药均匀，常将颗粒剂与一定量的细土拌和溜施。持效期可达 40 天以上。

(2) 苗期防治

① 内吸剂涂茎。用 50%久效磷乳油或 40%氧化乐果乳油 1 份、聚乙烯醇 0.1 份、水 5～6 份，先将水烧开，加入聚乙烯醇，不断搅动使之充分溶化，冷却至 30～40℃时灌入空药瓶中，再按量倒入药剂原液，反复摇匀即成涂茎剂，备用。使用时用毛笔蘸取涂茎剂，涂刷于棉苗茎红绿交界处即可，接触面约麦粒大小，可控制蚜害 7～10 天，并且可避免对天敌的杀伤。

② 喷雾。当蚜虫数量达到防治指标时，天敌数量又未达到控制指标时，采用喷雾防治法。使用有机磷杀虫剂较为有效。菊酯类杀虫剂在大部分棉区棉蚜有较强抗性，不宜使用。常用药剂有 48%乐斯本乳油、50%久效磷乳油 1500～2000 倍液、40%氧化乐果乳油、50%水胺硫磷乳油、50%甲胺磷乳油 1000～1500 倍液、20%灭多威乳油 1500 倍液、35%硫丹乳油 1500 倍液、10%吡虫啉可湿性粉剂 3000～4000 倍液等。

(3) 蕾铃期防治 用于苗期喷雾防治棉蚜的药剂和浓度同样适于蕾铃期伏蚜防治。除此之外，当蕾铃期伏蚜发生时，由于温度高，棉株已封行，操作困难，可用敌敌畏拌麦糠熏蒸的方法进行防治。每公顷用 80%敌敌畏乳油 0.75～1.125kg，兑水 75kg，喷在 112.5kg 麦糠上，边喷边搅匀，下午 4 时后撒于棉田即可。

3. 生物防治

(1) 保护利用天敌 在蚜虫天敌盛发期尽可能少施或不施化学农药，避免杀伤天敌，利于发挥天敌的自然控制作用。

(2) 招引天敌 棉田插种油菜，招引蚜虫天敌，棉蚜大发生时，砍掉油菜，让天敌转移至棉株上以控制棉蚜。

第二节 棉铃虫

一、发生及为害情况

棉铃虫为鳞翅目夜蛾科，以幼虫钻蛀或缀食为害，世界各地均有分布，我国普遍发生，黄河流域棉区、辽河流域棉区和西北内陆棉区为常发区，为害严重；长江流域棉区为间歇性发生区。其寄主植物有 30 多科 200 余种。其主要为害棉花、小麦、玉米、高粱、豆类、辣椒、番茄、茄子、芝麻等。为害棉花时主要集中在蕾铃期，花蕾被蛀，苞叶开张、黄化，随即脱落；蛀食花柱和花药，使其失去受粉结铃能力，蛀食青铃造成孔洞和烂铃。还可在棉花嫩叶嫩头造成孔洞，取食嫩尖造成无头棉，严重影响棉花产量和品质。

二、形态特征

见图 11-2。

1. 成虫

体长 15～20mm，翅展 31～40mm，雌蛾赤褐色，雄蛾灰绿色。前翅翅尖突伸，外缘较直，斑纹模糊不清，中横线由肾形斑下斜至翅后缘，末端达环形斑正下方；外横线也很斜，末端达肾形斑正下方；亚缘线锯齿较均匀，与外缘近于平行。后翅灰白色，脉纹褐色明显；沿外缘有黑褐色宽带，宽带中部 2 个灰白斑不靠外缘。

2. 卵

半球形，较高。卵高 0.51～0.55mm，直径 0.44～0.48mm。卵孔不明显，伸达卵孔的纵棱

11~13条，纵棱有2岔和3岔到达底部，通常为26~29条。

3. 幼虫

初孵幼虫青灰色，末龄幼虫体长40~50mm。前胸侧毛组两根毛的连线通过气门，或至少与气门下缘相切。体表密生长而尖的小刺。气门上线白斑连成断续的白纹。幼虫体色多变，多为：①体色淡红，背线、亚背线淡褐色，毛突黑色。②体色黄白，背线、亚背线淡绿色，毛突黄白色。③体色淡绿，背线、亚背线不明显，毛突绿色。④体绿色，背线、亚背线深绿色，气门上方有一褐色纵带。⑤体黄绿色，暗紫色和黄白色相间，背线黄绿色，亚背线暗紫色夹杂黑褐色，气门上线和下线白色，毛突黑色。

4. 蛹

纺锤形，赤褐色，体长17~20mm。腹部5~7节背面和腹面前缘有7~8排较稀疏的半圆形刻点。腹部末端臀棘1对。

三、发生规律

1. 生活史

各棉区发生代数和主要世代不同。在辽河棉区和新疆棉区每年发生3代，以第2代为主；长江流域棉区，每年发生5代，以3~4代为重。在黄河流域棉区，每年发生4代，以2~3代为主。各地均以蛹在土中越冬。越冬代成虫：黄河流域棉区，当4月下旬至5月上旬气温升至15℃以上时羽化。第1代卵、幼虫：5月上中旬，危害小麦、豌豆、苜蓿、春玉米、番茄等作物上。第2代卵、幼虫：6月中下旬，危害棉花现蕾期。第3代卵、幼虫：7月中下旬，危害棉花蕾铃，少量危害番茄、玉米。第4代卵、幼虫：8月中下旬至9月，危害棉花、夏玉米、番茄、辣椒、高粱等作物，9月下旬至10月上旬幼虫老熟，入土在5~15cm深处筑土室化蛹越冬。其在辽宁不能越冬，具有"一代无虫，二代突增，四代无踪"的现象。

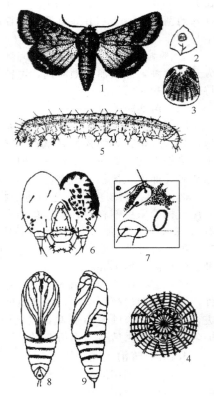

图11-2 棉铃虫

1—成虫；2—卵；3—卵放大；4—卵顶部花冠放大；5—幼虫；6—幼虫头部正面；7—幼虫前胸侧面（示前胸气门两根毛基部连线与气门相切）；8—蛹正面；9—蛹侧面

2. 主要习性

成虫对蜜源植物、萎蔫的杨树枝、糖醋液和光有较强的趋性。产卵前期2~3天，产卵历期6~8天，一头雌蛾产卵1000粒左右，最多可达3000多粒。第1、第2代产在小麦和棉花上的卵分别占总量的99.4%、86.1%。第3代产在玉米和棉花上的卵各占45%左右，第4代棉田中的卵量比玉米田要多。

幼虫2龄后蛀食幼蕾。4龄以后食量大增，5、6龄为暴食期。幼虫有转株为害的习性，转移时间为清晨和夜间。3龄以上幼虫还有自残习性，也可取食其他鳞翅目幼虫。幼虫老熟后入土化蛹。

3. 发生与环境的关系

(1) 间作套种、复种指数高、作物种类多，蜜源植物多，食物质量改善，早熟夏玉米面积扩大，小麦收获期推迟，麦茬棉面积大，水肥条件好等环境有利于棉铃虫的发生。

(2) 天敌　有赤眼姬蜂、草蛉、蜘蛛等。

(3) 抗虫品种　生物技术培育出的抗虫品种如转BT基因抗虫棉等。

(4) 气候　棉铃虫要求水湿条件较低，相对干旱时发生严重。但在羽化、孵化等关键关键环节降雨，早春气温高，有利于棉铃虫的发生。

四、调查与测报

1. 调查取样技术

（1）越冬基数调查　选择棉花、玉米、高粱等主要寄主田各3～5块，每种寄主田取样不少于30m²，调查越冬蛹基数，然后将调查结果与历年资料进行比较分析。

（2）蛾量调查

① 灯光诱蛾。可选择20W的黑光灯或450W的荧光高压汞灯，设置于视野开阔的地方诱蛾。开灯时间：黄河流域、长江流域棉区从4月5日开始，新疆棉区从4月中旬开始，逐日记载诱蛾数。

② 杨树枝把和性诱剂诱蛾。取10枝2年生杨树枝条，每枝条长约67cm，晾萎蔫后捆成一束，竖立于棉行间，其高度超过棉株15～30cm；选择生长较好的棉田2块，每块田0.13hm²以上，放置10束杨树枝把，每日日出之前检查成虫，记载其数量。

使用性诱剂诱蛾时，应采用全国统一诱芯，以统一规范安放，每日早晨检查诱到的雄虫数量，约每15天换1次诱芯和盆中水。

（3）第1代幼虫量调查　选择当地第1代棉铃虫主要寄主作物，于5月中下旬选晴天、微风（小风）的傍晚调查。调查方法：条播、小株密植作物以平方米为单位，每种类型田调查2～4块，每块地取样10点，每点5m²；单株、稀植作物以株为单位，每块田调查取样100～200株，然后计算幼虫总量。

（4）棉田卵、幼虫数量调查

① 取样方法。选择有代表性的一、二类棉田各1块，5点取样，2代时每点单行调查20株，3～5代每点调查10株。

② 卵调查。每块田定点定株调查，2代查棉株顶端及其以下3个果枝上的卵量，3代调查群尖、嫩叶和蕾上的卵量。坚持每天上午调查，每3天调查1次，查后将卵抹掉。记录卵量消长情况。

③ 幼虫调查。北方棉区一般调查2～3代幼虫，南方棉区调查2～4代幼虫，各代分别选择1块不打药的棉田，面积不少于34m²，定株，每3天调查1次，记录各龄幼虫数量。

2. 第2代棉铃虫预测

（1）发生期预测　一般采用历期推算法。黄河流域棉区根据越冬代黑光灯下的蛾高峰期，向后推50天即为第2代盛卵日。再根据气温变化作适当校正。

另外，可根据4月1日至6月10日的平均气温预测第2代的卵盛期，此期间的平均气温与第2代棉铃虫卵盛期呈直线相关，相关系数$r=0.8409$，回归预测式为：

$$y=114.02-4.1x$$

式中，x为4月1日至6月10日平均气温；y为第2代卵盛期（以6月1日为1计）。

（2）发生量预测　第2代棉铃虫在棉田的发生量主要决定于越冬代的发蛾量和第1代幼虫的发生量，并与同期日平均温度有密切关系。4月11日至5月20日每盏黑光灯诱蛾量x、同期日均温y与第2代棉田百株卵量z_{xy}的偏相关回归预测式为：

$$z_{xy}=0.68x+24.53y-340.12$$

多年来预测值与棉田实查均很近似。

3. 第3、第4代棉铃虫预测

（1）发生期预测　与第2代一样，也多采用历期推算法。

（2）发生量预测　棉铃虫进入3代以后，除了为害棉花以外，还分散到玉米、花生、豆类、蔬菜等多种作物上为害，这些作物的面积、种植方式和布局，对棉铃虫在棉花上的发生量有很大影响。另外，各种天敌对其发生量的影响也很大。因此，一般是根据上一代成虫的发生量和本代卵在棉田的密度，结合温湿度条件来预测第3、第4代的发生程度。

五、防治方法

其防治应根据各地情况，抓住主害世代，重点突出。不论棉田内外，主治兼治结合；多种措施协调，实施综合治理。在黄河流域棉区，应结合麦田防治棉蚜、麦红吸浆虫等，兼治麦田第1代，狠治棉田第2代，严格控制第3代，挑治第4代，从而达到全面控制棉铃虫的目的。

1. 农业防治

（1）深翻冬灌，减少虫源　通过秋后深耕，把越冬蛹翻入深层，破坏其蛹室，加之冬灌，使越冬蛹窒息而死。

（2）麦收后及时中耕灭茬，降低成虫羽化率　据河南汤阴调查，灭茬前每平方米有蛹7.4头，灭茬后降至1.7头，减少77%。

（3）合理调整作物布局　棉花与小麦、油菜、玉米等作物的间作套种或插花种植，丰富了棉田天敌资源，以维持生态平衡，特别是玉米还可诱集棉铃虫成虫和卵，从而减轻棉铃虫的发生与为害。

（4）灭蛹　结合农事操作，抹卵抓虫灭蛹。

（5）大力推广转BT基因抗虫棉　实践证明，BT基因抗虫棉对棉铃虫具有明显的控制作用。大力推广转BT基因抗虫棉，不仅可以控制棉铃虫的猖獗为害，而且减少了棉田的用药量，对恢复棉田生态平衡，充分发挥天敌对其他害虫的自然控制作用也有一定的效果。

2. 诱杀成虫

（1）灯光诱杀　棉铃虫对黑光灯、高压汞灯有较强的趋性，特别是高压汞灯是近年推广应用较多的一种灯型。据研究，诱杀区比非诱杀区降低落卵量25%~55%。在中度以下发生年份，每支灯可控制6.7hm^{2}棉田。大发生年每支灯控制4.7hm^{2}左右。

（2）杨树枝把诱蛾　第2、第3代棉铃虫羽化盛期，取70cm左右的杨树枝，每7~8枝捆成1束，堆沤1~2天，每公顷均匀插105~150把，每天日出前用网袋套住枝把捕捉成虫。需6~7天更换1次。

（3）性诱剂诱杀　棉铃虫羽化初期，田间放置水盆式诱捕器，盆约高于作物10cm，每200~250m^{2}设1个诱捕器，每天早晨捞出死蛾，并及时补足水。

3. 生物防治

（1）保护利用自然天敌　棉铃虫的天敌种类很多，应尽量减少农药使用并改进施药方式，减少天敌杀伤，发挥自然天敌对棉铃虫的控制作用。

（2）释放赤眼蜂　从棉铃虫产卵初盛期开始，每隔3~5天，连续释放赤眼蜂2~3次，每次每公顷22.5万头，卵寄生率可达60%~80%。

（3）喷洒菌类杀虫剂　在初龄幼虫期喷洒含100亿活孢子/mL以上的Bt乳剂300~400倍液或棉铃虫核多角体病毒（NPV）1000~2000倍液。

4. 化学防治

棉花在生长发育过程中，具有极强的补偿能力，化学药剂防治应尽量放宽虫量指标。对棉铃虫生命表及为害损失的研究认为，2代棉铃虫防治指标可以放宽为高产棉田：36头/5株；中产棉田：12头/5株；低产棉田和3代防治指标：8头/5株。防治2代时，药液主要喷洒在棉株上部嫩叶和顶尖上，采取"点点画圈"的方式；防治3~4代时，药液要喷洒在群尖和幼蕾上，须做到四周打透。并注意多种药剂的交替使用，以避免或延缓棉铃虫抗药性的产生。常用药剂及稀释倍数：50%一六〇五乳油1000~1500倍液、50%辛硫磷乳油1000倍液、25%喹硫磷乳油500倍液，以及2.5%溴氰菊酯乳油、10%氯氰菊酯乳油、5%高效氯氰菊酯乳油、2.5%功乳油等1000~1500倍液、24%灭多威（又称万灵）水剂或20%灭多威乳油、35%硫丹乳油1000倍液。

近年来，为了抑制棉铃虫抗药性的迅速发展，各地大力推广使用昆虫生长调节剂和复配制剂。昆虫生长调节剂如5%定虫隆（抑太保）乳油、5%氟虫脲（卡死克）乳油或水剂、20%除虫脲（灭幼服 1 号）悬浮剂等 1000~2000 倍液；复配农药如中保 1 号、凯明 2 号、灭铃皇、灭铃灵、绝杀 668、杀虫阎王、棉铃宝等的 1000~1500 倍液。

第三节　棉红铃虫

一、发生及为害情况

棉红铃虫为鳞翅目夜蛾科，是世界性重要害虫，亦是国内外重要的检疫对象之一。我国除甘肃的黄河两岸、河西走廊，以及山西和陕西的北部、宁夏、辽宁、青海和新疆外，其他棉区均有分布。棉红铃虫以幼虫为害棉花的蕾、花、铃和种子，引起蕾铃脱落，导致僵瓣、黄花等。为害蕾时，从顶端蛀入造成蕾脱落；为害花时，吐丝牵住花瓣，使花瓣不能张开，形成"扭曲花"或"冠状花"；在铃长到 10~15mm 时钻入，侵入孔很快愈合成一小褐点，有时在铃壳内壁潜行成虫道，呈水青色；为害种子时，吐丝将两个棉籽连在一起，严重影响棉花产量和品质。

二、形态特征

见图 11-3。

1. 成虫

体棕黑色，长 6.5mm，翅展 12mm。触角棕色，基节有 5~6 根栉毛。前翅尖叶形，暗褐色，从翅基到外缘有 4 条不规则的黑褐色横带。后翅菜刀形，银灰色。雄蛾翅缰 1 根，雌蛾 3 根。

2. 卵

长椭圆形，长 0.4~0.6mm，宽 0.2~0.3mm，表面呈花生壳状。初产时乳白色，孵化前变为粉红色。

3. 幼虫

老熟幼虫体长 11~13mm，头部红褐色，上颚黑色，具 4 短齿。前胸及腹部末节硬皮板黑色，体白色，体背各节有 4 个浅黑色毛片。毛片周围红色，粗看好像全体红色，实际各斑不相连。腹足趾沟为单序缺环。

4. 蛹

长 6~9mm，宽 2~3mm。淡红褐色，尾端尖，末端有短而向上弯曲的钩状臀棘，周围有钩状细刺 8 根。蛹茧灰白色，椭圆形，柔软。

三、发生规律

1. 生活史

棉红铃虫一般 1 年发生 3 代主要在仓库内以幼虫越冬。第 1 代幼虫主要取食蕾；第 2 代幼虫为害花、蕾和青铃；第 3 代幼虫绝大部分集中在青铃上为害。初孵幼虫必须在 24h 内钻入蕾或铃中，否则会死亡。绝大部分成虫在白天羽化，成虫产卵期长，能延续 15 天之久。

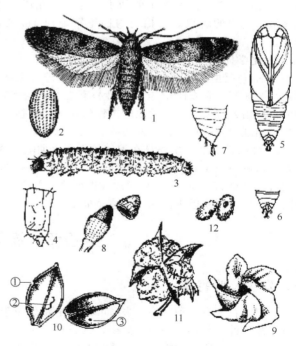

图 11-3　棉红铃虫

1—成虫；2—卵；3—幼虫；4—幼虫第 3 腹节；5—雌蛹腹面观；6—雄蛹腹部末端腹面观；7—蛹腹部末端侧面观（示臀棘和角刺）；8—花蕾被害状（示剖开后幼虫在内食害）；9—花被害状（示花瓣被幼虫吐丝缠缀，不能张开）；10—铃壳内被害状；（①虫道；②突起；③羽化孔）；

11—僵瓣铃；12—被害种子

2. 主要习性

成虫羽化当天夜晚即可交配，第2天产卵，产卵部位常因代别和棉株的生长发育阶段而不同，第1代的卵往往集中产在棉株嫩头及其附近的果枝、未展开的心叶、嫩叶、幼蕾的苞叶上等；第2代产卵于青铃上，其中以青铃的萼片和铃壳间最多，其次为果枝；第3代卵多产在棉株中、上部的青铃上。成虫飞翔力强，趋弱光，对3W的黑光灯有较强的趋性。幼虫孵化后2h即可蛀铃，大部分幼虫从铃的基部蛀入，蛀入铃壳后，沿铃壳内壁潜行一段，形成虫道后再侵入棉絮、棉籽。老熟幼虫化蛹前，在铃壁上咬一羽化孔，有的直接出铃，在土缝等处化蛹。

3. 发生条件

棉红铃虫对温湿度都有一定的要求，气温25～30℃，相对湿度80%～100%时，对成虫羽化最为有利，而温度在20℃以下或35℃以上时则对棉红铃虫不利；气候干旱，则对成虫产卵和卵的孵化有一定的抑制作用。棉红铃虫的繁殖与食料关系密切，幼虫喜食青铃，田间青铃出现早、伏桃或秋桃多，利于其繁殖。棉红铃虫的越冬基数直接影响第1代发生的轻重，越冬死亡率高，基数小则第1代发生轻，反之则重。

四、防治方法

1. 农业防治

种植抗棉红铃虫的品种；麦收后种短季棉以减轻1～2代为害；改进栽培措施促进早熟，减轻后期为害；及时集中处理僵瓣、枯铃，晒花时放鸡啄食。推广收花不进家。

2. 棉仓内物理机械灭虫法

晒花时人工扫除帘架下的幼虫；冷库存花或冬季开仓冻虫，在收花结束后彻底清扫仓库，消灭潜伏仓内的幼虫。在棉仓内四壁距地面1m处设水沟或干草带，待幼虫大量潜入后集中处理。

3. 化学防治

① 棉仓灭虫。空仓内全面喷洒20%林丹可湿性粉剂和2.5溴氰菊酯乳油的稀释液，墙壁、房顶都要喷到。实仓时用80%敌敌畏乳油800倍液稀释喷洒，喷后封仓2～3天。性信息素迷向防治：应用人工合成的红铃虫雌虫性信息素，悬挂或粘贴在棉株上，干扰雄蛾寻找雌蛾交配，可以减少棉红铃虫的虫口密度及为害。

② 喷洒杀虫剂。主要是在棉红铃虫卵盛期喷洒杀虫剂。杀虫剂的种类及用量如下：2.5%敌杀死，每亩30～40mL；20%速灭杀丁，每亩150～250mL；50%久效磷，每亩35～50mL；50%辛硫磷，每亩35～50mL；80%敌敌畏乳油，每亩50～75mL，兑水1.5～2.5kg，喷在15～25kg细土上拌匀，傍晚撒于田间，可熏杀成虫。

第四节　棉花害螨

一、发生及为害情况

我国棉花上有4种叶螨。朱砂叶螨：主要分布于长江流域棉区。二斑叶螨：全国均有分布，为河南优势种。截形叶螨：数量少，仅分布于陕西、河南、河北等地。土耳其斯坦叶螨：主要分布于新疆。通常所说的棉红蜘蛛或棉叶螨，是几种叶螨的混合种群。

其寄主植物除棉花外，还有玉米、高粱、豆类、瓜类、蔬菜、树木及杂草等43科146种。朱砂叶螨为害棉花初期，叶片上出现黄白斑点，严重时叶片上出现红色斑块，直至叶片变红。截形叶螨为害后只产生黄白斑点。20世纪80年代以来，北方各棉区粮棉间作套种面积扩大，棉叶螨的为害日益严重。受害后，叶绿素减少，净光合强度下降，气孔阻力增大，蒸腾强度减弱，细胞膜透性增大，氨基酸和可溶性蛋白质含量下降，过氧化氢酶活性受抑制，因而棉株代谢强度和抗逆性降低。

二、形态特征

见图11-4。

1. 成螨

雌螨体椭圆形，长0.42～0.56mm，宽0.32mm，锈红色或深红色。须肢端感器长为宽的2倍，背感器梭形。气门沟末端呈"U"形弯曲。背毛共26根，其长度超过背毛横列之间的距离。各足爪间突裂开为3对针状毛。雄螨体长0.35mm，宽0.19mm。须肢端感器长为宽的3倍，背感器稍短于端感器，足1跗节爪间突呈1对粗爪状，其背面具粗壮的背距。阳具弯向背面，形成端锤，端锤背缘形成钝角。

2. 卵

圆球形，直径0.13mm。初产时无色透明或略带乳白色，孵化前呈浅红色。

3. 幼螨

初孵体近圆形，长约0.15mm，浅红色，稍透明，具足3对。

4. 若螨

分第一若螨和第二若螨。幼螨蜕皮为第一若螨，再蜕皮即为第二若螨。均具4对足。体椭圆形，体色变深，体侧出现深色斑点。第二若螨仅雌螨具有。

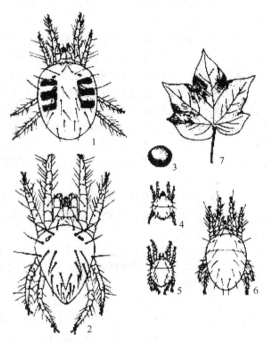

图11-4 朱砂叶螨

1—雌成螨；2—雄成螨；3—卵；4—幼螨；5—第一若螨；6—第二若螨；7—棉叶被害状

三、发生规律

1. 生活史

发生代数因地而异，均以受精后的雌成螨在杂草、落叶、土缝中越冬，地埂上、向阳面多。河南1年发生12～15代。2月下旬开始出蛰活动，第1、第2代多在小麦、豌豆、苜蓿、小旋花、紫花地丁等越冬寄主上危害，5月上旬开始迁入棉田，有3～5次高峰：第1次在5月下旬；第2次在6月中旬；第3次在7月上中旬，是全年最严重的一次；第4次在8月上中旬；第5次在9月上旬；对棉花影响不大。9月中旬后开始越冬。

2. 主要习性

其在田间呈聚集分布，发生初期以地边受害最重，其主要营两性生殖，不经交配的雌成螨后代全为雄性。卵多产于叶背，通常卵的孵化率达95％以上。单雌日产卵量3～24粒，平均6～8粒，一生可产卵100粒左右。雌雄性比一般为4.5∶1。其有吐丝拉网习性，并借风力传播扩散，也可随水流扩散。在密度大、营养恶化时，其有成群迁移的习性。

3. 发生与环境的关系

(1) 气候

① 温度湿度。朱砂叶螨适宜温度为26～28℃。温度与雌成螨的产卵前期、寿命和螨态历期呈负相关，但与日产卵量呈正相关。温度还影响其发生期的早晚。在自然条件下，高温低湿环境有利于朱砂叶螨种群数量的增加，而高湿则抑制种群数量的发展。生命表研究结果表明，在高温、低湿情况下，棉叶螨的净生殖率和内禀增长率均最高，种群数量翻番时间短，对种群的迅速建立最为有利。而在85％的高湿条件下，发育历期延长，成蛾寿命缩短。河南、山东等省份，

6～8月份温度25～30℃，相对湿度低于75%，月降雨量小于100mm，则能形成严重危害。

② 光周期。每天10h以下的日照时间诱发的滞育率可达100%，而12h以上的日照则不能产生滞育个体。在短日照下，高温能抑制滞育发生。朱砂叶螨在长日照下可解除滞育而复苏为夏型个体，但滞育解除的速度与滞育期的长短呈负相关。

③ 风。对棉叶螨的分散传播有较大作用。除卵以外，各发育阶段都会随空气流动而分散传播，可被气流带到3000m的高空，传播到更远的地区。当植物营养恶化和种群密度大时，会吐丝拉网借以分散传播。

(2) 寄主植物　其食性杂，但对寄主有明显的选择性。据观察，用绿豆、西瓜、棉花、玉米、小麦、芝麻等饲养棉叶螨，其单雌产卵量依次减少，绿豆最高，平均为124.8粒，芝麻最少，为10.3粒。因此，棉花可与芝麻或小麦间作，不宜与大豆或绿豆套种。

(3) 棉花品种　抗性品种体内的某些次生化学物质如单宁、类萜烯化合物和生物碱等对叶螨生长发育不利。某些品种腺毛能分泌一种抗性物质，黏附叶螨的跗节，使其不能活动，死于腺毛丛中；叶片上腺毛的密度与叶螨的成活率呈负相关。有些品种腺毛长而多，叶螨的口针难于插进叶片。叶表蜡质层厚度与品种抗性也有直接关系。叶螨的口针长度约为139.4μm，为167.1～174μm时，棉花品种受害则轻；相反，当棉花叶片的下表皮海绵组织厚度为129.6～131.2μm时，则棉花受害重。

(4) 地势和栽培管理　周围杂草多、管理粗放的棉田受害严重。近沟渠、道路、井台、坟地、村庄、菜园、玉米、豆类等处的棉田，由于杂草丛生，虫源多，有利于棉叶螨在寄主间相互转移，叶螨发生早而多。

棉叶螨的繁殖力随着氮肥、磷肥和钾肥使用量的增加而增加；大量使用氮肥后，棉叶含氮率提高，棉叶螨各虫态发育时间缩短，产卵时间延长，产卵量增加。

(5) 使用农药

① 农药的刺激作用。一些拟除虫菊酯类杀虫剂对叶螨的繁殖和发育具有促进作用，田间喷洒农药后，因其忌避作用可加快叶螨在田间的分散，单位面积种群密度下降，导致其繁殖力增强。

② 抗药性。抗药性是害螨再猖獗的重要原因。在北方棉区，朱砂叶螨和截形叶螨混合发生，互为优势种，而2种叶螨对不同药剂的毒力反应和抗性程度不同，这种差异直接影响田间的防治效果。所以，进行化学防治时，要根据优势种的消长及毒力反映情况，采用相应农药，才能达到良好的防治效果。

(6) 天敌　棉叶螨天敌有35种，其中捕食性天敌有捕食螨、草蛉、肉食蓟马、小花蝽、大眼蝉长蝽、瓢虫、蜘蛛等。据调查，草间小黑蛛日捕食量13.5～24头，三突花蛛13头，跳蛛13头。

四、棉花害螨的调查

1. 春季虫源基数调查

棉苗出土前，每7天调查1次，共2～3次。调查时选不同前茬作物的棉田或冬闲地棉田各1块，调查棉田内、外主要杂草寄主50～100株，计算有虫株率。每块田固定10～20株寄主植物，检查植株上害螨的数量。如每平方尺有150头，且3～4月份平均气温12℃以上，当年可能发生严重。

2. 棉田发生情况调查

选择有代表性的棉田2块，从棉苗出土开始，每5天查1次。每块田固定10～20株，苗期查全株，现蕾后抽查上、中、下3个叶片，分别记载成、若螨和卵数，计算百株虫口。

五、防治方法

1. 越冬防治

(1) 合理布局、轮作倒茬　棉田尽可能不要连作，合理安排轮作的作物和间作、套种的作物，避免叶螨在寄主间相互转移为害。

(2) 棉田深翻冬灌　秋作物收获后及时深翻，既可杀死大量越冬棉叶螨，又可减少其杂草寄主。在冬季进行冬灌也能有效压低越冬基数。

(3) 铲除杂草，减少虫源　晚秋和早春结合积肥，铲除沟渠边、路边、井台边、坟边的杂草，减少虫源。

2. 种子处理

使用 75% 3911 拌种或 5% 涕灭威颗粒剂和 3% 呋喃丹颗粒剂盖种（方法见棉蚜部分），除预防棉蚜外，对 5 月上中旬侵入棉田的棉叶螨的控制效果良好，特别是麦棉套种，或棉油、棉豆间作的棉田，更需做好棉种处理工作。

3. 棉田施药

(1) 内吸剂涂茎　用久效磷或氧化乐果聚乙烯醇液涂茎（方法同棉蚜）。

(2) 棉田喷药　常用药剂有 20% 三氯杀螨醇乳油 1000 倍液、50% 硫黄胶悬剂 400 倍液、20% 双甲脒乳油 1000～1500 倍液、50% 克螨特乳油 2000 倍液、25% 喹硫磷乳油 500～600 倍液、20% 灭扫利乳油 2000～3000 倍液、15% 哒螨灵乳油 3000～4000 倍液等，对棉叶螨均有良好的防治效果。

第五节　棉盲蝽

棉盲蝽类食性很杂，在棉花上单独造成直接经济损失的概率较小。

一、种类、分布与为害

① 绿盲蝽（图 11-5）：全国各地均有发生，其主要寄主有棉、紫花苜蓿、苘子、木槿、豆类、苹果、桃、小麦、马铃薯等。

② 苜蓿盲蝽（图 11-6）：南北各地均有发生，以北方发生较重。其主要寄主有苜蓿、豆类、棉、马铃薯、菠菜、胡萝卜、油菜、芹菜、玉米、小麦等。

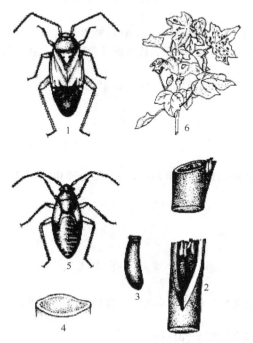

图 11-5　绿盲蝽
1—成虫；2—苜蓿茬内越冬卵；3—卵放大；4—卵盖顶面观；5—第 5 龄若虫；6—棉株被害状

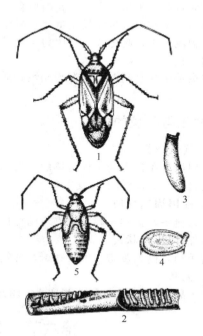

图 11-6　苜蓿盲蝽
1—成虫；2—棉叶柄上产卵状；3—卵；4—卵盖顶面观；5—第 5 龄若虫

③ 三点盲蝽（图11-7）：北方发生为主。其主要寄主有棉、马铃薯、豆类、玉米、高粱、小麦、番茄等。

盲蝽为害棉花的顶芽、边心、花蕾及幼铃，吸食棉株汁液。顶芽受害枯焦发黑而成无头苗；真叶期顶芽成黑斑，组织坏死，叶片伸展时，坏死部分为孔洞，近主脉处叶片破碎。被害叶破孔边缘愈合成为特殊的叶切状，与一般咀嚼口器昆虫造成的虫孔不同。若为害严重，叶切状叶片连续多片，使棉株破叶累累呈"破叶疯"，现蕾稀少，影响产量。

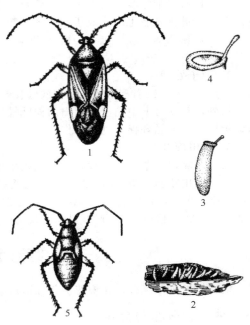

图11-7 三点盲蝽
1—成虫；2—树皮内越冬卵；3—卵；
4—卵盖顶面观；5—5龄若虫

二、生活史与习性

盲蝽均以卵在寄主植物组织内越冬。但种类不同，发生代数也不同。绿盲蝽每年发生3～5代。越冬卵在3月中旬孵化，第1代主要在苜蓿、蒿类植物上危害，4月下旬见成虫，6月上旬棉花现蕾时第2代成虫迁入棉田，直至棉花吐絮无嫩头时才迁到其他植物上为害，11月份开始以卵越冬。主要是第3、第4代危害棉花较重。

三点盲蝽每年发生3代，以卵在洋槐、加拿大杨、柳、榆、杏等树皮内越冬，5月上旬开始孵化，后迁入棉田危害。越冬代成虫5月下旬至6月上旬羽化。第1代7月中旬羽化；第2代8月下旬羽化，后期世代重叠。其将卵产于棉花的叶柄与叶片相接处，其次为叶柄及主脉附近。白天成虫在向日葵、玉米、大麻等花内取食。

苜蓿盲蝽和中黑盲蝽发生世代和发生期基本相同。越冬卵翌年4月中旬孵盛期，第2、第3代危害棉花较重。越冬代5月中旬羽化，第1代7月上旬羽化，第2代8月上旬羽化，第3代9月中旬羽化。

成虫怕阳光喜阴湿，但有趋光性，活泼，喜在幼嫩的叶片、嫩茎苞叶、多蕾的植株上产卵和危害。

三、发生与环境的关系

1. 气候条件

一般高湿条件有利于棉盲蝽的生长和发育，干旱使虫口显著下降。6～8月份降雨偏多年份，每月超过100mm，利于其发生。

2. 棉田周围环境

靠近越冬寄主和早春繁殖寄主的棉田，其发生早而重。

3. 棉株生长状况

密植田、高大茂密、生长嫩绿、含氮量高的部位受害重。与含糖量、pH值无关。

4. 天敌

其天敌有缨翅小蜂、盲蝽黑卵蜂等卵寄生蜂，以及蜘蛛、草蛉、小花蝽、姬猎蝽等捕食性天敌。

第六节 棉花害虫的综合防治

棉花害虫的综合防治应遵循可持续发展的原则，既要治理害虫又要保护棉花生产，保持生态平衡。在具体操作中首先要充分发挥农业生态系统中各种因素尤其是生物因素的生态调控作用，如选育和选用抗虫品种；通过间作、套种、种植诱集作物等，充分发挥自然天敌的控制作用；及时整枝打杈、中耕除草以恶化害虫的生存条件。其次是施用生物农药和特异性农药、物理诱杀、释放天敌等技术，少用或不用化学农药，将棉花害虫的综合治理从保护棉花生产发展到保护农业生态系统，逐步走向可持续发展。

一、播种前和播种期

① 清除棉田枯枝落叶，搞好冬耕冬灌。

② 粮棉套种：小麦与棉花套种，小麦播种时预留棉花行。

③ 选用抗虫品种。

④ 播种时药剂处理：5%铁灭克颗粒剂15～23kg/hm^{2}或3%克百威颗粒剂22.5kg/hm^2、5%3911颗粒剂15～30kg/hm^{2}施于播种沟或播种穴内，对棉蚜和棉叶螨的控制期为45～50天，也可预防棉蓟马、种蝇和其他地下害虫的早期危害。

⑤ 拌种或闷种：75%3911乳油，为种子量的0.8%，闷种6～12h后播种。

⑥ 种植诱集作物：10行棉1行玉米，玉米穴距3mm。玉米心叶期正好与第1代成虫期吻合，以诱集成虫。在第2、第3代成虫期可诱集产卵，集中防治。播种油菜以繁殖瓢虫，8～12行播1行甘蓝型油菜。

⑦ 苜蓿地在4月下旬苜蓿盲蝽孵化后，喷药防治，如3.5%甲敌粉1.5～2kg/667m^2。

二、苗期

① 防治地老虎：移栽后或间苗后进行。

a. 低龄幼虫：撒毒土。75%辛硫磷乳油0.4kg，10倍水稀释后，喷在125～175kg细土上，顺垄撒施。

b. 大龄幼虫：毒饵诱杀。药量为饵料的1%，如90%晶体敌百虫、50%辛硫磷。

② 出苗前，清除田内和田边杂草，预防地老虎和棉叶螨的危害。

③ 内吸杀虫剂涂茎：50%久效磷1份，羊毛脂5份；40%氧化乐果1份或50%久效磷1份，聚乙烯醇0.1份。主治棉蚜，兼治其他刺吸式害虫。

④ 喷药治蚜：卷叶株率20%～30%，百株蚜虫3000头时，喷10%吡虫啉可湿性粉剂或40%氧化乐果。

三、蕾铃期

① 中耕灭茬：在小麦收获后第1代成虫羽化前进行。

② 诱蛾：杨树枝把、黑光灯或高压汞灯诱蛾，以及使用性诱剂。

③ 田间管理：整枝打杈带出田外。棉铃虫产卵盛期喷1%过磷酸钙或撒施草木灰，以减少落卵量。

④ 棉盲蝽：百株虫量5头以上时进行防治。可用10%吡虫啉可湿性粉剂300g/hm^2，或10%大功臣200g/hm^2。四周先用药，统一防治。

⑤ 棉叶螨：有螨株率10%或红叶率5%～14%时进行防治。可用73%克螨特、三氯杀螨醇、20%浏阳霉素、40%氧化乐果等。

⑥ 棉铃虫：卵盛期为Bt乳剂7500mL/hm^2、核多角体病毒600g/hm^2，以及1.8%阿巴丁、0.9%爱福丁等。

思 考 题

1. 棉花害虫主要有哪几种？
2. 简述棉铃虫的发生规律。
3. 简述棉红铃虫的防治方法。
4. 简述棉花害虫的综合防治。

第十二章　油料作物害虫

第一节　大豆食心虫

一、发生及为害情况

大豆食心虫［*Leguminivora glycinivorella*(Matsumura)］属鳞翅目小卷叶蛾科，俗称大豆蛀荚虫、小红虫，分布于西北、华北、东北等地。此害虫食性比较单一，寄主仅为大豆、野生大豆和苦参。以幼虫蛀荚取食危害豆粒，严重影响产量和品质。

二、形态特征

见图12-1。

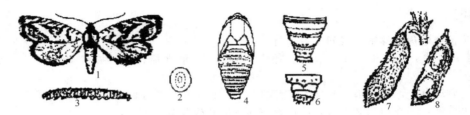

图12-1　大豆食心虫
1—成虫；2—卵；3—幼虫；4—蛹背面观；5—蛹末端背面观；
6—雄蛹腹末；7—幼虫脱出孔；8—为害状

1. 成虫

体长5～6mm，翅展12～14mm，黄褐至暗褐色。前翅暗褐色，沿前缘有10条左右的黑紫色短斜纹，其周围有明显的黄色区；外缘在顶角下略向内凹陷，臀角上方近外缘有一银灰色椭圆形斑，斑内有3个紫黑色小斑。后翅浅灰色，无斑纹。

2. 卵

椭圆形，初产时乳白色，后转橙黄色，表面可见一半圆形红带。

3. 幼虫

老熟幼虫体长8～10mm，红色，头及前胸背板黄褐色，腹足趾钩单序环状。

4. 蛹

长5～7mm，黄褐色，纺锤形。第2～7腹节前、后缘有大、小刺各1列，第8～10腹节仅有1列大刺，臀刺8根，粗短。幼虫吐丝缀合土粒做成的土茧，长椭圆形，长约8mm，宽3～4mm。

三、发生规律

全国各地每年发生1代，以老熟幼虫在20～80mm深土中结茧越冬。7月份越冬幼虫破茧而出，爬到地表重新结茧化蛹。8月上中旬为化蛹盛期，8月中下旬出现成虫，8月下旬为产卵盛期，8月底至9月初幼虫孵化，蛀入荚内危害20～30天，9月中旬至10月上旬幼虫老熟陆续脱荚入土越冬，脱荚盛期为9月下旬。

成虫趋光性强。以下午5～7时活动最盛。成虫盛发期雌、雄比接近1∶1，此时田间成虫出现

"打团"飞翔现象。成虫产卵有明显的选择性，喜产卵于 3～5cm 长的豆荚上，荚毛多的品种比荚毛少的品种着卵量多，无毛的大豆荚上极少有卵。卵散产，每荚 1 粒。幼虫孵化后先在荚上结细长形白色薄丝网，在丝网下蛀入豆荚，取食危害豆粒，受害豆粒呈兔嘴状缺刻，一般 1 头幼虫可咬食 2 粒豆。幼虫老熟后脱荚入土做茧越冬，在垄作豆地以垄台上最多。收获时尚未脱荚的幼虫，随豆株运到堆垛场，脱荚后爬到豆场边的土内越冬。高温干燥和低温多雨不利于成虫产卵。多毛品种大豆受害重，大豆荚皮隔离层细胞排列紧密、横向排列的，抗虫性强，受害轻。大豆轮作的，受害轻。

四、防治方法

1. 农业防治

选用抗虫或耐虫品种，如郑州 79119-6。在距前一年大豆田 1000m 以外的地块种植大豆，蛀荚率可显著降低。

2. 生物防治

幼虫入土前地面施用白僵菌粉 22.5kg/hm² 。

3. 药剂防治

成虫产卵盛期用 DDV 熏蒸或喷施 2% 天达阿维菌素 3000 倍液＋25% 天达灭幼脲 1500 倍液，不仅能毒杀成虫，而且能杀死部分卵及初孵幼虫。幼虫入荚盛期之前，再喷一次，还能杀死大部分入荚幼虫。卵孵盛期用 25% 天达灭幼脲 1500 倍液、50% 杀螟松 800～1000 倍液、2.5% 高效氯氟氰菊酯 1500 倍液或 90% 晶体敌百虫 1500 倍液喷雾防治。

第二节　豆天蛾

一、发生及为害情况

豆天蛾（*Clanis bilineata* Walker）又名豆虫，属鳞翅目天蛾科。除西藏外，我国其他各省区均有分布，以黄河流域危害最重。主要危害大豆，也可危害绿豆、豇豆等。幼虫取食叶片成孔洞，严重时将豆株吃成光杆，严重影响产量。

二、形态特征

见图 12-2。

1. 成虫

体长 40～50mm，翅展 100～120mm，黄褐色，有的略带绿色。头、胸部背面有暗紫色背线。前翅狭长，有 6 条褐色波状横纹，前缘中部有 1 个半圆形浅白色斑，顶角有 1 个三角形褐色斑。后翅小，暗褐色，基部和后角附近黄褐色。

2. 卵

椭圆形，长 2～3mm。初产时淡绿色，后变为黄白色，孵化前褐色。

3. 幼虫

老熟幼虫长 60～90mm，黄绿色，密生黄色小突起。腹部两侧各有 7 条向背后方倾斜的黄白色条纹，尾角黄绿色，短而向下弯曲。

4. 蛹

长 40～50mm，红褐色。喙与身体紧贴，末端露出，腹部第 5～7 节气门前各有一横沟纹。臀棘三角形，末端不分叉。

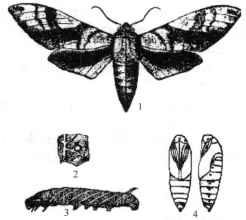

图 12-2　豆天蛾

1—成虫；2—卵；3—幼虫；4—蛹腹面和侧面观

三、发生规律

在淮河以南每年发生 2 代，以北则发生 1 代。以老熟幼虫在 9～12cm 土中越冬。越冬场所多为豆田及其附近的土堆、田埂等向阳处。1 代区越冬幼虫 6 月上中旬移到土表化蛹，6 月下旬始见越冬代成虫，7 月中旬为羽化盛期，7 月下旬至 8 月上旬为产卵盛期，幼虫盛发期为 7 月下旬至 8 月下旬，9 月上旬幼虫老熟后入土越冬。

成虫飞翔力强，有趋光性，喜食花蜜，寿命 7～10 天。卵多散产于豆株上部叶片背面，平均每雌产卵 350 粒，卵期 4～8 天。幼虫共 5 龄，1～2 龄幼虫危害顶部叶片，3～4 龄幼虫开始转株危害。幼虫老熟后入土越冬。不同大豆品种受害程度有所差异，以早熟、秆叶柔软、含蛋白质和脂肪多的品种受害重；晚熟、秆硬、抗涝性强、品质较差的品种受害轻。植株茂密、地势低洼、土壤肥沃的淤地发生重。

四、防治方法

① 黑光灯诱杀成虫。
② 人工捕捉大龄幼虫。
③ 幼虫孵化盛期用 Bt 制剂（每克含 100 亿个活孢子）800 倍液喷雾。
④ 药剂防治。幼虫 3 龄前每亩喷 50% 辛硫磷 1000 倍液、25% 灭幼脲 3 号 1000 倍液或用 90% 晶体敌百虫 60～80g。

第三节　大豆小夜蛾

一、发生及为害情况

大豆小夜蛾 [*Ilattia octo*(Guenee)] 属鳞翅目夜蛾科，又名坑翅夜蛾、双星小夜蛾，分布于我国各大豆产区，其中以黄淮流域和长江流域受害最重。其主要危害大豆，还危害其他豆类，以幼虫取食豆叶使其缺刻或成孔洞，严重时仅留叶脉，造成大豆落花、落荚和籽粒不饱，严重影响产量和品质。

二、形态特征

1. 成虫

体长 10～11mm，翅展 25～26mm，灰褐色。不同个体前翅色泽和斑纹不同。多数个体前翅灰棕色，混杂白色鳞片，翅中央有 1 个黄白色圆形斑纹，此斑纹前方有 1 个边缘白色而中间灰棕色呈括弧形的圆斑，两个圆斑紧连（故名双星小夜蛾）。有的个体前翅红褐色，仅有中央的 1 个黄白色斑纹，另 1 个圆斑不明显；有的个体两个斑纹都不明显。

2. 卵

扁圆形，直径 0.4～0.5mm，卵面有许多小突起，突起上各着生 1 根刚毛。

3. 幼虫

老熟幼虫体长 26～28mm，有腹足 3 对（包括 1 对臀足），依体色和斑纹不同可分 3 种类型：①头黄绿色，体绿色，背线由断续的黄白色斑纹组成，亚背线白色，气门线黄色，老熟前体线消失，体色紫红，老熟后又变为青绿色。这种个体将发育为双星明显的成虫。②头绿色并有紫红色网纹，体背紫红色，腹面绿色，背线、亚背线深紫红色，气门线淡红色。③头及体背面灰黑色。

4. 蛹

长 9～12mm，尾刺 1 对，弯曲成钩状。

三、发生规律

在山东济宁 1 年发生 3～4 代，以蛹在豆株根际附近土中越冬。第 1 代幼虫发生于 6 月下旬至7月中旬，主要危害春播大豆和部分早播夏大豆；第2代幼虫发生于7月下旬至8月中旬；第3代发生于8月上旬至9月下旬，均危害夏大豆。以第2代幼虫危害最重。

成虫有趋光性，卵散产于豆株上、中部叶片背面，卵期3～6天。初孵幼虫及幼龄幼虫多隐蔽在叶片背面取食下表皮和叶肉，残留上表皮，被害叶片呈箩底状。3龄后幼虫取食叶片使其成孔洞。幼虫夜间取食时多潜伏在中下部叶片。幼虫性活泼，一经触动便会落地。幼虫期20天左右。老熟幼虫落地入土作茧化蛹，非越冬蛹期7～11天。多雨年份，尤其是7月上中旬雨量充足，则有利于第2代幼虫发生。水肥条件好、豆株生长茂盛的田块着卵量高、虫口密度大。

四、防治方法

1. 农业防治

豆株收割后及时耕地，破坏越冬场所。

2. 药剂剂防

3龄前喷药防治。药剂可选用15%菜虫净乳油1500倍液、2.5%天王星或20%灭扫利乳油3000倍液、35%顺丰2号乳油1000倍液、10%吡虫啉可湿性粉剂2500倍液、5%抑太保乳油2000倍液、44%速凯乳油1000～1500倍液、4.5%高效顺反氯氰菊酯乳油3000倍液等，10天1次，连用2～3次。

第四节 油菜潜叶蝇

一、发生及为害情况

危害油菜的潜叶蝇有多种，如美洲斑潜蝇、南美斑潜蝇、番茄斑潜蝇和豌豆彩潜蝇等。现以美洲斑潜蝇为例说明。美洲斑潜蝇（*Liriomyza sativae* Blanchard），又称蔬菜斑潜蝇，属双翅目潜蝇科，为世界检疫害虫，1993年传入我国，现已扩散到我国25个省、区和直辖市，国内已记载的寄主植物有19科60多种，其中以十字花科、豆类、瓜类、茄果类和菊科花卉受害最重。其以幼虫潜叶为害，叶片正面出现由细渐粗的灰白色弯曲蛀道，以植株中、下部叶片受害最重。另外，雌成虫用产卵器刺破寄主叶片产卵和吸食汁液，留下密密麻麻的灰白色小点，而且还可传播植物病毒病。

二、形态特征

见图12-3。

1. 成虫

体小，体长1.3～2.3mm，浅灰黑色，胸背板亮黑色，体腹面黄色，雌虫体比雄虫大。中室较大，M_{3+4}末端长为次生端长的2～2.5倍。额明显突出于眼，橙黄色，上眶稍暗，内外顶鬃着生处暗色，上眶鬃2对，下眶鬃2对，颊长为眼高的1/3，中胸背板黑色稍亮。后角具黄斑，背中鬃2+1，中鬃散生呈不规则的4行，中侧片下方1/2～3/4甚至大部分黑色，仅上方黄色。足基节黄色具黑纹，腿节基本黄色但具黑色条纹直到几乎全为黑色，胫节、跗节棕黑色。

2. 卵

米色，半透明，(0.2～0.3)mm×(0.1～0.15)mm。

3. 幼虫

蛆状，初无色，后变为浅橙黄色至橙黄色，长3mm，后气门突呈圆锥状突起，顶端三分叉，各具一开口。

4. 蛹

椭圆形，橙黄色，腹面稍扁平，(1.7～2.3)mm×(0.5～0.75)mm。

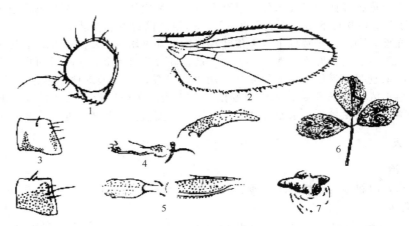

图 12-3　美洲斑潜蝇
1—头；2—翅；3—中侧片；4—阳茎腹面观；5—为害状；6—蛹后气门

三、发生规律

美洲斑潜蝇在黄淮地区年发生 9~11 代，在田间自然条件下不能越冬，在保护地中可以越冬和继续危害。危害盛期为 8~9 月份，在温室中危害盛期为 4~6 月份和 11 月份。在云南滇中地区全年有两个发生高峰，即 3~4 月份和 10~11 月份。在北京 3 月中旬开始发生，6 月中旬以前数量不多，以后虫口逐渐上升，7 月 1~7 日达到最高虫量，后又下降，主要发生在 6 月中下旬至 7 月中旬。世代重叠严重。

成虫白天活动，对橙黄色趋性强，喜在迎风的田边地头植株上产卵，地中间产卵的较少，在日光温室中靠北边的植株较南边的落卵多，受害重。卵多产在已伸展开的第 3、第 4 片叶上。产卵时，雌虫用产卵器刺破寄主叶片上表皮，然后吸食汁液或产卵，雄虫不能刺破叶片，但取食雌虫刺伤点的汁液。卵散产于叶片表皮下，叶片伤痕中有 15% 左右为产卵痕。幼虫孵化后潜食叶肉的栅栏组织，所以仅叶片正面可见蛀道。幼虫老熟后在蛀道端部咬破叶片爬出，在叶面化蛹或落到土中化蛹。其天敌有潜蝇姬小蜂 [*Diglyphus isaea*(Walker)]、潜蝇茧蜂（*Opius* sp.）等。

四、防治方法

① 不施未腐熟的有机肥。

② 田间初见叶片被害时用药，可以喷施 40.7% 的乐斯本乳油 1000 倍液或 1.8% 虫螨克乳油 5000 倍液。

思 考 题

1. 油料作物有哪些主要害虫种类？
2. 油菜潜叶蝇为害状是怎样的？
3. 举例制定一种害虫的综合防治方案。

第十三章 蔬菜害虫

第一节 菜粉蝶

一、发生及危害情况

菜粉蝶［Artogeia(Pieris) rapae(Linnaeus)］属鳞翅目粉蝶科，又名菜白蝶、白粉蝶，幼虫别名为菜青虫，分布于全国各地。幼虫取食甘蓝、花椰菜、白菜、萝卜等十字花科蔬菜，尤其偏嗜含有芥子油糖苷、叶表光滑无毛的甘蓝和花椰菜。2龄前只能啃食叶肉，并留下一层透明的表皮；3龄后可蚕食整个叶片，轻则虫口累累，重则仅剩叶脉，影响植株生长发育和包心，造成减产。此外，虫粪污染花菜球茎，降低商品价值。其还能导致白菜软腐病。

二、形态特征

见图13-1。

1. 成虫

体长12～20mm，翅展45～55mm；体灰黑色，翅白色，顶角灰黑色，雌蝶前翅有2个显著的黑色圆斑，雄蝶仅有1个显著的黑斑。

2. 卵

瓶状，高约1mm，宽约0.4mm，表面具纵脊与横格，初产乳白色，后变橙黄色。

3. 幼虫

体青绿色，背线淡黄色，腹面绿白色，体表密布细小黑色毛瘤，沿气门线有黄斑。共5龄。

4. 蛹

长18～21mm，纺锤形，中间膨大而有棱角状突起，体绿色或棕褐色。

三、发生规律

全国各地的发生代数和历期有所不同，辽宁、内蒙古、河北每年发生4～5代，上海5～6代，南京7代，武汉、杭州8代，长沙8～9代。各地均以蛹在菜地附近的墙壁屋檐下或篱笆、树干、杂草残株等处越冬，多选择背阳面。翌春4月初开始陆续羽化，边吸食花蜜边产卵，以晴暖的中午活动最盛。卵散产，多产于叶背，平均每雌产卵120粒左右。卵的发育起点温度8.4℃，有效积温56.4日度，发育历期4～8天；幼虫的发育起点温度6℃，有效积温217日度，发育历期11～22天；蛹的发育起点温度7℃，有效积温150.1日度，发育历期（越冬蛹除外）5～16天；成虫寿命5天左右。菜青虫发育的最适温度20～25℃，相对湿度76%左右，与甘蓝类蔬菜发育所需温湿度接近，因此，在北方春季（4～6月份）和秋季（8～10月份）两茬

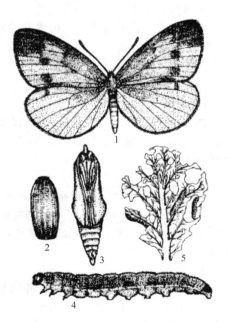

图13-1 菜粉蝶
1—成虫；2—卵；3—蛹；4—幼虫；5—为害状

甘蓝大面积栽培期间，菜青虫的发生亦形成春、秋两个高峰。夏季由于高温干燥及甘蓝类栽培面积的大量减少，菜青虫的虫口数量大幅度减少。菜粉蝶天敌有 70 多种，以寄生性天敌的控制率较高，主要有卵期的广赤眼蜂［*Trichogramma evanescens*（Westwood）］和幼虫期的微红绒茧蜂［*Apanteles rubecula*（Marshall）］、菜粉蝶绒茧蜂［*A. glomeratus*（L.）］及颗粒体病毒等，以及蛹期的蝶蛹金小蜂［*Pteromalus Puparum*（L.）］等。

四、防治方法

1. 生物防治

可采用细菌杀虫剂，如国产 Bt 乳剂或青虫菌六号液剂，通常采用 500～800 倍液喷雾。

2. 药剂防治

可选用 50％辛硫磷乳油 1000 倍液或 20％三唑磷乳油 700 倍液、25％爱卡士乳油 800 倍液、44％速凯乳油 1000 倍液、10％赛波凯乳油 2000 倍液、0.12％天力 E 号（灭虫丁）可湿性粉剂 1000 倍液、2.5％保得乳油 2000 倍液、5％锐劲特悬浮剂 1500 倍液等。

3. 生理防治

可喷施昆虫生长调节剂（昆虫几丁质合成抑制剂），如 25％灭幼脲三号（苏服一号）胶悬剂 500～1000 倍液。注意此类药剂作用缓慢，通常在虫龄变更时才使害虫致死，所以应提早喷洒。常采用的胶悬剂剂型，喷洒后耐雨水冲刷，药效可维持半月以上。

第二节　温室白粉虱

一、发生及为害情况

温室白粉虱［*Trialeurodes vaporariorum*（Westwood）］属同翅目粉虱科。该虫 1975 年在国内始见于北京，现几乎遍布全国。其寄主有黄瓜、菜豆、茄子、番茄、青椒、甘蓝、花椰菜、白菜、油菜、萝卜、莴苣、魔芋、芹菜等各种蔬菜及花卉、农作物等约 200 余种。成虫和若虫吸食植物汁液，造成被害叶片褪绿、变黄、萎蔫，甚至全株枯死。此外，由于其繁殖力强，繁殖速度快，种群数量庞大，群聚为害，并分泌大量蜜液，严重污染叶片和果实，往往引起煤污病的大发生，使蔬菜失去商品价值。大棚内栽培的番茄、辣椒、茄子、马铃薯、黄瓜、菜豆等受害严重。

二、形态特征

见图 13-2。

1. 成虫

体长 1～1.5mm，淡黄色。翅面覆盖白蜡粉，停息时双翅在体上合成屋脊状如蛾类，翅端半圆状遮住整个腹部，翅脉简单，沿翅外缘有一排小颗粒。

2. 卵

长约 0.2mm，侧面观长椭圆形，基部有卵柄，柄长 0.02mm，从叶背的气孔插入植物组织中。初产淡绿色，覆有蜡粉，而后渐变褐色，孵化前呈黑色。

3. 若虫

1 龄若虫体长约 0.29mm，长椭圆形，2 龄若虫约 0.37mm，3 龄若虫约 0.51mm，淡绿色或黄绿色，足和触角退化，紧贴在叶片上，营固着生活；4 龄若虫又称伪蛹，体长 0.7～0.8mm，椭圆

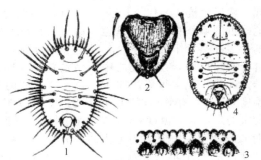

图 13-2　温室白粉虱
1—若虫；2—管状孔及第 8 节刺毛位置；
3—外缘锯齿及分泌突起；4—蛹

形，初期体扁平，逐渐加厚呈蛋糕状（侧面观），中央略高，黄褐色，体背有长短不齐的蜡丝，体侧有刺。

三、发生规律

在北方，温室内一年发生10余代，冬季其在室外不能存活，因此其是以各虫态在温室越冬并继续为害。成虫羽化后1~3天可交配产卵，平均每雌产142.5粒。也可进行孤雌生殖，其后代为雄性。成虫有趋嫩性，在寄主植物打顶以前，成虫总是随着植株的生长不断追逐顶部嫩叶产卵，因此白粉虱在寄主上自上而下的分布规律为：新产的绿卵、变黑的卵、初龄若虫、老龄若虫、伪蛹、新羽化成虫。白粉虱卵以卵柄从气孔插入叶片组织中，与寄主植物保持水分平衡，不易脱落。若虫孵化后3天内可在叶背做短距离游走，当口器插入叶组织后则失去了爬行功能，开始营固着生活。白粉虱发育历期为18℃时31.5天、24℃时24.7天、27℃时22.8天。各虫态在24℃时的发育历期为，卵期7天、1龄5天、2龄2天、3龄3天、伪蛹8天。白粉虱繁殖适温为18~21℃，温室内约1个月完成一代。冬季温室作物上的白粉虱，是露地春季蔬菜上的虫源，通过开窗通风或菜苗向露地移植而使其迁入露地。因此，白粉虱的蔓延，人为因素起着重要作用。白粉虱的种群数量，由春至秋持续发展，夏季的高温多雨对其抑制作用不明显，到秋季其数量达高峰，集中为害瓜类、豆类和茄果类蔬菜。在北方由于温室和露地蔬菜生产紧密衔接和相互交替，白粉虱得以周年发生和为害。

四、防治方法

对白粉虱，应以农业防治为主，加强蔬菜作物的栽培管理，培育"无虫苗"，辅以合理的药剂防治，积极开展生物防治和物理防治。

1. 农业防治

（1）提倡温室头茬种植白粉虱不喜食的芹菜、蒜黄等较耐低温的种类，减少黄瓜、番茄的种植面积。

（2）培育"无虫苗"，把苗房和生产温室分开，育苗前彻底熏杀残余虫口，清理杂草和残株，并以尼龙密封通风口，控制外来虫源。

（3）避免黄瓜、番茄、菜豆混栽。

（4）尽量避免在温室、大棚附近栽植黄瓜、番茄、茄子、菜豆等白粉虱嗜食种类，提倡种植其不喜食的十字花科蔬菜以减少虫源。

2. 药剂防治

由于白粉虱世代重叠，在同一时间同一作物上存在各虫态，而当前没有对所有虫态皆有效的药剂种类，所以采用化学防治法必须连续用药几次。可选用的药剂和浓度有：10%扑虱灵乳油1000倍液、25%灭螨猛乳油1000倍液、20%康福多浓可溶剂4000倍液或10%大功臣可湿性粉剂亩用有效成分2g、天王星2.5%乳油3000倍液、功夫2.5%乳油3000倍液、灭扫利20%乳油2000倍液，连续施用，均有较好效果。

3. 生物防治

可人工繁殖释放白粉虱匀鞭蚜小蜂，在温室第二茬番茄上当白粉虱成虫在0.5头/株以下时，每次释放成蜂15头/株，每隔2周1次，共3次使其建立种群，可有效控制白粉虱为害。

4. 物理防治

利用其对黄色的强烈趋性，可在温室内设置黄板诱杀成虫。其方法是利用废旧的纤维板或硬纸板，裁成1m×0.2m的长条，用油漆涂为黄色，再涂上一层粘油（如10号机油加少许黄油调匀），每亩设置30块，置于行间，可与植株高度相同。当粉虱粘满板面时需及时重涂粘油，一般7~10天重涂1次。此外，在一个地区范围内应联防联治，以提高总体防治效果。

第三节 豌豆潜叶蝇

一、发生及为害情况

豌豆潜叶蝇 [*Chromatomyia horticola* (Goureau)] 属双翅目潜蝇科。除西藏未见报道外,其他各省均有发生。其为多食性害虫,能取食130多种寄主植物,在蔬菜类寄主中主要为害豌豆和十字花科的甘蓝、白菜、萝卜等。其主要以幼虫潜入叶片内专门钻食叶肉,留下弯弯曲曲的白色隧道,因叶片组织受破坏导致整个植株受影响,叶菜类蔬菜则影响食用和商品价值,豆用菜则影响产量,种株受害则影响种子的饱满度和产量。成虫吸食汁液和产卵刺伤也能在叶片上留下许多白色枯死点。

二、形态特征

见图13-3。

1. 成虫

体长2mm左右,头部黄色,复眼红褐色。胸部、腹部及足灰黑色,但中胸侧板、翅基、腿节末端、各腹节后缘黄色。翅透明,但有虹彩反光。

2. 卵

长约0.3mm,长椭圆形,乳白色。

3. 幼虫

老熟时体长约3mm,体表光滑透明,前气门呈叉状,向前伸出;后气门在腹部末端背面为一对明显的小突起,末端褐色。

4. 蛹

长2~2.6mm,长椭圆形,黄褐至黑褐色。

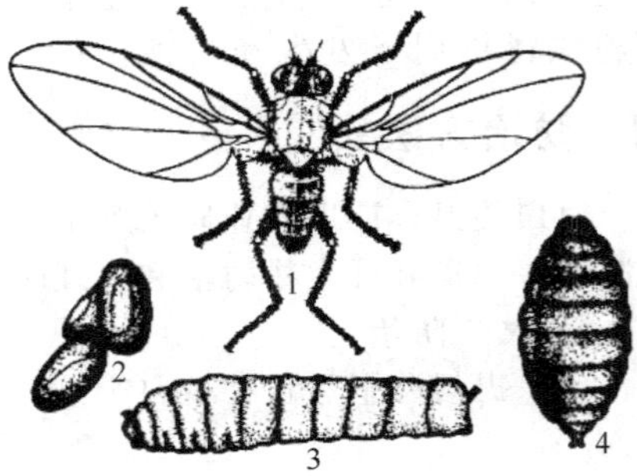

图13-3 豌豆潜叶蝇
1—成虫;2—卵;3—幼虫;4—围蛹

三、发生规律

全国均有发生。华北每年发生4~5代,以蛹在被害的叶片内越冬。该虫喜低温,发生很早,3月上旬即见发生,大多数于4月中下旬成虫羽化,第1代幼虫为害阳畦菜苗、留种十字花科蔬菜及豌豆,5~6月为害最重;夏季气温高时很少见到其为害,到秋天又开始活动,而且发生期相当长,但数量不大。成虫白天活动,吸食花蜜,交尾产卵。多选择幼嫩绿叶产卵,产于叶背边缘的叶肉里,尤以近叶尖处为多,卵散产,每次1粒,每雌可产50~100粒。幼虫孵化后即蛀食叶肉,隧道随虫龄增大而加宽。幼虫3龄老熟,即在隧道末端化蛹。各虫态13~15℃时发育历期为卵期3.9天、幼虫期11天、蛹期15天,共计30天左右;23~28℃时,各虫态历期分别为卵期2.5天、幼虫期5.2天、蛹期6.8天,共计14天左右;成虫寿命一般7~20天,气温高时4~10天。

四、防治方法

① 收获后及时清除败叶和铲除杂草并集中处理,可减少虫源。

② 植物检疫。加强检疫疫区蔬菜及花卉,严禁外调、外运。

③ 生物防治。释放姬小蜂(*Diglyphus spp*)、反颚茧蜂(*Dacnusin spp.*)、潜蝇茧蜂(*Opius spp.*)等寄生蜂。

④ 施用昆虫生长调节剂,可影响成虫生殖、卵的孵化和幼虫蜕皮、化蛹等,如5%抑太保2000倍液或5%卡死克乳油2000倍液对成虫具有不孕作用,用药后成虫产的卵孵化率低,孵化幼虫多死亡,是一类具有发展前途的药剂。

⑤ 物理机械防治。可用涂机油黄板诱杀。

⑥ 药剂防治。提倡使用48％乐斯本（毒死蜱）乳油1500～2000倍液、1.8％阿巴丁（爱福丁）乳油2000倍液、10％烟碱乳油1000倍液、10％除尽悬浮剂1000倍液、40％七星宝乳油600～800倍液、98％巴丹可溶性粉剂2000倍液、50％辛硫磷乳油1000倍液，在发生高峰期5～7天喷1次，连续防治2～3次。应选在8～10点露水干后施药，此时幼虫开始到叶面活动，老熟幼虫多从虫道中钻出，是喷药最有利的时机。

第四节　叶甲类

一、黄曲条跳甲

1. 发生和危害概况

黄曲条跳甲［*Phyllotreta striolata*(Fabricius)］属鞘翅目叶甲科，别名蹦蹦虫、菜蚤等。除新疆、西藏、青海外广泛分布于全国各地。其寄主主要为萝卜、白菜等十字花科蔬菜，也能为害小麦、粟、大麦、燕麦等农作物。成虫取食嫩叶使其成稠密小孔，刚出土幼苗受害可成片枯死，也可为害花蕾、嫩荚，幼虫啃食根部，为害严重的致叶丛发黄枯死，同时传播细菌性软腐病。

2. 形态特征

见图13-4。

（1）成虫　体长1.5～2.4mm，黑色，鞘翅上各有一条黄色纵斑，中部狭而弯曲。后足腿节膨大，十分善跳，胫节、腿节黄褐色。

（2）幼虫　老熟时体长约4mm，长圆筒形，黄白色，各节具不显著瘤，生有细毛。

（3）卵　长约0.3mm，椭圆形，淡黄色，半透明。

（4）蛹　长约2mm，椭圆形，乳白色，头部隐于前胸下面，翅芽和足达第5腹节，胸部背面有稀疏的褐色刚毛。腹末有一对叉状突起，叉端褐色。

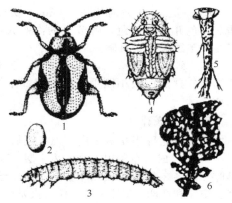

图13-4　黄曲条跳甲
1—成虫；2—卵；3—幼虫；4—蛹；
5—幼虫；6—成虫为害状

3. 发生规律

黄曲条跳甲在东北每年发生2代，华北地区4～5代，上海、杭州4～6代，南昌5～7代，广州7～8代。以成虫在落叶、杂草中潜伏越冬。翌春气温达10℃以上时开始取食，20℃时食量大增。成虫善跳跃，高温时还能飞翔，以中午前后活动最盛。其有趋光性，对黑光灯敏感。成虫寿命长，产卵期可延续1个月以上，因此世代重叠，发生不整齐。卵散产于植株周围湿润的土隙中或细根上，平均每雌产卵200粒左右。20℃下卵发育历期4～9天。幼虫需在高湿时才能孵化，故近沟边的菜地虫口较多。幼虫孵化后在30～50mm的表土层啃食根皮，历期11～16天，共3龄。老熟幼虫在30～70mm深的土中筑土室化蛹，蛹期约20天。全年以春、秋两季发生严重，并且秋季重于春季，湿度高的菜田重于湿度低的菜田。

4. 防治方法

（1）农业防治　采用及时清洁田园和播种诱虫带等措施，消灭越冬成虫。还可与非十字花科蔬菜轮作。

（2）药剂防治　发生严重地区用2.5％辛硫磷粉剂处理土壤，每亩3～4kg，可减轻苗期受害。子叶初期成虫出现时，可喷撒2％杀螟松粉剂。前茬栽培非十字花科蔬菜时，可在菜田四周喷撒10m宽的杀螟松药带，以防止田外成虫向菜田侵入。消灭幼虫则可喷洒或浇灌50％辛硫磷乳油2000倍液或90％晶体敌百虫1000倍液。

二、小猿叶虫

1. 发生及为害情况

小猿叶虫（Phaedon brassicae Baly）属鞘翅目叶甲科，又称猿叶甲、乌壳虫、白菜掌叶甲、弯腰虫等，分布于内蒙古、东北、甘肃、青海、河北、山西、山东、陕西、河南、江苏及华南、西南各省。其寄主主要为十字花科蔬菜、油菜、甜菜等。成虫和幼虫均喜食菜叶，在叶背或心叶内食叶使其缺刻或成孔洞，严重的呈网状，只剩叶脉。成虫常群聚为害。

2. 形态特征

见图13-5。

（1）成虫　体长4.7～5.2mm，宽约2.5mm，长椭圆形，末端略尖，蓝黑色，略具金属光泽；体腹面沥青色，跗节稍带棕色；头部刻点粗且密，尤以两唇及其前缘更甚，呈皱状，着生稀疏短毛。触角第3节长，端节明显加粗；前胸背板拱凸，后缘无边框，中部向后拱弧明显，与鞘翅基部等宽，表面刻点粗深，两侧密，中部稍稀疏，点间光平；小盾片光亮无点刻，半圆形；鞘翅上具极粗深的皱状刻点，点间隆起，翅端尤明显。

（2）卵　长1.5mm，宽0.6mm，长椭圆形，表面光滑。

（3）幼虫　末龄时体长7.5mm，头黑色，具光泽，体灰黑色并略带黄色，各节上的肉瘤大小不等，气门下线、基线上肉瘤明显。

（4）蛹　长约6.5mm，半球状，黄褐色，腹部各节侧面各具黑色短小刚毛一丛，腹部末端有叉状突起1对。

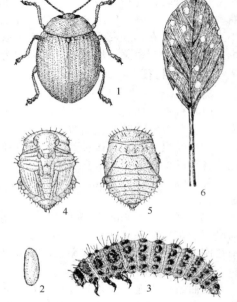

图13-5　小猿叶虫
1—成虫；2—卵；3—幼虫；4—蛹腹面观；
5—蛹背面观；6—产卵状及为害状

3. 发生规律

长江以北每年发生2代，长江流域2～3代，广西5～6代，以成虫在菜田土缝、表土层150mm深处枯枝落叶下越冬。越冬代成虫于翌年4月份开始活动、为害、交配和产卵。5月份第1代幼虫发生，为害期1个月，5月中旬即见第1代成虫。气温26℃时成虫入土蛰伏夏眠近3个月，8～9月间开始种植秋菜时，成虫又外出交配产卵，发生第2代幼虫，为害白菜、萝卜、甘蓝等，10月后开始越冬。成虫寿命96天，长者达167天；每雌产卵200～500粒，多的可达700粒；多把卵产在根际附近土缝内、土块上或心叶里；卵发育历期3～6天；幼虫期20天左右，共4龄；蛹期11天。每年4～5月、9～10月为两次为害高峰。幼虫孵化后爬到寄主叶片上取食，日夜活动，有假死性，受惊扰时分泌出黄色液体或卷曲落地，老熟后落地入土筑土室化蛹。

4. 防治方法

（1）农业防治　收获后及时清洁田园，消灭越冬、越夏成虫。成虫越冬前，在田间、地埂、畦埂处堆放菜叶杂草，引诱成虫，并集中杀灭。

（2）人工防治　利用成、幼虫假死性进行震落扑杀。

（3）药剂防治　在卵孵化90%左右时，喷淋5%卡死克乳油2000倍液、25%爱卡士乳油1500倍液、50%辛硫磷乳油1500倍液、40%水胺硫磷或50%乐果乳油1000倍液。虫口数量大时，在卵孵化30%和90%时各防治1次。

第五节 夜蛾类

夜蛾类害虫以幼虫取食叶片,有的夜间取食,有的终日在叶片为害。初孵幼虫食量很小,有的仅啃食叶肉,留下很薄的上表皮,2龄之后将叶片吃成小缺刻,3龄之后进入大量取食期,易暴发成灾。其主要种类有斜纹夜蛾、甜菜夜蛾、银纹夜蛾等。

一、斜纹夜蛾

1. 发生及为害情况

斜纹夜蛾（*Prodenia litura* Fabricius）属鳞翅目夜蛾科,别名莲纹夜蛾、莲纹夜盗蛾,分布于全国各地,主要分布于河北、河南、山东、江苏、安徽、湖北、江西、浙江、湖南等省。此虫食性很广,嗜食甘蓝、花椰菜、白菜、萝卜等十字花科蔬菜,茄科、葫芦科、豆科蔬菜,葱、韭菜、菠菜及农作物植物达99科290种以上。以幼虫食叶、花蕾、花及果实,严重时可将全田蔬菜吃光。在甘蓝、白菜上还可蛀入叶球、心叶,并排泄粪便,造成污染和腐烂,使之失去商品价值。

2. 形态特征

见图13-6。

（1）成虫 体长14~20mm,翅展33~42mm。体褐色。前翅黄褐色,有复杂黑褐色斑纹,翅基部前半部有白线数条,内横线和外横线灰白色,呈波浪形,内、外横线之间有灰白色宽带,自内横线前缘斜伸至外横线近后缘1/3处,灰白带中有2条褐色斜纹,雌蛾比雄蛾显著。后翅白色,翅脉和外缘呈暗褐色。前足胫节有淡黄色丛毛,跗节暗褐色。

（2）卵 半球形,直径约0.5mm。初产时黄白色,近孵化时紫黑色。卵壳表面有网状花纹。卵粒常3~4层重叠成块。卵块椭圆形,上覆黄褐色绒毛。

（3）幼虫 共6龄,成长幼虫体长38~51mm。头部淡褐至黑褐色,胸腹部颜色多变,暗褐色至浅灰绿色。背线和亚背线黄色,中胸至第9腹节沿亚背线上缘每节两侧各有一半圆形或三角形黑斑,以腹部第1、第7、第8节上黑斑较大。气门线暗褐色,气门下线由污黄色或灰白色斑点组成。胸足近黑色,腹足深褐色。

（4）蛹 体长18~20mm,赤褐色至暗褐色,腹部第4~7节背面和第5~7节背、腹面前缘密布圆形刻点,腹端臀棘1对,较短,尖端不呈钩状。

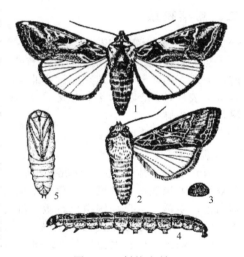

图13-6 斜纹夜蛾
1—雄成虫；2—雌成虫；3—卵；
4—幼虫；5—蛹

3. 发生规律

斜纹夜蛾1年发生多代,世代重叠。在华北地区每年发生4~5代,长江流域5~6代,福建6~9代,在两广、台湾可终年繁殖,无越冬现象；在长江流域以北地区,越冬问题尚无结论,推测春季虫源有从南方迁飞而来的可能性。长江流域多在7~8月份大发生,黄河流域多在8~9月份大发生。成虫昼伏夜出,白天躲藏在植株叶丛、土缝或杂草丛中,黄昏开始觅食飞行,飞翔力强,一次可飞数十米远,高达10m以上。其有较强的趋光性。多在开花植物上取食花粉以补充营养,对糖、醋、酒液有较强的趋化性。多在黎明进行雌、雄交配和雌蛾产卵。卵块产,多位于浓绿、茂密的菜地边际蔬菜植株上,以植株中部叶片背面叶脉分叉处最多。每雌一生可产卵8~17块（计1000~2000粒）。卵发育历期,22℃时约7天,28℃时约2.5天。初孵幼虫群集取食,3龄前仅食叶肉,残留上表皮及叶脉,呈白纱状后转黄,易于识别。4龄后进入暴食期,畏阳光直射，多在傍晚后至黎明前出来为害。幼虫共6龄，发育历期21℃时约27天，26℃时约17天，30℃时约12.5天。老熟幼虫在10～30mm表土层内筑土室化蛹，土壤板结时可在枯叶下化蛹。蛹发育历期，28～30℃时约9天，23～27℃时约13天。斜纹夜蛾是一种喜温性害虫，而且耐高温，发育适温较高（29～30℃），因此各地严重为害时期皆为7～10月份。江西、湖北、河南连续2年的调查结果表明，幼虫、蛹和成虫均不能在当地越冬，但在许多气温不同的地区又有同时突发现象，因此有人认为斜纹夜蛾可能有从南向北远距离迁飞的习性。斜纹夜蛾的天敌种类很多，主要种类有广赤眼蜂、黑卵蜂、螟蛉绒茧蜂、寄生蝇等，应注意保护和利用。

4. 防治方法

（1）人工防治　结合田间管理，及时摘除卵块和初孵幼虫是经济有效的方法。利用成虫趋光性和趋化性，可在成虫盛发期田间设置黑光灯或用糖醋盆诱杀成虫。

（2）药剂防治　斜纹夜蛾幼虫抗药性很强，应在初龄幼虫期施药。3龄前为点片发生阶段，可结合田间管理，进行挑治，不必全田喷药。4龄后夜出活动，因此应在傍晚前后施药。药剂可选用5%锐劲特悬浮剂2500倍液、15%菜虫净乳油1500倍液、2.5%天王星或20%灭扫利乳油3000倍液、35%顺丰2号乳油1000倍液、5.7%百树菊酯乳油4000倍液、10%吡虫啉可湿性粉剂2500倍液、5%来福灵乳油2000倍液、5%抑太保乳油2000倍液、20%米满胶悬剂2000倍液、44%速凯乳油1000～1500倍液、4.5%高效顺反氯氰菊酯乳油3000倍液等，10天1次，连用2～3次。

二、甜菜夜蛾

1. 发生及为害情况

甜菜夜蛾（*Laphygma exigua* Hubner.）又名玉米夜蛾，属鳞翅目夜蛾科，国内分布于河南、河北、山东、陕西及东北、西北与长江流域各省区。初龄幼虫在叶背群集结网，取食叶肉，残留上表皮，3龄以后将叶吃成不规则的孔洞和缺刻，并留有细丝缠绕的粪屑，有的叶片被食尽，仅留主脉。

2. 形态特征

见图13-7。

（1）成虫　体长10～14mm，翅展25～30mm。体灰褐色，前翅内横线和外横线均为黑白二色双线，外缘线由1列黑色三角形小斑组成，环状纹圆而小，黄褐色，肾状纹大，灰黄褐色。后翅白色，半透明。反面银白色，微带红色闪光，外缘有1列半月形灰褐色斑。

（2）卵　半球形，直径0.2～0.3mm，表面有40～50条浅色、黄褐和暗褐色条纹。

（3）幼虫　成长幼虫体长22～30mm，体色变化大，有绿色、黄褐色和暗褐色等。胴部有不同颜色的背线。气门下线为明显的黄白色纵带，其末端直达腹末，但不弯至臀足。各体节气门的后上方有一明显的小白点。

（4）蛹　长约10mm。黄褐色，第3～7节背面和第5～7节腹面有粗刻点。臀刺2根，呈叉状，基部有刚毛2根。

3. 发生规律

甜菜夜蛾在陕西、河北、山东等省1年发生4～5代，以蛹在土中越冬。据山东观察，第1代幼虫盛期为5月上中旬；第2、第3代幼虫盛期分别为6月上中旬、7月中下旬；第4代幼虫盛发期为9月上中旬。第5代幼虫盛发于10月上中旬。各世代历期不同，第1～3代为21～25天，第4代平均32.5天，发生世代重叠。不同

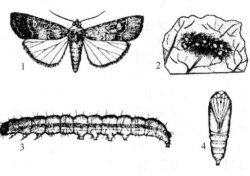

图13-7　甜菜夜蛾
1—成虫；2—卵块；3—幼虫；4—蛹

分布地区，各世代为害寄主情况不同，常在7～8月份间为害较重。成虫白天潜伏，夜晚取食、交尾和产卵，对黑光灯有较强趋性。卵多产于寄主叶背面或叶柄上，平铺一层或多层，形成卵块。每头雌蛾可产卵100～600粒。初孵幼虫群集取食，3龄以后分散食害。幼虫白天潜伏于寄主植株基部或表土内。一般18时以后早晨4时之前取食活动，有假死性，受惊扰即从植株上坠落。甜菜夜蛾抗寒能力较弱，幼虫在2℃以下经数日即可大量死亡，蛹在-12℃的低温条件下，仅能耐寒数日。因此，冬季长期低温，越冬蛹可能大量死亡。越冬后的蛹发育起点温度为10℃，发育有效积温为220日度。东北及新疆、内蒙古等省区甜菜夜蛾不能大量发生为害，冬季低温可能是决定因素。

4. 防治方法

（1）农业及物理机械防治　晚秋或初冬翻耕土壤，消灭越冬蛹，春季3～4月份清除田间或畦边杂草，消灭初龄幼虫。在7～8月份间，第3、第4代幼虫发生高峰和产卵盛期可用黑光灯诱杀成虫，在人力许可的条件下可进行人工采卵和捕杀初孵幼虫。

（2）药剂防治　应在幼虫2～3龄阶段及时施药防治，主要药剂同斜纹夜蛾。

三、银纹夜蛾

1. 发生及为害情况

银纹夜蛾（*Plusia agnate* Standinger）属鳞翅目夜蛾科，分布于全国各省区，以黄淮和长江流域发生比较普遍。幼虫取食叶片，造成缺刻和孔洞，可食去叶片大部分，严重为害时可将植株叶片食光，仅留叶脉。

2. 形态特征

（1）成虫　体长15～17mm，翅展32～36mm。头胸灰褐色，前翅深褐色有紫蓝色闪光，亚端线明显，中室后方有"U"形银斑，其外后方有一银白色小斑，两斑靠近而不相连。后翅暗褐色有金属光泽。雄蛾腹部两侧有长毛簇。

（2）卵　半球形，直径0.4～0.5mm。初产时乳白色，后变淡黄色，近孵化时为紫色。从顶端向四周有许多放射状纵纹。

（3）幼虫　末龄幼虫体长25～32mm。头部绿色，体淡黄绿色。体前端较细后端粗。背线白色双线，亚背线白色，气门线黑色，气门黄色，边缘黑褐色。胴部第8节背面肥大。腹足3对，雄性幼虫4龄后在第8节上有2个淡黄色圆斑，无斑则为雌虫。

（4）蛹　体长18～20mm，纺锤形，背面褐色，腹面淡绿色，近羽化时全为黑褐色，腹部末端有8根弯曲的臀刺，蛹外有白色疏松的丝茧。

3. 发生规律

银纹夜蛾1年发生的代数因地理分布不同而不同。黄淮和长江流域每年发生5～6代。以蛹在枯叶下或土缝中越冬。第1代幼虫发生于4月下旬至6月下旬，第2代幼虫发生于6月中旬至7月中旬，第3代发生于7月下旬至8月中旬，第4代幼虫发生于8月中旬至9月中旬，第5代9月上旬至10月中旬。成虫多在上午羽化，昼伏夜出，趋光性强，羽化后1～2天即可交尾产卵。卵多产在中部叶片背面。每雌可产卵300～400粒，卵期3～5天。幼虫孵化后先在叶背取食叶肉，残留上表皮，2龄以后开始残食叶片，3龄之后食量大增，每昼夜可取食3～5片，严重发生时薄荷植株叶片被食尽，仅剩残叶或光秆。在紫菀药物田内幼虫分布不均匀，点片发生。幼虫较活泼，遇惊扰时，具假死性，晴日多潜伏在叶背，夜晚和阴天在叶面取食。幼虫老熟后在叶背结茧化蛹。其发生受虫源和温、湿度的影响。多雨适温时卵孵化率和初龄幼虫成活率高，易大发生。但在卵期和初龄幼虫期如遇暴雨冲刷，发生量则受一定的抑制。

4. 防治方法

（1）人工防治　秋季寄主田块是其化蛹越冬场所，秋末冬初清理田园，可消灭越冬蛹。在生长季节，结合田间管理，注意检查幼虫发生情况，发现为害，可利用幼虫假死性，振动寄主叶片，杀死掉落的幼虫。

（2）药剂防治　在幼虫 3 龄以前抗药力低时施药防治效果较好，主要药剂同斜纹夜蛾。

第六节　茶黄螨

一、发生及为害情况

茶黄螨 [*Polyphagotarsonemus latus*(Banks)] 属蜱螨目跗线螨科，别名侧多食跗线螨、茶跗线螨、茶半跗线螨、嫩叶螨等，分布在全国大部分蔬菜区。其食性杂，已知寄主达 70 余种，主要寄主有茄子、白菜、萝卜、菜豆、芹菜、木耳菜等，以及茶树、棉花、大豆、花生、柑橘、葡萄等。成、幼螨集中在寄主幼嫩部位刺吸汁液，尤其是尚未展开的芽、叶和花器。被害叶片增厚僵直、变小或变窄，叶背呈黄褐色、油渍状，叶缘向下卷曲，幼茎变褐色，丛生或秃尖，花蕾畸形，果实变褐色，粗糙，无光泽，出现裂果，植株矮缩。

二、形态特征

见图 13-8。

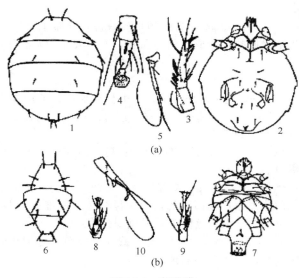

图 13-8　茶黄螨
(a) 雌螨
1—背面观；2—腹面观；3～5—足
(b) 雄螨
6—背面观；7—腹面观；8～10—足

1. 成虫

雌螨长约 0.21mm，椭圆形，较宽阔，腹部末端平截，淡黄色至橙黄色，表皮薄而透明，因此螨体呈半透明状。体背部有一条纵向白带。足较短，第 4 对足纤细，其腿节末端有端毛和亚端毛。假气门器官向后端扩展。雄螨长约 0.19mm。前足体有 3～4 对刚毛。腹面后足体有 4 对刚毛，足较长而粗壮，第 3、第 4 对足的基节相接。第 4 对足胫、跗节细长，向内侧弯曲，远端 1/3 处有一根特别长的鞭状毛，爪退化为纽扣状。

2. 卵

椭圆状，无色透明，表面具纵裂瘤状突起。

3. 幼螨

体背有一白色纵带，足 3 对，腹末端有 1 对刚毛。

4. 若螨

长椭圆形，是静止的生长发育阶段，外面罩着幼螨的表皮。

三、发生规律

其一年发生20多代，世代重叠。冬季可在日光温室等保护地中越冬或繁殖为害，3~4月在大、中棚及露地蔬菜上为害。其靠爬行、风力、农具、菜苗等传播蔓延，始发时有明显的点片阶段，是防治的关键时期。一年中以7~9月份为害最盛，特别是在辣椒上，常造成"秃顶"而导致绝收。10月后，随着气温下降螨量减少。幼螨喜温暖潮湿的环境条件。成螨较活跃，且有雄螨负雌螨向植株上部幼嫩部位转移的习性。卵多产在嫩叶背面、果实凹陷处及嫩芽上，经2~3天孵化，幼（若）螨期2~3天。雌螨以两性生殖为主，也可营孤雌生殖。1年生多代，以雌成螨在茶树芽鳞片内、叶柄处或茶丛中徒长枝的成叶背面或杂草上越冬。翌春把卵散产在芽尖或嫩叶背面，每雌产卵2~106粒，卵期1~8天，幼螨、若螨期1~10天，产卵前期1~4天，成螨寿命4~7.6天，越冬雌成螨则长达6个月。完成一代需3~18天。四川名山年生20代，永川30代，一般5月以前发生较少，6~7月迅速上升。尤其遇高温干旱年份或季节发生量大，严重影响夏茶和秋茶生产。该虫发生中心很明显。茶黄螨发育繁殖的最适温度为16~23℃，相对湿度为80%~90%。世代发育历期：28~30℃，4~5天；18~20℃，7~10天。成螨活泼，尤其是雄蛾，当取食部位变老时，立即向新的幼嫩部位转移并携带雌若螨，后者在雄螨体上蜕一次皮变为成螨后，即与雄螨交配，并在幼嫩叶上定居，由于这种强烈的趋嫩性，所以有"嫩叶螨"之称。卵和幼螨对湿度要求高，只有在相对湿度80%以上时才能发育，因此温暖多湿的环境有利于茶黄螨的发生。

四、防治方法

1. 农业防治

压低越冬虫口基数，搞好冬季保护地害螨的防治工作。铲除田头地边杂草，清除枯枝落叶并集中烧毁。保持田间清洁，及时铲除杂草及田间枯枝落叶，消灭其上虫源。选用抗茶黄螨的品种。

2. 生物防治

释放德氏钝绥螨，每亩释放15000~20000头，时间以9月至翌年3月释放为适。

3. 药剂防治

在点片发生时及时喷药，杀虫剂有1.0%阿维螨清乳油1000倍液、20%复方浏阳霉素乳油1000倍液、5%卡死克乳油1200倍液、5%天力Ⅱ号可湿性粉剂1000倍、73%克螨特乳油1000倍液、2.5%天王星乳油3000倍液、10%吡虫啉可湿性粉剂1500倍液、25%扑虱灵可湿性粉剂2000倍液或21%灭杀毙4000倍液或40%抗螨23乳油5000倍液。

思 考 题

1. 蔬菜害虫的防治有何特点？
2. 危害十字花科蔬菜的常见害虫有哪些？
3. 举例制定一种常见害虫的综合防治方案。

第十四章　果树害虫

第一节　食心虫类

一、桃小食心虫

(一) 发生及为害情况

桃小食心虫又名苹果食心虫、桃小实蛾、桃蛀果蛾，简称"桃小"，属鳞翅目蛀果蛾科，国内分布地区较为广泛，东北、华北、西北、华东、华中均有发生，其中北部和西北部发生较为严重。桃小食心虫寄主植物有苹果、梨、山楂、枣等10余种果树。以幼虫蛀食为害苹果的果实，多从果实胴部蛀入，蛀果后2~3天，从入果孔处流出半透明果胶，俗称"眼泪滴"，果胶干后形成一层白色粉末，入果孔随着果实生长逐渐愈合成针尖大小的黑点，周围果皮略凹陷。幼虫入果后串食果肉，虫道内充满红褐色虫粪，俗称"豆沙馅"。膨大期果实受害，发育成凹凸的畸形果，俗称"猴头果"，后期果实受害，果形基本不变。幼虫老熟后脱果，在果面上留下直径2~3mm的脱果孔，孔外常附有虫粪。

(二) 形态特征

见图14-1。

1. 成虫

雌蛾体长7~8mm，翅展16~18mm，雄蛾体长5~6mm，翅展13~15mm。体灰白色或淡灰褐色，复眼红色。前翅中央近前缘处有一个近似三角形的蓝黑色大斑，基部和中部有7簇蓝黑色斜立的鳞片。后翅灰色。

2. 卵

近椭圆形或桶形，长0.45mm。初产时橙红色，后变为深红色。卵的顶部环生2~3圈"丫"形刺毛。

3. 幼虫

老熟幼虫体长13~16mm，较肥胖。幼龄幼虫体白色或淡黄白色，老熟幼虫桃红色。前胸气门前毛片上只有2根刚毛。腹足趾钩呈单序环状。无臀栉。

4. 蛹

体长6.5~8.6mm，黄白色或黄褐色，近羽化时变为灰黑色。体壁光滑无刺。

5. 茧

其茧有两种：一种是幼虫在里面越冬叫冬茧，扁圆形，质地紧密；另一种是幼虫在里面化蛹叫夏茧，纺锤形，质地疏松。两种茧外表均粘有土粒。

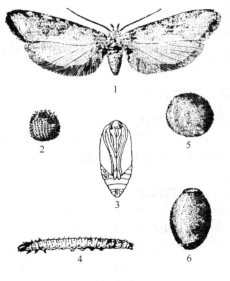

图14-1　桃小食心虫

1—成虫；2—卵；3—蛹；4—幼虫；
5—冬茧；6—夏茧

(本章插图引自：杨国栋. 果树昆虫学. 农业出版社，1994. 张维球. 农业昆虫学. 农业出版社，1984)

(三) 发生规律

1. 生活史

桃小食心虫在甘肃每年仅发生1代；在辽宁、吉林、河北、山西和陕西等地每年发生1~2代；在江苏、河南和山东每年发生2~3代。以老熟的幼虫在土壤中结冬茧越冬。

越冬幼虫出土时期，因地区、年份和寄主的不同而不同。辽宁和山东苹果产区一般年份于5月上旬开始破茧出土，6月上中旬为出土盛期，7月中旬为出土末期，整个出土期长达60多天，成为以后发生世代重叠的原因。

越冬幼虫出土后，多在1~2天内寻找背阴处的土块、杂草等缝隙处做夏茧，并在其中化蛹。蛹期15天左右，6月上旬出现越冬代成虫，6月中下旬至7月上旬为盛发期，7月中下旬为发生末期。

第1代卵发生期在6月中旬至8月上旬，卵盛期在6月下旬至7月中旬。卵期一般为7~8天，幼虫孵出后蛀入果内，在果内为害20~24天老熟，并脱果落地。其中一部分幼虫入土做冬茧越冬，另一部分在地面上做夏茧化蛹继续发生下一代。

第1代成虫发生在7月下旬至9月下旬，盛期为8月中下旬。

第2代卵发生期与第一代成虫发生期大致相同。幼虫在果内为害25天左右，于8月下旬陆续脱果做冬茧越冬。

2. 主要习性

桃小食心虫幼虫有背光习性。越冬幼虫在果园内的分布随地形、果园管理水平以及耕作制度的不同而有所差异。平地果园越冬茧的水平分布主要为以树干为中心半径1m范围内，且越靠近树干数量越多，尤其是靠近树干背阴面数量最多。其垂直分布在13cm厚的土层内，其中0~3cm深的土中占58%，3~7cm深的土中占26%，7~10cm深的土中占10%，10~13cm深的土中占5%。

桃小食心虫幼虫多在夜间孵化，初孵幼虫先在果面上爬行数十分钟至数小时，选择适当的部位，咬破果皮蛀入果内，但不吞食果皮，故用胃毒剂防治效果不好。

成虫昼伏夜出，无趋光性和趋化性。羽化后1~3天产卵，越冬代成虫每雌平均产卵44.3粒，最多110粒，第1代成虫平均产卵60.1粒，最多227粒。成虫喜欢把卵产在树冠上半部的果实上，90%~97%的卵位于果实的萼凹处，少部分位于梗凹处。每果上的卵数不定，少者1粒，多则30粒以上。

3. 发生与环境的关系

(1) 土壤温、湿度对桃小食心虫出土的影响 当土温达19.7℃时，幼虫开始出土，若此时土壤含水量在10%以上时，越冬幼虫即顺利出土。在此期间如遇透雨，雨后2~3天幼虫连续出土；若此时干旱，土壤含水量在5%以下时，则会抑制幼虫出土，盛期推迟，并大大降低幼虫出土率；当土壤含水量在3%以下时，越冬幼虫几乎不能出土。由此可见，在幼虫出土期间，土壤含水量是影响桃小食心虫发生量的重要因素。

(2) 温、湿度对成虫繁殖力和孵化率的影响 温度在21~27℃，相对湿度75%以上时，越冬代成虫繁殖力最高；温度在30℃，相对湿度70%时，对繁殖不利；温度达到33℃时则不能繁殖。温度21~27℃，相对湿度75%~95%，最有利于卵的孵化；温度30℃，相对湿度50%时，卵的孵化率仅为1.9%。

(3) 食料对其产生的影响 桃小食心虫寄主较多，在不同寄主上发生程度有所差异。以苹果树为例，金冠品种受害最重，红元帅次之，国光最轻。

(4) 天敌的影响 桃小食心虫的主要天敌有甲腹茧蜂和中国齿腿姬蜂、长尾斯氏线虫和泰山1号线虫，以及白僵菌等。

(四) 预测预报

1. 发生趋势预测

如果上年虫果率和果实产量较高，当年5~6月份雨水较多，地面5cm以下土壤含水量常达10%左右，预测当年桃小食心虫发生量较大，应做好防治准备。如果上年虫果率仅1%左右，产量较低，当年5~6月份干旱少雨，地面5~6cm以下土壤含水量低于5%，预测桃小食心虫发生量较少。

2. 地面防治适期预测

选择上年桃小食心虫发生严重的果园，最好以金冠为主栽品种，按梅花式选取5株树，间距30~50m。在每株树的外围距地面1.5m处，各悬挂一个含桃小食心虫诱芯的诱捕器。从5月上旬开始每天上午调查诱蛾数量，当田间诱捕到第1头雄蛾时，即为地面施药的适期。

3. 树上防治适期预测

当桃小食心虫诱捕器连续3天诱到雄蛾时，即开始果面卵量调查。生产上一般采用随机调查法，即每百株随机调查5~10株，每株按东、南、西、北、中5个方位调查25~50个果，共调查500~1000个果。由于桃小食心虫成虫产卵对苹果品种选择性很强，所以，应分品种调查卵量，前期以金冠等品种为主，后期以国光等品种为主，分别统计卵果率。当卵果率达到1%~2%时（产量高时取低指标，产量低时取高指标），就应开始树上第一次用药防治。

（五）防治方法

实践证明，防治桃小食心虫应采取地面防治与树上防治相结合，化学防治与人工防治相结合，园内防治与园外防治相结合，苹果树防治与其他果树防治相结合的综合防治措施。在用药防治时，要抓住幼虫出土期、卵的孵化期及幼虫脱果期等几个关键时期。

1. 深翻埋茧

结合秋季或早春田园栽培管理，把土表层越冬茧深埋。也可在越冬幼虫出土前，在树盘上压土4~7cm，并拍实，使幼虫不能出土。

2. 地膜覆盖

在越冬幼虫出土前，用塑料薄膜覆盖在树盘地面上，可阻止成虫飞出产卵，还能起到保温保墒的作用。

3. 药剂处理土壤

当诱捕器连续3天都诱到成虫时，基本上就是幼虫出土的盛期，即开始第一次地面施药。在距树干1m的半径范围内施药，如果有条件，应在树盘内全面施药。施药前，必须清除土面的杂草、土石块，以利于药液渗入土中。可选用的农药有50%辛硫磷乳油、48%乐斯本乳油，每公顷7.5kg，稀释成300倍液，均匀喷布于地面上，然后划锄，使药土混匀。虫口密度较大的果园，间隔15天再用1次。

4. 树上药剂防治

当卵果率达到防治指标时，应进行树上药剂防治。可选用的药剂有20%灭幼脲4号悬浮剂8000倍液、48%乐斯本乳油1000~1500倍液、30%桃小灵乳油2000倍液，以及20%氰戊菊酯或20%甲氰菊酯或2.5%溴氰菊酯或10%氯氰菊酯乳油的3000倍液和10%安绿宝乳油2000倍液等。

5. 生物防治

在越冬幼虫出土前及脱果入土期，还可用病原线虫，每平方米60万~80万条；白僵菌（100亿孢子/g）每平方米8g和901生物杀虫剂200倍液喷布于地面上。

6. 其他防治措施

在成虫产卵前及时套袋；生长期及时摘除虫果；处理堆果场、果库；加强周围其他果树寄主的防治。

二、苹果小食心虫

（一）发生及为害情况

苹果小食心虫别名苹小食心虫、东北苹果小食心虫，简称"苹小"，属鳞翅目小卷叶蛾科，在我国分布于东北、华北、西北和江苏等地。以幼虫蛀果为害。初孵幼虫蛀入果内后，在皮下浅处为害，一般不深入果心。被害处形成直径1cm左右，近圆形褐色干疤，其上有数个堆有细小虫粪的小孔。其寄主有苹果、梨、沙果、海棠、桃、山楂等。

（二）形态特征

见图14-2。

1. 成虫

体长4～5mm，翅展10～11mm。全体暗褐色并带紫色光泽。前翅前缘有7～9组白色斜短纹，顶角及近外缘处有4～7个黑色斑纹。

2. 卵

扁椭圆形，长0.7mm，淡黄色，半透明。

3. 幼虫

老熟幼虫体长7～9mm，头淡黄褐色，腹部背面每节有桃红色横纹两条，前一条粗大，后一条细小，臀栉4～6根，腹足趾钩单序环状。

4. 蛹

长4～6mm，黄褐色，第2～7节背面各有2排短刺，腹部末端有8根钩状毛。

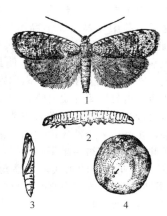

图14-2　苹果小食心虫
1—成虫；2—幼虫；
3—蛹；4—被害状

（三）发生规律

1. 生活史

北方苹果产区每年发生2代。以老熟幼虫在树皮裂缝及剪锯口周围皮缝内越冬，吊枝绳、支撑竿、果筐及树下杂草也有少量幼虫越冬。翌年5～6月份，越冬幼虫化蛹，越冬代蛹期10～22天。越冬代成虫和第1代卵发生在6～7月份，盛期为6月中下旬。第1代卵期6～9天。幼虫在果内为害20～30天后脱果，7月下旬至8月上旬为脱果盛期。脱果后的幼虫在枝干上爬行，寻找树皮裂缝处化蛹，蛹期9～12天。第1代成虫和第2代卵发生盛期为8月上中旬。第2代卵期5～6天，幼虫在果内为害20天左右脱果，9月上中旬为脱果盛期，脱果后即进入越冬场所做茧化蛹越冬。

2. 主要习性

苹果小食心虫成虫昼伏夜出，对糖醋液有趋性。成虫喜把卵产于光滑的果面上，多产在果实的胴部，萼凹和梗凹处很少。其一生可产30～50粒卵。

3. 发生条件

苹果小食心虫喜欢温暖潮湿的环境。卵的孵化、幼虫的发育和成虫羽化均以温度25℃、相对湿度75％～95％为宜。若气候干旱，则发生较轻。

（四）防治方法

1. 消灭越冬幼虫

早春刮树皮，刮下的树皮集中处理，杀灭越冬幼虫。

2. 诱杀脱果幼虫

在幼虫脱果下树前，在树干上绑草以诱集脱果幼虫，待幼虫潜入后，将草解下集中处理。

3. 处理虫果

生长季节，及时摘除虫果，拾净落地果，并集中处理。

4. 药剂防治

重点抓好越冬代和第1代成虫产卵盛期的用药防治。6月初开始调查卵果率，达到1％时喷药防治。药剂可选用20％杀铃脲悬浮剂6000～8000倍液、20％好年冬乳油2000倍液、2.5％保得2500倍液、1％奇高乳油3000倍液、2.5％绿色功夫乳油3000倍液等。

三、梨大食心虫

（一）发生及为害情况

梨大食心虫又名梨斑螟蛾，简称"梨大"，俗称"吊死鬼"、"黑钻眼"，属鳞翅目螟蛾科，国内各梨区普遍发生，其中吉林、辽宁、河北、山东、山西、河南、安徽等地受害较重。其主要以幼虫为害梨芽（主要是花芽）和梨果（主要是幼果）。秋季幼虫多为害花芽，从芽基部蛀入，直达髓部，虫孔外有细小虫粪，有丝缀连。芽受害后枯死变黑，鳞片开裂，果农俗称"破头芽"、"虫花芽"。小幼虫在受害芽中越冬。翌年春季，小幼虫由越冬芽中迁出（此时正是花芽萌动至花序分离期），转芽为害，先在芽鳞基部吐丝，将鳞片连缀，使其不能脱落，然后蛀入，虫孔外有虫粪。在花序分离期则为害花序，被害花序常凋萎。当梨果萼片脱落时，幼虫转害幼果。多从幼果萼洼附近蛀入，蛀孔外堆有虫粪。幼虫可转害2～3个幼果，在最后一个幼果内化蛹。化蛹前吐丝将果柄基部用丝缠在枝上，被害果干枯变黑，但不脱落，俗称"吊死鬼"。后期为害的果实，入果孔周围常变黑腐烂，俗称"黑钻眼"。其主要为害梨，也为害杜梨等梨的砧木，偶尔为害苹果和桃。

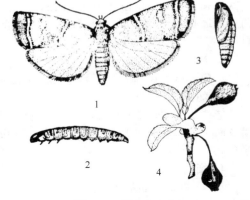

图14-3 梨大食心虫
1—成虫；2—幼虫；3—蛹；4—被害状

（二）形态特征

见图14-3。

1. 成虫

体长10～12mm，翅展24～26mm。全体灰褐色，前翅紫褐色。在翅的亚外缘部和亚基部各有一条灰色波状横纹，横纹两侧嵌有紫褐色宽边。中室外方近前缘处有一褐色肾形纹。后翅灰褐色。

2. 卵

扁椭圆形，初产时黄白色，后变为红色。

3. 幼虫

老熟幼虫体长17～20mm。头部和前胸背板褐色，身体背面暗绿色或暗红褐色，腹面淡紫色。臀板深褐色。腹足趾钩为双序缺环，无臀栉。

4. 蛹

体长约12mm，短而粗。初化蛹时翠绿色，后变为黄褐色。尾端有6根带钩的刺毛。

（三）发生规律

1. 生活史

每年发生代数因地而异。在吉林1年发生1代，辽宁1年发生1～2代，山东、河北大部分地区1年发生2代，河南南部1年发生3代。各地均以幼龄幼虫在被害芽内结白色薄茧越冬。有虫的芽蛀孔被堵塞，外有虫粪。一般顶端虫芽多，下部少；内膛虫芽多，外围少。翌年春季，日平均温度达到7℃以上时，越冬小幼虫开始出蛰。此时正值梨芽萌动，杨树吐雄，山东胶东地区大约为3月底至4月初，是全年防治的关键时期。出蛰幼虫先转芽为害，后转果为害，并在果内化蛹。各代成虫发生期：1代区，越冬代成虫发生在7月中旬至8月中旬，7月下旬至8月上旬为盛发期；2代区，越冬代成虫发生在6月上旬至7月中旬，6月下旬至7月上旬为盛发期，第1代成虫发生在7月中旬至9月中旬，8月上中旬为盛发期；3代区，越冬代成虫发生在5月下旬至6月下旬，6月上中旬为盛发期，第1代成虫发生在7月中旬至8月中旬，7月下旬至8月上旬为盛发期，第2代成虫发生期在8月上旬至9月中旬，8月中下旬为盛发期。卵期5～9天，蛹期10～15天。

2. 主要习性

成虫昼伏夜出，有强烈的趋光性和趋化性。卵散产，多产于果实萼洼、芽腋处，少数产在果苔枝上。每雌产卵量为40～80粒，最多可达200粒。

3. 发生与环境的关系

（1）气候　雨水多、湿度大的年份成虫产卵量大，卵孵化率高，因而发生较重，高温干旱年份发生较轻。

（2）天敌　其主要天敌有黄眶离缘姬蜂、聚瘤姬蜂、离缝姬蜂、食心虫扁股小蜂等。寄生蜂对梨大食心虫的抑制作用很大，特别是后期，应注意保护。

（四）预测预报

1. 越冬虫芽率调查

早春越冬幼虫出蛰前，每个果园调查5～10株梨树，每株按不同方位随机调查50～100个花芽，计算虫芽率。当虫芽率达3%以上时，应定为防治园区。

2. 越冬幼虫转芽期预测

可按上述调查虫芽率的方法，每天调查50～100个虫芽，计算越冬幼虫转出数量（若虫芽内有虫粪，并有新鲜的白色空茧，为幼虫转出。虫芽内无虫粪，空茧，为陈旧者，应不予计算）。当越冬幼虫转芽率达5%以上，气温又明显上升，应立即进行药剂防治。

（五）防治方法

1. 人工防治

梨大食心虫为害状十分明显，易于发现，有利于人工防治。人工防治效果好，还有利于保护天敌。其方法有：结合冬春修剪，剪除所有"破头芽"；开花前后，经常巡视，及时摘除萎蔫的花序并消灭其中的幼虫；及时摘除被害虫果；果实套袋也可减轻为害。

2. 黑光灯诱杀

在越冬代成虫发生期，结合果园其他害虫的防治，利用黑光灯诱杀成虫。

3. 保护天敌

梨大食心虫的天敌种类较多，应尽量减少用药次数，提倡使用选择性药剂，尽可能保护天敌。

4. 药剂防治

全年药剂防治的关键时期，首先是越冬幼虫出蛰转芽期和转果期，其次是1、2代卵孵化盛期。药剂种类可选择2.5%溴氰菊酯乳油3000倍液、48%乐斯本乳油1500倍液、21%灭杀毙乳油3000倍液、5%卡死克乳油1500倍液、20%甲氰菊酯乳油1500倍液等。

四、桃蛀螟

（一）发生及为害情况

桃蛀螟又名桃蠹螟、桃斑螟、豹纹斑螟，俗称桃食心虫，属鳞翅目螟蛾科，国内南北均有分布。其食性杂，除为害桃树外，还能为害板栗、杏、李、梅、苹果、梨、葡萄、无花果、柑橘、荔枝、龙眼、向日葵、高粱、玉米等40多种植物。以幼虫食害果实，造成严重减产。幼虫多从桃果柄基部和两果相贴处蛀入，蛀孔外粘有虫粪，并发生流胶，虫果易变黄脱落。果内也充满虫粪，不堪食用。

（二）形态特征

见图14-4。

1. 成虫

体长10～13mm，翅展25～28mm。全体橙黄色。体背及翅正面均散生大小不等的黑色斑点，腹部背面与侧面有成排的黑斑。

2. 卵

椭圆形，长0.6～0.7mm。初产时乳白色，后渐变为红褐色。表面具有圆形小刺点和网状花纹。

3. 幼虫

老熟幼虫体长20～25mm，头部暗黑色，胴部背面暗红色，腹面淡绿色。各节背面有4个明显的黑褐色毛瘤，前2个椭圆形，后2个长方形。

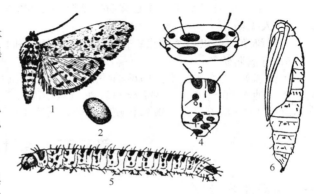

图14-4 桃蛀螟
1—成虫；2—卵；3—幼虫体节背面；4—幼虫体节侧面；5—幼虫；6—蛹

4. 蛹

长12~14mm，褐色。第5~7节背前缘各有1列小刺。臀刺6根，细长，末端卷曲。

5. 茧

长椭圆形，灰白色。

（三）发生规律

1. 生活史

中国从北到南，1年可发生2~5代。山东1年发生3代，河南1年发生4代。以老熟幼虫结茧在树皮裂缝、土缝、玉米、高粱秸秆及向日葵花盘等处越冬。在河南4月初化蛹，4月下旬为化蛹盛期。5月中下旬为越冬代成虫羽化高峰。5月下旬至6月下旬为第1代幼虫为害期，6月中下旬开始化蛹。7月上旬为第1代成虫发生盛期。7月中旬为第2代幼虫为害期。7月中旬至8月上中旬为第2代成虫发生盛期。9月上中旬为第3代成虫发生盛期。9月中下旬为第4代幼虫发生期，10月中下旬幼虫开始越冬。第1代幼虫为害桃果，第2代幼虫为害晚熟桃、板栗、石榴等，其余各代主要为害农作物。一般情况下，卵期6~8天，幼虫期15~20天，蛹期8~10天。

2. 主要习性

成虫昼伏夜出，具有强烈的趋光性和趋化性，有补充营养习性。多在晚上9~10时产卵，卵散产于果面上。幼虫孵化后先啃食果皮，再蛀果为害。多由果柄周围或果与果、果与叶相贴处蛀入，每果可有多头幼虫。幼虫有转果为害习性。

（四）预测预报

1. 预测越冬代成虫发生期

收集上一年受害的玉米、向日葵种子盘等，连同幼虫放在玻璃缸内。次年5月份开始，每3天检查1次化蛹和成虫羽化期和数量，即可预测产卵期和幼虫孵化期。

2. 第1代成虫发生期预测

6月份收集被害虫果，连同幼虫放在玻璃缸内，每3天检查1次化蛹和成虫羽化的日期和数量，预测成虫发生始盛期，即可预测产卵期。

3. 检查卵数

选择早、中、晚熟桃品种各5株，每株查果实20个，每3天检查1次，当卵量比上一次显著增加，则立即喷药。

（五）防治方法

1. 清除越冬寄主中的幼虫

冬春及时清除玉米、高粱等秸秆。将桃树老翘皮刮净，集中处理，可消灭部分越冬幼虫。

2. 诱杀成虫

可利用黑光灯和糖醋液诱杀成虫。

3. 果实套袋

幼虫蛀果前及时套袋。在套袋前应结合其他害虫防治喷药1次。

4. 人工防治

树干绑草绳，以诱杀幼虫；生长季节及时摘除和拾净虫果，并杀死其中的幼虫。

5. 药剂防治

关键抓好1、2代成虫产卵盛期并及时喷药。药剂可选用20%灭扫利乳油1500倍液、20%速灭杀丁乳油1500倍液、50%辛硫磷乳油1000倍液、25%灭幼脲3号悬浮剂2000倍液、48%乐斯本乳油1500倍液等。一般每代喷2次药，间隔10天左右。

第二节　卷叶蛾类

一、苹果小卷叶蛾

（一）发生及为害情况

苹果小卷叶蛾又名棉褐带卷叶蛾、小黄卷叶蛾、东北苹小卷叶蛾、远东苹果小卷叶蛾，简称"小卷",俗称"舐皮虫",属鳞翅目卷叶蛾科,国内大部分果区均有分布。其以幼虫为害叶片和舐食果实。将2～3个叶片连缀在一起,在其中取食,将叶片吃成缺刻或网状。幼虫大多在果、叶相贴处啃食果皮,被害果面出现形状不规则的小坑洼,重者坑洼连片,降低果实商品价值。其寄主达30多种,主要有苹果、梨、山楂、桃、李、杏、樱桃等。

（二）形态特征

见图14-5。

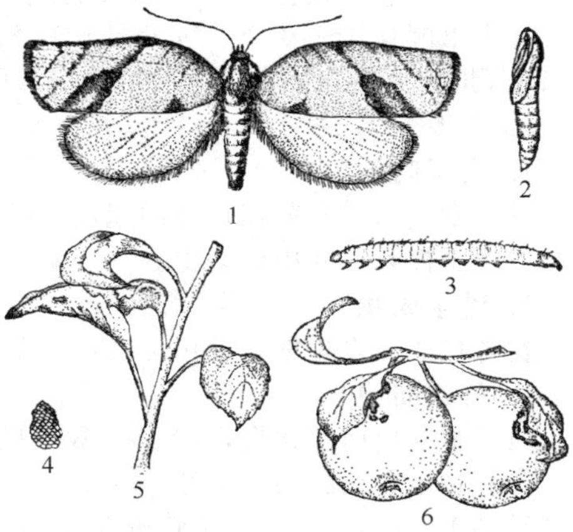

1. 成虫

体长6～9mm,翅展16～20mm。体棕黄色,前翅长方形,基斑、中带和端纹明显,中带上半部狭窄,下半部向外突然增宽或分叉,似倾斜的"h"形。

2. 卵

扁椭圆形,长径0.7mm,淡黄色,由30～70粒组成,呈鱼鳞状排列。

3. 幼虫

老熟幼虫体长13～18mm,体黄绿色至翠绿色。头部较小,在侧单眼区上方偏后具一黑斑。臀栉6～8根。

4. 蛹

体弯曲呈"S"形,黄褐色,体长9～11mm。腹部2～7节背面有两横排刺突。尾端有8根钩状刺毛。

图14-5 苹果小卷叶蛾
1—成虫；2—蛹；3—幼虫；4—卵；
5—被害叶片；6—被害果

（三）发生规律

1. 生活史

在中国北方大多数地区,1年发生3代,黄河故道、关中及豫西地区,1年发生4代。以幼龄幼虫潜藏在果树的剪锯口、树皮裂缝、翘皮下等隐蔽处结白色薄茧越冬。翌年春季苹果花芽膨大期开始出蛰,苹果盛花期为幼虫出蛰盛期。出蛰幼虫先在嫩芽、花蕾上为害,叶片展开后,转入叶上为害。5月下旬,幼虫老熟后在最后叶中化蛹,蛹期10天左右。6月上中旬越冬代成虫羽化,卵期9～10天,该代幼虫既可为害叶片,又可啃食果皮。幼虫取食18～26天化蛹,蛹期7～8天,7月下旬至8月上旬发生第1代成虫。8月下旬至9月上旬发生第2代成虫,第3代小幼虫于9月上旬以后发生,取食一个阶段后越冬。

2. 主要习性

成虫昼伏夜出,有趋光性和趋化性。卵多产在叶片背面,少数产在果面上,每雌平均产卵量约200粒。幼虫活泼,行动迅速,受惊动可倒退翻滚,下垂逃逸。幼虫有转移为害习性,因此,新梢最上部卷叶多为虫苞,下部卷叶为无虫空苞。

3. 发生条件

（1）气候条件　一般多雨年份发生严重。因为成虫产卵期需要70%以上的空气相对湿度,若低于50%则常出现遗腹卵。

（2）天敌因素　其主要天敌种类有寄生卵的赤眼蜂和寄生幼虫的甲腹茧蜂,寄生率可达40%左右。

（四）预测预报

1. 越冬幼虫出蛰期测报

在上年发生严重的果园,选有代表性的苹果树5株,在有幼虫越冬的剪锯口或树皮缝隙处做上标记,每株树调查幼虫20头。3月下旬至4月上旬开始,每3天调查1次,统计越冬幼虫出蛰率（空茧率）,累计出蛰率达30%时为防治适期。

2. 成虫发生期测报

用苹果小卷叶蛾性外激素诱芯制成水碗诱捕器,悬挂于苹果树外围枝条上,距地面 1.5m 处,每个果园挂 5~10 个。每天上午 10 时以前检查并记载诱蛾数量。各代成虫发生盛期向后推 7~10 天即为卵孵化盛期,为药剂防治适期。

(五) 防治方法

1. 人工防治

早春刮去树干和剪锯口处的翘皮,以杀灭部分越冬幼虫;果树生长季节,结合修剪,剪去虫苞,或用手捏死卷叶中的幼虫。

2. 诱杀成虫

在各代成虫发生期,利用黑光灯、糖醋液、性诱剂诱杀成虫。

3. 药剂防治

(1) 苹果树萌芽初期,用 50% 敌敌畏乳油 200 倍液涂抹剪锯口,杀死越冬幼虫。

(2) 在越冬幼虫出蛰率达 30%、各代卵孵化盛期及时喷药防治。药剂可选用 25% 灭幼脲 3 号悬浮剂 1500 倍液、20% 杀铃脲悬浮剂 8000 倍液、30% 辛脲乳油 1500 倍液、20% 灭扫利乳油 1500 倍液、2.5% 敌杀死乳油 2000 倍液、52.25% 农地乐乳油 1500 倍液、Bt 乳剂 600 倍液、48% 乐斯本乳油 1500 倍液等。

4. 生物防治

可利用人工繁殖的松毛虫赤眼蜂防治苹果小卷叶蛾。放蜂时间为各代成虫产卵期,最佳时期是越冬代成虫产卵盛期。方法是:根据性外激素诱捕器诱蛾的数量,在成虫出现高峰后第 3 天开始放蜂,以后每隔 5 天放蜂 1 次,共放蜂 4 次。每次每树放蜂量分别为:第 1 次 500 头,第 2 次 1000 头,第 3、第 4 次均为 500 头。

二、黄斑卷叶蛾

(一) 发生及为害情况

黄斑卷叶蛾又名黄斑长翅卷叶蛾、桃黄斑卷叶蛾,属鳞翅目卷叶蛾科,国内东北、华北、西北各省均有分布。其以幼虫为害嫩芽、花蕾、嫩叶和果实。幼龄幼虫食害嫩芽,被害芽形成缺刻或孔洞。为害嫩叶时,常将几个叶片卷曲成团,夹在其中取食叶肉,被害叶呈网状,甚至仅留下叶脉。其主要寄主有苹果、桃、李、杏、樱桃、山楂等。

(二) 形态特征

见图 14-6。

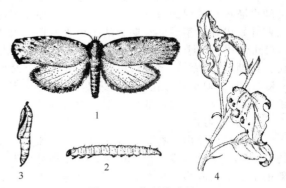

图 14-6 黄斑卷叶蛾
1—成虫;2—幼虫;3—蛹;4—被害状

1. 成虫

体长 7~9mm,翅展 15~20mm。夏型成虫黄色或金黄色,前翅表面散生许多银白色鳞片,后翅灰白色,复眼红色。冬型成虫体稍大,体暗褐色并微带浅红色,前翅上散生黑色鳞片,后翅灰褐色,复眼黑色。

2. 卵

扁椭圆形,长径 0.8mm,短径 0.6mm。冬型成虫产的卵初为白色,后变淡黄色,近孵化时为红色;夏型成虫产的卵初为淡绿色,后变为黄绿色,近孵化时变为深黄色。

3. 幼虫

老熟幼虫体长约 22mm,黄绿色或绿色。头、前胸背板、足均为黑褐色。臀栉 5~7 根,腹足趾钩双序环状。

4. 蛹

体长 9~11mm,深褐色,头部有一弯向背面的角状突起。

（三）发生规律

1. 生活史

在北方地区一般 1 年发生 3～4 代。以冬型成虫在杂草、落叶间越冬。翌年 3 月开始出蛰，于 4 月上中旬将第 1 代卵产于枝条或芽旁，第 1 代幼虫孵出后先蛀食花芽，后卷叶为害。第 1 代成虫发生在 5 月中下旬，第 2 代成虫发生在 7 月中下旬，第 3 代成虫发生在 8 月中下旬，9 月下旬至 10 月出现越冬代成虫。夏型成虫主要产卵于叶片上，以老叶背面为多。

2. 主要习性

成虫抗寒力较强。幼虫不活泼，行动迟缓，有转叶为害的习性。

（四）防治方法

1. 人工防治

休眠期清扫果园落叶、杂草，杀灭越冬成虫。生长期结合修剪，清除卷叶，杀死幼虫。

2. 药剂防治

第 1 代卵和第 2 代卵的孵化盛期是药剂防治的有利时机。药剂可选用 20% 杀铃脲悬浮剂 8000 倍液、48% 乐斯本乳油 1500 倍液、4.5% 高效氯氰菊酯乳油 2000 倍液等。

3. 生物防治

可人工释放赤眼蜂进行防治。

三、顶梢卷叶蛾

（一）发生及为害情况

顶梢卷叶蛾又名顶芽卷叶蛾、芽白小卷叶蛾，简称"顶卷"，属鳞翅目小卷叶蛾科，国内分布于东北、华北、华东、西北等地。幼虫专害顶芽，吐丝将数片嫩叶纠结成拳头状虫苞，并啃下叶背绒毛织成长形丝囊，幼虫潜入其中。被害顶芽常歪向一方，畸形生长，后干枯，但不脱落。特别是幼树主干顶芽受害后，生长受阻，不能形成正常的主干，影响树冠扩充。其寄主有苹果、梨、海棠、桃等。

（二）形态特征

见图 14-7。

1. 成虫

体长 6～8mm，翅展 12～14mm。全体银灰褐色。前翅前缘有数组褐色短纹，基部 1/3 处和近中部各有一暗褐色弓形横带，后缘近臀角处有一近似三角形的暗褐色斑，此斑在两翅合拢时形成一菱形斑纹，近外缘处从前缘至臀角间有 6～8 条黑褐色平行短纹。

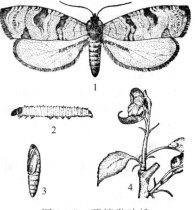

图 14-7　顶梢卷叶蛾
1—成虫；2—幼虫；3—蛹；4—被害状

2. 卵

扁椭圆形，乳白色，半透明，长径 0.7mm。

3. 幼虫

老熟幼虫体长 8～10mm。体污白色，头、前胸背板、胸足均黑色。无臀栉。

4. 蛹

体长 5～8mm。纺锤形，黄褐色。尾端有 8 根钩状毛。

（三）发生规律

1 年发生 2～3 代。以 2～3 龄幼虫在枝梢顶端卷叶团虫苞内结灰白色茧越冬。每个虫苞内有一至数头幼虫。春季苹果发芽后，越冬幼虫开始出蛰，缀新梢嫩叶形成新虫苞，潜在其中取食，老熟后在其中化蛹。1 年发生 2 代的地区，越冬代成虫及第 1 代成虫发生盛期分别为 6 月上中旬及7月中下旬。1年发生3代的地区，5月中下旬、7月上中旬及8月上中旬分别为越冬代成虫、第1代成虫及第2代成虫发生盛期。

（四）防治方法

1. 人工防治

结合冬季剪修，剪下虫苞，收集于细纱笼中，待翌年5月份，天敌昆虫从网孔中飞出后以消灭笼中的蛾子。此法若进行彻底，可不必用药防治；在生长期，发现虫苞及时用手捏死其中的幼虫。

2. 药剂防治

在越冬幼虫出蛰盛期和第1代幼虫卵化盛期及时喷药防治。药剂种类可选用20%灭扫利乳油2000倍液、50%辛硫磷乳油1000倍液、25%灭幼脲悬浮剂1500倍液等。

第三节　潜叶蛾类

一、金纹细蛾

（一）发生及为害情况

金纹细蛾又名苹果细蛾，俗称潜叶蛾，属鳞翅目细蛾科，国内分布于辽宁、河北、山东、山西、陕西、甘肃、江苏等省，是近几年苹果上发生最严重的潜叶蛾。幼虫潜入叶背表皮下取食叶肉，造成下表皮与叶肉分离。叶背面虫斑为黄豆粒大小，椭圆形，表皮皱缩而鼓起，内有黑色虫粪。叶正面虫斑呈透明网眼状。发生严重时，一片叶上有数个虫斑，造成叶片扭曲皱缩，下表皮干枯、破碎，直至造成苹果早期落叶，影响当年和来年苹果产量。其寄主有苹果、海棠、沙果、梨、桃等。

（二）形态特征

见图14-8。

1. 成虫

体长2～3mm，翅展6～8mm。全体金黄色。前翅狭长，从基部至中央有2条银白色纵带，端部的前缘及后缘各有3条银白色爪状纹，尖端相对。

2. 卵

扁椭圆形，长径约0.3mm，乳白色，半透明。

3. 幼虫

老熟幼虫体长6mm。体稍扁，呈细纺锤形，黄色。初龄幼虫黄绿色，胸足退化。

4. 蛹

长约4mm，黄褐色。复眼红色，头部两侧有1对角状突起，附肢端部与身体分离。

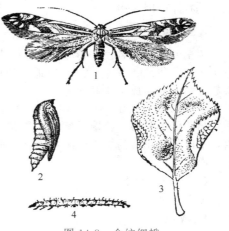

图14-8　金纹细蛾
1—成虫；2—蛹；3—被害状；4—幼虫

（三）发生规律

1. 生活史

在辽宁、山东、河北、山西、陕北等地1年发生5代，在河南中部地区1年发生6代。以蛹在被害落叶虫斑内越冬。翌年苹果树发芽时出现越冬代成虫，7月份以后为害渐重，9～10月份为害最重，严重年份造成大量落叶。在山东烟台各代成虫发生盛期为：越冬代为4月中旬前后，第1代为5月下旬至6月上旬，第2代为7月上旬，第3代为8月中旬，第4代为9月中旬左右。越冬早的蛹出现在10月上旬，晚的出现在11月上旬。

2. 主要习性

成虫多在早晨和傍晚活动、交尾产卵，每雌可产卵40～50粒，多散产于嫩叶背面。成虫产卵对苹果品种有一定的选择性，国光、富士、新红星等着卵率较高，而青香蕉、金冠等着卵率较低。幼虫孵出后，由卵壳底部直接蛀入叶片内为害，老熟时即在虫斑内化蛹，成虫羽化时将蛹壳前半部带出虫斑外。

3. 发生条件

金纹细蛾的天敌主要以金纹细蛾跳小蜂、金纹细蛾姬小蜂数量较多。天敌数量多少直接影响金纹细蛾发生的轻重。

（四）防治方法

1. 清除落叶，减少越冬虫源

秋季落叶后至早春成虫羽化前清扫果园，并将落叶集中处理，以减少越冬蛹。

2. 合理修剪

疏除树体内过密枝条，改善果园通风透光条件。果树展叶期，及时铲除根部萌蘖，然后集中烧毁，可消灭第1代虫卵和幼虫。

3. 诱杀成虫

各代成虫发生期，每公顷果园挂120～150个性诱芯以诱杀成虫。

4. 保护利用天敌

金纹细蛾发生第2、第3代时，天敌数量较多，应尽量减少化学农药，或使用有选择性的农药。

5. 药剂防治

各代成虫盛末期和卵发生期，尤其是越冬代成虫和第1代成虫发生盛末期为用药适期。可选用的药剂有25%灭幼脲3号悬乳剂1500～2000倍液、20%灭幼脲4号悬乳剂6000～8000倍液、30%蛾螨灵可湿性粉剂2000倍液、30%辛脲乳油1500倍液、5%抑太保乳油1000～2000倍液、30%桃小灵乳油1500倍液等。喷药时要均匀周到，叶片正反面都应着药，特别注意对下垂枝、内膛枝的喷洒。

二、桃潜叶蛾

（一）发生及为害情况

桃潜叶蛾又名桃叶潜蛾，俗称"吊丝虫"，属鳞翅目潜叶蛾科，国内河南、山东、河北、陕西等地均有发生。近年来，桃潜叶蛾呈上升趋势，已成为许多地区桃树上的重要害虫。其以幼虫潜食叶肉组织，被害叶片形成弯弯曲曲的虫道，严重时叶片干枯、脱落。其寄主有桃、杏、李、樱桃等果树。

（二）形态特征

见图14-9。

图14-9 桃潜叶蛾成虫

1. 成虫

体长3mm，翅展6mm，体及前翅银白色。前翅狭长，先端尖，附生3条黄白色斜纹，先端有黑色斑纹。冬型成虫前翅基半部前缘具黑色波状宽条纹。前后翅都具有灰色长缘毛。

2. 卵

扁椭圆形，白色，卵壳薄而软，长约0.33mm。

3. 幼虫

老熟幼虫体长约6mm，体稍扁，淡绿色。头及臀部尖削，腹部1～4节宽大。有黑褐色胸足3对。

4. 蛹

扁枣核形，白色，两侧有长丝粘于叶上。蛹淡绿色。

（三）发生规律

1. 生活史

在山东1年发生5～6代，以冬型成虫在落叶、杂草、石缝及树皮裂缝处越冬。翌年3月上中旬,越冬代成虫即开始活动,但不产卵。桃树开花则成虫开始产卵。第1代成虫于6月中旬发生,第2代成虫发生于7月中旬,其他各代虫态混杂。6月份以后,田间数量逐渐增加,一直到秋季落叶。10月中下旬产生冬型成虫陆续越冬。

2. 主要习性

成虫有较强趋光性。其有较强的迁移能力,冬型成虫出蛰后,可迁飞500m以上,夏型成虫可从受害重、落叶早的果园,迁移到受害较轻的果园继续为害。卵散产于叶下表皮叶肉组织内,每雌产卵21～41粒。多在叶背结茧化蛹,少量在树干及树下杂草处化蛹。

3. 发生条件

桃潜叶蛾的主要天敌有姬小蜂、草蛉等。

(四) 预测预报

可利用黑光灯和性诱剂进行测报。在前期世代未重叠时,性诱剂诱蛾高峰日即为幼虫始孵化期或刚开始串食期。因此,可在性诱剂诱蛾的高峰日进行防治。后期(7月份后)世代重叠,性诱剂诱蛾高峰日比卵高峰日晚8天,因此,在诱蛾量激增日开始调查500片叶,当虫叶率超过5%时,即可进行防治。

(五) 防治方法

1. 清洁果园

冬春结合清园,刮除树干上的粗老翘皮,连同地面落叶、杂草清理干净,消灭越冬虫体。

2. 诱杀成虫

有条件者可用黑光灯诱杀成虫。还可用性诱捕器诱杀成虫:选一广口容器,盛水至边沿处1cm,水中加少许杀虫剂或洗衣粉,然后用细铁丝将桃潜叶蛾的橡皮诱芯从中间穿过,固定在容器口中央,诱捕器即制成。使用时,将诱捕器悬挂于桃树外围距地面约1.5m处的枝条上,每亩挂5～10个。夏季气温高,蒸发量大,应及时补充水。

3. 药剂防治

根据预报结果及时用药防治。药剂可选用25%灭幼脲3号悬浮剂1500～2000倍液、20%杀铃脲(灭幼脲4号)悬浮剂6000～8000倍液、3%啶虫脒乳油2000倍液、40%毒死蜱乳油1500倍液等。

第四节 叶 螨 类

一、发生及为害情况

叶螨是严重为害果树生产的主要害螨之一。北方果园常见种类主要有山楂叶螨、苹果全爪螨、苹果苔螨和二斑叶螨。它们均属蜱螨目叶螨科。山楂叶螨分布最广,苹果苔螨仅局部地区发生,而二斑叶螨发生越来越严重,已成为许多地区的主要害螨种类。

1. 山楂叶螨

山楂叶螨又名山楂红蜘蛛,俗称火龙,国内北方地区普遍发生。山楂叶螨以成螨、幼螨、若螨吸食叶片及嫩芽的汁液,猖獗年份也能为害幼果。芽受害后,往往不能继续萌发而死亡。常以小群体在叶片背面主脉两侧吐丝结网,在网下为害繁殖。受害叶片先从叶背近叶柄的主脉两侧出现失绿斑点,后扩大连片,发黄枯焦而脱落。大发生年份,7～8月间大部分树叶掉落,造成二次开花,大大影响当年产量和次年开花结果。其寄主有苹果、梨、沙果、桃、李、杏、山楂、樱桃等,其中以苹果受害最重。

2. 苹果全爪螨

苹果全爪螨又名苹果叶螨、苹果红蜘蛛,国内分布较普遍,特别是北方及沿海地区发生严重。成螨主要在叶正面活动,幼螨多在叶背面活动,一般不吐丝结网。被害叶初有失绿斑点,严重时叶片黄绿、脆硬、呈苍灰色,但不落叶。其寄主有苹果、沙果、梨、桃、李、杏、山楂等,以苹果受害最重。

3. 二斑叶螨

二斑叶螨又名二点叶螨，俗称"白蜘蛛"，是一种世界性害螨，国外分布普遍，国内广东、四川、河北、辽宁、山东、山西、陕西、甘肃等省均有发生，并有继续蔓延之势，是蔬菜、花卉、果树和农作物上的主要害螨之一，其寄主植物达50科200余种。该螨以成螨、幼螨、若螨在叶背刺吸汁液，叶片被害初期，沿叶脉附近出现许多失绿小斑点，后逐渐变为暗褐色，变硬枯焦，严重时造成大量落叶。有时在叶片正面或枝杈处结一层白色丝绢状的丝网。

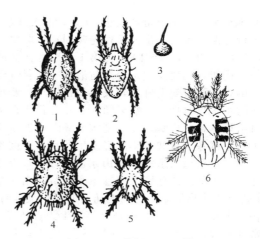

图 14-10 苹果 3 种叶螨
1—山楂叶螨雌成螨；2—山楂叶螨雄成螨；
3—苹果全爪螨卵；4—苹果全爪螨雌成螨；
5—苹果全爪螨雄成螨；6—二斑叶螨

二、形态特征

见图 14-10。

1. 山楂叶螨

（1）成螨 雌成螨体长 0.5～0.7mm，宽约 0.3mm，椭圆形，体背前方稍隆起。身体背面有细长刚毛，刚毛基部无瘤状突起。冬型雌成螨鲜红色，夏型暗红色。雄成螨体长约 0.4mm，宽约 0.2mm，菱形，尾端较尖，黄绿色或橙黄色。体背两侧有 2 条黑绿色斑纹。

（2）卵 圆球形，直径 0.15mm，初产时黄白色，后变为橙红色。

（3）幼螨 有 3 对足。体圆形，黄白色，取食后变为淡绿色。

（4）若螨 有 4 对足。体卵圆形，橙黄色至翠绿色。开始出现背毛，两侧有明显的黑绿色斑纹。

2. 苹果全爪螨

（1）成螨 雌成螨体长约 0.45mm，宽约 0.29mm。体圆形，红色至深红色。背部显著隆起，背毛白色，粗长，基部有白色瘤状突起。雄成螨体长 0.3mm 左右，宽约 0.19mm。体椭圆形，尾端较尖，橙红色。

（2）卵 葱头形，顶部中央有 1 根刚毛，直径 0.15～0.16mm，夏卵橙黄至橘红色，冬卵深红色。

（3）幼螨 3 对足。体色淡红色，取食后变为暗红色。

（4）若螨 4 对足。前期若螨体色较幼螨深，后期若螨体背毛较为明显，体形似成螨。

3. 二斑叶螨

（1）成螨 雌成螨体长 0.42～0.59mm，宽 0.3～0.4mm，椭圆形。体色黄白色、灰绿色或深绿色。体背两侧各有 1 个褐斑，褐斑外侧呈 3 裂。冬型雌成螨褐斑消失。雄成螨体长约 0.3mm，近卵圆形，腹末较尖，多为灰绿色或黄绿色。

（2）卵 圆球形，有光泽，直径 0.13mm。初产时无色透明，后变为淡黄色。

（3）幼螨 3 对足。体近圆形，体长 0.15mm，淡黄色或黄绿色。

（4）若螨 4 对足。体椭圆形，黄绿色或深绿色。

三、发生规律

1. 生活史

（1）山楂叶螨 在中国北方果区 1 年发生 5～9 代。以受精冬型雌成螨在枝干树皮裂缝内、粗皮下及靠近树干基部的土缝里越冬。大发生年份，还可以潜藏在落叶下、枯草甚至石块下越冬。越冬雌成螨在第 2 年春天苹果芽膨大时出蛰上树，国光花序分离时为出蛰盛期，落花后出蛰基本结束，整个出蛰期长达40天，但大多数集中在20天内出蛰，因此花前是防治出蛰雌成螨的关键时期。雌成螨出蛰后，先爬到芽上取食，展叶后到叶背为害产卵。国光苹果盛花期前后为产卵盛期，谢花后7～10天为第1代卵孵化盛期，也是药剂防治的有利时机。谢花后25天左右为第2代卵孵化盛期，是药剂防治又一有利时机。以后世代重叠，各虫态同时存在，给药剂防治带来困难。随着温度升高，发育加快，虫口密度逐渐上升，6～8月份是发生为害高峰期，也是全年防治重点时期。一般果园9～10月份出现大量越冬雌成螨，但受害严重的果园，7～8月份即可出现越冬雌成螨。在冬型雌成螨潜伏越冬前，也是药剂防治的一个关键时期，这次施药对于减少当年越冬数量和翌年早春发生数量均有重要作用。

(2) 苹果全爪螨　在山东胶东地区1年发生7代以上。以越冬卵在小枝轮痕、芽旁等处越冬。翌年苹果花芽膨大期越冬卵开始孵化，国光品种花序分离期为孵化盛期，花后1周左右为第1代卵孵化盛期，此为药剂防治的两个关键时期。6月上旬左右出现第2代成螨，以后世代重叠，各虫态并存。7～8月份是全年发生为害高峰期。一般情况下，于10月上中旬产卵越冬，当种群密度较大，营养条件恶化时，8月下旬即可产卵越冬。

(3) 二斑叶螨　二斑叶螨在南方1年发生20代以上，在北方1年发生12～15代。在北方以受精雌成螨在树干粗皮裂缝处、根际周围土缝及落叶杂草下吐丝结网潜伏越冬。翌年3月平均气温上升到10℃左右时，越冬雌成螨开始出蛰，多集中在树下早春寄主上为害并产卵。待苹果发芽后，便转移到树上为害，主要集中于内膛枝。随着气温升高，其繁殖速度加快，6上中旬便进入全年猖獗为害期，一直可持续到8月中旬前后，10月份开始出现越冬成螨。

2. 主要习性

(1) 山楂叶螨　山楂叶螨不善活动，在叶背为害取食，吐丝结网。种群密度大时，成螨顺丝下垂，随风扩散。以两性生殖为主，也可进行孤雌生殖，每雌产卵60～90粒，卵多产在叶背主脉两侧及丝网上。早春集中在内膛枝为害，后逐渐向树冠外围扩散，到7月份树冠内外均有分布，7月份以后，外围叶片上数量较多。

(2) 苹果全爪螨　苹果全爪螨在幼螨变为若螨和若螨变为成螨之间有2～3个不食不动的静止期，此时，对药剂抵抗力强，药剂防效不理想。成螨较活泼，爬行迅速。卵多产于叶片正反面主脉附近，每雌平均产卵45粒。

(3) 二斑叶螨　二斑叶螨营两性生殖，每雌产卵量为50～110粒，有吐丝下垂借风扩散习性。

3. 发生与环境的关系

(1) 气候条件　温度影响叶螨发育历期、繁殖速率和产卵量等。叶螨类发育温度范围为7～40℃，最适温度为24～30℃。在适温范围内，发育速度随温度升高而加快。相对湿度40%～70%有利于叶螨繁殖，长期阴雨高温不利于其发育，暴风雨会迅速降低叶螨数量。因此，高温干旱的气候条件有利于叶螨类发生。

(2) 天敌因素　叶螨类天敌主要有瓢虫、草蛉、捕食螨、蓟马等，如深点食螨瓢虫、中华草蛉、中华植绥螨、塔六点蓟马等。减少用药，保护好天敌，可以有效控制叶螨为害。

(3) 农药干扰　农药对叶螨的影响，直接表现在叶螨产生抗药性，间接表现在杀伤天敌。长期连续使用单一广谱性杀螨剂，则会造成害螨猖獗成灾。

(4) 食料的影响　在苹果品种中，以元帅受害重，金冠次之。树势强对叶螨为害的忍耐力强。叶片含氮水平高叶螨发生量多，且为害重。

四、防治方法

防治叶螨类应从果园生态系统全面考虑，做好果树休眠期及花前、花后几个关键时期的防治，合理使用农药，保护利用天敌。

1. 人工防治

(1) 结合诱集食心虫、卷叶虫等，秋末在树上绑草以诱集越冬成螨，冬季取下，并集中处理。

(2) 早春越冬成螨出蛰前，结合刮病斑，刮除树干上老翘皮，消灭越冬成螨。
(3) 结合果园管理，挖除或深翻树干周围表土层，或者在树干周围培土压实，消灭土中越冬成螨。
(4) 及时清除树下落叶、杂草及土石块。

2. 药剂防治

(1) 发芽前　结合其他害虫防治可喷洒 5°Bé 石硫合剂或 45% 晶体石硫合剂 20 倍液及 3%～5% 柴油乳剂，可消灭部分越冬成螨和卵。

(2) 开花前后　花芽开绽期和花后 7～10 天是药剂防治的两个关键时期。药剂可选用 0.3～0.5°Bé 石硫合剂、5% 尼索朗乳油 1500 倍液、20% 螨死净胶悬剂 2000～3000 倍液等。

(3) 生长期　6～8 月份是叶螨类猖獗发生期，稍不注意即可造成严重为害。可选用药剂有 20% 速螨酮可湿性粉剂 2000 倍液、1.8% 阿维菌素乳油 4000 倍液、73% 克螨特乳油 2000 倍液、25% 三唑锡可湿性粉剂 1000 倍液、5% 卡死克乳油 1000 倍液等。

3. 保护利用天敌

叶螨天敌种类较多，在防治过程中应加以保护利用，少用或不用广谱性杀螨剂。当天敌与叶螨比为 1：(20～30) 时，可有效控制叶螨为害；天敌与叶螨比为 1：(40～50) 时可抑制叶螨，不造成经济损失，可作为生产用药的参考指标。

第五节　蚜　虫　类

一、绣线菊蚜、苹果瘤蚜、苹果绵蚜

(一) 发生及为害情况

苹果树上发生的蚜虫有绣线菊蚜、苹果瘤蚜和苹果绵蚜，都属于同翅目蚜总科。前两种在国内分布十分普遍，而苹果绵蚜在国内局部发生，但随着苹果种植面积的不断扩大，检疫不力，苹果绵蚜有继续传播蔓延之势。

1. 绣线菊蚜

绣线菊蚜又名苹果黄蚜，属同翅目蚜虫科，在中国分布十分普遍。以成蚜和若蚜群集为害新梢、嫩芽和新叶，受害叶片向背面横卷，新梢生长受抑制。其寄主有苹果、沙果、海棠、梨、桃、李、杏、樱桃、山楂、绣线菊、榆叶梅等。

2. 苹果瘤蚜

苹果瘤蚜又名苹果卷叶蚜，属同翅目蚜科，在中国分布十分普遍。以成、若蚜群集嫩芽、叶片和幼果上刺食汁液。新芽被害时，叶片不能展开；叶片被害时，叶缘向背面纵卷成条筒状，叶面常出现红斑，后变为黑褐色而干枯，但不脱落；幼果被害后，果面出现许多略凹陷而形不整的红斑。受害严重的树，枝条嫩叶全部卷缩，新梢生长和花芽形成受到抑制，影响苹果生长和产量。其寄主有苹果、沙果、海棠、梨等。

3. 苹果绵蚜

苹果绵蚜又名血色蚜虫、赤蚜，属同翅目绵蚜科。原发生在美国，20 世纪 20 年代传入中国，在中国局部发生，是国内检疫对象。目前分布于山东、天津、河北、陕西、河南、辽宁、江苏、云南、西藏等地，并在继续扩大，为害也日趋严重。其以虫体群集在剪锯口、病虫伤疤、树皮裂缝、叶腋、果梗、果实萼洼、根部和根蘖等处刺吸汁液。被害部位大都形成肿瘤，并覆盖白色絮状物，易于识别。叶柄受害，易造成落叶。果实受害，严重影响果实品质。其寄主有苹果、花红、海棠、沙果等。

(二) 形态特征

1. 绣线菊蚜

见图 14-11。

(1) 成蚜　无翅胎生雌蚜体长 1.6mm，宽 0.9mm。长卵圆形。多为黄色，有时黄绿色或绿

色。口器、腹管、尾片黑色。触角6节，短于身体，无次生感觉孔。尾片端圆，生毛12～13根。有翅胎生雌蚜体长约1.5mm，翅展约4.5mm。近纺锤形。头部、胸部、腹管、尾片均为黑色，腹部绿色或黄绿色。2～4腹节两侧具黑缘斑，1～8腹节具短横带。触角6节，第3节有次生感觉孔5～10个。第4节有次生感觉孔2～5个。

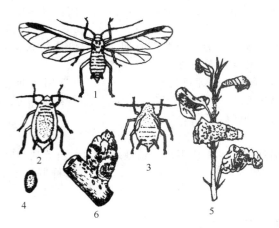

图14-11 绣线菊蚜
1—有翅胎生雌蚜；2—无翅胎生雌蚜；
3—若蚜；4—卵；5—被害状；
6—芽上越冬的卵

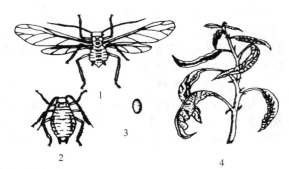

图14-12 苹果瘤蚜
1—有翅胎生雌蚜；2—无翅胎生雌蚜；3—卵；4—被害状

(2) 若蚜 体鲜黄色，复眼、触角、足、腹管均为黑色。
(3) 卵 椭圆形，长约0.5mm，初淡黄色，后漆黑色，有光泽。

2. 苹果瘤蚜

见图14-12。

(1) 成蚜 无翅胎生雌蚜体长1.4～1.6mm，宽0.75mm。近纺锤形。体暗绿色或褐绿色。头、胸部紫黑色，复眼暗红色，具明显额瘤。腹管黑褐色，较长，末端较细。有翅胎生雌蚜体长约1.5mm。卵圆形。头、胸部暗褐色，额瘤明显。
(2) 若蚜 体小，形似无翅胎生雌蚜，淡绿色，有的个体具翅芽。
(3) 卵 长约0.5mm，初产时绿色，后变黑色，有光泽。

3. 苹果绵蚜

见图14-13。

(1) 成蚜 无翅胎生雌蚜体长1.7～2.2mm。卵圆形，肥大，赤褐色。头部无额瘤，体背有大量白色棉絮状蜡毛。腹管退化，尾片不突出。有翅胎生雌蚜体长1.7～2.0mm，翅展5.5mm。身体暗褐色，头、胸部黑褐色。头部有额瘤。腹管、尾片退化。身体被覆白色蜡质绵状物。

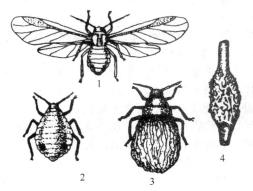

图14-13 苹果绵蚜
1—有翅胎生雌蚜；2—无翅胎生雌蚜（蜡生全去掉）；3—无翅胎生雌蚜（去掉胸部蜡毛）；4—被害状

(2) 若蚜 体略呈圆筒形，赤褐色，触角5节，体被白色绵状物。
(3) 卵 椭圆形，长约0.5mm，初产时橙黄色，后变为黄褐色。表面光滑，外覆白粉。

(三) 发生规律

1. 发生世代及生活年史

(1) 绣线菊蚜 该蚜虫1年发生10余代，以卵在枝杈、芽旁及皮缝处越冬。翌春苹果萌芽时，越冬卵开始孵化，先在顶芽为害，后在嫩叶背面为害。随着温度升高，其繁殖速度加快，6～7月份间繁殖最快，为发生盛期。8～9月份雨季数量下降，10～11月份产生有性蚜，交配产卵越冬。

(2) 苹果瘤蚜　苹果瘤蚜1年发生10多代。以卵在一年生枝条芽缝、剪锯口等处越冬。翌年苹果发芽至展叶期孵化。孵化出的若蚜集中于芽露绿部分或开绽的嫩叶上为害。6月中下旬为为害盛期，7月份以后数量逐渐减少，10～11月份出现有性蚜，交配产卵越冬。

(3) 苹果绵蚜　苹果绵蚜1年发生12～18代，以1～2龄若蚜群聚于原为害部位越冬。翌年春季，山东胶东地区其在4月初开始在越冬部位为害，5月上中旬（苹果花期前后）为田间蔓延阶段，6月至7月中旬是该虫大量繁殖为害时期，是全年发生高峰期。因此，5月份虫群尚未扩散，是防治关键时期。7月下旬至8月中旬，由于高温和天敌原因，虫口数量迅速下降。9月份以后数量略有上升，形成第二个小高峰。11月上旬越冬。

2. 发生与环境的关系

(1) 气候条件　温度25℃左右、干旱有利于蚜虫类发生。

(2) 食料条件　绣线菊蚜和苹果瘤蚜都有趋嫩性，新芽、嫩梢和新叶发生严重。

(3) 天敌影响　蚜虫天敌种类很多，主要有瓢虫类、草蛉类、食蚜蝇类、寄生蜂类和寄生菌类等。天敌数量多少，会直接影响蚜虫发生数量的多少。

(四) 防治方法

1. 加强检疫

对苹果绵蚜，应加强从疫区调运苗木、接穗的管理。尽量避免从疫区向非疫区引进苗木等。若必须调运，则须经检疫部门检疫批准，并消毒处理。

2. 人工防治

冬季和生长季节及时剪除苹果瘤蚜和苹果绵蚜为害的枝条，可有效控制其扩散蔓延；早春结合病害防治，刮处苹果树粗翘皮；彻底清除根蘖；刮刷越冬场所，可减轻苹果绵蚜为害。

3. 药剂防治

(1) 根部施药　4月份，将树干周围1m内的土壤扒开，露出根部，每株撒5％辛硫磷颗粒剂2～2.5kg，撒药后用原土覆盖，杀灭根部绵蚜。

(2) 药剂涂抹剪锯口　休眠期，寻找苹果绵蚜聚集越冬的剪锯口、伤口、结疤等处，涂抹48％乐斯本乳油、40％蚜灭磷乳油150倍液，或25％农地乐乳油200倍液。

(3) 药剂涂干　5月上旬蚜虫发生初期，用毛刷将配制好的具有内吸作用的药剂涂在主干上部或主枝基部，涂成6cm宽的药环。若树皮粗糙，可先将粗皮刮去，但不要伤及嫩皮（稍露白即可）。涂药后用塑料布或废报纸包扎好。注意药液不能过浓、过量，以防止产生药害；包扎物在雨季来临前解除，防止腐烂。药剂可选用10％吡虫啉可湿性粉剂10～20倍液。此法可以很好地保护天敌，以减少对天敌的伤害。

(4) 生长期树上喷药　蚜虫发生初期及时喷药防治。药剂可选用10％吡虫啉可湿性粉剂3000倍液、50％抗蚜威可湿性粉剂3000倍液、25％阿可泰水分散剂6000倍液、3％莫比朗乳油2500倍液。对于苹果绵蚜可选用52.25％农地乐乳油2000倍液、48％乐斯本乳油1500倍液，效果较好。

4. 保护利用天敌

蚜虫天敌种类很多，尽量减少广谱性农药的使用，天敌盛发期尽量少用药或不用药，以保护利用天敌。

二、梨二叉蚜

(一) 发生及为害情况

梨二叉蚜又名梨蚜、梨腻虫、卷叶蚜，属同翅目蚜科。国内各梨区均有发生，以辽宁、河北、山东、山西等梨区发生较重，是梨树的主要害虫之一。其以成、若蚜群集于梨树的芽、叶、嫩梢和茎上吸食汁液，以春季为害梨树新梢叶片为重。为害梨叶时，聚集在叶片正面吸食，受害叶片由两侧向正面纵卷成筒状,以后逐渐皱缩、变脆,严重时引起早期脱落。其寄主除了梨树外,还可为害狗尾草、茅草等杂草。

（二）形态特征

见图 14-14。

1. 成蚜

无翅胎生雌蚜体长约 2mm,绿色、暗绿色或黄褐色,常被白色蜡粉。头部额瘤不明显,口器黑色,背中央有一条深绿色纵带。有翅胎生雌蚜体长约 1.5mm,头胸部黑色,腹部灰绿色,复眼红色,额瘤微突出,前翅中脉分二叉,故称二叉蚜。

2. 卵

椭圆形,长约 0.7mm,黑蓝色,有光泽。

3. 若蚜

与无翅胎生雌蚜相似,体小,绿色,有翅若蚜胸部较大,具翅芽。

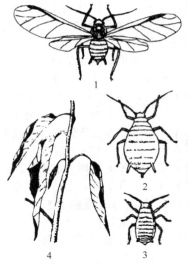

图 14-14　梨二叉蚜
1—有翅胎生雌蚜；2—无翅胎生雌蚜；
3—若蚜；4—被害状

（三）发生规律

1. 生活史

梨二叉蚜 1 年可发生 20 代左右,属侨迁式生活类型。其冬、春、秋寄主是梨树,夏季寄主是狗尾草。以卵在梨树芽腋或树枝裂缝中越冬。翌年 3 月中下旬梨芽萌动时越冬卵孵化,并以胎生方式繁殖无翅雌蚜。初孵若蚜群集于露绿的芽上为害,然后逐渐转移到叶上为害,以枝顶端嫩梢、嫩叶受害较重。4 月中旬至 5 月上旬为害最严重。新梢停止生长后,为害减轻。5 月中下旬产生有翅蚜,陆续迁到狗尾草上为害,6 月中旬以后梨树上的梨二叉蚜基本绝迹。9～10 月份又产生有翅蚜并迁回梨树上为害、繁殖,10 月末至 11 月初产生性蚜,雌雄交尾后产卵越冬。

2. 主要习性

梨二叉蚜以孤雌生殖为主,仅在越冬前才进行一次两性生殖。每头雌虫一生可产 60～70 头若虫。卵散产。

3. 发生与环境的关系

(1) 气候条件　梨二叉蚜生活最适温度为 16～25℃,相对湿度 75％左右。

(2) 天敌　其主要天敌有瓢虫、草蛉、食蚜蝇、蚜茧蜂等,对其发生有一定抑制作用。

（四）防治方法

1. 人工防治

在发生数量不大的情况下,早期剪除被害卷叶,并集中处理。

2. 保护利用天敌

可释放瓢虫和草蛉,保护食蚜蝇。

3. 药剂防治

应在越冬卵孵化后若蚜上芽为害,但尚未造成卷叶时,及时喷药防治,卷叶后用药效果差。若上年发生严重,可连续喷药 2 次,效果会更好。可选用药剂有 50％辟蚜雾可湿性粉剂 1500～2000 倍液、10％吡虫啉可湿性粉剂 2000～3000 倍液、20％好年冬乳油 3000 倍液、2.5％绿色功夫乳油 3000 倍液等。

三、梨黄粉蚜

（一）发生及为害情况

梨黄粉蚜又名梨黄粉虫,俗称"膏药顶",属同翅目根瘤蚜科。在国内各主要梨产区均有分布,尤以北方梨产区发生较重。特别是套袋的梨园,受害普遍严重,已成为生产中的重要问题。该虫食性单一,只为害梨属植物。以成、若蚜刺吸果实汁液,多群集于果实两洼处尤其是萼洼处为害,随着虫量的增加,逐渐蔓延至整个果面,果面似有一堆堆黄粉。被害部初变黄稍凹陷,后渐变黑,表面硬化龟裂成大黑疤,故俗称"膏药顶"。受害严重的果实,果肉组织逐渐腐烂,甚至落果,也可刺吸枝干嫩皮汁液。

(二) 形态特征

见图 14-15。

1. 成蚜

梨黄粉蚜为多型性,分干母、普通型、性母和有性型4种。干母、普通型及性母均为雌性,形态相似,体呈倒卵圆形,长 0.7~0.8mm,鲜黄色,触角3节,足短小,无翅,腹管及尾片退化。有性型雌蚜体长约 0.5mm,雄蚜长 0.35mm 左右。

2. 卵

椭圆形,淡黄色或黄绿色,长 0.26~0.42mm。

3. 若蚜

形态与成蚜相似,但体较小,淡黄色。

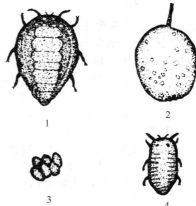

图 14-15 梨黄粉蚜
1—成蚜;2—被害果;3—卵;4—若蚜

(三) 发生规律

1. 生活史

1年发生 8~10代,以卵在果台、树皮裂缝、翘皮下或枝干上的各种残附物内越冬。翌春梨树开花期,卵孵化为干母若蚜,先在梨树翘皮处刺吸汁液。6月上中旬开始向果实上转移,6月下旬至7月上旬多群集于果实萼洼处为害、繁殖,继而蔓延到果面上。8月中旬为害最严重。8~9月份出现性蚜,雌雄交配后产卵越冬。

2. 主要习性

成蚜活动力较差,喜在阴暗处栖息为害。普通型成蚜一生平均产卵约 150 粒。卵期 5~6 天,若虫期 7~8 天,成虫寿命除有性型较短外,其他各型均为 30 多天,干母达 100 天以上。

3. 发生与环境的关系

(1) 气候条件 干燥的环境利于其发生,低温高湿则对其发生不利。所以,5~7月份降雨情况对其发生轻重影响很大。

(2) 品种 一般无萼片的梨品种受害轻,有萼片的受害重。

(3) 树势、地势 弱树受害重,地势高处受害轻。

(4) 天敌 其主要天敌有草蛉、瓢虫、花蝽等。

(5) 传播 可通过苗木、枝条和穗条进行远距离传播。

(四) 防治方法

1. 人工防治

冬春季,彻底刮除枝干老皮、翘皮,清除树体上残附物,减少越冬卵。

2. 药剂防治

(1) 春季梨树发芽前喷洒 5% 柴油乳剂或 3~5°Bé 石硫合剂,杀灭越冬卵。

(2) 鸭梨落花 70%~80% 时正是若虫孵化期,为药剂防治关键期,可喷一次 2.5% 高渗吡虫啉乳油 3000 倍液进行防治。

(3) 梨套袋前和6月份各喷一次 10% 吡虫啉可湿性粉剂 4000 倍液或 8% 啶虫脒乳油 2000 倍液。注意喷头向上,让萼洼处着药。

3. 把好套袋关

应选用优质不易破损的纸袋,在不损伤果柄的前提下把袋口扎紧。有条件的可采用防虫药袋或在袋口处点药棉。

另外,还应注意苗木除虫,保护利用天敌。

第六节 蚧壳虫类

一、康氏粉蚧

（一）发生及为害情况

康氏粉蚧又名梨粉蚧、桑粉蚧，属同翅目粉蚧科，国内分布于吉林、辽宁、河北、河南、山东、山西、四川等地。其食性很杂，其寄主有苹果、梨、桃、李、杏、梅、樱桃、山楂、葡萄、栗、枣，以及桑、杨、柳、榆等。以若虫和雌成虫刺吸芽、叶、果实、枝干及根部的汁液，嫩枝和根部受害常肿胀且易纵裂而枯死。其在果实上多在两洼处为害，尤其是萼洼处居多。被害处形成黑点或黑斑，并覆有白色蜡粉，失去商品价值。严重时，造成果实腐烂。排泄的蜜露还会引发煤污病，影响光合作用。近年来，在许多果园由次生害虫上升为主要害虫，特别是套袋苹果受害较重。

（二）形态特征

见图 14-16。

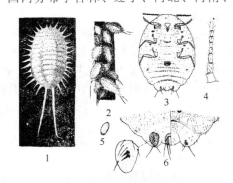

图 14-16　康氏粉蚧
1—成虫；2—成虫和若虫群集为害状；3—雌成虫（去蜡腹面观）；4—雌成虫触角；5—卵；6—雌成虫臀板

1. 雌成虫

体长 3～5mm，扁平，椭圆形，粉红色，被有白色蜡质粉层，体缘具 17 对白色蜡丝，体后端最末 1 对蜡丝特长，几乎与体长相等。

2. 雄成虫

体长约 1mm，紫褐色。仅有 1 对透明前翅，后翅退化为平衡棒。

3. 卵

椭圆形，长约 0.3mm，浅橙黄色。数十粒聚在一起，外覆白色蜡粉。

4. 若虫

淡黄色，形似雌成虫。

5. 蛹

仅雄虫有蛹期。浅紫色。触角、足、翅等均外露。

（三）发生规律

1. 生活史

康氏粉蚧 1 年发生 3 代。各种虫态均可越冬，但以卵在树上老翘皮和粗皮裂缝处及树下土石缝处越冬为主。翌春果树发芽时，越冬卵孵化为若虫，食害寄主幼嫩部分。第 1 代若虫盛发期为 5 月中下旬，6 月上旬至 7 月下旬陆续羽化，交配产卵。第 2 代若虫 6 月下旬至 7 月下旬孵化，7 月下旬为发生盛期，8 月上旬至 9 月上旬羽化，交配产卵。第 3 代若虫 8 月中旬开始孵化，8 月上旬至 9 月上旬为发生盛期，9 月下旬开始羽化，交配后经短时间取食，寻找适宜场所，分泌卵囊产卵越冬。第 1 代为害枝干，第 2、第 3 代以为害果实为主。

2. 主要习性

康氏粉蚧有喜阴怕阳习性，因此，套袋内是其繁殖为害的最佳场所。

3. 发生与环境的关系

（1）树冠郁闭，光照差的果园发生重。

（2）康氏粉蚧的主要天敌有瓢虫、草蛉等。天敌数量多少会影响康氏粉蚧的发生量。

（四）防治方法

1. 刮刷越冬卵

冬春细致刮皮或用钢丝刷子刷除越冬卵。

2. 绑草绳

9月上旬成虫下树前，在树主干距地面30cm处绑一草绳环，诱虫越冬，越冬完毕后，将草绳解下集中烧毁。

3. 保护天敌

尽量减少用药，保护瓢虫和草蛉。

4. 药剂防治

由于蚧壳虫类有蜡质介壳保护，药剂防治必须注意两个问题：首先是用药时间，应抓住各代卵的孵化盛期；其次是药剂种类，应选择渗透性好的药剂。芽萌动时全树喷40%杀扑磷乳油1000倍液，以消灭越冬孵化若虫。果树生长期应抓住各代若虫孵化盛期及时用药。可选用药剂有40%杀扑磷乳油1000~1500倍液、48%乐斯本乳油1000~1500倍液、3%莫比朗乳油1500倍液、25%阿克泰水分散颗粒剂5000倍液等。对于套袋果树，套袋前喷药是防治的关键，必须均匀周到地喷好药。如套袋后发现袋内有康氏粉蚧为害，则需摘袋喷药。

二、朝鲜球坚蚧

（一）发生及为害情况

朝鲜球坚蚧又名杏球坚蚧、桃球坚蚧，俗称"杏虱子"，属同翅目蜡蚧科，国内分布于东北、华北、川贵等地区。以若虫和雌成虫群聚在枝条上刺吸汁液。受害后，寄主生长不良，树势衰弱，严重时干枯死亡。其寄主有杏、桃、李、樱桃、梅等核果类果树。

（二）形态特征

见图14-17。

1. 成虫

雌成虫无翅。体呈半球形，横径约4.5mm，高约3.5mm。初期介壳质软，为黄褐色；后期介壳硬化，红褐或紫褐色。雄成虫体长约2mm，赤褐色，有发达的足及1对前翅，末端有1对白色蜡质尾毛。介壳长扁圆形，背面有龟状隆起。

2. 卵

椭圆形，长约0.3mm，橙黄色，半透明。

3. 若虫

长椭圆形，初孵化时为红褐色，足和触角明显，末端有两条细毛，活动力强。越冬后若虫为黑褐色，足和触角均退化。

4. 蛹

仅雄虫有蛹，为裸蛹，长约1.8mm，赤褐色，末端有1个黄褐色刺突。

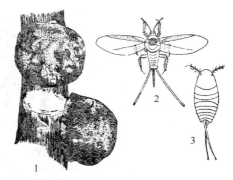

图14-17 朝鲜球坚蚧
1—雌成虫；2—雄成虫；3—若虫

（三）发生规律

1. 生活史

1年发生1代，以2龄若虫在枝条裂缝、翘皮下越冬。越冬虫体上有白色蜡质物。翌年春季桃芽萌动时，越冬若虫从蜡堆里爬出，另寻场所固定为害，随后进行雌雄分化和生长发育。4月中下旬，雄虫羽化，与雌虫交尾后不久死去。雌虫交配后虫体迅速膨大，体壁也随之高度硬化，5月中下旬雌虫发育成熟开始产卵于介壳之下。卵期7天左右。小若虫孵出后，先在枝条上爬行1~2天，称为"游走期"，然后在枝条的芽腋间、嫩皮缝处群聚固定为害。9~10月份蜕1次皮变为2龄若虫，即在皮壳下越冬。

2. 发生与环境的关系

一般干旱少雨年份发生严重。其重要天敌有黑缘红瓢虫，其成虫、幼虫皆可捕食蚧的若虫和雌成虫，且捕食量较大。

（四）防治方法

1. 人工防治

在冬春果树休眠期，人工刷擦枝干上的越冬虫体。

2. 药剂防治

（1）果树发芽前，喷 5°Bé 石硫合剂或 5%柴油乳剂 100 倍液，要求喷药均匀周到。

（2）越冬若虫出蛰后的爬行期是药剂防治的第 1 次关键时期，可使用 10%吡虫啉可湿性粉剂 4000 倍液、48%乐斯本乳油 1500 倍液、40%杀扑磷乳油 1500 倍液等。

（3）第 1 代若虫孵化后的"游走期"是药剂防治的另一次关键时期。除了使用上述药剂外，还可选用 20%灭扫利乳油 1500 倍液、3%莫比朗乳油 1500 倍液等。

3. 保护利用天敌

为保护利用天敌，尽量避免使用广谱性杀虫剂。

三、桑白蚧

（一）发生及为害情况

桑白蚧又名桑盾蚧、桑蚧壳虫、桃蚧壳虫，属同翅目盾蚧科，国内分布较广，是南方桃树和李树，以及北方果区的一种主要害虫。以若虫和雌成虫群集固着于枝干上吸食养分，严重时介壳密集重叠，枝条表面凹凸不平，削弱树势，甚至枝条死亡或全株死亡。其寄主有桃、李、杏、梅、桑、茶、柿、枇杷、苹果、梨、樱桃、无花果等。

（二）形态特征

见图 14-18。

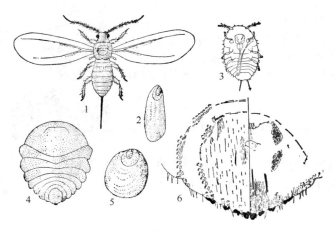

图 14-18　桑白蚧
1—雄成虫；2—雄蚧壳；3—若虫；4—雌成虫；
5—雌蚧壳；6—雌虫臀板及边缘放大

1. 成虫

雌成虫无翅，卵圆形，扁平，淡黄色。头、胸分节不明显，足退化。体长约 1.3mm。介壳近圆形，直径 2~2.5mm，灰白色，中央有一橙黄点。雄成虫仅有 1 对前翅，橙黄至橙红色，体长 0.6~0.7mm。雄介壳细长，白色，背面有 3 条隆起线，前端有橙黄色壳点。

2. 卵

椭圆形，长 0.25~0.3mm。初产时淡粉红色，后变为黄褐色。

3. 若虫

初孵若虫淡黄褐色，扁椭圆形，体长 0.3mm。可见触角、复眼和足，能爬行，腹末端具尾毛 2 根，体表有绵毛状物遮盖。蜕皮之后，眼、触角、足、尾毛均退化或消失，开始分泌蜡质介壳。

4. 蛹

长椭圆形，橙黄色。

（三）发生规律

1. 生活史

黄河流域1年发生2代，长江流域1年发生3代，海南、广东1年发生5代。各地均以受精雌成虫在枝条上越冬。在北方，翌年桃芽萌动后开始取食，虫体迅速膨大，并在介壳内产卵，4月底5月初为产卵盛期。雌虫产卵结束后干缩死亡。卵期15天左右，5月中旬为孵化盛期。6月下旬为雄虫羽化盛期，交尾后雄虫死亡，雌虫腹部逐渐膨大，7月下旬为产卵盛期，卵期10天左右。7月末为第2代若虫孵化盛期，若虫为害至8月中下旬，8月末为雄成虫羽化盛期，交尾后雌成虫为害至秋末越冬。

2. 发生与环境的关系

桑白蚧的天敌主要有桑白蚧褐黄蚜小蜂、红点唇瓢虫、日本东方甲等。它们是自然界中控制桑白蚧的有效天敌。

（四）防治方法

1. 人工防治

在冬春果树休眠期，人工刷擦枝干上越冬虫体。结合修剪，及时剪除受害严重枝条。

2. 药剂防治

抓准初孵若虫分散爬行期并及时用药。药剂可选用40%速扑杀乳油1500倍液、25%扑虱灵乳油2000倍液、52.25%农地乐乳油1500倍液、30%蜡蚧灵乳油1000倍液等。

3. 保护天敌

在天敌盛发期尽量不用药，或使用选择性农药。

第七节 钻 蛀 类

一、桃红颈天牛

（一）发生及为害情况

桃红颈天牛又名"红脖子老牛"、"铁炮虫"、"钻木虫"等，属鞘翅目天牛科，在国内普遍发生。以幼虫在树干基部附近的皮下形成层和木质部为害，蛀成隧道，造成树干中空，皮层脱离。受害轻者，树势衰弱，产量降低；受害重者，则整株枯死。其主要寄主有桃、李、杏、樱桃、梅等。

（二）形态特征

见图14-19。

1. 成虫

体长28～37mm，宽8～10mm。体黑色，有光泽。前胸背板棕红色或黑色，两侧各有一刺突，背面有4个瘤状突起。触角和足黑蓝色。雄虫触角比体长，雌虫触角和体约等长。

2. 卵

长椭圆形，乳白色，长6～7mm。

3. 幼虫

老熟幼虫体长42～52mm，黄白色。身体前半部各节略呈扁长方形，后半部稍呈圆筒形。前胸背板呈方形，前缘黄褐色，中间色淡。

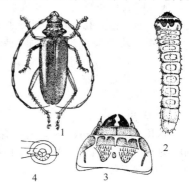

图14-19 桃红颈天牛
1—成虫；2—幼虫；3—幼虫的头部及前胸背板；4—幼虫腹部末端正面示体节内陷状（8～10腹节）；

4. 蛹

淡黄白色，体长 36mm。前胸两侧和前缘中央各有 1 个突起。

（三）发生规律

1. 生活史

在华北地区，2～3 年完成 1 代。以不同虫龄的幼虫在枝干蛀道内越冬。一般低龄幼虫在皮下越冬，高龄幼虫在木质部内越冬。越冬幼虫于翌年 4 月上中旬开始为害，6 月中旬为害最重，6 月下旬幼虫开始老熟化蛹，并始见成虫。7 月上旬成虫开始产卵，产卵于主干和主枝基部的树皮裂缝内，卵期 8～9 天。幼虫孵化后，先在树皮下蛀食，蛀道随着虫体长大也逐渐扩大和加深。所以，当年幼虫只在树皮下的韧皮部和木质部之间为害并越冬，第二年才蛀入木质部内为害并越冬。蛀食方向多为由上而下，甚至可达土下 6～10cm 深的根颈部位，但主要集中在靠近地面的主干部分为害。在蛀食过程中，向外排出大量红褐色锯屑状而黏结成圆条的虫粪，堆积在树干基部，容易识别。老熟幼虫以粪便、木屑在蛀道内造一个长椭圆形的蛹室，并在其中化蛹。

2. 主要习性

初羽化成虫在蛹室内停留 3～5 天后，再钻出羽化孔，以雨后外出较多。晴天中午常憩息在树干上，喜食水分和烂果汁。多在白天交配产卵，每雌平均产卵量为 170 粒左右。成虫寿命为 15～30 天。

（四）防治方法

1. 人工防治

（1）6～7 月份成虫发生期，于中午捕捉树干基部静栖的成虫。

（2）成虫产卵期，经常检查树干，发现方形产卵痕，及时刮除或用木槌击死卵粒。

（3）幼虫为害初期用铁丝从排粪孔顺蛀道钩杀幼虫。

（4）成虫发生前，在树干和主枝上涂白涂剂，防止成虫产卵。白涂剂配制：生石灰 10 份，硫黄 1 份，食盐 0.2 份，兽油 0.2 份，水 40 份。

2. 药剂防治

在幼虫为害期，发现有新鲜虫粪的虫孔时，先将虫粪清理干净，然后塞入半片 52% 磷化铝片剂，用黏泥封死蛀孔，外用塑料薄膜包扎。也可向蛀孔内注射少量 80% 敌敌畏原液，并立即封堵蛀孔。

二、星天牛

（一）发生及为害情况

星天牛又名白星天牛，俗称"铁炮虫"，属鞘翅目天牛科，中国辽宁以南、甘肃以东各省均有分布。成虫啃食枝条嫩皮，食叶成缺刻；幼虫蛀食树干基部和主根，于皮下蛀食数月后蛀入木质部，并向外蛀一通气排粪孔，排出成堆虫粪，削弱树势，甚至引起整株枯死。其主要寄主有苹果、梨、柑橘、杏、李、樱桃、核桃等。

（二）形态特征

见图 14-20。

1. 成虫

体长 27～41mm，体黑色，有光泽。前胸背板两侧有刺状突起。鞘翅黑色，基部有颗粒状突起，翅表面有 15～20 个白色毛斑。

2. 卵

长椭圆形，长 5～6mm，乳白色。

3. 幼虫

老熟幼虫体长 45～67mm，体淡黄白色。头黄褐色，

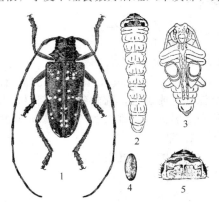

图 14-20 星天牛
1—成虫；2—幼虫；3—蛹；4—卵；
5—幼虫的头部和前胸

上颚黑色。前胸背板前方有2个飞鸟形褐色斑纹，后方有1个黄褐色"凸"字形大斑纹，略隆起。胸足退化。

4. 蛹

体长30mm，初为乳白色，后变为黑褐色。

（三）发生规律

在南方1年发生1代，北方2年完成1代。均以幼虫在树干基部蛀道内越冬。翌年3月份越冬幼虫开始活动，至清明节前后有虫粪排出。4月上旬开始化蛹，5月下旬化蛹基本结束，蛹期一般20天左右。5月上旬成虫开始羽化，5月末6月初为成虫羽化高峰，直至7月下旬仍有成虫活动。卵期9～15天，6月中旬孵化，7月中下旬为孵化高峰。幼虫孵出后，即进入表皮和木质部之间取食。1个月后开始向木质部蛀食，进入木质部2～3cm深度时则向上蛀。9月末大部分幼虫顺着原虫道向下移动，至蛀入孔后，再开辟新虫道向下蛀食，并在其中为害越冬。

成虫白天活动，以晴天中午活动最盛。以取食叶片及小枝嫩皮作为补充营养，取食2～3天后交尾产卵。卵多产在距地面50cm左右的树干上，产卵前先将树皮咬成"T"形或"八"形刻槽，然后在刻槽中产卵1粒。

（四）防治方法

1. 捕捉成虫

于成虫盛发期的早晨，特别是雨后成虫大量出现时，人工捕捉。

2. 人工杀卵

成虫产卵期，发现刻槽后，可用小锤击打刻槽，或用小刀挖除。

3. 钩杀幼虫

幼虫尚在皮层下蛀食，或蛀入木质部不深时，及时用钢丝顺蛀道钩杀幼虫。

4. 防止成虫产卵

成虫产卵前，树干基部涂白涂剂。

5. 药剂防治

当发现新排粪孔时，先将蛀道内的虫粪清理干净，然后放入磷化铝片剂0.2g，并用黏泥封堵蛀孔。或用80%敌敌畏乳油100倍液，用注射器注入蛀孔内，也可用蘸有80%敌敌畏乳油10倍液的棉花球塞紧蛀孔，杀死其中的幼虫。

三、葡萄透翅蛾

（一）发生及为害情况

葡萄透翅蛾又名葡萄透羽蛾、葡萄钻心虫，属鳞翅目透翅蛾科。该虫分布广泛，在山东、河南、河北、山西、辽宁、吉林、江苏、浙江、四川、贵州等地普遍发生，是葡萄产区主要害虫之一。以幼虫蛀食枝蔓，使枝蔓死亡或易折断。幼虫多蛀食蔓的髓心部，被害枝蔓肿大成瘤状，上部叶片变黄枯萎，果实脱落，蛀孔外有褐色条状虫粪。其为单食性害虫，只为害葡萄。

（二）形态特征

见图14-21。

1. 成虫

体长18～20mm，翅展34mm左右，全体黑褐色，头顶、颈部、后胸两侧、下唇须第3节橙黄色，腹部具3条黄白色横带。前翅红褐色，前缘、外缘及翅脉黑色，后翅膜质半透明。

2. 卵

椭圆形，长1.1mm，红褐色。

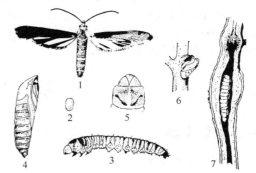

图14-21 葡萄透翅蛾
1—成虫；2—卵；3—幼虫；4—蛹；5—幼虫头部及前胸背板；6—成虫羽化后的蛹壳；7—幼虫

3. 幼虫

老熟幼虫体长 25～38mm，近圆筒形，头部红褐色，胸腹部黄白色，老熟时带紫红色，前胸背板有倒"八"字形纹。

4. 蛹

长 18mm，红褐色，纺锤形。腹部 2～6 节背面各有 2 横列刺，7～8 节各有 1 列刺。

（三）发生规律

1. 生活史

各地 1 年均发生 1 代，以老熟幼虫在葡萄被害枝蔓内越冬。在北方，一般于次年 5 月上旬幼虫开始活动，在越冬处的枝条里咬 1 个圆形羽化孔，然后吐丝作茧化蛹。6 月上旬至 7 月上旬羽化为成虫，羽化时蛹壳常露出蛀孔外一部分。一般葡萄开花盛期为成虫羽化盛期。成虫羽化后 1～2 天即交尾产卵。卵散产于葡萄枝蔓上的叶腋、叶片、果穗、卷须、嫩芽等处，以叶脉和叶片上最多，每雌平均产卵 100 粒，卵期 8～13 天。初孵幼虫先取食嫩叶、茎蔓，然后蛀入嫩茎中。一般从嫩梢的叶腋或叶柄基部蛀入，蛀孔处呈红紫色，常有虫粪。叶柄被蛀后，叶片凋萎，节间被蛀后，颜色变紫，易于识别。幼虫蛀入枝蔓后，先向嫩蔓先端方向蛀食，致使蔓梢很快枯死，又转向嫩蔓基部方向蛀食，使被害部膨大，枝蔓枯死。7 月中旬以后幼虫食量增大，蛀入 2 年生以上枝蔓，10 月份以后继续向葡萄老蔓或主干蛀食，此时幼虫食量最大，为害也最重，常使多年生枝干枯死或折断。10～11 月份间幼虫老熟越冬。

2. 主要习性

成虫昼伏夜出，行动敏捷，飞翔力强，并有趋光性。

（四）防治方法

1. 实施检验

检查苗木、接穗等繁殖材料，查到有幼虫株则集中销毁。

2. 人工防治

结合修剪剪除被害枝蔓，并妥善处理。注意越冬幼虫多位于枝蔓断口的下方，务必剪到虫子为止。大的枝蔓被害后，外观上不易发现，可以用力拉动枝蔓，发现折断处，即为幼虫为害的地方。为防止遗漏，到发芽时再检查一遍，将未发芽的枝蔓剪去。此项措施经济有效，如做得彻底，无须喷药，即可控制为害。

生长季节，田间经常检查，发现虫梢及时剪除。对不宜剪除的主干和大枝，可用铁丝从蛀孔处刺死幼虫。

3. 药剂防治

（1）成虫羽化期及时喷药　药剂可选用 2.5% 敌杀死乳油 2000 倍液、20% 速灭杀丁乳油 2000 倍液、5% 来福灵乳油 1500 倍液、50% 敌敌畏乳油 1500 倍液等。

（2）防治蛀蔓幼虫　对于被幼虫为害的较粗枝蔓不宜剪除时，可塞入浸 50% 敌敌畏乳油 200 倍液的棉花球，或直接注射 50% 敌敌畏乳油 500 倍液，或塞入 1/4 片磷化铝，孔外用塑料膜扎好，可杀死其中为害的幼虫。

第八节　其他害虫

一、金龟甲类

（一）发生及为害情况

苹果树上常见的金龟甲有苹毛丽金龟、黑绒金龟、小青花金龟、铜绿丽金龟、白星花金龟五种，均属鞘翅目金龟甲总科。成虫为害苹果叶、花和果实，幼虫称蛴螬，生活在土壤里，是重要的地下害虫。

1. 苹毛丽金龟

苹毛丽金龟又名苹毛金龟子，属鞘翅目丽金龟科，东北、华北、西北等均有发生。成虫取食花蕾、花芽和嫩叶，山区果园受害较重。其寄主有苹果、梨、桃、李、杏、樱桃、板栗、葡萄等。

2. 黑绒金龟

黑绒金龟又名东方金龟、天鹅绒金龟，属鞘翅目绒金龟甲科，国内分布十分普遍。以成虫取食幼芽、嫩叶和花蕾。其寄主有苹果、梨、葡萄、李、杏、山楂等。

3. 小青花金龟

小青花金龟又名小青花潜，属鞘翅目花金龟甲科，国内分布较广。成虫喜食花蕾和花，潜入花心食害雄蕊、雌蕊及花瓣，造成只开花不结果。其寄主有苹果、梨、杏、桃、梅、山楂、板栗等果树。

4. 铜绿丽金龟

铜绿丽金龟俗称"铜克螂"，属鞘翅目丽金龟甲科，主要分布在东北、华北、西北等地。以成虫群集为害叶片。其寄主有苹果、海棠、桃、李、杏、梅、山楂、葡萄、核桃及多种林木。

5. 白星花金龟

白星花金龟又名白星花潜，俗称"瞎撞子"，属鞘翅目花金龟甲科，辽宁、河北、山东、河南、山西、陕西等地均有发生。主要以成虫取食成熟果实，多从伤口处开始取食，有时也可取食幼嫩的芽、叶。其寄主有苹果、梨、桃、杏、葡萄等果树。

（二）形态特征

1. 苹毛丽金龟

见图14-22。

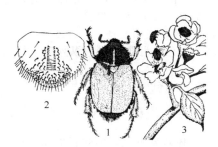

图14-22 苹毛丽金龟
1—成虫；2—幼虫肛腹片；3—花被害状

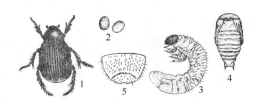

图14-23 黑绒金龟
1—成虫；2—卵；3—幼虫；
4—蛹；5—幼虫肛腹片

（1）成虫 体长约10mm，翅鞘茶褐色，半透明，可透视出后翅折叠成"V"字形。腹末端露出翅鞘外。除小盾片和翅鞘外，全体均被黄白色绒毛。腹部两侧有黄白色毛丛。

（2）卵 椭圆形，乳白色，表面光滑。

（3）幼虫 老熟幼虫体长15mm左右。头部黄褐色，胸、腹部乳白色。头部前顶刚毛每侧7～8根，后顶刚毛每侧10～11根，额中刚毛每侧5根。臀节肛腹片毛区中央具2列刺毛，相距较远。

（4）蛹 裸蛹，初乳白色，后渐变为淡褐色，长12.5～13.8mm。

2. 黑绒金龟

见图14-23。

（1）成虫 体长7～10mm。卵圆形，黑褐色，被灰黑色短绒毛，翅鞘上各有9条刻点沟。

（2）卵 椭圆形，乳白色，有光泽，长径约1mm。

（3）幼虫 老熟幼虫体长约16mm，头部黄褐色，胴部乳白色。头部前顶毛每侧1根，额中刚毛每侧1根。肛腹片毛区由16～22根刺毛组成，呈横弧形排列，中间明显中断。

（4）蛹 体长6～9mm，初黄色，后变黑褐色，裸蛹。

3. 小青花金龟

见图14-24。

(1) 成虫　体长12mm左右，体表暗褐色，少数个体蓝黑色或紫红色。头部、复眼和触角均为黑褐色。身体密被黄白色绒毛，鞘翅上有黄白色毛斑，腹部两侧各具6块，腹末4块。

(2) 卵　白色，球形。

(3) 幼虫　老熟幼虫体长32～36mm。体乳白色，头部褐色。前顶刚毛、额前侧刚毛、额中刚毛各具1根。肛腹片由两纵列刺毛组成，每列18～22根。

(4) 蛹　体长14mm，初黄褐色，后变橙黄色。裸蛹。

4. 铜绿丽金龟

见图14-25。

图14-24　小青花金龟成虫

图14-25　铜绿丽金龟
1—成虫；2—幼虫；3—蛹

(1) 成虫　体长19～21mm，宽10～11mm。长椭圆形。体背铜绿色，有光泽。前胸背板两侧具黄边。翅鞘上有5条纵隆线，中部3条较明显。虫体腹面及足均为黄褐色。

(2) 卵　椭圆形，长径约2mm，初乳白色，后变为黄白色，表面光滑。

(3) 幼虫　老熟幼虫体长约40mm。头黄褐色，胴部乳白色。肛腹片由两纵列近平行的刺毛组成，每列14～15根。

(4) 蛹　长椭圆形，体长18～22mm，初乳白色，后变浅褐色。裸蛹。

5. 白星花金龟

见图14-26。

(1) 成虫　体长20～24mm，宽9～12mm。椭圆形。全体暗紫铜色，前胸背板和鞘翅上散布10多个不规则白绒斑。

(2) 卵　圆形至椭圆形，乳白色，长1.7～2.0mm。

(3) 幼虫　老熟幼虫体长24～39mm。头部褐色，胴部乳白色。肛腹片上有两纵"U"字形刺毛，每列19～22根。

(4) 蛹　体长20～23mm，初黄白色，渐变黄褐色。

(三) 发生规律

1. 生活史

图14-26　白星花金龟成虫

(1) 苹毛丽金龟　1年发生1代。以成虫在30～50cm土层内越冬。翌年3月下旬开始出土，先食害杨、柳、榆等嫩芽，再转移到桃、杏、梨、苹果上为害芽、花蕾等。4月中旬至5月上旬为害最盛；成虫发生期40～50天，5月中下旬成虫活动停止。4月中旬开始产卵，产卵盛期为4月下旬至5月上旬。卵期20～30天，幼虫期60～80天。7月底开始化蛹，化蛹盛期为8月中下旬。9月上旬开始羽化，羽化盛期为9月中旬。羽化后的成虫当年不出土，即在土层深处越冬。

(2) 黑绒金龟　1年发生1代，以成虫在土中越冬，越冬深度一般在20～30cm。阳坡地较阴坡地为多。翌年春季，当15cm深处土温达9.2℃时，成虫集中到5～10cm深的表土层。当温度升至10℃以上时，开始出土。成虫出土期，北京为4月上旬至6月中旬，盛期为5月上中旬；辽宁西部为4月上中旬至6月间，盛期为4月下旬至5月下旬。5月至7月交尾产卵，卵期10天，幼虫为害至8月中旬至9月下旬老熟后化蛹，蛹期15天，羽化后不出土即越冬。

（3）小青花金龟 1年发生1代，以成虫、蛹或幼虫在土中越冬。以幼虫越冬的于早春化蛹、羽化。4月上旬至6月上旬为成虫发生期，5月上中旬为发生盛期，正值苹果、梨、山楂等寄主开花期。5月份开始产卵，延续到6月上旬。发生早的，8~9月份即有老熟幼虫化蛹、成虫羽化出土，9~10月份，成虫取食一段时间后，潜入土下越冬；发生迟的，则以幼虫、蛹或羽化后不出土的成虫越冬。

（4）铜绿丽金龟 1年发生1代，以幼虫在土中越冬。翌春3月上升到表土层，5月份老熟幼虫化蛹，蛹期7~11天，5月下旬为成虫发生的始期，6月上旬至7月中旬为发生盛期。6月上旬至7月中旬为产卵盛期，卵期7~13天，6月中旬至7月下旬，幼虫孵化为害到深秋气温降低时下移至深土层越冬。

（5）白星花金龟 1年发生1代，以幼虫在土中越冬。5月上旬出现成虫，发生盛期为6~7月份，9月份为发生末期。

2. 主要习性

（1）苹毛丽金龟 成虫白天为害，尤以无风晴朗天气为宜，从早晨7时至日落前均可为害，但以中午前后取食最盛。大风天气一般不活动。成虫有假死性。卵散产于土中。

（2）黑绒金龟 成虫具有较强飞翔能力，在傍晚活动、取食、交配。具有较强趋光性和假死性。卵产于土中。

（3）小青花金龟 成虫白天活动取食，以10~16时气温较高时活动最旺盛。具有较强的飞行能力和假死性。卵产于土中、杂草或落叶下。

（4）铜绿丽金龟 成虫昼伏夜出，多在傍晚出土、交配产卵、上树为害，黎明又潜入土中。具有假死性和强烈的趋光性。卵散产于土壤中，每雌产卵20~40粒。

（5）白星花金龟 成虫白天活动取食，尤以中午前后活动最盛。具有假死性，对糖、醋有趋性，飞翔力强。卵多产于粪堆、腐草堆及土中。

（四）防治方法

1. 农业防治

冬、春季，结合果园除草翻土，杀死在土中生活的部分越冬害虫。

2. 人工捕杀

利用金龟甲类假死性，可用振树的方法捕杀成虫。

3. 诱杀成虫

对有趋光性的种类，可用黑光灯诱杀；对有趋化性的种类，采用糖、醋液诱杀。

4. 药剂防治

（1）地面用药 在成虫出蛰期和潜土前，用50%辛硫磷颗粒剂，每公顷50kg撒施，也可稀释成500倍液均匀喷于地表，并及时浅耙以防光解。

（2）树上喷药 成虫上树为害时宜结合其他害虫防治，用药喷洒。药剂可选用10%氯氰菊酯乳油3000倍液、2.5%敌杀死乳油3000倍液、20%灭菊酯乳油3000倍液、80%敌敌畏乳油1000倍液等。

二、中国梨木虱

（一）发生及为害情况

中国梨木虱属同翅目木虱科，国内各梨产区均有分布，尤以东北、华北、西北等北方梨产区发生普遍。中国梨木虱食性专一，主要为害各种梨树，以鸭梨、蜜梨和茌梨等叶片蜡质较薄品种受害重，而蜡质较厚的京白梨、八里香等品种受害轻。以成、若虫吸食芽、叶及嫩梢汁液，受害叶片叶脉扭曲，叶面皱缩，产生褐色枯斑，严重时全叶变黑，提早脱落。若虫在叶片上为害时，会分泌大量黏液，常使叶片粘在一起或粘在果实上，诱发煤污病，影响光合作用，降低果品产量与品质。新梢受害，则发育不良，有萎缩现象，易受冻害。近年来，该虫在各地的发生和为害有加重趋势，有些地区已上升为梨园的主要害虫之一。

（二）形态特征

见图14-27。

1. 成虫

分冬型和夏型两种。冬型成虫体长2.8～3.2mm，灰褐色或暗褐色，前翅臀区有明显褐斑；夏型成虫体长2.3～2.9mm，黄绿色，翅上无斑纹，胸背有4条红黄色或黄色纵条纹。

2. 卵

长圆形，初产时黄白色，后变黄色，长径0.5mm，一端钝圆，其下有一刺状突起，另一端尖细，延伸成1根长丝。

3. 若虫

扁椭圆形。第1代初孵若虫淡黄色，复眼红色；夏季各代若虫初孵时乳白色，后变绿色，翅芽长圆形，突出于体两侧。

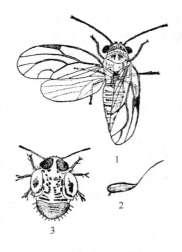

图14-27 中国梨木虱
1—雌成虫；2—卵；3—若虫

（三）发生规律

1. 生活史

1年发生世代数因地区而异。辽宁1年发生3～4代，河北、山东1年发生4～5代，河南1年发生5～6代。各地均以冬型成虫在树缝、落叶、杂草及土缝中越冬。1年发生4～5代区，越冬代成虫在3月上旬梨树花芽萌动时开始出蛰，3月中旬为出蛰盛期，3月下旬为出蛰末期。越冬代成虫于3月下旬开始产卵，4月中旬为产卵盛期。第1代成虫大约出现在5月上旬，第2代成虫出现在6月上旬，第3代成虫出现在7月上旬，第4代成虫出现在8月中旬。第4代即可出现冬型成虫，但发生较早时，仍可产卵，并于9月中旬出现第5代越冬型成虫。

2. 主要习性

成虫活泼善跳。越冬代成虫主要产卵于短果枝叶痕及芽腋间，排列成断续的黄色线状。以后各代多将卵产于叶柄、叶脉及叶缘锯齿间。卵散产或2～3粒产在一起。每雌可产卵290余粒。卵期7～10天。若虫怕光，喜欢潜伏在暗处为害，生长季节若虫多在叶片反面、叶柄基部及芽基部吸食，且分泌大量黄色黏液，将叶片黏合一起，潜伏其内群集为害。

3. 发生与环境的关系

（1）气候条件　一般干旱年份或季节发生重，雨水多、气温低，则发生轻。

（2）天敌　其天敌种类较多，花蝽、瓢虫、草蛉、蓟马、寄生蜂等对其都有一定的控制能力。

（四）防治方法

防治中国梨木虱的重点在前期，抓住关键时期，采用农业、物理、生物和化学防治相结合的综合防治措施。

1. 农业防治

休眠期刮树皮，彻底清除树上、树下残枝落叶，并集中处理。土壤封冻前浇冻水，可杀死部分越冬成虫。

2. 人工物理防治

在梨木虱第2代若虫期，结合摘心，对树头、背上、外围等部位未停止生长的新梢摘去顶部5～6片叶以上未展开的部分，并集中处理。可消灭大量在此部位为害的中国梨木虱。

3. 生物防治

在天敌盛发期，尽量减少农药使用，即使用药，也要选择对天敌无毒害作用的药剂，以充分发挥天敌的控制作用。

4. 药剂防治

（1）越冬成虫出蛰盛期用药　越冬成虫出蛰盛期，也是第1代卵出现初期，是全年药剂防治的最佳时期。此时，叶片尚未形成，成虫完全暴露在枝条上，用药及时准确可达到彻底防治的目的。关键时期的掌握：一是按物候期，即鸭梨花芽鳞片露白期正是越冬成虫出蛰盛期。二是查卵，当发现短果枝叶痕处出现黄色卵线时，立即喷药防治。喷药时应选择晴朗天气的上午，对茎、干、枝、芽重喷。药剂可选用0.9%阿维菌素乳油2500~3000倍液、20%好年冬乳油2000~3000倍液、2.5%绿色功夫乳油2000倍液、10%吡虫啉可湿性粉剂3000倍液等。

（2）第1代若虫发生期用药　第1代若虫出现比较整齐，利于集中消灭，是一年中药剂防治的又一个比较好的时期。时间约在4月底5月初，梨树落花后进行。药剂可选用12%高渗灭杀净乳油1500~2000倍液、1%奇高乳油3000~3500倍液、25%阿克泰水分散粒剂5000~6000倍液、40%杀扑磷乳油1500倍液等。

（3）第2、第3代若虫发生期用药　如果前期工作做得不好，进入第2、第3代若虫发生期，各种虫态皆有，世代重叠，叶片黏液较多，给防治造成困难。此时，可用烟草石灰水进行防治，即用50份水浸泡1份烟草，24h后捞出过滤，用10份水溶解1份生石灰，然后用粗布过滤除渣，使用前将烟叶水倒入石灰乳中，混合搅匀后即可使用。另外，在用药前喷5000倍碱性洗衣粉以冲洗和溶解叶片上的酸性黏液，经2~3h之后再喷药，效果会更好。也可把中性洗衣粉或害立平增效剂直接加入药剂中一起喷施。

三、梨网蝽

（一）发生及为害情况

梨网蝽又名梨花网蝽、梨冠网蝽、梨军配虫，俗称花编虫，属半翅目网蝽科。该虫在全国各地均有分布，特别是管理粗放的果园受害尤其严重。以成、若虫群集在叶片背面刺吸汁液，使叶片正面形成苍白色失绿斑点，严重时斑点连片；叶片背面留有褐色黏液和虫粪，使整个叶片背面呈铁锈色。发生严重时，可引起叶片早期脱落。其寄主除了梨外，还有苹果、海棠、山楂、桃、李、杏及蔷薇科的多种园林植物。

（二）形态特征

见图14-28。

1. 成虫

体长约3.5mm，宽约1.7mm，扁平，暗褐色。头、胸背部隆起，触角4节，第3节最长。前胸两侧耳状突出部分和前翅半透明，均分布有网状花纹。

2. 卵

长约0.6mm，长椭圆形，一端稍弯曲，淡黄色。

3. 若虫

初孵若虫白色，后变为褐色，在前胸、中胸和腹部3~8节两侧各具明显锥状刺突，翅芽约为体长的1/3。

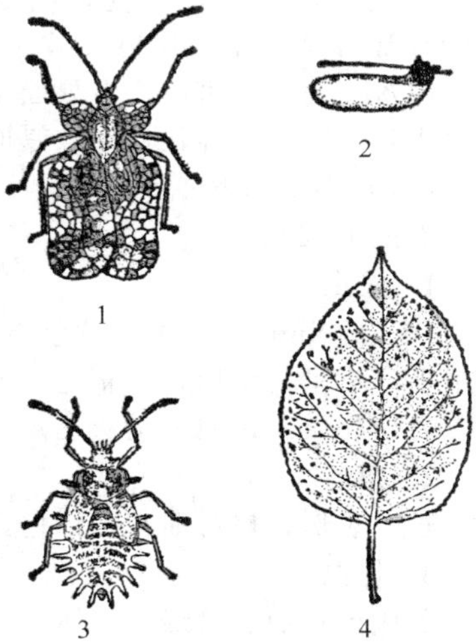

（三）发生规律

1. 生活史

图14-28　梨网蝽
1—成虫；2—卵；3—若虫；4—被害状

梨网蝽在华北地区1年发生3~4代，黄河故道1年发生4~5代。各地均以成虫在枯枝落叶下、树体翘皮裂缝处、土块下、杂草丛中越冬。翌年4月上中旬开始出蛰，4月下旬至5月上旬为出蛰高峰期，6月上旬出蛰结束。由于成虫出蛰期不整齐，一般5月中旬后，各虫态同时存在。全年以7~8月份为害最重。河南各代若虫发生期大体为：第1代若虫发生期为5月下旬、第2代为7月中旬、第3代为8月上旬、第4代为9月中旬。其中第1代若虫发生期比较集中，是药剂防治的有利时机。9月下旬以后成虫寻找越冬场所越冬。

2. 主要习性

成、若虫喜欢群集于叶背主脉附近活动为害。成虫产卵于主脉两侧的叶肉组织内。卵单产，但常数粒至数十粒相临产于一处，每雌可产15~60粒卵。卵期15天左右。初孵若虫不甚活动，有群集性，2龄后逐渐分散。

3. 发生与环境的关系

一般干旱条件下发生重；管理粗放果园发生重；夏、秋季发生严重。

（四）防治方法

发生较轻的果园不必专门进行防治，可结合其他害虫防治一并进行。

1. 人工防治

秋季成虫下树越冬前，在树干上绑草把，以诱杀越冬成虫；冬春刮树皮，清除园内落叶、杂草、深翻树盘，可消灭大量越冬成虫。

2. 药剂防治

应掌握越冬成虫出蛰盛期（4月中旬）和第1代若虫孵化盛期（5月下旬），并及时用药，压低春季虫口密度，减轻后来为害。药剂可选用1.8%阿维菌素乳油4000倍液、10%吡虫啉可湿性粉剂5000倍液、20%灭扫利乳油1500倍液、10%除尽2500倍液、10%安绿宝乳油2000倍液等。

四、绿盲蝽

（一）发生及为害情况

绿盲蝽俗名花叶虫、小臭虫，属半翅目盲蝽科，是一分布广泛的害虫，国内主要分布于辽宁、河北、陕西、山西、山东、河南、湖南、浙江、江苏、四川等地。以成虫和若虫为害苹果、梨、桃、樱桃、葡萄等果树及棉花、多种蔬菜和花卉等。在果树上，成虫和若虫刺吸嫩芽、幼叶、嫩梢头及叶片的汁液。幼嫩组织受害处，初呈黑褐色小点，随后变黄枯萎，顶芽皱缩，展叶后常出现穿孔、破裂及皱缩变黄，严重时枯焦脱落。幼果受害后，在果面上出现小凹陷，随着生长，逐渐木栓化，导致果面凹凸不平。

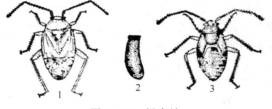

图 14-29　绿盲蝽
1—成虫；2—卵；3—若虫

（二）形态特征

见图14-29。

1. 成虫

体长约6mm，全体枯黄色至黄绿色，身体较扁平。头呈三角形，黄褐色。复眼红褐色。前胸背板深绿色，有许多小黑点。前翅革质，绿色。后翅膜质半透明，呈灰色。

2. 卵

长口袋形，略弯曲，黄绿色，长约1.1mm。卵盖乳黄色，中央下凹。

3. 若虫

与成虫相似。黄绿色，体表有黑色绒毛，只有翅芽。

（三）发生规律

1. 生活史

在北方1年发生5代。以卵在苹果、梨、桃、葡萄、樱桃、石榴等果树枝条上芽的鳞片内越冬。翌年4月中旬若虫孵化，4月下旬为若虫孵化盛期。5月中旬前后，越冬代若虫开始羽化为成虫，陆续迁出果园，到马铃薯、花生、棉花、茄果类蔬菜、榆树及园边的杂草上生活3代。10月中旬前后，又迁回果树上产卵越冬。

2. 主要习性

成虫和若虫均在早晨和傍晚活动取食最盛，性极活泼，活动迅速，善于隐蔽躲藏，不易发现。成虫寿命长，产卵期也长，故世代重叠现象严重。

3. 发生与环境的关系

（1）气候条件　气温20℃，相对湿度80%以上时，发生严重。

（2）天敌因素　其主要天敌有寄生蜂、草蛉、捕食性蜘蛛等。

（四）防治方法

1. 清洁果园

及时清除果园内外的落叶、杂草，并集中处理。

2. 树干涂粘虫胶

若虫无翅，只能爬行，并且白天下树，早晚上树为害，所以，在若虫发生期，树干上涂黏虫胶可防止若虫上树为害。

3. 药剂防治

萌芽前喷5°Bé石硫合剂，可杀死部分越冬卵。果树发芽后，发现若虫为害后及时喷药。药剂可选用10%吡虫啉可湿性粉剂3000倍液、3%吡虫清乳油1500倍液、5%高效氯氰菊酯乳油1500倍液、35%赛丹乳油2000倍液等。

五、柑橘瘤皮红蜘蛛

（一）发生及为害情况

柑橘瘤皮红蜘蛛又名柑橘全爪螨、柑橘红蜘蛛、柑橘叶螨，属蛛形纲蜱螨目叶螨科，国内各柑橘产区均有分布。以成螨、若螨和幼螨群集在叶片、枝梢及果皮上吸食汁液。以叶片受害严重，大多密集在叶片中脉附近，被害叶片正面出现灰白色的小斑点，严重时全叶皆白，造成大量落叶，严重影响树势和产量。其寄主除柑橘外，还可为害梨、桃、桑等。

（二）形态特征

见图14-30。

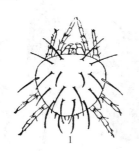
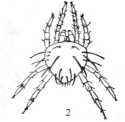
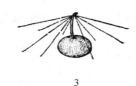

图14-30 柑橘瘤皮红蜘蛛
1—成螨；2—若螨；3—卵

1. 成螨

雌成螨体椭圆形，似半球形，长0.3~0.4mm，背上有瘤状突起26个，上生白色刚毛。体深红至暗红色。足4对，黄白色。雄成螨体略小，尖瘦，鲜红色。

2. 卵

扁球形，直径0.13mm，初橘红色，后变为鲜红色，中央有一直立的卵柄。

3. 幼螨

近椭圆形，长0.2mm，淡红色，3足对，背上有16根毛。

4. 若螨

近似成螨，体略小。4对足。

（三）发生规律

南方1年发生15~18代，以卵或成螨在柑橘叶背或枝条芽缝中越冬。早春开始活动为害，4~5月份达到高峰，5月份以后虫口密度下降，7~8月份数量很少，9~10月份虫口又复上升，从而形成春、秋两个为害高峰。

（四）防治方法

1. 农业防治

加强肥水管理，种植覆盖植物，如藿香蓟等，改变小气候和生物组成，使不利害螨而有利益螨。

2. 保护利用天敌

喷药时尽量减少广谱性农药的使用。

3. 药剂防治

经调查，达到防治指标时，应进行药剂防治。可供选用的药剂有5%尼索朗乳油2000倍液、73%克螨特乳油2000倍液、15%哒螨灵乳油1500倍液、30%蛾螨灵可湿性粉剂2000倍液、1.8%阿维菌素乳油5000倍液等。

六、荔枝蝽

（一）发生及为害情况

荔枝蝽又名荔枝椿象、荔椿，俗称"臭屁虫"，属半翅目蝽科，国内分布于广东、广西、福建、云南、贵州等省。以成虫和若虫刺吸嫩梢、花穗、幼果的汁液，导致落花落果。受惊时射出臭液，花、嫩叶和幼果沾上臭液会枯焦，人皮肤接触臭液引起痛痒。其主要寄主为荔枝和龙眼，亦可为害柑橘、梨、桃、梅、香蕉等。

（二）形态特征

见图14-31。

1. 成虫

体长24～28mm，宽15～17mm，盾形，黄褐色，腹面有白色蜡粉。触角4节，粗短，深褐色。

2. 卵

近圆形，直径约2.6mm，初淡绿色，后变黄褐色。

3. 若虫

椭圆形，体长约5mm，初鲜红色，后变为深蓝色。

（三）发生规律

在广东、广西、福建1年发生1代，以成虫在茂密叶丛、树洞、石缝或屋檐下越冬。翌年2月下旬，气温达16℃时开始出蛰，在花穗、枝梢上取食、交配产卵，4～5月份产卵最盛，卵产在叶背或穗梗上，常14粒聚集成块。卵期13～25

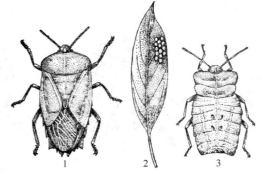

图14-31 荔枝蝽
1—成虫；2—叶上的卵；3—若虫

天，5～6月份为若虫盛发期，1龄若虫群聚，2龄后分散为害。若虫期2个多月，喜欢在嫩梢顶端吸食汁液。7月份陆续羽化为成虫，喜欢在嫩梢、花穗上取食。成虫寿命203～371天，终年可见。成、若虫遇惊扰即落地假死或放出臭液。其天敌有平腹小蜂、卵跳小蜂等。

（四）防治方法

1. 人工防治

（1）在冬春低温时期，荔枝蝽不易起飞，可摇动树枝，使其坠地而捕杀之。

（2）树干绑草绳，以诱集越冬成虫，然后将草绳解下烧毁。

（3）产卵盛期人工采摘卵块。

2. 药剂防治

早春越冬成虫出蛰尚未大量产卵，以及低龄若虫发生期是药剂防治的关键时期。药剂可选用2.5%功夫乳油2000倍液、20%甲氰菊酯乳油1500倍液、20%杀灭菊酯乳油2500倍液、5%来福灵乳油3000倍液等。

3. 生物防治

可释放平腹卵蜂防治荔枝蝽。在产卵初期开始放蜂，以后每隔10天放1次蜂，共放3次，一般每次每株放蜂500头。

七、香蕉象虫

（一）发生及为害情况

香蕉象虫又名香蕉象鼻虫、香蕉球茎象甲，属鞘翅目象虫科，国内分布于广东、广西、福建、台湾等省。以幼虫和成虫蛀食为害，致使香蕉茎中虫道纵横交错，引起腐烂，甚至死亡。其寄主主要为芭蕉科植物。

（二）形态特征

见图 14-32。

1. 成虫

体长 10～11mm，全体黑色或黑褐色，具有蜡质光泽，密布刻点。头部延伸成筒状，略向下弯曲。触角膝状，复眼大。前胸背板中央留有 1 条光滑无刻点的直带纹。腹部末端露出鞘翅外。

2. 卵

长椭圆形，乳白色，长径约 1.5mm。

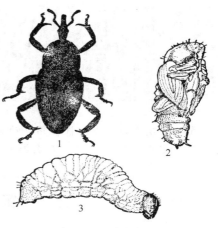

图 14-32　香蕉象虫
1—成虫；2—蛹；3—幼虫

3. 幼虫

老熟幼虫体长约 15mm，乳白色，肥大，无足。头赤褐色，体多横皱纹。腹部末端斜面有 8 对淡褐色毛。

4. 蛹

为裸蛹。体长约 12mm，乳白色。前胸背板有 12 条赤褐色刚毛，腹部末端有 2 个瘤状突起。

（三）发生规律

在华南地区 1 年发生 4 代。此虫世代重叠，各虫期常同时可见，各地整年都有发生，无明显越冬休眠现象。4～10 月份发生量多，幼虫为害最严重。其中 5～6 月份虫口密度最大，为害最烈。每代历期夏季 30～45 天，冬季 82～127 天。夏季卵期 5～9 天，幼虫期 20～30 天，蛹期 5～7 天。成虫畏光，多夜出活动，有假死性，产卵于近地面的叶鞘内，常留下褐色微小伤痕。成虫寿命长，耐饥力也很强。

（四）防治方法

1. 严格检疫

越冬蕉苗带成虫的可能性很大，因此，要加强检疫，严禁带虫蕉苗调入新区。

2. 冬季清园

收获后砍除虫害残株，深埋或沤肥。

3. 药剂防治

11 月底和翌年 4 月初为药剂防治的有利时机。可选用 48% 乐斯本乳油 800 倍液、80% 敌敌畏乳油 800 倍液喷洒或灌注于叶柄内。也可用 3% 米乐尔、20% 益舒宝颗粒剂，按每株 10g 施于蕉根。

思　考　题

1. 试述果园刺吸式害虫发生趋于严重的原因与控制的对策。
2. 为害苹果果实的食心虫有哪几种？并设计桃小食心虫的综合防治措施。
3. 如何抓住关键时期防治叶螨？常见的杀螨剂有哪些？
4. 近年来金纹细蛾大发生的原因是什么？试述防治的重点时期和防治的方法。
5. 以桑天牛为例，设计蛀干性害虫的防治方法。药剂防治蛀干性害虫时应注意哪些问题？
6. 分析蚧壳虫为害和繁殖的特点。药剂防治蚧壳虫的关键时期为何时？
7. 为害苹果的蚜虫有哪几种？为害状有什么区别？怎样防治苹果绵蚜？
8. 说明冬春季果园害虫发生的特点及应采取的防治措施。

第十五章　薯类害虫

薯类害虫主要指为害甘薯和马铃薯的害虫。甘薯害虫种类繁多，据不完全统计达110种以上，马铃薯害虫有70多种。在薯类种植区，常因害虫为害严重，使产量降低，品质变劣，影响食用。

第一节　甘薯叶甲

一、发生及为害情况

甘薯叶甲属鞘翅目叶甲科，俗称甘薯金花虫。成虫和幼虫均为害。成虫喜食薯苗顶端嫩叶、嫩茎，使幼苗枯死，造成缺苗。幼虫在地下啃食薯块表面，使薯块表面发生深浅不同的伤疤，有利于病菌侵入，影响薯块膨大。

二、形态特征

见图15-1。

1. 成虫

体长约6mm，宽4～5mm。体色变化大，有蓝黑、蓝绿、紫红和黑红四色。具金属光泽。头部弯向下方，触角丝状。前胸背板隆起，有刻点。前缘两侧角向前突出。鞘翅近基部1/3处略呈弧形凹陷，鞘翅上的刻点略较前胸背板上的大而稀疏。

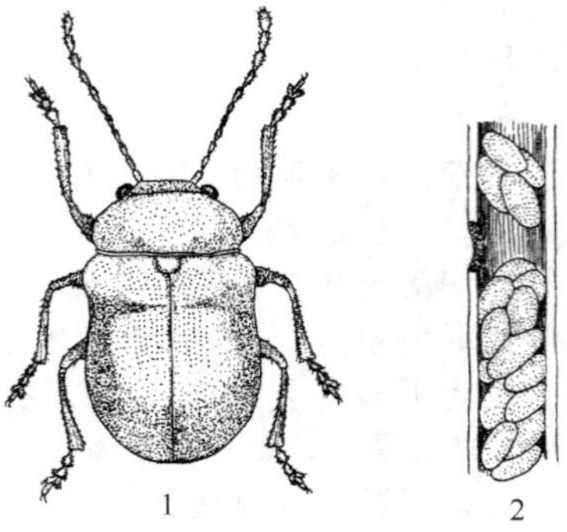

2. 卵

长圆形，约1mm。初产时淡黄色，后微呈黄绿色。

3. 幼虫

体长9～10mm，粗短圆筒形。头部淡黄色，胸腹部黄白色，体多皱褶纹并密被毛。胸足3对，短小。

4. 蛹

体长5～7mm，短椭圆形。初化蛹时乳白色，后渐变黄白色，全身密被细毛。

图15-1　甘薯叶甲形态
1—成虫；2—产在麦茎内的卵

三、发生规律

1. 生活史

甘薯叶甲1年发生1代，以老熟幼虫在土下作土室越冬。4月下旬开始化蛹，6月上中旬为蛹盛期，6～7月为成虫盛期。成虫羽化后要在化蛹的土室内生活数天才出土。

2. 主要习性

成虫有假死性，耐饥力强，飞翔力弱。卵多成堆产在薯田老叶、落叶或浅土中，孔口有黑色胶质物封涂。幼虫喜食苗顶端嫩叶、嫩茎、腋芽和嫩蔓表皮。初孵幼虫即钻入土中为害，啃食薯块表层，形成弯曲隧道。清晨露水未干时多在根际附近土隙中，露水干后至上午10时和下午16～18时活动活跃，中午阳光强时则隐藏在根际土缝或枝叶下。当土温下降到20℃以下，大多数幼虫钻入土层深处越冬。

3. 发生与环境的关系

土壤温湿度、土壤质地对甘薯叶甲发生影响较大。春季气温回升早，降雨量偏少的年份，利于越冬幼虫化蛹和蛹的发育，使成虫盛发期提前，为害重。6~7月份雨量正常，土壤经常保持湿润，有利于成虫出土产卵和幼虫入土为害。甘薯叶甲易入疏松沙土，土壤板结，幼虫入土难，则为害轻。山谷低地湿度大的地块虫口多，为害重。

四、防治方法

1. 农业防治

冬季进行翻耕，以消灭越冬幼虫，减轻翌年为害。在成虫产卵期铲除田间及其周围杂草，清除田间枯枝、枯根、茎等杂物，可杀死部分卵。

2. 捕杀成虫

利用成虫的假死性和飞行力差，在黄昏和清晨，当多数害虫聚集在幼茎叶上觅食活动时，集中力量人工捕杀。

3. 药剂防治

在成虫大量出土而未产卵前，可用50%杀螟松乳油或90%敌百虫结晶或50%辛硫磷乳油1000~1200倍液，或5%氯氰菊酯乳油或10%吡虫啉可湿性粉剂或2.5%敌杀死乳油2000倍液，在成虫活动盛期喷雾。每5天喷洒一次，连续喷2~3次。

4. 生物防治

用绿僵菌75kg/hm^{2}喷洒地面，然后耕翻在土里。绿僵菌能寄生于幼虫体内，使其致死。

第二节　甘薯小象甲

一、发生及为害情况

甘薯小象甲属鞘翅目蚁象甲科，是国际和国内植物检疫性害虫。其主要取食甘薯、砂藤、蕹菜、五爪金龙、三裂叶藤、牵牛花、小旋花、月光花等。成虫、幼虫均可造成危害，而以幼虫为主。成虫嗜食薯块、藤头、茎皮、叶柄皮层，以及叶背粗脉和嫩梢、幼芽，妨碍薯株生长发育，影响产量和品质。幼虫仅能钻蛀薯蔓和块根，不但直接阻碍块根的膨大和茎叶生长，且间接传播病害，使被害处变黑、腐烂、发臭、味苦，不耐储藏，不能供食用和作为饲料。

二、形态特征

见图15-2。

1. 成虫

体长5~8.5mm。体细长如蚁。前胸和足呈红褐色或橘红色，其余均为蓝黑色，有金属光泽。头部延长成细长的喙，状如象鼻。复眼黑色，半球形，突出。触角棍棒状，末节最长大。雌虫较短，雄虫较长。前胸长为宽的2倍，近后端约1/3处缩入如颈状。两鞘翅合起来呈长卵形，显著隆起，较前胸宽。鞘翅表面具不明显的纵行点刻。足细长，腿节棒状。

2. 卵

长0.5~0.65mm。椭圆形。初产乳白色，后变淡黄色。表面散布许多小凹点。

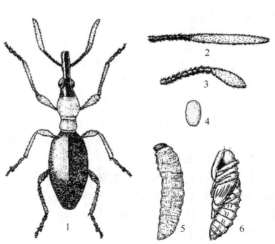

图15-2　甘薯小象甲形态
1—雄成虫；2—雄成虫触角；3—雌成虫触角；
4—卵；5—幼虫侧面；6—蛹侧面

3. 幼虫

成长幼虫体长 5~8.5mm。圆筒形。共 5 龄，第 1 龄和末龄胸腹体节粗壮，无斑纹。2~4 龄则细瘦，在背面及两侧有紫色或浅紫红色斑纹。

4. 蛹

长 4.7~5.8mm。近长卵形。初乳白色，后淡黄色。复眼红色。管状喙弯贴于腹面，末端达胸腹交界处，腹部较长，各节交界处缩入，中央部分隆起。在背面隆起部分各具一横列小突起，其上各生 1 根细毛。末节具端尖而弯曲的刺突 1 对，略向背侧弯曲。

三、发生规律

1. 生活史

甘薯小象甲每年发生代数因地而异，有明显的世代重叠现象。成虫、幼虫和蛹均可以越冬，而主要以成虫为主。成虫多在薯园或附近的岩石、破砖瓦下、土缝、枯叶、杂草丛，以及受害的虫薯、藤头和藤蔓里越冬。幼虫和蛹在薯块内越冬。在南部温暖地带无明显越冬现象。各地全年以 7~10 月份为害最严重。

2. 主要习性

成虫刚羽化时体色乳白色而软，不甚活动，常在潜道静伏 3~5 天，待体壁变硬、色转深后才钻出羽化孔出土活动。出土后即在土面爬行觅食，经 7~8 天，雌雄开始交配。一生可交配多次，交配后的雌虫喜在暴露土表的薯块、藤头或粗茎上咬一深口，在其内产卵 1~3 粒（多数 1 粒），部分雌虫咬成产卵孔后并未产卵。每雌一生产卵 30~200 粒。每年 7~8 月份为盛发期。土壤干旱龟裂，薯块暴露，易招致成虫产卵。成虫善爬行，少飞翔。仅夏、秋闷热夜晚，部分成虫作短距离低飞，且易随风力传送至稍远处。成虫喜干怕湿，耐饥力强，有假死性，趋光性弱，惧强光照射，晴日白昼藏在茎叶茂密处或枯叶、杂草、土缝中。幼虫孵化后即在卵粒附着处向内蛀食，或蛀一潜道取食薯块。每一潜道仅能存活 1 头幼虫。虫口多时一个薯块往往多至 100 头以上，薯块常被蛀空，虫薯常有臭味。在潜道内的幼虫常向外钻蛀，到达皮层后即咬一小孔，由此排出部分粪便。

3. 发生与环境的关系

甘薯小象甲在气候温暖及土壤黏重、缺乏有机质、干燥而带酸性的土壤中及栽培管理粗放、连作等条件下发生较重。

四、防治方法

1. 严格检验

从虫害区调运种薯、种苗时应严格检疫，对带虫薯苗应采用 20g/m³ 溴甲烷熏蒸，在 22~27℃密闭 24h。

2. 农业防治

清洁田园，销毁残薯、遗株、断藤、落叶、杂草等，以消灭田间残虫。选栽早熟品种，使收获期避开为害盛期，可减轻损失。及时培土，防止薯块暴露引诱成虫产卵。

3. 诱杀成虫

甘薯收获时，用鲜薯蔓扎成小把，每公顷放 750~900 把对其进行诱捕。早春，越冬幼虫开始觅食时，用 90% 晶体敌百虫 800 倍液浸小薯块，24h 后取出晾干，在薯田四周挖小穴，每穴放药薯 1~3 块，其上盖杂草或土块，每周换药薯 1 次，连续换 2~3 次。

4. 药剂防治

栽插后 5~7 天，见有成虫为害痕迹时，选用 50% 敌敌畏乳油、40% 乐果乳油、50% 杀螟松乳油 1500 倍液或 25% 亚胺硫磷乳油 500 倍液喷雾。扦插时把薯苗浸在 40% 乐果乳油或 50% 倍硫磷乳油 500 倍液中 1min，取出晾干扦插，有较好的杀虫保苗效果。

第三节 马铃薯块茎蛾

一、发生及为害情况

马铃薯块茎蛾属鳞翅目麦蛾科,俗称马铃薯麦蛾、番茄潜叶蛾、烟潜叶蛾。其主要为害马铃薯、茄子、番茄、青椒等茄科蔬菜及烟草等。幼虫为害时,潜入叶内,沿叶脉蛀食叶肉,余留上下表皮,呈半透明状,严重时嫩茎、叶芽也被害枯死,幼苗可全株死亡。田间或储藏期可钻蛀马铃薯块茎,呈蜂窝状甚至全部蛀空,外表皱缩,并引起腐烂或干缩,严重影响作物的产量和品质。

二、形态特征

见图 15-3。

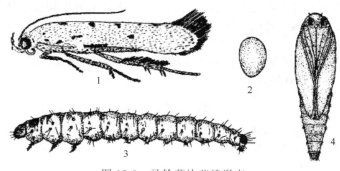

图 15-3 马铃薯块茎蛾形态
1—雌成虫;2—卵;3—幼虫;4—蛹

1. 成虫

体长 5~6mm。灰褐色。前翅狭长,中央有 4~5 个褐斑,缘毛较长,后翅烟灰色,缘毛甚长。

2. 卵

约 0.5mm。椭圆形。黄白色至黑褐色,带紫色光泽。

3. 幼虫

末龄幼虫体长 11~15mm。灰白色,空腹幼虫体乳黄色,为害叶片后呈绿色。老熟时背面呈粉红色或棕黄色。

4. 蛹

体长 5~7mm。初期淡绿色,末期黑褐色。第 10 腹节腹面中央凹入,背面中央有一角刺,末端向上弯曲。茧灰白色,外面黏附泥土或黄色排泄物。

三、发生规律

1. 生活史

在西南各省 1 年发生 6~9 代,以幼虫或蛹在田间残留薯块、枯叶或储藏的块茎内越冬。1 月份平均气温高于 0℃ 的地区,幼虫能越冬。有世代重叠现象。

2. 主要习性

越冬代成虫于 3~4 月份出现,成虫有夜出性,趋光性弱。卵产于叶脉处和茎基部,薯块上的卵多产在芽眼、破皮、裂缝等处。每雌产卵 150~200 粒,多的可达 1000 多粒。幼虫孵化后四处爬散,自生长点蛀入茎部为害,可致苗株枯死。幼虫孵化后,蛀叶取食,潜入叶内。幼虫有转移为害习性,可吐丝下垂,随风飘落在邻近植株叶片上潜入叶内为害,一般从底部叶片逐渐上移为害，在块茎上则从芽眼蛀入。田间马铃薯以5月份及11月份受害较严重。储藏期间，以7~9月份受害严重。幼虫蛀食块茎内部，造成弯曲虫道，蛀孔外有深褐色粪便排出。幼虫抗低温能力较强。

3. 发生与环境的关系

夏季潮湿不利于马铃薯块茎蛾的发生，连续干旱则为害严重。

四、防治方法

1. 农业防治

选用无虫种薯，尽量避免马铃薯与烟草混栽或连作。及时培土使薯块不易露出表土，以免成虫产卵。

2. 储藏期防治

收获前打扫仓库，用90%晶体敌百虫200~300倍液喷洒仓库缝隙、窗户，防治田间成虫飞入产卵。薯块收获入库前，严格精选。健薯进库后，覆盖一层干沙或稻草，防止成虫产卵。有条件的地方，储藏的马铃薯用溴甲烷$35g/m^3$熏蒸3h。种薯可用溴甲烷或二硫化碳熏蒸，也可用90%晶体敌百虫或25%喹硫磷乳油1000倍液浸泡数秒钟，晾干后再储藏。

3. 药剂防治

在成虫盛发期及幼虫初孵期，选用50%辛硫磷乳油1000倍液或90%晶体敌百虫1000倍液或20%速灭杀丁2000倍液喷雾。

思 考 题

1. 根据甘薯叶甲的为害特点，如何进行防治？
2. 简述甘薯小象甲的发生规律及防治方法。
3. 如何防治马铃薯块茎蛾？

第十六章 园林花卉害虫

第一节 蛀干害虫

蛀干害虫（stem boring insects）是指幼虫钻蛀木本植物主干或枝、草本植物茎秆，匿居其中的昆虫。在我国各地园林植物上发生为害较普遍的是鞘翅目的天牛、吉丁虫的有关种类。

一、天牛类

（一）发生及为害情况

天牛属鞘翅目（Coleoptera）天牛科（Cerambycidae），全世界已知 2 万种以上，我国亦有 2000 多种，主要以幼虫钻蛀植物茎干，在韧皮部和木质部蛀道危害，是园林植物重要的蛀茎干害虫。园林植物上为害较普遍的天牛主要有星天牛（*Anoplophora chinensis* Foerster）、光肩星天牛［*Anoplophora glabripennis*（Motsch.）］、桑天牛（桑粒肩天牛）（*Apriona germari* Hope）和云斑天牛（云斑白条天牛）（*Batocera horsfieldi* Hope）。

天牛类分布广泛。国外分布于日本、朝鲜、缅甸、越南、印度；国内分布于辽宁、吉林、河北、河南、陕西、山东、安徽、江苏、浙江、湖北、广西、甘肃等省区。

杨、柳、苹果、梨、桃、杏、枇杷、樱桃、柑橘、荔枝、桑、无花果、核桃、红椿、榆、苦楝、刺槐、梧桐、乌桕、相思树、悬铃木及其他林木和果树均受到天牛危害。幼虫主要钻蛀成年树的主干基部和主根，造成许多孔洞，并向外排出黄白色木屑状虫粪，堆积在树干周围的地面上，影响树体养分和水分的输导。果树和林木受害轻者，养分输送受阻；重者，主干被全部蛀空，整株枯萎，易被风吹断，甚至吹倒而致全株死亡，缩短存活年限，造成巨大损失。成虫食害嫩枝皮层，或产卵时咬破树皮，造成拉毛伤口。

（二）形态特征

天牛个体发育过程中经历卵、幼虫、干蛹、成虫四个虫态。

星天牛、光肩星天牛、桑天牛和云斑天牛形态特征见表 16-1 和图 16-1～图 16-4。

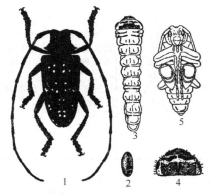

图 16-1 星天牛
1—成虫；2—卵；3—幼虫；4—幼虫头及前胸背面；5—蛹；

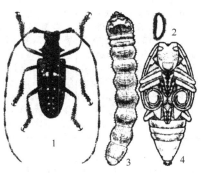

图 16-2 光肩星天牛（引自李成德《森林昆虫学》，2004）
1—成虫；2—卵；3—幼虫；4—蛹

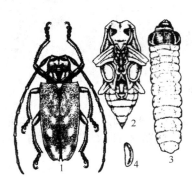

图 16-3　云斑天牛（引自
李成德《森林昆虫学》，2004）
1—成虫；2—蛹；3—幼虫；4—卵

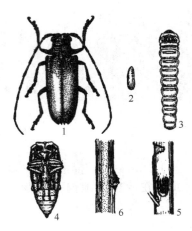

图 16-4　桑天牛
1—成虫；2—卵；3—幼虫；4—蛹；
5—产卵穴；6—产卵枝

表 16-1　4 种天牛的形态特征

特征	星天牛	光肩星天牛	云斑天牛	桑天牛
成虫	体长 19～41mm，黑色，有光泽。鞘翅上具小型白色毛斑，基部具大小不一的颗粒。触角第 3～11 节，每节基部有淡蓝色毛环。雄虫触角超出体外 4～5 节，雌虫触角超出体外 1～2 节。前胸背板两侧各具粗短刺突 1 个	体长 20～35mm，宽 7～12mm，体漆黑，有光泽。头比前胸略小，中央有一纵沟。触角鞭状，基部膨大，第 2 节最小，第 3 节最长，自第 3 节开始，各节基部呈蓝灰色。前胸两侧各有一较尖锐的刺状突起。每鞘翅各有 20 个左右的白色绒毛斑，鞘翅基部光滑，无颗粒状突起	体长 34～61mm，体黑褐色至黑色，密被灰白色和灰褐色绒毛，体两侧自复眼后方至腹部末端有 1 条白色纵带。前胸背板中央有 1 对白色或淡黄色肾形斑，两侧各有一粗大尖刺突。每个鞘翅上均有白色或淡黄色大小不等的云状绒毛斑	雌虫体长 36～51mm，雄虫体长 36mm。体和鞘翅黑褐色，背面被浓密的绿褐色绒毛，腹面的绒毛为黄褐色。触角 11 节，雌虫的触角比体略长，而雄虫的触角显著长于体。前胸两侧中部各具一刺状突起，背面多横皱，鞘翅基部密布黑色光亮的瘤状突起
卵	长椭圆形，长 5～6mm，乳白色	长椭圆形，两端稍弯曲，初为乳白色，近孵化时呈黄褐色，长 5.5～7mm	黄白色，长椭圆形，长 6～10mm	长 5～7mm，长椭圆形，略扁弯曲，乳白色
幼虫	成长幼虫体长 45～60mm，扁圆筒形，淡黄色。前胸盾后部有"凸"字形纹，色较深，其前方有黄褐色飞鸟形纹。中胸腹面、后胸及腹部第 1～7 节，各节的背、腹面中央均有步泡突（移动器）	初孵化幼虫为乳白色，取食后呈淡红色。老熟后体长约 50mm，淡黄褐色。头较小，后半部缩入前胸内，上颚基部黑褐色，尖端漆黑。前胸发达，前缘为黑褐色，背黄白色，后半部有"凸"字形硬化的黄褐色斑纹。胸足退化。第 1～7 腹节背腹面各有步泡突 1 个，背面的步泡突中央具横沟 2 条，腹面的为 1 条	老熟幼虫体长 70～80mm，乳白色或淡黄色。前胸背板上有一大的"凸"形纹，密布褐色颗粒，前方中线两侧各有一黄白色小圆点，其上生 1 根刚毛	成长幼虫长 50～70mm，乳白色。前胸特大，其背板前缘密生黄褐色刚毛和深棕色小颗粒，并有凹陷的小字形纹。自后胸至第 7 腹节的背面各有 1 个扁圆形步泡突
蛹	长 30mm 左右。初为乳白色，羽化前呈黑褐色，触角细长，卷曲，体形与成虫相似	离蛹，乳白色，体长 30～37mm	淡黄白色，长 40～70mm，腹部末端锥状，锥尖斜向后上方	长 30～50mm。黄白色，后渐变为淡黄褐色。腹部第 1～6 节背面各有一刚毛区，密生褐色刚毛。腹端轮生刚毛

(三) 发生规律

1. 星天牛

星天牛以老熟幼虫在木质部蛀道内越冬，3月下旬越冬幼虫开始活动，继续危害木质部，5月下旬有老熟幼虫化蛹，6月中旬成虫开始羽化，羽化孔多位于蛀道顶端，圆形，直径0.8～1.3cm；7月中旬为羽化盛期，羽化后10～15天多在傍晚交尾。交尾后3～4天产卵，产卵刻槽呈"T"形或"人"形，卵经过10天左右开始孵化，8月份为孵化盛期。初孵幼虫先啃食刻槽腐烂部分，后蛀入木质部，持续危害至11月底。杨树纯林易发生，人为活动频繁地区的杨树易发生，长势较弱的杨树易发生。

2. 光肩星天牛

该虫1年发生1代，少数2年1代，以幼虫在树干内越冬，极少数以卵或发育完成的幼虫在卵壳内越冬。6月上旬初见成虫，成虫在蛹室末端咬一直径约12mm的圆形羽化孔而出，取食叶片及嫩枝补充营养，被食叶片形成长孔，而枝条留下不规则的伤痕。2～3天后交尾，交尾3～4天产卵。产卵前，成虫用上颚先在枝条上咬一椭圆形或唇形刻槽，每刻槽产1粒卵，产卵后分泌1种胶状物把产卵孔堵住，每雌虫产卵30粒左右，从树的根际开始直至树梢直径4mm处均有刻槽分布，主要集中在树干枝杈和萌生枝条的地方。成虫飞翔不强，趋光性弱。卵经半个月左右孵化，初孵幼虫先啃食腐坏的韧皮部，并将褐色粪便及蛀屑从产卵孔排出，3龄末或4龄幼虫开始蛀入木质部，从产卵孔排出白色木屑粪便，隧道形状不规则，呈"S"形或"V"形，长达62～116mm，末端常有通气孔。2年1代的幼虫于10月份越冬，翌年4月份恢复活动，5月上旬开始做蛹室。

3. 云斑天牛

该虫2年发生1代，以幼虫和成虫在蛹室或蛀道内越冬。5月份成虫大量出现，成虫食叶及新枝梢以补充营养，昼夜均能飞翔，但以晚间活动为多，受惊会坠落地上，卵大多产于离地1.7m左右的树干处，产卵前在树皮上咬椭圆形刻槽，刻槽中央有小孔，将卵产于其中，每槽1粒卵。每雌虫产卵40粒左右，卵期9～15天。初孵幼虫先在韧皮部或边材蛀食，受害处树皮胀裂，流出树汁和粪屑。其后逐渐蛀入木质部，深达髓心，再转向上蛀食，蛀道略弯曲。老熟幼虫在蛀道末端做蛹室化蛹。

4. 桑天牛

该虫1年发生1代者，5月下旬羽化成虫，成虫羽化后喜啃食桑科植物的嫩皮以补充营养，受害处呈不规则条块状，能造成枝条枯死。6月上旬产卵。产卵时一般选择10～30mm粗的枝条咬"U"形刻槽，并在其中产卵，每槽1粒卵，并用黏液堵塞槽口，每雌虫产卵百余粒。卵期2周，初孵幼虫即蛀入木质部，逐渐侵入内部，幼虫自上而下蛀食成直的孔道，在蛀道内每隔一定距离向外咬1个圆形排粪孔，将木屑及粪便排除孔外，幼虫老熟后常以木屑填塞蛀道两端做蛹室化蛹，蛹期25～30天；2～3年发生1代者，成虫于6月下旬开始羽化，7月上中旬开始产卵。

(四) 发生与环境的关系

天牛的生存和发展与气候、土壤、林分、生物、人为活动等各种因素密切相关，为多因子所致。

1. 树种规划不合理，纯林是虫害发生的基础

不同的树木环境具有不同的病虫种群，天然林、混交林较人工林、纯林具有丰富的昆虫种群，种群内的昆虫互有天敌，可达到自然控制；同时将天牛的偏嗜性植物与不嗜生植物混植，就可避免纯林虫害的发生。

2. 森林病虫检疫不严，病虫蔓延有了条件

现在各城市都处于创建国家及省、市园林城市阶段，经济活动频繁，检疫力度不大，技术设备简陋，使外地的一些蛀干虫漏检，因苗木的调运而引入传播。

3. 综合防治措施不到位

天牛防治工作应立足"防"字，以化防为主。一旦发现病虫害就盲目用药，甚至为了有虫治虫、无虫防虫，而打保险药。同一地区长期使用一种或同类农药，片面追求杀伤力，任意加大药量，一则破坏了天敌的抑制作用，使本来已十分脆弱的生态环境更加恶化，使害虫产生了抗药性；二则广谱性农药大量杀伤天敌，主要防治对象虽短时间被控制，但次要害虫因失去天敌的控制而上升为主要害虫；三则破坏了生态平衡中的动态平衡，害虫失去天敌控制而迅速繁殖。

4. 反常气象因子使虫害暴发

病虫害的生存和发展与周围环境因子的综合影响密切相关，环境条件的显著变化，往往对其生长发育产生有利或有害的明显影响，使其种群数量呈现急剧消长，因而造成的灾害也出现间歇性变动。干旱、少雨条件影响林木本身对病虫害的抵抗力，导致天牛侵袭，高温高湿又导致部分害虫大面积发生，暴发危害。

（五）天牛类防治方法

天牛类害虫生活场所隐蔽，化学药剂难以直接发挥作用；其天敌资源少，自然控制作用较弱；其成虫主动扩散能力较强，一旦在一个新生境定居成功，种群的数量就会稳定增长。而且天牛危害初、中期不易察觉，待发现后已经造成了严重灾害。因此防治天牛应注重检疫与栽培管理措施，做到以预防为主，防患于未然。

1. 农业防治

主要采用加强栽培管理、捕杀成虫、刮除虫卵和初期幼虫、钩杀蛀道内的幼虫和蛹等一套完整的技术措施。其中，加强栽培管理以促使植株生长旺盛，保持树体光滑，以减少天牛成虫产卵的机会。枝干孔洞用黏土堵塞，及早砍伐处理虫口密度大、已失去生产价值的衰老树，以减少虫源。剪下的虫枝和伐倒的虫害木应在4月前处理完毕。合理栽培，冬季修剪虫枝、枯枝，消灭越冬幼虫；用黏土堵塞虫洞，树干涂白以避免天牛产卵，也有很好的防治效果。

2. 物理机械防治

（1）捕杀成虫　尽量消灭成虫于产卵之前。在天牛成虫盛发期，发动群众开展捕杀工作。星天牛：可在晴天中午经常检查树干近根处，对其进行捕杀。也可在天黑后，特别是在闷热的夜晚，利用火把、电筒照明进行诱捕，或在白天搜杀潜伏在树上的成虫。

（2）刮除虫卵和初期幼虫　在6~8月份经常检查树干及大枝，根据星天牛产卵痕的特点，发现星天牛的卵时则用刀刮除，或用小锤轻敲主干上的产卵裂口，将卵击破。当初孵幼虫为害处树皮有黄色胶质物流出，则用小刀挑开皮层，用钢丝钩刺皮层里的幼虫。在刮刺卵和幼虫的伤口处，可涂浓石硫合剂。

（3）钩杀幼虫　幼虫蛀入木质部后可用钢丝钩杀。钩杀前先将蛀孔口的虫粪清除，在受害部位凿开一个较大的孔洞，然后右手执钢丝接近树干，左手握钢丝圈（钢丝粗细随主孔大小而定），右手随左手转动，将钢丝慢慢推进虫孔。由于钢丝弹性打击树干内部发出声响，如转动时有异样的感觉或无声响时，即已钩住幼虫，然后慢慢转动向外拖出。

3. 生物防治

天牛类害虫在自然界有不少天敌，我国已知桑天牛澳洲跳小蜂、云斑天牛卵跳小蜂和短跗皂莫跳小蜂、天牛卵姬小蜂寄生牛天卵，管氏肿腿蜂寄生天牛幼虫。蠼螋能捕食天牛幼虫。蚂蚁类能侵入天牛虫道搬食天牛幼虫或蛹。其中管氏肿腿蜂能从虫害蛀洞钻入木质部寄生于天牛幼虫和蛹中。据山东省大面积放蜂防治青杨天牛经验，其寄生率达41.9%~82.3%；广东放蜂防治粗鞘双条杉天牛，寄生率为25.9%~66.2%。福建三明曾从上海引进管氏肿腿蜂防治人行道树木麻黄天牛，也获成功。

4. 化学防治

（1）施药塞洞　幼虫已蛀入木质部则可用小棉球浸80%敌敌畏乳油或40%乐果乳油1mL，兑水10mL塞入虫孔，或将磷化铝毒签塞入虫孔，再用黏泥封口。如遇虫龄较大的天牛时，要注意封闭所有排泄孔及相通的老虫孔。隔5~7天查1次，如有新鲜粪便排出再治1次。用兽医用注射器打针法向虫孔注入40%乐果或氧化乐果乳油2mL，再用湿泥封塞虫孔，杀虫率很高。此法对柑橘树无损伤。幼虫蛀入木质部较深时，可用棉花蘸农药或用毒签送入洞内毒杀幼虫，或向洞内塞入56%磷化铝片剂0.1g,或用40%乐果、80%敌敌畏乳油0.5mL注孔。施药前要掏净虫粪,施药后用石灰或黄泥封闭全部虫孔。

(2) 喷药 成虫发生期用2.5%溴氰菊酯乳油50mL,兑水100kg;或50%杀螟松乳油60～70mL,兑水100kg;80%敌敌畏乳油60～70mL,兑水100mL;均喷药于主干基部表面使其湿润,5～7天再治1次。

二、吉丁虫类

(一) 发生及为害情况

吉丁虫属鞘翅目(Coleoptera)吉丁甲科(Buprestidae)。其幼虫大多数在树皮下、枝干或根内钻蛀,俗称"溜皮虫"、"串皮虫"。园林植物常见吉丁甲类有六星吉丁甲和柳吉丁甲。

六星吉丁甲分布于浙江、江苏、上海等地,危害悬铃木、重阳木、枫杨等园林树木。柳吉丁甲分布于山东、河南、湖北等省,危害柳树衰弱树及新栽植的柳树枝干。以幼虫在皮下蛀食,受害部位皮层初期流出黑褐色树液,腐烂后龟裂,呈鳞状。枝干形成层遭破坏后,养料不能输送,严重时整株死亡,是柳树缓苗期的主要枝干害虫。

(二) 形态特征

吉丁甲个体发育过程中经历卵、幼虫、蛹、成虫四个虫态。

六星吉丁甲与柳吉丁甲形态特征见表16-2和图16-5、图16-6。

表16-2 六星吉丁甲与柳吉丁甲形态特征

特征	六星吉丁甲	柳吉丁甲
成虫	体长10mm左右,茶褐色,体略呈纺锤形,有金属光泽。鞘翅有6个绿色斑点,腹面金绿色	体狭长,4～6mm,青铜色,有红、蓝、紫等金属光泽。头小,触角锯齿状,有11节。前胸发达,鞘翅褐色,密布小刻点
卵	椭圆形,乳白色	椭圆形,黄褐色,略扁
幼虫	老熟幼虫体长约30mm,身体扁平,头小,体白色,胸部第1节特别膨大,中央有黄褐色"人"形纹,第3、第4节短小,以后各节逐渐增大	体长11mm左右,细长扁平,淡黄白色,头黑褐色,前胸背板发达,中央隆起,中间有一褐色"八"字形纹,腹末有1对褐色尾铗
蛹	乳白色,体形大小与成虫相似	裸蛹,体长6～8mm,纺锤形,乳白色

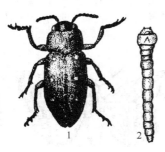

图16-5 六星吉丁甲
(引自上海市园林学校《园林植物保护学》,1990)
1—成虫;2—幼虫

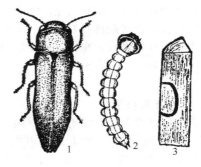

图16-6 柳吉丁甲
(引自上海市园林学校《园林植物保护学》,1990)
1—成虫;2—幼虫;3—为害状

(三) 发生规律

1. 六星吉丁甲

1年发生1代,以幼虫越冬。翌年5月中旬出现成虫,成虫于晨露未干前较迟钝,并有假死性,中午时飞翔活跃,觅偶交尾,将卵产于皮层缝隙间,产卵期较长。幼虫先在皮层危害,排泄物不排向外面,幼虫围绕干部串食皮层,使树皮外表呈现红褐色,树皮干裂翘起,极易与木质部剥离，韧皮部被破坏，其中充满红褐色粪屑。幼虫危害韧皮部的时间较长，6月下旬开始直至9月份。有时全株树木已死亡，但幼虫仍在其中活动。幼虫到老熟化蛹时蛀入木质部为害，虫粪呈现白色。在钻入木质部之前，先将木质部咬一新月状羽化孔，孔口附近有虫粪堵塞，翌年羽化的成虫咬破虫孔飞出。

2. 柳吉丁甲

该虫1年发生1代，以幼虫在受害枝干木质部内越冬。翌年2月下旬至4月初活动，5月初开始化蛹，6月上旬羽化成虫。成虫略有趋光性，有假死性，喜在温度较高的气候条件下活动，取食柳树叶片以补充营养，多数在生长衰弱及新栽植柳树的皮孔边缘产卵，卵散产，每处最多3~4粒，卵期1周左右。6月中下旬为幼虫孵化盛期，新孵化幼虫蛀食皮层，受害处变为黑褐色并流出红褐色胶状液，3~5天，黑褐色虫斑上有圆形小鳞片翘起。随着幼虫长大，其在木质部表面蛀成长而扁平的浅槽，并把粪屑堵塞在槽内，到了秋季钻入木质部内越冬。

（四）吉丁虫防治方法

1. 物理机械防治

发生面积小或少量树木受害时，可人工掏虫，发现树干上树皮翘裂，一剥即落并有虫粪时，立即掏掉，然后可发现成虫或幼虫钻入木质部，顺着隧道用小刀或利器戳死害虫。

2. 栽培措施防治

对树木尤其是新栽树木，应不断补充水分，使之生长旺盛。并于3月中旬进行树干涂白，防止成虫产卵。及时处理将已枯萎死亡的树木或受害枝条。

3. 化学防治

幼虫危害初期，向受害处涂煤油和溴氰菊酯混合液（1∶1），以杀灭树皮内幼虫；虫口密度大时，可在幼虫危害期用高压注射器往树体内注射10倍的40%氧乐果乳油，药量为15~20mL/cm干茎；成虫羽化期则向树冠、枝干上喷20%菊酯乳油1500~2000倍液。

第二节 食叶类害虫

食叶类害虫主要是蚕食叶片的害虫。该类害虫均具咀嚼式口器，蚕食叶片形成缺刻或孔洞，严重时常将叶片吃光，仅剩枝干、叶柄或主叶脉，并取食嫩头，舔食花蕾和果实。它们大都营裸露生活，仅少数卷叶、缀叶营巢。加之该类害虫繁殖力强，往往具有主动迁移、迅速扩大危害的能力，因而常形成间歇性暴发危害。此外，由于它们大都裸露生活，故易于防治，一般在低龄幼虫期使用触杀和胃毒性杀虫剂，均能取得理想的防治效果。

一、黄刺蛾

1. 分布及为害情况

黄刺蛾又名洋辣子、毒毛虫等，国内各省（区）几乎都有分布，是一种杂食性食叶害虫，危害杨、柳、榆、刺槐、枫杨、重阳木、茶花、悬铃木、樱花、石榴、三角枫、紫荆、梅、海棠、榆叶梅、腊梅、月季、芍药、紫薇、珊瑚树、桂花、大叶黄杨、花曲柳、丁香等。幼虫体上有毒毛，易引起人的皮肤痛痒。该虫是我国城市园林绿化、风景区、农田防护林、特种经济林及果树的重要害虫。

2. 形态特征

见图16-7。

（1）成虫 体长13~16mm，翅展30~34mm。头

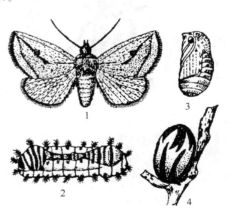

图16-7 黄刺蛾
（引自李照会《园艺植物昆虫学》）
1—成虫；2—幼虫；3—蛹；4—茧

和胸黄色，腹背黄褐色，前翅内半部黄色，外半部为褐色，有2条暗褐色斜线在翅尖上汇合于一点，呈倒"V"字形，里面的1条伸至中室下角，为黄色与褐色的分界线，后翅灰黄色。

(2) 卵　扁平，椭圆形，淡黄色，长1.4mm，宽0.9mm。

(3) 幼虫　老熟幼虫体长19~25mm，头小，黄褐色，胸、腹部肥大，黄绿色，体背上有1块紫褐色"哑铃"形大斑。第2节以下各节在亚背线上各有1对刺突，其中胸部第3、第4、第10、第12节上的刺突较大，第4节枝刺较小。体两侧下方还有9对刺突，刺突上生有毒毛。腹足退化，但具吸盘。

(4) 蛹　椭圆形。长13~15mm，黄褐色，茧灰白色，质地坚硬，表面光滑，茧壳上有几道褐色长短不一的纵纹，形似雀蛋。茧均结在茎干分叉点或小枝权上。

3. 发生规律

该虫在东北1年发生1代，河北、山东1年发生1~2代，中南地区1年发生2代，以老熟幼虫结茧在枝条上、枝权处越冬。在1代发生区：越冬幼虫一般于5月下旬至6月上旬化蛹，6月中下旬成虫羽化，并产卵于叶背，数粒排成卵块；卵期7~10天，幼虫于7月上旬至8月下旬发生危害，8月上旬至9月上旬结茧越冬。在2代发生区：越冬幼虫一般于5月中下旬化蛹，5月末至6月上中旬成虫羽化；第1代幼虫于6月上中旬至7月中旬发生，7月中下旬结茧化蛹，7月末至8月上旬第1代成虫羽化；第2代幼虫于8月上旬至9月中旬发生，9月中下旬陆续结茧越冬。

成虫多在傍晚前后羽化，破茧器在茧顶部划破并顶开裂盖，成虫自圆孔逸出。白天静伏于叶背面，晚间活动、交配、产卵。将卵成块产于叶背近尖处。单雌产卵量50~70粒。其具有趋光性。

初孵幼虫先食卵壳，再群集叶背啃食下表皮及叶肉，残留上表皮形成透明筛网。3龄后逐渐分散危害；4龄后蚕食叶片成孔洞；5~7龄进入暴食期，食尽叶片，仅存主脉、叶柄。老熟后结茧需要2~4h，第1代幼虫结的茧小而薄，第2代结的越冬茧大而厚。

4. 防治方法

(1) 摘除冬茧　冬季寄主落叶后，结合修剪、整枝、造型，摘除虫茧，集中投入寄生性天敌保护笼中，既处理了害虫，又保护了天敌，生态意义重大，效果显著。

(2) 诱杀成虫　利用黑光灯诱杀成虫，降低虫口密度。

(3) 摘除虫叶　初孵幼虫群集危害时，在果园、茶园、苗圃内摘除虫叶，消灭幼虫，但要防止虫体刺伤皮肤。

(4) 生物防治　选用苏云金杆菌（含孢子量100亿/mL）制剂1.5~2.1L/hm^{2}或黄翅蛾核型多角体病毒（含PIB10^{109}/g）制剂1.5~3kg/hm^{2}加水喷雾。

(5) 化学防治　在初龄幼虫期，每公顷选用20%杀铃脲悬浮剂300~500mL，25%灭幼脲3号悬浮剂、5%抑太保乳油、20%米满悬浮剂或35%赛丹乳油1.5~2L，50%辛硫磷乳油1.2~1.5L，90%晶体敌百虫1.5~2kg，90%灭多威可溶性粉剂0.75~1kg或4.5%高效氯氰菊酯乳油0.75~1L，加水1500~2000kg喷雾。

二、杨毒蛾

1. 分布及为害情况

杨毒蛾又名杨雪毒蛾，分布于东北、内蒙古、江苏、安徽、山东、湖北、河北、河南、甘肃、青海、新疆等地。其主要危害杨树、柳树，此外也危害白桦、榛子等，是杨柳树的重要害虫，常猖獗成灾，短时间内能将植物叶片吃光。

2. 形态特征

见图16-8。

(1) 成虫　雌蛾体长19~23mm，翅展48~52mm；雄蛾体长14~18mm，翅展35~42mm。全身被白色绒毛，稍有光泽。雌蛾触角栉齿状，雄蛾触角羽毛状，触角主干黑色，有白色环纹。足黑色，胫、跗节具有白色环纹。

(2) 卵　馒头形，黑褐色。卵块上覆盖银白色胶状物，后期变为灰色。

(3) 幼虫　老熟幼虫体长30～50mm，黑褐色，头部浅棕褐色。体背具1条黄棕色宽带，其下各有1条灰黑色纵带。腹部青棕色，第1、第2、第6、第7节背面有黑色横带体每节均有棕红色毛瘤，其上密生黄褐色长毛及少数黑色短毛。

(4) 蛹　长16～26mm，棕褐色，有光泽，体每节密生黄褐色毛瘤，腹末有黑色臀棘一组。

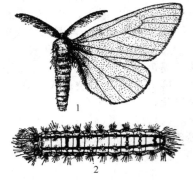

图 16-8　杨毒蛾
（引自李成德《森林昆虫学》，2004）
1—成虫；2—幼虫

3. 发生规律

东北地区1年发生1代，华北、华东、西北1年发生2代，以2～3龄幼虫在树皮缝、枯枝落叶下、树洞等吐丝结一薄网把虫体隐藏起来越冬。翌年4月下旬至5月上旬，当杨柳树发芽时开始上树取食，幼虫白天潜伏于树皮裂缝、树洞、干基、杂草、石块等处，夜晚上树危害。开始在树冠下部取食，逐渐向上，一直吃到树梢上。幼虫危害时常常吐丝成网，把自己隐藏起来。幼虫共5龄。6月上旬老熟幼虫多聚集在干基、石块及覆盖物下吐丝缀附基物化蛹，不作茧。蛹期11～16天，6月下旬羽化成虫，成虫具有趋光性，卵大多产于树冠下部叶片背面，块产，卵块上有白色胶质状覆盖物，卵期10～16天。幼虫7月上旬孵化，初孵幼虫20h后才开始下树寻找隐蔽场所越冬。1年发生2代的地区，9月初第2代幼虫孵化，这代幼虫只把叶片咬成白色透明斑点。

4. 防治方法

(1) 人工除虫　于秋、冬或早春，用煤焦油或石油加沥青（2∶1）涂抹越冬卵块，消灭越冬虫卵；还可将刮除的卵块放入保护器中，以便收集寄生蜂；搜杀越冬的毒蛾幼虫以减少危害的虫口数；低矮观赏植物或花卉，结合养护管理，摘除卵块及初孵尚群集的幼虫；对于有上下树习性的幼虫，如舞毒蛾、杨毒蛾、柳毒蛾等可用2.5%的溴氰菊酯毒笔在树干划1cm宽的阻隔环，也可绑毒绳阻止幼虫上下树。

(2) 诱杀法　毒蛾成虫多具趋光性，可因地制宜地设置灯光诱杀；幼虫越冬前，可在干基堆草诱杀幼虫。

(3) 生物防治　毒蛾天敌很多，如桑毛虫绒茧蜂、黑卵蜂、姬蜂、广大肿腿蜂、追寄蝇等，应注意保护利用。另外，毒蛾类幼虫容易被核型多角体病毒感染，因此可在幼虫发生期喷洒病毒液或将被病毒感染的虫尸磨碎稀释后喷洒，对害虫种群增殖有明显控制作用。

(4) 化学防治　幼虫期可采用50%杀螟松乳油80～100mL、90%敌百虫晶体1000倍液、2.5%的溴氰菊酯乳油4000倍液、25%灭幼脲悬浮液2500～5000倍液进行喷杀，均能取得很好的防治效果。

三、大蓑蛾

1. 分布及为害情况

大蓑蛾又名大案蓑蛾、大袋蛾，几乎遍布全国各地，其中以长江及其以南各省受害较重。幼虫主要危害梨、苹果、柑橘、桃、杏、龙眼、葡萄、核桃、桑、茶、松、柏、榆、刺槐、芙蓉、樱花、冬青、杨、柳等，是园艺植物重要的多食性食叶害虫。

2. 形态特征

见图16-9。

(1) 成虫　雌蛾无翅、无足，形状似蛆，体长25mm左右，头部小，腹部第7节有褐色丛毛环。雄蛾有翅，体长16mm左右，触角双栉齿状，体黑褐色，前、后翅均暗褐色，前翅近外缘有4～5个长形透明斑。卵椭圆形，淡黄色，有光泽。

(2) 幼虫　共5龄。末龄雌虫体长28～38mm，头部赤褐色，胸部黄褐色，前、中胸背板有4条暗褐色纵带。末龄雄虫体长18～28mm，头部黄褐色，中央有白色"人"字形纹，前、中胸

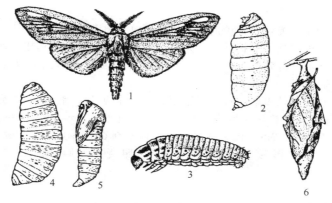

图 16-9　大蓑蛾
(引自李照会《园艺植物昆虫学》)
1—雄成虫；2—雌成虫；3—幼虫；4—雌蛹；5—雄蛹；6—蓑囊

背板中央有一白色纵带。

(3) 蛹　雌蛹体长 25～30mm，赤褐色，雄蛹体长 18～24mm，暗褐色，臀棘分叉，叉端各有钩刺一枚。

3. 发生规律

在河北、山东、陕西、河南、安徽、江苏、浙江、湖北、江西等地 1 年发生 1 代，偶为 2 代，但第 2 代幼虫多不能越冬；在广州 1 年发生 2 代。多以老熟幼虫在袋囊中挂在树枝梢上越冬。来春一般不再活动取食，环境适宜时便开始化蛹。雌蛹历期合肥为 12～26 天，南昌平均 17 天；雄蛹历期合肥 24～33 天，南昌 40 天。各地发生期见表 16-3。

表 16-3　大蓑蛾在各地的发生期

地区	化蛹期	成虫羽化期	幼虫卵化期	幼虫越冬
山东	5 月上旬至 6 月中旬	5 月下旬至 6 月下旬	6 月中旬至 7 月中旬	10 月上旬
河南	4 月下旬至 6 月下旬	5 月中旬至 7 月上旬	5 月下旬至 7 月上旬	10 月中下旬
上海	4 月上中旬	5 月上旬至 6 月上旬	5 月中旬至 6 月中旬	10 月下旬至 11 月
浙江	4 月下旬	5 月上中旬	5 月下旬	10 月下旬至 11 月
江西	3 月下旬至 5 月上旬	4 月下旬至 5 月下旬	5 月中下旬至 6 月上旬	10 月中下旬至 11 月

成虫多在傍晚前后羽化。雄蛾在黄昏后最为活跃，趋光性强。灯下诱蛾以 20～21 时数量最多，约占全夜诱蛾量的 80%。雌蛾羽化后仍留在蓑囊内分泌性信息素，雄蛾飞至将腹末伸入蓑囊内与之交配。卵产于蓑囊内，单雌产卵量数百至 4000 余粒不等。卵期 12～22 天。

初孵幼虫滞留在蓑囊内取食卵壳，3～4 天后爬出蓑囊，吐丝下垂，随风漂泊扩散，降落至寄主叶面后，先啃取叶表成碎片，并吐丝粘连，营造蓑囊，再匿居囊内负囊爬行、觅食危害。随着幼虫的取食、蜕皮、长大，蓑囊也逐渐增宽加长，并以大叶碎片、小枝残梗零乱地缀贴于蓑囊外。幼虫喜欢聚集于树枝梢和树冠顶部危害，受惊扰即吐丝下垂，稍停又沿丝上树。1～2 龄幼虫啃食叶肉残留表皮，3 龄后蚕食叶片成孔洞或仅留叶脉，4 龄后分散转移到树冠外围的叶背危害，5 龄进入暴食期，食量最大，危害最烈。7～9 月份是幼虫危害的高峰期。10 月中旬后，老熟幼虫陆续迁向枝梢端部，吐丝固定蓑囊于小枝上，封闭囊口，开始越冬。越冬幼虫抗寒力较强，越冬死亡率较低。在合肥幼虫期为 210～240 天，在南昌为 300～320 天。

大蓑蛾属间歇性发生的害虫，其间歇周期为 3～5 年。一般越冬幼虫的寄生率对来年种群数量影响较大，7～8 月份气温偏高且持续干旱的年份危害猖獗。多雨或大雨影响幼虫孵化，并易引起病害流行，使虫口下降，不易成灾。而 6～8 月份降水量低于 300mm 以下，易暴发成灾。

4. 防治方法

(1) 摘除蓑囊　冬季寄主落叶后，结合修剪、整枝、造型，人工摘除蓑囊、消灭越冬幼虫，压低虫口基数。

(2) 诱杀成虫　利用黑光灯、性诱剂诱杀雄蛾，效果显著。

(3) 生物防治　招引益鸟、保护天敌，充分发挥天敌的自然控制作用。选用苏云金杆菌（即Bt，含孢子量100亿/mL）制剂 $1.5\sim2$ L/hm² 或大蓑蛾核型多角体病毒（含 PIB 10^{109}/g）制剂 $1500\sim3000$ g/hm²，加水 $1500\sim2000$ kg 喷雾。

(4) 化学防治　在初龄幼虫期，每公顷选用20%杀铃脲悬浮剂 $300\sim500$ mL，25%灭幼脲3号悬浮剂、5%抑太保乳油、20%米满悬浮剂或35%赛丹乳油 $1.5\sim2$ L，50%辛硫磷乳油 $1.2\sim1.5$ L，90%晶体敌百虫 $1.5\sim2$ kg，90%灭多威可溶性粉剂 $0.75\sim1$ kg 或 4.5%高效氯氰菊酯乳油 $0.75\sim1$ L，加水 $1500\sim2000$ kg 喷雾。要求喷湿蓑囊，照顾树冠顶梢部。

四、天幕毛虫

1. 分布及为害情况

天幕毛虫又名黄褐天幕毛虫、天幕枯叶蛾、带枯叶蛾、梅毛虫、顶针虫等。国外分布于俄罗斯、蒙古、日本、朝鲜；国内分布于东北、华北、华东、华中及陕西、甘肃、四川等。其食性杂，危害梨、梅、桃、杏、李、樱桃、樱花、苹果、海棠、沙果、山楂、玫瑰、核桃、杨、柳、樟、槐、榆、栎、落叶松等果树林木和花卉。以幼虫吐丝结网张幕，群居天幕幼虫食害嫩芽、新叶及叶片。大发生年份，能将全树叶片吃光，严重影响树木的生长、发育，是柞蚕业、园艺和林业的大害虫之一。

2. 形态特征

见图 16-10。

(1) 成虫　雌雄异型。雌蛾体长约20mm，翅展 $29\sim40$ mm，褐色。触角为锯齿状。前翅中部有2条深褐色横线，两横线中间为深褐色的宽带，宽带外侧有黄褐色镶边，其外缘褐色和白色缘毛相间。雄蛾体长约16mm，翅展 $24\sim33$ mm，黄褐色。触角为双栉齿状。前翅中部有2条深褐色横线，两横线中间色泽稍深，形成上宽下窄的宽带。

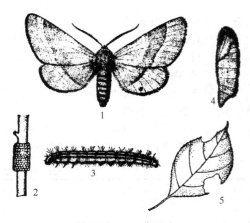

图 16-10　天幕毛虫
（引自韩召军《园艺昆虫学》）
1—成虫；2—卵；3—幼虫；
4—蛹；5—为害状

(2) 卵　圆筒形，高约1.3mm，直径0.3mm，灰白色，越冬后深灰色。每块卵约200粒，围绕枝条密集成一卵环，状似"顶针"。

(3) 幼虫　共5龄。老熟时体长 $50\sim55$ mm，蓝黑色。头部暗褐色，密生淡褐色细毛，散生黑点。体背线黄白色，身体两侧各有橙黄色纹2条，各节背面有黑色瘤数个，上生许多黄白色长毛，腹面暗灰色，气门上线和下线均为黄白色。初孵幼虫身体为黑色。

(4) 蛹　体长 $17\sim20$ mm，雌蛹较雄蛹稍大，黄褐色，有金黄色毛。茧黄白色至灰白色。

3. 发生规律

其专性滞育，1年发生1代，以完成胚胎发育的幼虫在卵壳中越冬。翌年当树木发芽，日均温达11℃时，幼虫从卵壳中钻出，先在卵环附近危害嫩叶，并在小枝交叉处吐丝结网张幕而群居其中。白天潜居天幕上，夜间出来取食危害。天幕附近的叶片食尽后，再移至他处另张天幕。随着幼虫的长大，天幕范围也逐渐扩大，1个天幕可长达15cm，宽 $9\sim12$ cm。幼虫多在暖和的晴天活动取食，阴雨天则潜伏在天幕中。幼虫期约6周，龄期愈大，食量愈增，易暴食成灾。近老熟时开始分散活动为害，遇振动有假死坠落习性。老熟后，多于叶片背面、树皮缝及附近杂草上结茧化蛹。蛹期 $11\sim12$ 天，5月末至6月上旬成虫羽化。蛾盛期为6月中旬左右。成虫晚间活动、交配、产卵，有趋光性。卵多聚产于被害树的当年生小枝条梢端，每块卵环有卵 $150\sim250$ 粒，每雌产1块卵环，少数产2块。卵经过胚胎发育后以幼虫在卵壳中越冬。

4. 防治方法

（1）人工防治　结合冬剪，彻底剪除枝梢上的越冬卵块，并集中处理。幼虫发生期，结合栽培管理及时检查，捕杀在天幕中群居的幼虫；当幼虫分散后，可利用其假死性，摇树振落，予以消灭。

（2）保护利用天敌　天幕毛虫的天敌有赤眼蜂、寄生蝇、姬蜂、绒茧蜂和鸟类等，应加以保护。为保护卵寄生蜂，可将卵块集中存放，待天幕毛虫幼虫全部爬出卵壳后，再将卵块放回果园中，使寄生蜂羽化后重新进行寄生。

（3）灯光诱杀成虫。

（4）化学防治　在幼虫 3 龄前，每公顷用 80% 敌敌畏乳油 750～1200mL，40% 乙酰甲胺磷乳油、50% 辛硫磷乳油或 50% 巴丹可溶性粉剂 1.1～1.5L，2.5% 三氟氯氰菊酯乳油、10% 联苯菊酯乳油、2.5% 溴氰菊酯乳油或 20% 氰戊菊酯乳油 353～650mL，25% 除虫脲可湿性粉剂 180～240g 加水 1200～2000kg 喷雾。

五、柑橘凤蝶

1. 分布及为害情况

柑橘凤蝶属鳞翅目凤蝶科，别名橘凤蝶、黄菠萝凤蝶、黄聚凤蝶等。其分布除新疆未见外，全国各省均有分布。

2. 形态特征

见图 16-11。

（1）成虫　体背有黑色背线，两侧黄白色，前翅黑色，外缘有黄色波形线纹，亚外缘有 8 个黄色新月形斑，翅中央从前缘至后缘有 8 个由小渐大的黄色斑纹。翅基部近前缘处有 6 条放射状黄色点线纹，中室上方有 2 个黄色新月斑。后翅黑色，外缘有波形黄线纹，亚外缘有 6 个新月形黄斑，基部有 8 个黄斑。臀角处有一橙黄色圆斑，斑内有 1 个小黑点。

（2）卵　初产时淡黄白色，渐变黄色，孵化前呈紫黑色。

（3）幼虫　1 龄幼虫黑色，多刺毛，2～4 龄幼虫黑褐色，有白色斜带纹，虫体似鸟粪，体上肉刺突起较多。成长幼虫黄绿色，后胸背面两侧有蛇眼斑，后胸和第 1 腹节间有蓝黑色带状斑。腹部第 4、第 5 节两侧各有 1 条蓝黑色斜纹分别延伸至第 5、第 6 节背面相交。臭腺角橙黄色。

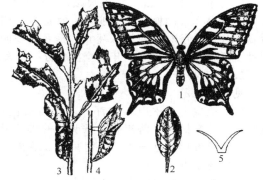

图 16-11　柑橘凤蝶
（引自李照会《园艺植物昆虫学》）
1—成虫；2—叶片上的卵；3—幼虫为害状；
4—蛹；5—幼虫前胸翻缩腺

（4）蛹　鲜绿色，有褐色点，体较瘦小，中胸背突起较长且尖锐。头顶角状突起中间凹入较深。

3. 发生规律

柑橘凤蝶在四川、湖南、浙江 1 年发生 3 代，江西 1 年发生 4～5 代，福建、台湾 1 年发生 5～6 代，广东 1 年发生 6 代。各地均以蛹附着在橘树叶背、枝干上及其他比较隐蔽的场所越冬。在湖南第 1 代成虫 5～6 月份出现，为春型；第 2 代成虫 7～8 月份出现，第 3 代成虫 9～10 月份出现，均为夏型。在广州第 1 代成虫 3～4 月份出现，第 2 代成虫 4 月下旬至 5 月份出现，第 3 代成虫 5 月下旬至 6 月份出现，第 4 代成虫 6 月下旬至 7 月份出现，第 5 代成虫 8～9 月份出现，第 6 代成虫 10～11 月份出现。越冬蛹历期 95～108 天。柑橘凤蝶常和玉带凤蝶混合发生为害。成虫飞翔力强，吸食花蜜，交配后当天或隔日产卵。卵散产于枝梢嫩叶尖端，以 9～12 时产卵最多，每雌产卵 48 粒以上。傍晚至清晨其多栖息于灌木丛中。幼虫共 5 龄。初孵幼虫先取食卵壳，然后取食嫩叶。幼虫随着龄期的增大而食料增加，1 头 5 龄幼虫 1 昼夜可取食大叶 4～6 片，老叶食后仅残留主脉。每年 4～10 月幼虫发生最多，为害春、夏、秋梢。幼虫受惊可伸出臭腺角放出芳香气味。老熟幼虫吐丝固定其尾部，再做 1 条丝环绕腹部第 2～3 节之间，将身体系在树枝或叶背化蛹。其天敌有凤蝶赤眼蜂和黄猎蝽等。

4. 防治方法

（1）农业防治　及时彻底清除残株、败叶及杂草，以消灭其残存的卵、幼虫和蛹，减少虫源。冬季清除植株附近围篱建筑物，以及悬挂在枝、叶上的虫蛹；成虫出现期可用捕虫网捕捉成虫；从初夏起根据受害状和地面虫粪人工捕杀幼虫。

（2）采集蝶类的越冬蛹、幼虫置于细口瓶（如普通酒瓶）中，第 2 年春季这些虫体内的天敌可羽化飞出到田间继续寄生，而蝶类羽化后则无法飞出。

（3）药剂防治　应在幼虫 3 龄前喷药防治。可用每克 300 亿孢子青虫菌粉剂 1000～2000 倍液或 40％敌·马乳油 1500 倍液、40％菊·杀乳油 1000～1500 倍液、90％敌百虫晶体 800～1000 倍液、10％溴·马乳油 2000 倍液、80％敌敌畏或 50％杀螟松或马拉硫磷乳油等 1000～1500 倍液，于幼虫龄期喷洒。

六、槐尺蛾（*Semiothisa cineraria* Bremer et Grey）

1. 分布及为害情况

槐尺蛾又名吊死鬼、国槐尺蛾，属鳞翅目尺蛾科，山东、河北、北京、浙江、陕西等地均有分布，主要为害国槐、龙爪槐，有时也为害刺槐。以幼虫取食叶片，严重时可使植株死亡，是我国庭园绿化、行道树种主要食叶害虫。1999 年在全国各分布区大发生。

2. 形态特征

见图 16-12。

（1）成虫　体长 12～17mm，体黄褐色。触角丝状。复眼圆形，黑褐色。前翅有 3 条明显的黑色横线，近顶角处有一近长方形褐色斑纹。后翅只有 2 条横线，中室外缘上有一黑色小点。

（2）卵　钝椭圆形，初产时绿色，孵化前灰褐色。

（3）幼虫　老熟幼虫体长 30～40mm，紫红色。

（4）蛹　体长 13～17mm，紫褐色，有 2 根钩刺，雄蛹 2 根钩刺平行，雌蛹 2 根钩刺向外呈分叉状。

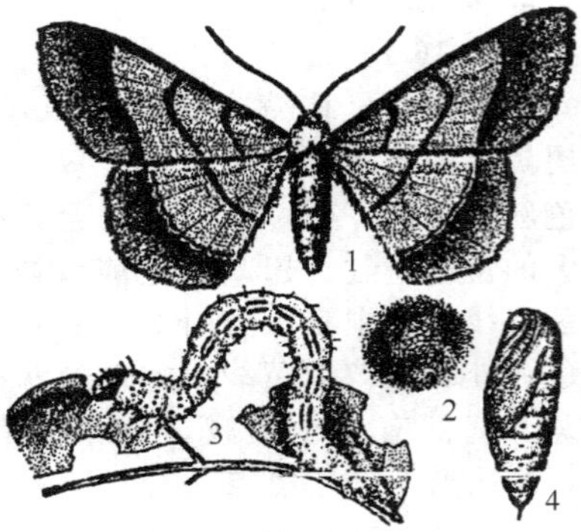

图 16-12　槐尺蛾
（引自郑进《园林植物病虫害防治》）
1—成虫；2—卵；3—幼虫；4—蛹

3. 生活史及习性

1 年发生 3～4 代，以蛹在土中越冬。越冬代成虫每年 5 月上旬出现。成虫有趋光性。卵散产于叶片正面、叶柄或嫩枝上。幼虫期共有 6 龄，5～6 龄为暴食期。幼虫有吐丝下垂习性，故又称"吊死鬼"。

4. 防治方法

① 结合肥水管理，人工挖除虫蛹。

② 在行道树上可结合卫生清扫，人工捕杀落地准备化蛹的幼虫。

③ 初龄幼虫期喷施杀虫剂，如 75％辛硫磷乳油 1000～1500 倍液、80％敌敌畏乳油 1000～1500 液、2.5％三氟氯氰菊酯乳油 2000～3000 倍液。

④ 利用黑光灯诱杀成虫。

七、人纹污灯蛾［*Spilarctia subcarnea*（Walker）］

1. 分布与危害

人纹污灯蛾又名红腹白灯蛾，属鳞翅目（Lepidoptera）灯蛾科（Arctiidae）。其成虫趋光性强，幼虫体具密而长的次生刚毛，杂食性，分布于昆明、合肥、无锡、上海、南京、成都、天津、沈阳、长春、哈尔滨等地。该虫危害蔷薇、月季、菊花、木槿、芍药、萱草、石竹、碧桃、腊梅、荷花、杨、榆、槐等园林植物。

2. 形态特征

见图 16-13。

（1）成虫　体长约 20mm，翅展约 55mm。雄蛾触角短，锯齿状，雌蛾触角羽毛状。下唇须先端黑色。胸部和前翅白色，前翅面上有两排黑点，停栖时黑点合并成一"人"字形，前足腿节与前翅基部均为红色；后翅略带红色。腹部背面呈红色，其中线上具 1 列黑点。

（2）卵　扁圆形，浅绿色，直径 0.6mm 左右。

（3）幼虫　老熟幼虫体长约 40mm，黄褐色，背部有暗绿色线纹；各节有 10～16 个突起，其上簇生红褐色长毛。

（4）蛹　圆锥形，紫褐色，尾部 12 根短刚毛。

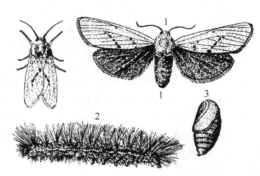

图 16-13　人纹污灯蛾
1—成虫；2—幼虫；3—蛹

3. 发生规律

该虫 1 年发生 2～6 代，以蛹在土中越冬。翌年 4 月份成虫羽化，可拖至 6 月份。由于羽化期长，所以产卵极不整齐，有世代重叠现象。成虫趋光性很强，白天静伏于隐蔽处，晚上活动，将卵成块或成行产于叶背面，每处有数十粒至百余粒不等，每雌蛾可产卵 400 粒左右。初孵幼虫群集叶背取食叶肉，3 龄后分散危害，蚕食叶片，仅留叶脉和叶柄。幼虫有假死性。

4. 灯蛾类防治方法

① 加强植物检疫，并做好虫情监测，一旦发现检疫害虫，应尽快查清发生范围，并进行封锁和除治。

② 人工防治。幼虫在 4 龄前群集于网幕中，为害状比较明显，应抓住这一时机发动人工摘除网幕，消灭幼虫。5 龄后，在离地面 1m 处的树干上围草以诱集幼虫化蛹，再集中烧毁。

③ 诱杀法。根据灯蛾成虫具有趋光性，于成虫羽化期设置灯光诱杀。还可用性引诱剂诱杀成虫。

④ 化学防治。幼虫期，用 80% 敌敌畏乳油 800～1000 倍液、90% 敌百虫晶体 1000 倍液、20% 菊·杀乳油 2000 倍液进行喷雾。

⑤ 生物防治。可用苏云金杆菌（1×10^8 孢子/mL）和灯蛾核型多角体病毒防治幼虫。还可释放周氏啮小蜂防治美国白蛾。同时要保护和利用灯蛾绒茧蜂、小花蝽、草蛉、胡蜂、蜘蛛、鸟类等天敌。

八、大叶黄杨长毛斑蛾（*Prgeria sinica* Moore）

1. 分布及为害情况

大叶黄杨长毛斑蛾属鳞翅目斑蛾科，又称冬青卫矛斑蛾，分布于华北、江苏、福建、上海等省市，主要危害。大叶黄杨、金边黄杨、丝棉木等树木。以幼虫取食叶片，常将叶片吃光，削弱树势，损伤树形，影响观赏，降低城市绿化、美化效果。

2. 形态特征

见图 16-14。

（1）成虫　虫体略扁，头、复眼、触角、胸、足及翅脉均为黑色。前翅略透明，基部 1/3 为淡黄色，端部有稀疏的黑毛，后翅色略浅，翅基部有黑色长毛。足基节及腿节着生暗黄色长毛。腹部橘红或橘黄色，上有不规则的黑斑。胸背及腹背两侧有橙黄色长毛。雌蛾体长 8～10mm，翅展 28～30mm，触角双栉齿状，端部稍

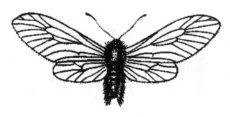

图 16-14　大叶黄杨长毛斑蛾

粗，呈棒状，39节，腹末有两簇毛丛，近腹面的毛丛基部黑色，端部暗黄色；雄蛾体长7～9mm，翅展25～28mm，触角羽毛状，33节，腹末有一对黑色长毛束。

(2) 卵　椭圆形，略扁，长0.5～0.7mm。初产黄白色，后渐变为苍白色。多排成长条状卵块，上覆有部分成虫体毛。

(3) 幼虫　老熟幼虫体长15～18mm。体粗短，圆筒形。初孵幼虫淡黄色，老熟后黑色。胸腹部淡黄绿色。前胸背板中央有一对椭圆形黑斑，呈"八"字形排列，在其两侧各有一圆点。臀板中央有一"凸"字形黑斑，两侧各有一长圆形黑斑。腹气门8对，圆形黑色。

(4) 蛹　扁平，黄褐色，长9～11mm。体表仍保留有7条不明显的褐色纵纹。腹部各节前缘有一列排列整齐的小刺，末端具臀刺两枚。茧丝质，灰白色或黄褐色，扁平，呈瓜子状，周围有白色的丝质膜。

3. 发生规律

该虫1年发生1代，以卵在枝梢上越冬，翌年3月份越冬卵开始孵化并进行为害。以卵在丝棉木1～2年生枝条上越冬。翌年4月中旬丝棉木发芽时，卵开始孵化，初孵幼虫群集在芽上为害，将芽吃成网状；2龄幼虫群集在叶背取食下表皮和叶肉，残留上表皮；3龄后开始分散为害，将叶片吃成孔洞、缺刻，重者吃光叶片。幼虫期30～35天，5月中下旬幼虫老熟，吐丝下垂入2～3cm表土中结茧化蛹。前蛹期10～12天，蛹期109天左右。9月中旬羽化出成虫，羽化时间多在5点左右，当天交配，在无干扰情况下交尾时间长达11h之久，无重复交尾现象。成虫喜欢将卵产在1～2年生枝条上，每产卵1粒静息3～5min，产卵时将腹末毛脱掉粘夹在外卵粒之间。一般不易发现卵块。每头雌虫一生产卵96～196粒，进入产卵期后的雌虫受惊动也不飞翔，直到将卵粒产完，体能耗尽而死在卵块上。成虫有数头群集在一个枝条上的习性。幼虫3龄前有群集和吐丝下垂习性。

4. 防治方法

(1) 农业防治　冬初或早春对大叶黄杨绿化带特别是发生过虫害的地带进行修剪，去除虫害枝，刮除卵块，并集中清理焚烧，消灭越冬虫卵，减少翌年虫源。秋季，初期可结合清洁大扫除把大叶黄杨根际周围的枯枝落叶清除掉，并松土以破坏虫茧。

(2) 化学防治　由于大叶黄杨长毛斑蛾多发生于游览绿化区，防治时在农药选择上应以高效低毒，对环境影响小的菊酯类农药为宜，且试验表明菊酯类农药对该幼虫的防治效果最佳。在幼虫3龄前，可于春季大叶黄杨吐芽时用菊酯类农药常量喷雾防治，防治效果在97％以上。

第三节　刺吸类害虫

一、柳瘿蚊（*Rhabdophaga saliciperda* Duf）

1. 分布与危害

柳瘿蚊是近年来危害柳树的重要害虫。其寄主为柳树，不同品种的柳树受害程度不同，危害程度最大的是龙爪柳，其次是垂柳、馒头柳、本地柳。以幼虫蛀食1～2年生枝条，使枝条肿胀、弯曲、畸形，逐渐干枯变色，严重影响了柳树的正常生长，也降低了柳树的观赏价值。

2. 形态特征

见图16-15。

(1) 成虫　2.5～3.5mm，黑红色，腹部各节着生环状细毛。触角灰黄色，念珠状，各节有轮生细毛。前翅膜质透明，卵圆形，翅基渐狭窄。

(2) 卵　长椭圆形，0.3～0.5mm，两端稍尖，橘黄色，略透明。

(3) 幼虫　椭圆形，老熟幼虫1.3～4mm，橘黄色。前胸有一"丫"状骨片。幼虫1～1.5mm，淡黄色。

(4) 蛹　椭圆形，3～4mm，橘黄色，近羽化时，体色变黑，特别是胸部及附器均呈黑色。

3. 发生规律

成虫羽化时，由羽化孔爬出，半个蛹壳露出孔外，极易发现。羽化高峰多在下午 14～16 时，羽化后即行交尾产卵。成虫可作短距离飞行，每雌产卵 150 粒左右。卵多产于新萌芽的基部和叶片间，多为块产，少数为散产。幼虫孵化后即蛀入幼枝皮下，在枝干形成层、韧皮部内蛀害取食，使枝条上下输导受阻，造成水分和养分在幼虫蛀食处积聚，使枝条肿胀、畸形、弯曲，逐渐干枯变色，亦被风从蛀害处折断。柳瘿蚊的卵常被瘿蚊广腹细蜂（Platygaster sp.）寄生，寄生率达 20% 左右。

4. 防治方法

（1）人工防治　冬季合理修剪，除去病虫枝，集中烧毁，减少越冬虫口数量。保护天敌，维持生态平衡。

（2）药剂防治　柳瘿蚊第 1 代幼虫孵化期比较整齐，后面几代世代重叠，所以其防治应以第 1 代幼虫为主。在 4 月下旬第 1 代幼虫孵化盛期用有机磷农药进行常规喷施，有效率达 94% 以上，也可在树干打孔，注射久效磷或氧乐果乳油原液。

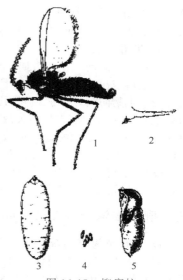

图 16-15　柳瘿蚊
1—雄成虫；2—雌成虫末端；
3—幼虫；4—卵；5—蛹

二、柳厚壁瘿叶蜂 [Pontania crassipes (Thomson)]

柳厚壁瘿叶蜂属膜翅目（Hymenoptera），叶蜂科（Tenthredinidae），丝角叶蜂亚科（Nematinae），丝叶蜂族（Nematin），瘿叶蜂属（Pontania）。该虫危害旱柳（Salix matsudana）、垂柳（S. babylonica）、金丝柳（S. xaureopendula）。

1. 形态特征

（1）成虫　雌成虫体长 5.2～6.0mm，翅展 12～14mm，体土黄色，头部额、单眼区及单眼后区黑色，复眼黑色，其余黄色；触角丝状，棕黄色，柄节、梗节及第 1 鞭节颜色较深，以后各节颜色逐渐变浅；前胸背板中央、中胸、前盾片、盾片（除两侧后缘土黄色外）、小盾片侧区、后胸后盾片、后胸盾片、后胸后背板为黑色；腹部背板黑色，第 8、第 9 节为土黄色。

（2）卵　长卵形，一侧凸出，一侧凹入，略呈弓形；乳白色或黄色，半透明，具光泽，长 0.6～0.7mm，宽 0.25～0.30mm。

（3）幼虫　初孵幼虫乳白色，体长 2.5～3.0mm，老熟幼虫浅灰色，体长 12.0～13.0mm。

（4）蛹　长 7.0～8.0mm，宽约 2mm，前胸背板及头部青灰色，腹背略污黄色，背部中缝线明显，触角及足透明，复眼污黄色。化蛹 10 天后复眼灰黑色，体污黄色；羽化前，复眼黑色，腹部棕黄色，背、腹部出现黑色斑纹。

（5）茧　长椭圆形，(6.5～9.0)mm×(3.0～4.5)mm；棕黄色，革质；内面光滑，外面粗糙并粘有沙土颗粒。

2. 发生规律

该虫 1 年发生 1 代，以老熟幼虫于土壤表层结茧越冬，翌年 3 月下旬为化蛹高峰期，4 月上旬为化蛹末期，蛹期 22 天。3 月下旬成虫羽化，4 月中旬为成虫末期。成虫 3 月下旬产卵，卵期 11～12 天。4 月中旬幼虫开始孵化，11 月下旬幼虫老熟入土后结茧越冬。

越冬幼虫 3 月中旬开始化蛹，蛹期 20～22 天。该叶蜂成虫以孤雌生殖的方式繁殖后代。雌成虫出茧第 2 天即可产卵，产卵时成虫头部朝向芽尖，将产卵瓣斜刺入叶肉组织产卵，卵单产于靠近嫩叶基部的组织中（成虫产卵盛期为油菜盛花期，玛瑙花初花期）。剖开芽苞，可见产卵处的叶片呈瘤状、淡黄色透明，内有乳白色半透明的卵 1 粒。受害叶片此后即在产卵处形成长梭形虫瘿，当虫瘿生长到约 4mm×2mm 时，卵开始孵化。幼虫孵化后，潜藏于叶肉中取食，受害处上下表皮增生并逐渐隆起，虫瘿增大。幼虫在虫瘿内取食，无转移危害现象，虫瘿内充满颗粒状虫粪。随着幼虫的不断生长，虫瘿逐渐由扁平状变成椭圆形，直径 11～15mm；4 月份的虫瘿呈绿色,11月份的为黄绿色。85%的幼虫老熟后在虫瘿上咬开1个2.0~2.5mm的小圆孔,爬出落地,入土2~5cm结茧越冬,15%的老熟幼虫与生长有虫瘿的叶片落地后破瘿而出、入土结茧。

3. 防治方法

(1) 人工防治　在幼虫期,人工剪除虫瘿或在秋天落叶后及时清除落叶,并集中烧毁。或在幼虫入土后至出土前,采用树冠下覆土或覆膜的办法,可以有效压低虫口基数。

(2) 生物防治　保护和利用天敌。该虫幼虫天敌主要有啮小蜂(*Tetrostichus* sp.),寄生率为2.3%~3.8%;内寄生性天敌有沈阳宽唇姬蜂(*Lathrostizus shenyangensis* XuetSheng),寄生率6.5%~9.6%。可在越冬前收集虫瘿,用网眼适宜的纱网覆盖于林间越冬,来年成虫羽化时不能飞出,而天敌可以飞出、寄生。

(3) 化学防治　在低龄幼虫期,可采用树干钻孔注药的方法,注入14%吡虫啉·敌敌畏液剂,或40%氧化乐果原药。

三、柳尖胸沫蝉 (*Aphrophora costalis* Matsumura)

1. 分布及为害情况

柳尖胸沫蝉属同翅目沫蝉科(Aphrophridae),主要为害柳树,还能为害小叶杨、榆树、沙棘、苹果等园林绿化树木。柳树上的柳尖胸沫蝉则大量发生,严重影响了柳树的生长发育和城市的绿化、美化。柳尖胸沫蝉在我国主要分布于黑龙江、吉林、河北、内蒙古、陕西、甘肃、青海、新疆等省区。主要以若虫吸取枝条汁液,影响植物生长,当植物受害严重时可导致其枯萎甚至死亡。

2. 形态特征

(1) 成虫　柳尖胸沫蝉雌虫体长8.9~10.1mm,体宽2.7~3.2mm;雄虫体长7.6~9.2mm,体宽2.7~3.0mm。全体呈黄褐色,上面密被黑色小刻点及灰白色短细毛。头顶呈倒"V"字形,中隆脊突出,后端和胸背中脊相连。复眼呈椭圆形,黑褐色,单眼2个,淡红色。喙端黑褐色,可伸达后足基节处。前胸背板近七边形,后缘略呈弧形,前端凹陷内有不规则的黄斑4个,近中脊两侧各有一个黄色小圆斑。小盾片近三角形。前翅为革质,呈褐黄色,中部有一黑褐色斜向的横带。后足胫节外侧有2个黑色的刺,在末端10余个黑色刺排成2列;第1、第2跗节端部各有黑刺1列。

(2) 卵　为披针形,其一端呈尖状而略显弯曲,弯曲端外侧颜色较深。其长为1.5~1.8mm,宽为0.4~0.7mm,初产时呈淡黄色,后变为深黄色。

(3) 若虫

① 1龄若虫,此期头宽为0.31mm,体长为1.35mm,历期7~12天。头、胸呈淡褐色,复眼呈暗红色,腹呈淡黄色,腹侧呈橘黄色。

② 2龄若虫:此期头宽为0.41mm,体长2.18mm。历期6~11天。身体颜色与1龄若虫相同。

③ 3龄若虫:此期头宽为0.92mm,体长为4.17mm,历期5~8天。头、胸黑褐色或黄褐色,复眼呈暗红色,腹部呈灰色或淡黄褐色,腹侧呈淡红色。在3龄初开始出现翅芽,到龄末时翅芽可伸达第1腹节后端。

④ 4龄若虫:此期头宽为1.24mm,体长为4.96mm,历期6~12天,体色同3龄若虫。翅芽在4龄末可伸达第2腹节后端。

⑤ 5龄若虫:此期头宽1.7mm,体长6.44mm,历期15~24天。其复眼呈褐色,腹侧呈灰色或淡黄褐色。头、胸、腹的颜色与4龄若虫相同。在5龄初其翅芽能伸达第3腹节的中部,到5龄末可伸达第4腹节的中部。

3. 发生规律

柳尖胸沫蝉1年发生1代。以卵在枝条上或枝条内越冬。于翌年4月中旬以后,越冬卵开始孵化,到4月下旬至5月中旬为孵化盛期。初期孵化的若虫喜欢群聚在新梢的基部取食,同时其腹部会不断地排出泡沫,将虫体覆盖起来。2龄若虫除危害树木新梢基部外,还可在新梢的中部及上部取食。3龄以上的若虫活动性不断增强,因而不是固定在一处取食,此时柳尖胸沫蝉多危害 1~2 年生枝条，亦可危害 3~5 年生枝条，此期若虫的取食量明显增大，排出的泡沫也显著增多，以至将整个虫体包被在泡沫中。随着聚集的泡沫越来越多，被害枝条上不时有水滴滴下，并且沿着树木枝干流淌，呈现水渍状。此时若虫则在泡沫里完成蜕皮，其一生共蜕皮 4 次，共 5 龄，整个历期共计 45~55 天。

每年 6 月中下旬成虫开始羽化，6 月下旬至 7 月上旬为羽化的旺盛时期。成虫大多喜欢在树冠中、上部的 1~2 年生枝条上取食而为害树木。它们常常固定于一处，不停地用口针吸取树木汁液，同时还不断地从肛门排出小的液滴；被取食危害过的枝条木质部表面，通常有一圈圈一道道的褐色痕迹，因而此处极易折断。成虫经过 26~40 天的营养补充后，开始交尾，其一生可交尾多次，雌虫在交尾后的第 2 天开始产卵，其卵多产于当年生枝条的新梢内，有的也产在 1~2 年生的枯枝上。着卵的新梢在第 2 天开始萎蔫，然后以卵在枯枝内越冬。柳尖胸沫蝉的成虫无趋光性，其飞翔速度快。

4. 防治方法

（1）秋末、春初时可剪除小树上着生卵的枯梢或对大树进行平头，并将其集中烧毁。此期组织人员，对有害枝条进行剪除，对翌春树木的生长发育不会产生大的影响，并可以避免柳尖胸沫蝉的大面积发生，从而减少了园林绿化树种的损失，同时也可以达到修枝、整形的目的；对遭受严重危害的高大柳树可采取平头后，集中烧毁或外运后处理梢头上的害虫，具体平头的高度要根据树木的实际情况来决定。笔者认为园林技术手段能避免使用药物对环境和树木产生的危害，应该大力提倡。

（2）在若虫群集危害时期，可用 50% 的杀螟松 200~500 倍液、40% 乐果乳油 1000 倍液、90% 的晶体敌百虫 1000~1500 倍液、20% 杀灭菊酯 1500~2000 倍液对有害树木进行喷雾处理。此法会对环境产生一定的不良影响，一定要掌握好用药浓度，不宜过大，以免产生药害；药量过小起不到杀虫作用。

（3）可在若虫、成虫发生期用 40% 的氧化乐果乳油 10 倍液，在受害的树干基部进行刮皮涂环处理，用此法处理时要注意用药量和刮皮的程度，以免产生药害及损伤树木。

（4）树干打孔注药　可对有害树干施行打孔注药的方法进行防治。打孔用具可使用打孔注药机。使用的药剂是 40% 的氧化乐果，施药浓度为 500~1000g/L，按 1mL/cm（胸径）的量进行注射。

思 考 题

1. 园林花卉害虫的发生有什么缺点？
2. 刺吸类害虫是如何危害寄主植物的？它的发生与寄主植物有什么关系？
3. 导致害螨再猖獗的主要原因是什么？在防治上应采取何种措施？

第十七章 贮粮害虫

贮粮害虫是指为害储藏期间粮食的害虫、害螨。这类害虫不仅种类繁多，而且不少种类分布相当广泛。它们食性相当复杂，包括多食性者（如各种皮蠹）、寡食性者（如只取食几种豆类种子的蚕豆象）和杂食性者（如兼食动、植物的赤拟谷盗）。为害粮食后造成的损失十分巨大，据资料记载全世界每年贮粮因虫害而损失 5%～10%，亦即每年损失的谷物够 2 亿多人食用 1 年，而且贮粮受害后品质大为降低，造成贮粮局部结块、发芽、生霉甚至腐败变质不堪食用。因此，有效防除贮粮害虫，保证粮食安全具有极大的经济和社会意义。

第一节 玉 米 象

一、发生及为害情况

玉米象（*Sitophilus zeamais* Motschulsky）属鞘翅目象甲科，别名米牛、铁嘴，是我国三大重要贮粮害虫（玉米象、麦蛾、谷蠹）之一，世界各地均有分布。其主要寄主为玉米、豆类、荞麦及各种干果。幼虫只蛀食禾谷类种子，其中以玉米、小麦、高粱受害尤重。嗜食储存 2～3 年的陈粮，成虫啃食谷粒而幼虫蛀食谷粒是其突出的为害特点，取食后造成碎粒及粉屑并引起后期性害虫发生。

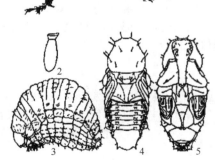

图 17-1 玉米象
1—成虫；2—卵；3—幼虫；
4—蛹背面观；5—蛹腹面观

二、形态特征

见图 17-1。

1. 成虫

体长 3.5～5mm，宽 1～1.7mm，圆筒形，体红褐色或黑褐色，有强光泽。头部额区向前延伸形成象鼻状，触角膝状 8 节，第 3 节较第 4 节长，末端节膨大。前胸背板前狭后宽，具圆形刻点，沿中线刻点数多于 20 个。鞘翅的基部、端部各具一橙黄或黑褐色椭圆形斑纹，后翅膜质发达能飞翔。

2. 卵

长椭圆形，(0.65～0.70)mm×0.285mm，乳白色，半透明，下端稍圆大，上端逐渐狭小，上端着生帽状圆形小隆起。

3. 幼虫

体长 4.5～6mm，无足，肥胖，背隆起，柔软多皱纹，腹面较平，乳白色，头黄色，上颚黑褐色。

4. 蛹

长 3.5～4mm，椭圆形。

三、发生规律

该虫在甘肃陇东每年发生 1 代，东北每年发生 1～2 代，山东每年发生约 2 代，浙江、江苏每年发生3~4代，湖北每年发生5代，广东、广西每年发生7代。其主要以成虫潜伏在仓内阴暗潮湿的砖石缝中越冬，也可在仓外松土、树皮、田埂边越冬。少数幼虫在粮粒内越冬。翌年5月中下旬越冬成虫开始活动，在仓内越冬的成虫就地继续产卵繁殖，仓外越冬的成虫一部分迁入仓内，另一部分飞至大田，将卵产在麦穗上，成虫产卵时，用口吻啃食麦粒，形成卵窝，将卵产在其中，后分泌黏液封口，卵期3~16天，6月中下旬至7月上中旬幼虫孵化，蛀入粒内，幼虫期13~28天，7月中下旬化蛹，蛹期4~12天，8月上旬成虫羽化，成虫有假死性，喜阴暗，趋温、趋湿，繁殖力强，怕光，雌虫可产卵约500粒，10月上旬气温低于15℃，成虫开始越冬。

四、虫情调查与测报

可根据不同储藏方式及害虫的生活习性采取相应的抽样检查方法。

(1) 现场检查　适用于各种储藏方式。观察仓库和储粮场所及周围环境仓虫的发生情况，现场检查玉米象数量，同时要抽取样品带回室内检查。

(2) 抽查　适用于包装储藏的粮食。

(3) 选点抽样　适用于散装粮。选点方法为根据粮食种类和储存方式的不同可采用对角线、棋盘式或随机方式取样。

五、防治方法

① 清洁仓库，改善储存条件，堵塞各种缝隙，改善贮粮条件，可减少为害。

② 改进储藏技术，如在粮堆表面覆盖一层6~10cm厚的草木灰，用塑料膜或牛皮纸隔离；如已发生虫害，要先把表层粮取出去虫，使其与无虫粮分开，防止其向深层扩展。必要时在入仓前暴晒。

③ 药剂防治。可采用触杀和熏蒸措施，每40kg粮食用粮虫净4~5g，防治有效率可达85%；此外，用磷化铝$3g/m^3$熏空仓，熏实仓时为$10g/m^3$，闭熏4天后防治有效率可达95%。

第二节　麦　蛾

一、发生及为害情况

麦蛾［*Sitotroga cerealella*(Olivier)］属鳞翅目麦蛾科。其经济重要性在几大贮粮害虫中仅次于玉米象，主要危害稻谷、小麦、高粱、玉米等。麦蛾在实际农业生产中造成的经济损失主要表现为幼虫蛀食所贮粮粒，有蛀完一粒又转而蛀食另一粒的习性，普遍发生时亦可导致粮堆发腐、发霉，使被蛀食的贮粮重量损失达20%~40%。麦蛾在大田及仓库中均能繁殖为害，属于严重的初期性贮粮害虫种类。

二、形态特征

见图17-2。

1. 成虫

体长4~6mm，翅展12~16mm，身体淡褐色或黄褐色，与谷子和麦粒颜色相近；触角丝状，32~35节，短于前翅；下唇须长，3节，向上弯呈镰刀状；前翅灰褐色，呈竹叶形，窄而细长，常可见翅面上零星散布着较暗的不规则小斑点，后缘毛密而长；后翅灰白色，尖端突出呈菜刀状，其后缘毛极长，约与翅宽相等。

2. 卵

长0.5~0.6mm，表面可见明显的纵横纹，初为乳白色，后转至浅红色。

3. 幼虫

初孵为淡红色；2龄后变淡黄色；老熟幼虫乳白色，体长4~8mm，淡黄色，头部小，胸部较肥大，向后逐渐缩小，腹足退化呈肉突状。

4. 蛹

长 4~6mm，细长，黄褐色。

三、发生规律

1. 生活史及习性

麦蛾每年发生 2~7 代甚至更多，气温较高的南方部分地区可多达十几代，多以老熟幼虫在粮粒内越冬。仓内麦蛾羽化后通常爬到粮面上交配产卵，多产于麦粒腹沟近胚部或腹沟内，在稻谷上则多产于护颖内部或颖片间的凹缝处，在玉米上则产于胚部居多。此外，产卵分布还因贮粮堆深度的不同而不同，90%以上的卵产于距粮面 0.6~20cm 深度的贮粮内，而 6~8cm 层的着卵量最多；田间麦蛾则多在灌浆后近黄熟的穗粒上产卵，也有少数卵分布于花、茎、叶上。孵化的幼虫一般集中在粮面下 0.5~20cm 处为害，其间 50%左右的幼虫集中在粮面下 5~7cm 处；幼虫通常从粮粒的胚部或损伤处蛀入，一般每粒粮食寄生 1 头幼虫。玉米粒因体积偏大，常寄生 2~3 头幼虫。

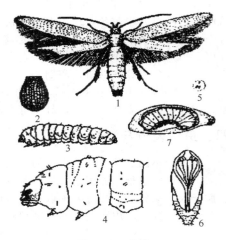

图 17-2　麦蛾
1—成虫；2—卵；3—幼虫；4—幼虫头部、前、中胸及第 4 腹节侧面；5—幼虫腹足趾钩；6—蛹；7—被害状

2. 发生与环境的关系

麦蛾喜好高温高湿，温度 33~35℃，相对湿度 70%~80%时，麦蛾发育最快，为害严重；另外，麦蛾的为害还与贮粮中的含氧量有很大关系，含氧量越高，发生越严重，反之亦然。

四、防治方法

1. 晴天摊晒除虫

夏季日光充足且热量高，直射温度可达 45℃以上，能有效起到抑制虫、霉的功效。利用太阳暴晒除虫简单易行，运用广泛，一般遵循"薄摊勤翻"的原则，将粮食摊平在场地上，厚 3~5cm，每隔半小时翻动一次，晒 4~6h，最后趁热密封入仓（注意仓库应事先进行干燥、清洁及杀虫、鼠等工作）。此法适合于稻谷、麦粒、玉米等储存，大米则不适合。

2. 保持仓库干燥，同时低温冷冻

因高温、高湿能为麦蛾的大发生提供有利的外界环境，所以贮粮温度一般要求低于 15℃，湿度则通常控制在 20%以下。

3. 物理机械防治

（1）低氧保存　麦蛾的危害程度与仓库中含氧量密切相关，可通过控制环境中的含氧量提高其防治效果。常用的方法有自然缺氧、脱氧、充氮、充二氧化碳等方法，效果显著。

（2）熏避除虫　可将花椒、茴香等碾碎成粉末状，任取一种装入小布袋中，利用其特有的刺激性气味熏避麦蛾，使之远离粮仓。具体操作方法是，一个小布袋装 10~12g 粉末，均匀埋藏于粮堆中，每 100kg 放 4 袋。

（3）诱集杀虫　通常应用于大型粮仓，利用麦蛾的趋光性和性趋性，在仓库中悬挂黑光灯或释放性诱剂诱杀成虫。

4. 药剂防治

将磷化铝片装入小布袋中，将其埋于距粮面 50~80cm 深处，通常每 1000kg 粮食可入放磷化铝片 3~4 片，开仓前 10 多天应打开窗门通风透气，防止人员中毒；将 1.2%的粮虫净与小麦拌匀，比例为 1∶1000，此法可使当年麦蛾的发生低于防治指标。

田间防治以杀卵和初孵幼虫为主，将其消灭在钻蛀之前。麦蛾产卵盛期至卵孵高峰期，当每穗有卵 2 粒以上时，喷 50%辛硫磷乳油，其效果明显。

第三节 绿豆象

一、发生及为害情况

绿豆象〔*Callosobruchus chinensis*（Linnaeus）〕属鞘翅目豆象科，为世界性害虫，原产于欧洲，国内除青海省外各地均有发生。除为害绿豆外，也为害赤豆、豇豆、扁豆、菜豆、蚕豆、豌豆、相思豆、槟榔、莲子等，其中以绿豆、赤豆、豇豆被害最重。幼虫蛀荚，食害豆粒，往往一粒豆内有数头，豆粒被蛀食一空仅剩空壳。

二、形态特征

见图17-3。

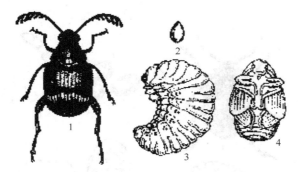

图17-3 绿豆象
1—成虫；2—卵；3—幼虫；4—蛹

1. 成虫

体长2～3.5mm，宽1.3～2mm，卵圆形，深褐色；头密布刻点，额部具一条纵脊，雄虫触角栉齿状，雌虫触角锯齿状；前胸背板后端宽，两侧向前部倾斜，前端窄，着生刻点和黄褐、灰白色毛，后缘中叶有1对被白色毛的瘤状突起，中部两侧各有一个灰白色毛斑。小盾片被有灰白色毛。鞘翅基部宽于前胸背板，小刻点密，灰白色毛与黄褐色毛组成斑纹，中部前后有向外倾斜的2条纹。臀板被灰白色毛，近中部与端部两侧有4个褐色斑。后足腿节端部内缘有一长而直的齿，外端有一端齿，后足胫节腹面端部有尖的内、外齿各一个。

2. 卵

长约0.6mm，椭圆形，淡黄色，半透明，略有光泽。

3. 幼虫

长约3.6mm，肥大弯曲，乳白色，多横皱纹。

4. 蛹

3.4～3.6mm，椭圆形，黄色，头部向下弯曲，足和翅痕明显。

三、发生规律

每年发生4～5代，南方可发生9～11代，成虫与幼虫均可越冬。成虫可在仓内豆粒上或田间豆荚上产卵，每雌可产70～80粒。成虫善飞翔，并有假死习性。幼虫孵化后即蛀入豆荚豆粒。

四、防治方法

① 物理机械防治。将有虫绿豆装入篮子中，置入开水中浸25～28s后，迅速移入冷水中冷却。

② 药剂防治。把200kg绿豆置入密闭的容器内，用磷化铝1片熏3天后，晾4天。

③ 也可使用粮食防虫包装袋。

第四节 其他贮粮害虫

一、蚕豆象

(一) 发生及为害情况

蚕豆象属鞘翅目豆象科,在田间和室内都可为害,曾被列为国内检疫对象,分布于我国部分省区。该虫是专门危害蚕豆的大害虫,成虫取食蚕豆的花瓣、花粉、花蜜及叶片。幼虫在蚕豆的种子内蛀食。被害豆粒内部蛀成空洞,重量损失达 6%～15%,表皮变赤褐色,带有苦味,并影响发芽。

(二) 形态特征

见图 17-4。

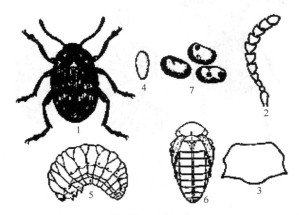

图 17-4 蚕豆象
1—成虫;2—触角;3—前胸背板;4—卵;5—幼虫;6—蛹;7—被害状

1. 成虫

体长 4～5mm,宽约 2.7mm,椭圆形,黑色;触角基部 4 节;上唇与前足浅褐色;头部点刻密;着生黄褐色与淡黄色毛。前胸背板宽,后缘中叶有一个三角形白色毛斑,前端中间与两侧各有一个白色毛斑,两侧中间有一个向外的钝齿;小盾片近方形,后缘凹。鞘翅具小刻点,被褐色或灰白色毛,各有 10 条纵纹,近翅缝外缘有灰白色毛点形成的横带。臀板中间两侧有 2 个不明显的斑点。腹部腹板两侧各有一个灰白色毛斑。后足腿节近端部外缘有一个短而钝的齿。

2. 卵

黄白色,较细的一端无丝状物。

3. 幼虫

体长约 6mm,乳白色,有红褐色背线,额前有较宽并向两侧延伸的红褐色带包围触角基部,并在前缘中央向下弯曲。上颚较大。

4. 蛹

前胸背板及鞘翅上密生细皱纹,前胸两侧各具一个不明显的齿状突起。

(三) 生活习性

在我国南方 1 年发生 1 代,以成虫在豆粒内、仓内包装物缝隙中越冬,部分可在仓外越冬。翌春 3 月下旬或 4 月上旬飞入蚕豆地,产卵于蚕豆嫩荚上。卵期 7～12 天。幼虫孵化后即蛀入豆荚鲜豆粒内取食为害,幼虫期 90～120 天,5 月下旬至 7 月上旬为幼虫发生盛期。8 月为化蛹盛期,蛹期 9～20 天。8 月上旬至 9 月下旬成虫羽化,但不离开豆粒,即在其内越冬,如遇惊扰可爬出豆粒飞至角落缝隙处越冬。成虫寿命可达230天左右。

（四）防治方法

1. 化学防治

采用磷化铝熏蒸法防治麦、玉米、豆类害虫前将粮食晒干，使其达到规定的含水量标准（小麦、蚕豆、籼稻为12.5%，粳稻为14%，大麦、玉米为13.5%，大豆为13%）。施药时要按每200～300kg粮食用磷化铝3.3g（1片）作为计算标准，根据贮粮仓库粮食总量计算总用药量。粮堆高度超过2m的，采用粮堆面与粮堆中埋药相结合的方法。熏蒸3天后，选晴天启封散气4天，再经3～7天自然通风，使农药残留降至规定标准以下方可食用或饲用。

2. 其他方法

参见绿豆象。

二、谷蠹

（一）发生及为害情况

谷蠹属鞘翅目长蠹科，别名谷长蠹、谷小蠹虫，其分布除辽宁、吉林、宁夏、西藏未见报道外，广泛分布于全国各地及全世界。其为害稻谷、小麦、大米、玉米、高粱、豆饼、粉类、块根、块茎类蔬菜、中药材及干果。成、幼虫蛀害粮食粒成空壳，引起储粮发热霉变，是粮仓内最厉害的贮粮害虫之一。

（二）形态特征

见图17-5。

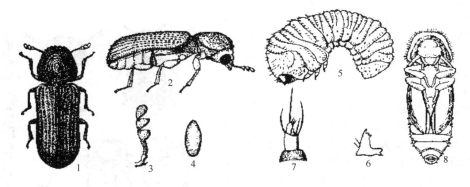

图17-5 谷蠹
1—成虫背面；2—成虫侧面；3—成虫触角；4—卵；5—幼虫；
6—幼虫上颚；7—幼虫触角；8—蛹

1. 成虫

体长2～3mm，宽0.6～1mm，细长圆筒形；体色深褐，具光泽，眼黑色，头部隐蔽在前胸下；触角10节，1～2节近等长，3～7节细小，末端3节内侧膨大，呈三角形片状，前胸背板中部隆起，前半部生4排倒生的短齿，似鱼鳞。

2. 卵

长0.4～0.6mm，长椭圆形，乳白色。

3. 末龄幼虫

体长2.5～3.3mm，蛴螬形，头小略缩入前胸内，初乳白色，后变成浅棕色。触角短小2节；胸部各节气门圆形，小，不明显；胸足3对。

4. 蛹

长2.5～3mm，头下弯，前胸背板圆形，复眼、口器、触角、翅均为褐色，余乳白色。腹部可见7节。鞘翅、后翅伸达第4腹节。

（三）生活习性

华中1年发生2代，华南1年发生2～5代，多以成虫在发热的粮谷中或粮粒内越冬，少数以幼虫越冬。气温28℃，相对湿度70%，完成1代历时40天，寒冷地区则需6个月。成虫飞翔力强，常钻入粮堆内温度最高的地方或聚集在距粮面670～1000mm处为害。气温高于37℃，成虫常钻出并在仓库内飞翔。每雌产卵200～500粒。该虫将卵产在粮粒蛀孔处或粉屑中，初孵幼虫钻入粮粒中蛀食，直到羽化成虫。该虫抗热抗旱性强，粮食含水8%时还能发育或繁殖。每年4月成虫开始活动交配产卵，7月中旬第1代成虫出现，8月下旬至9月上旬第2代成虫为害严重。一直持续到9月份，气温下降后，开始进入越冬处，全世代历期43～91天，卵期11～13天，幼虫期28～67天，蛹期3～4天，成虫寿命1年。

（四）防治方法

1. 物理机械防治

可采用冷冻法杀虫，冬季将库温降至0.6℃以下，持续7天以上，也可将虫粮在仓外薄摊后冷冻。也可用高温法杀虫，即将粮库内温度升到55℃以杀死该虫。

2. 化学防治

可采用磷化铝熏蒸法，具体方法参见蚕豆象。

三、赤拟谷盗

（一）发生及为害情况

赤拟谷盗属鞘翅目拟步甲科，别名拟谷盗，分布在我国大部分省区，以及世界热带与较温暖地区。该虫为害稻、小麦、玉米、高粱、油料、食用菌、干果、豆类、中药材；嗜食面粉，因该虫臭腺分泌臭液可使面粉发生霉腥味，而且其分泌物还含有致癌物苯醌，危害极大。

（二）形态特征

见图17-6。

1. 成虫

长椭圆形，体长3～4.5mm，赤褐色至褐色，体上密布小刻点，背面光滑，具光泽，头扁阔；触角锤状11节，锤端3节膨大，复眼黑色，两复眼腹面距离约与复眼的横径等长，前胸背板呈矩形，两侧稍圆，前角钝圆，有刻点；小盾片小，略呈矩形，鞘翅长达腹末，与前胸背板同宽，上具10条纵刻点行。前、中、后足5R节分别为5、5、4节。

2. 幼虫

细长圆筒形，长6～8mm，有胸足3对，头浅褐色，口器黑褐色，触角3节，长为头长之半，胸、腹部12节，各节前半部骨化区浅褐色，后半部黄白色。臀叉向上翘。腹末具1对伪足状突起。

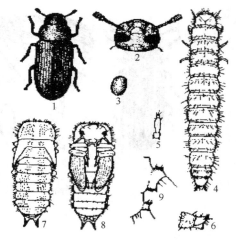

图17-6 赤拟谷盗
1—成虫；2—成虫头部腹面观；3—卵；4—幼虫；5—幼虫触角；6—幼虫腹末侧面观；7,8—蛹背面和腹面观；9—蛹第6～7腹节侧突背面观

（三）发生规律

每年平均发生4～5代，以成虫在包装物、苇席、杂物及各种缝隙中越冬。雄虫寿命547天，雌虫226天，将卵产于仓库缝隙处，卵粒上附有粉末碎屑一般不易看清，每雌产卵327～956粒。其最适发育温度27～30℃，相对湿度70%，30℃完成一代27天左右。将气温调到44℃，相对湿度77%，幼虫10h、成虫7h即死亡；50℃ 1h即死亡；低于－1.1℃各虫态17天即死亡；－6.7～－3.9℃ 5天全部死亡。

（四）防治方法

① 仓贮玉米等种子或粮食要纯净干燥，颗粒完整。

② 控制成品含水量在 12%～13%,储藏中发现成品含水量超过上限时,要及时晾晒或置入 55～60℃烘干机内烘焙。

③ 干菇、干耳最好储藏在 3～5℃的条件下,成品包装要密封在不透气容器中。

四、锯谷盗

(一) 发生及为害情况

锯谷盗属鞘翅目锯谷盗科,分布在世界各地。该虫主要为害玉米、食用菌等。成虫、若虫喜食破碎玉米等粮食的碎粒或粉屑。为害食用菌时,幼虫蛀食子实体干品,成虫也可造成危害。

(二) 形态特征

见图 17-7。

1. 成虫

扁长椭圆形,深褐色,长 2～3.5mm,体上被黄褐色的密细毛。头部大呈三角形,复眼黑色、突出,触角棒状、11 节;前胸背板长卵形,中间有 3 条纵隆脊,两侧缘各生 6 个锯齿突;鞘翅长,两侧近平行,后端圆;翅面上有纵刻点列及 4 条纵脊,雄虫后足腿节下侧有 1 个尖齿。

2. 幼虫

扁平细长,体长 3～4mm,灰白色,触角与头等长,3 节,第 3 节长度为第 2 节的 2 倍,胸足 3 对,胸部各节的背面两侧均生一暗褐色近方形斑,腹部各节背面中间横列褐色半圆形至椭圆形斑。

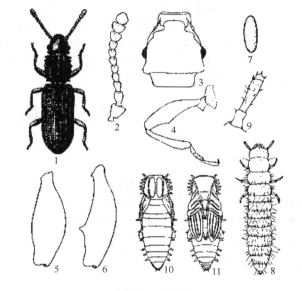

图 17-7 锯谷盗
1—成虫;2—成虫触角;3—头部背面观;4—雄成虫后足;5,6—雄、雌成虫后足腿节;7—卵;8—幼虫;9—幼虫触角;10,11—蛹背面和腹面观

(三) 发生规律

每年发生 2～5 代,以成虫在仓库内外缝隙、砖石下或树缝中越冬。翌春又返回仓库内,寿命 3 年以上。成虫活泼,喜群聚,喜把卵产于缝隙处或碎屑中,每雌产卵量数十粒至 300 粒,发育适温 30～35℃。当仓库内相对湿度 90%左右、气温 35℃时,18 天即可完成 1 代,30℃则需 21 天,25℃则需 30 天,耐寒力较强。

(四) 防治方法

① 仓贮玉米等种子或粮食要纯净干燥,颗粒完整。

② 控制成品含水量在 12%～13%,储藏中发现成品含水量超过上限时,要及时晾晒或置入 55～60℃烘干机内烘焙。

③ 也可使用粮食防虫包装袋。具体方法参见谷蠹。

思 考 题

1. 什么是贮粮害虫?其生物学特性有哪些共同之处?
2. 举例说明贮粮害虫的为害方式。
3. 怎样使用磷化铝防治贮粮害虫?

第十八章 桑茶糖烟等害虫

近年来,我国桑园面积不断扩大,桑树害虫种类增多,发生为害程度加重,造成桑叶减产,叶质低劣,严重影响桑蚕茧的产量和质量。我国茶区辽阔,茶树害虫种类很多。据统计,已记载的茶树害虫约有400多种,常见的害虫有40多种。我国栽培的糖料作物在南方以甘蔗为主,北方以甜菜为主,其虫害的发生也很严重。烟草是收获叶片的作物,整个生长期内都可以遭受各种害虫的为害,对产量和质量影响很大。

第一节 桑象虫

一、发生及为害情况

桑象虫属鞘翅目象甲科。其以成虫啃食桑芽为主。桑芽萌发后,啃食嫩叶、叶柄或嫩梢,夏伐后发生严重时,可将整株桑芽吃光,以致全树无法长枝抽叶。6月间,桑象甲在嫩梢基部钻孔产卵,新梢易被风吹断,影响发条和树型养成。幼虫在皮下钻蛀形成细窄隧道,使受害处破裂,影响桑叶产量。伤口处病菌容易侵入引起病害发生。

二、形态特征

1. 成虫

体长4mm。黑色。头小,口喙管状弯曲向下。触角膝形,由管状喙中部两侧伸出。鞘翅上有10条纵沟和刻点(图18-1)。

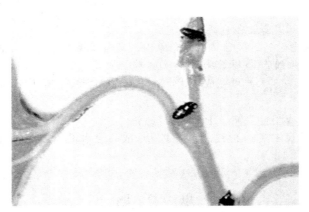

图18-1 桑象成虫形态

2. 卵

椭圆形。初乳白色,近孵化前变为灰黄色。

3. 幼虫

成长幼虫体长6mm。圆筒形,稍弯曲,呈新月形。头部咖啡色。

4. 蛹

纺锤形,乳白色,羽化前转为黄褐色。腹部末端有2个小突起分别位于左右两侧。

三、发生规律

1. 生活史

我国桑象虫1年发生1代,以成虫在半截枝枯桩皮下的化蛹穴内越冬。翌年3~4月气温回升后开始活动,日夜啃食桑芽。

2. 主要习性

成虫喜白天活动取食,阴雨天潜入土表或树缝中。该虫飞翔力差,多在桑树上爬行,有假死性。成虫5~6月份多在半截桑枝皮孔内产卵,少数产在芽苞或叶痕内,每处1粒。6月上旬进入产卵盛期,6月中旬进入孵化盛期。幼虫孵化后即在半枯枝皮下生活,并蛀食成细狭的隧道,老熟后蛀入木质部化蛹,7~8月份羽化为成虫。

3. 发生与环境的关系

桑象虫喜在夏伐后的半截枝或将枯死枝上产卵,所以管理粗放及衰败的桑园中往往为害成灾。

四、防治方法

1. 人工防治

修剪半枯桩。冬季彻底修剪枯桩、枯枝和死苗,并收集烧毁。

2. 药剂防治

桑树夏伐后,用50%辛硫磷乳油或40%毒死蜱乳油与80%敌敌畏乳油混合液1000倍液喷雾。

第二节 茶 毛 虫

一、发生及为害情况

茶毛虫属鳞翅目毒蛾科,俗称茶黄毒蛾、茶辣子、毒毛虫等,全国各茶产区均有分布,是我国茶区的一种重要害虫。该虫主要为害茶叶,还可为害油茶、柑橘等。3龄前幼虫常数百头群集在叶背取食,形成黄绿色半透明膜状斑,后变枯焦斑。3龄后分散,许多幼虫排列整齐,从叶尖或叶缘向内咬食叶片形成缺刻,严重时,可取食新梢、枝皮、花果,对茶产量影响较大,且虫体有毒毛,触及人体皮肤会红肿痛痒,影响采茶。

二、形态特征

见图18-2。

1. 成虫

体长6~13mm。雌蛾稍大,体黄褐色,雄蛾稍小,体黑褐色。前翅有淡色波纹状的内横线和外横线,翅尖有2个黑点。

图18-2 茶毛虫形态
1—雄成虫;2—雌成虫;3—幼虫

2. 卵

圆形，淡黄色。块产，堆集成椭圆形卵块，上覆盖黄色绒毛。

3. 幼虫

成长幼虫体长 20mm。1～2 龄幼虫淡黄色或黄褐色。从前胸到第 9 腹节每节背侧面具有 8 个黄色或黑色绒球状毛瘤，上生黄色毒毛。

4. 蛹

体长 7～10mm，黄褐色，密生黄色短毛，末端有一束钩状尾刺，外有土黄色丝质薄茧。

三、发生规律

1. 生活史

1 年发生代数因地区气候而异。多数地区以卵块在茶园下部叶背处越冬。各代幼虫发生为害期分别为第 1 代幼虫为 4～5 月份，第 2 代为 6～7 月份，第 3 代为 8～10 月份。一般以春、秋两季发生重。

2. 主要习性

成虫有趋光性。幼虫 3 龄前群集性强，具假死性，受惊即吐丝下垂，晨昏及阴天，虫群多在茶丛上部取食，中午躲藏在茶丛下部，老熟后迁至根际落叶下结茧化蛹。

3. 发生与环境的关系

高温干旱、梅雨季节对茶毛虫不利，管理粗放的茶园受害重。

四、调查与测报

1. 调查

（1）田间发蛾进度及发蛾量调查 各代幼虫进入盛蛹期后，每晚 20～24 时用 20W 黑光灯诱 4h，至终见蛾止。每天清晨检查雌雄蛾数。

（2）越冬代卵块密度及初龄幼虫密度调查 卵块密度调查在越冬卵孵化前进行，选取代表性茶园各 2～3 块，按平行跳跃式取样，各取 20 个点，每点取 1m 行长，检查茶丛中、下部叶背卵块数。初龄幼虫密度调查则结合产卵进度进行。

（3）非越冬代产卵进度和卵块及初龄幼虫虫群密度调查 从始见蛾期开始，选择越冬代虫口较多的一块茶园，按平行跳跃式取样点 20 个，每点 1m 行长，逐日检查茶丛中、下部叶背卵块数，至终见蛾止。

（4）卵块孵化进度和寄生率调查 在终见蛾后进行。产卵调查时标记 50～100 个卵块，逐日观察其孵化进度。

（5）幼虫发育进度及虫口密度调查 选择有代表性的茶园一块，按平行跳跳式取样 20 点，每点 1m 行长，从卵孵开始，每 5 天检查一次幼虫发育进度。

（6）幼虫虫口密度调查 当幼虫老熟进入 6～7 龄盛期，在化蛹前，选择有代表性的茶园，采取平行跳跃式取样 20 点，每点 1m 半行长，检查幼虫密度。

（7）幼虫化蛹及成虫羽化进度调查 结合幼虫虫口密度调查，在各类型代表性茶园中，见到一个虫群即从中随机抽取 2～3 头幼虫，共取 200 头，置室外罩笼内饲养，逐日观察其入土化蛹数和成虫羽化数。

2. 预测

（1）卵孵化期预测

卵孵化始盛期＝非越冬代成虫羽化始盛期或诱蛾始盛期＋当代卵历期（10～13 天）

卵孵化盛期＝诱蛾高峰日或羽化盛期＋当代卵历期（10～13 天）

（2）防治适期预测

非越冬代防治适期＝卵孵化盛期＋1～3 龄幼虫期（12～23 天）

越冬代防治适期＝累计卵孵化率 50％～80％时

(3) 发生量预测　如田间卵块及幼虫密度调查，一半行长平均有卵块及初龄幼虫虫群 1 个以上，预示发生量大，如果平均 0.1 个左右，预示局部发生量大，如果平均 0.01 个左右，预示零星发生。

五、防治方法

1. 人工防治

每年 11 月份至翌年 4 月份，人工摘除卵块。在 1~2 龄幼虫期人工摘除有虫叶片并踩死或投入药液中浸杀（采摘时注意千万不要触及毒毛，防止毒刺刺伤皮肤），对 3 龄后幼虫，清晨用小棒振动茶枝，使幼虫振落于事前放置于茶丛下方的药液容器中处死。在茶毛虫核型多角体病毒流行季节，收集虫尸，放入瓶中用水浸没，置于阴凉避光处或在冰箱中保存。使用时取出研碎，加少量水用纱布过滤，每亩喷施 30~50 头虫尸滤液。

2. 诱杀成虫

掌握成虫盛期，点灯诱蛾，或利用性激素诱杀雄蛾。

3. 中耕灭蛹

在化蛹盛期，结合茶园中耕除草，可锄灭大量入土虫蛹，阻止成虫羽化。

4. 药剂防治

当每米茶行或每立方米茶丛有卵块及 3 龄以前幼虫虫群 1 头以上时，选用 80% 敌敌畏乳油、50% 马拉松乳剂、25% 亚胺硫磷乳剂、50% 杀螟松 1000 倍液或 2.5% 溴氰菊酯乳油、20% 氰戊菊酯乳油 6000~10000 倍液喷雾。也可在 1~2 龄幼虫期喷施 20% 除虫脲 2000~3000 倍液，残效期长达 30 天，1 代仅需喷药 1 次。

5. 生物防治

喷撒青虫菌粉（每克含 150 亿个孢子）500 倍液。

第三节　草　地　螟

一、发生及为害情况

草地螟属鳞翅目螟蛾科，在我国的北方普遍发生。该虫食性杂，可为害甜菜、大豆、向日葵等 35 科 200 多种植物。初孵幼虫取食叶肉，残留表皮或叶脉，3 龄后可将叶片吃成缺刻或仅留叶脉，使叶片呈网状。大发生时，也为害花。常间歇性暴发成灾，将甜菜、大豆吃光。大发生时能使作物绝产。草地螟是一种间歇性暴发成灾的害虫。

二、形态特征

见图 18-3。

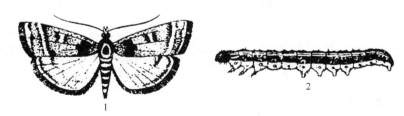

图 18-3　草地螟形态
1—成虫；2—幼虫

1. 成虫

体长 6~12mm，翅展 24~30mm。灰褐色。头部颜面突起呈圆锥形，触角丝状。前翅中央稍近前缘有一近似长方形的淡黄色或淡褐色斑，翅外缘黄白色，有一串淡黄色小斑连成的条纹，后翅灰色，近翅基部较淡，沿外缘有 2 条平行的黑色波状条纹。

2. 卵
长 0.8～1.0mm。椭圆形。乳白色，有光泽，分散或 2～12 粒覆瓦状排列成卵块。

3. 幼虫
成长幼虫体长 16～25mm。幼虫 5 龄，各龄幼虫体色有变化，灰黑或淡绿色，前胸盾片黑色，有 3 条黄色纵纹，周身有毛瘤。

4. 蛹
体长 8～15mm。黄色至黄褐色。蛹外有口袋形的茧，茧长 20～40mm，在土表下方直立。

三、发生规律

1. 生活史
我国北方 1 年发生 1～4 代，以老熟幼虫在土表内吐丝结茧越冬。在东北、华北、内蒙古主要为害区一般每年发生 2 代，以第 1 代为害最为严重。翌春 5 月份化蛹及羽化。6 月份为盛发期，6 月下旬至 7 月上旬为严重为害期。第 2 代幼虫发生于 8 月上中旬，一般为害不大。

2. 主要习性
成虫飞翔力弱，昼伏夜出，趋光性强，喜食花蜜，有群集性。通常在黄昏后、微风或地表温度出现逆增现象时，成虫大量迁飞。成虫在光滑的叶面产卵，卵散产于叶背主脉两侧，常 3～4 粒聚在一起，以距地面 2～8cm 的茎叶上最多。幼虫共 5 龄。初孵幼虫多集中在枝梢上结网躲藏，取食叶肉，3 龄后食量剧增，可使叶片仅留叶脉。末龄幼虫停止取食后，筑室吐丝做茧化蛹。

3. 发生与环境的关系
一般春季低温多雨不适于该虫发生，如在越冬代成虫羽化盛期气温较常年高，则利于该虫发生。孕卵期间如遇干燥，又不能吸食到适当水分，该虫产卵量减少或不产卵。

四、防治方法

1. 人工防治
利用成虫白天不远飞的习性，用拉网法捕捉。用宽 3m、高 1m、深 4～5m 的纱网，网底为白布，贴地迎风拉动捕杀成虫。第一次拉网为羽化后 5～7 天，以后每隔 5 天拉网 1 次。

2. 农业防治
及时清除田间杂草，结合秋耕或冬耕杀死部分在土壤中越冬的老熟幼虫。

3. 药剂防治
害虫发生时，选用 2.5% 敌百虫粉剂喷粉 22.5～30kg/hm^2 或 25% 喹硫磷乳油 800～1200 倍液、90% 晶体敌百虫 1000 倍液、40.7% 毒死蜱乳油 1000～2000 倍液、25% 鱼藤精乳油 800 倍液在幼虫低龄期喷雾。还可用 10^9/g 活孢子的杀螟杆菌粉剂或 10^{10}/g 青虫菌粉剂 2000～3000 倍液喷雾。

第四节 二 点 螟

一、发生及为害情况

二点螟属鳞翅目螟蛾科，在我国各蔗区均有发生，尤其是旱地蔗区发生为害较重。该虫主要为害甘蔗、粟（谷子）、糜、黍、玉米、高粱、稗、狗尾草等，是甘蔗苗期的主要害虫之一。幼虫为害甘蔗生长点，致心叶枯死形成枯心苗。甘蔗萌发期、分蘖初期造成缺株，有效茎数减少，生长中后期幼虫蛀害蔗茎，破坏茎内组织，影响生长且含糖量下降，遇大风蔗株易倒，伤口处还易诱发甘蔗赤腐病。

二、形态特征

1. 成虫

体长10~15mm。雌蛾灰黄色，雄蛾暗灰色，前翅呈长三角形，顶端呈锐角，外缘近圆形，中室呈暗灰色。中室的顶端及中脉下方各有一暗灰色斑点，外缘有成列的小点7个。后翅白色，有锦缎光泽。

2. 卵

短椭圆形，扁平。初产乳白色，卵壳表面有龟甲刻纹。卵块产，呈鱼鳞状排列。

3. 幼虫

体长25~30mm。黄白色。5~6龄，体背上有5条黄褐色或淡紫色纵线，全身有显著的毛片。

4. 蛹

体长12~16mm。初为淡黄色，后变黄褐色。

三、发生规律

1. 生活史

每年发生代数3~6代不等。该虫以幼虫或蛹在蔗头、蔗笋和残茎内越冬，有世代重叠现象。南方蔗区，通常以第1、第2代为害宿根和春植蔗苗，造成枯心，其中，以第2代为害较重，第3代以后，为害成长蔗，6~9月份田间密度较高。

2. 主要习性

成虫趋光性较强。卵一般产在蔗下部第1~5片叶背或叶鞘上，块产，每雌产卵250~300粒。初孵幼虫在蔗叶上爬行分散，或吐丝下垂，随风飘至邻株，侵入叶鞘蛀食心叶，为害生长点，造成枯心苗，尤以宿根蔗、新植蔗受害重。以后各代幼虫主要为害蔗茎，造成螟害节。老熟幼虫在为害部做薄茧化蛹。

3. 发生与环境的关系

二点螟喜高燥的环境，地势高燥的高坡地和旱地的蔗田发生严重。

四、防治方法

1. 人工防治

低砍收蔗，清洁蔗园，斩除秋笋，减少越冬虫源。剥叶除虫，用拔、刺、灌的方法杀死幼虫，割白螟枯鞘。选用抗虫、无虫的种苗，与非寄主作物轮作。

2. 生物防治

释放赤眼蜂、红蚂蚁等天敌，每次放蜂15万头/hm² 以上，设5~8个放蜂点，全年放蜂8~9次。还可利用性诱剂诱杀螟成虫。

3. 药剂防治

注药杀螟，可用40%敌敌畏乳油或90%晶体敌百虫100倍液注射。播种时用3%灭线磷颗粒剂或3%氯唑磷颗粒剂按1.5kg/亩散施于蔗种处，或在中培土、大培土时施于蔗根，然后覆土。在螟卵盛孵期可选用50%巴丹500倍液、25%杀螟氰500倍液、50%杀螟硫磷500倍液、90%敌百虫与40%乐果1.5:1混合液2000倍液、90%敌百虫500倍液喷雾。

第五节 黄 螟

一、发生及为害情况

黄螟属鳞翅目卷叶蛾科。甘蔗从苗期至收获前，不断遭受黄螟为害。苗期被幼虫入侵为害生长点后，心叶枯死，可造成缺株，减少有效茎数。在生长中、后期蔗茎受害，造成螟害节，破坏茎内组织，影响甘蔗生长，降低糖分，遇到大风，常在虫伤口处折断，而且虫伤部分常引起赤腐病菌侵入，使甘蔗产量和品质受到影响。

二、形态特征

1. 成虫
体长 5～9mm。体暗灰黄色，前翅深褐色，斑纹复杂，翅中央有"Y"形黑纹，后翅暗灰色。

2. 卵
椭圆形，扁平。散产。初为乳白色，后变黄色，孵化前出现弧形斑纹。

3. 幼虫
老熟幼虫体长约 20mm。体淡黄色或灰黄，头部赤褐色，前胸背板黄褐色，腹部末节臀板暗灰黄色，体上生有小毛瘤。

三、发生规律

1. 生活史
每年发生代数各地不一。该虫有世代重叠现象。冬季可在南方蔗区发现卵、幼虫和蛹，没有真正的越冬。在广西为害最重的是 3～6 月份第 1～3 代幼虫，主要为害宿根和春植蔗苗，造成枯心苗。

2. 主要习性
成虫日伏夜出，趋光性弱，卵散产于甘蔗叶鞘或叶片上。在春植甘蔗拔节前，卵多产在蔗苗基部的枯老蔗鞘上，8 月份后甘蔗长有数节时，大部分的卵产在蔗茎表面。初孵幼虫最初潜入叶鞘间隙，逐渐移向下部较嫩部分，一般在芽或根带处蛀入，蔗苗期及分蘖期食害根带部形成蚯蚓状的食痕，在被害茎蛀食孔外常露出一堆虫粪。老熟幼虫在蛀食孔处做茧化蛹。

3. 发生与环境的关系
黄螟喜潮湿环境，在低洼潮湿和灌溉蔗区发生和为害严重。

四、防治方法

防治方法参照二点螟。

第六节　烟夜蛾

一、发生及为害情况

烟夜蛾属鳞翅目夜蛾科，又名烟青虫，全国各地均有分布。烟夜蛾以幼虫集中在烟苗顶部心芽和嫩叶为害，蛀成孔洞、缺刻，严重时仅留主脉，严重影响烟的产量和质量。

二、形态特征

1. 成虫
体长 15～18mm，翅展 27～35mm。体灰黄至黄褐色。触角丝状，复眼黄绿色，前翅暗褐色，翅上有较明显的外横线、内横线、肾形纹、环形纹。后翅黄白色，近外缘有一黑色宽带（图 18-4）。

2. 卵
半球形，较扁。卵壳上有纵横隆起线纹，初期乳黄色，孵化前变为淡紫色。

3. 幼虫
体长 31～41mm。一般 5 龄。体色多变，常有青色、淡绿色、黄绿色、暗褐色或红褐色，腹部除末节外，每节有黄色毛片 6 个，前胸气门前侧的 2 根刚毛基部连线不接触

图 18-4　烟夜蛾成虫形态

气门。

4. 蛹

体长 16mm。长椭圆形，黄褐色。腹部有黑色短刺 2 根，刺的基部相连。

三、发生规律

1. 生活史

一年发生世代各地不同，均以蛹在土中越冬。

2. 主要习性

成虫白天潜伏在叶背或草丛中，夜间或阴天活动，有趋光性。羽化后卵多产于嫩烟叶正、反面，烟草现蕾后则多产于花瓣、萼片和蒴果上，卵多散产，每处 1 粒，偶有 3～4 粒聚在一起。幼虫一般 5 龄，初孵幼虫静止约 1h，体色加深后开始爬行并寻找食物。幼虫 3 龄后昼夜为害，有假死性，大龄幼虫有转株为害和自残性。

3. 发生与环境的关系

雌蛾寿命随温度升高而缩短，20℃时寿命最长。相对湿度 80％左右时蛾量大，卵量多，孵化率高，幼虫为害大。7～8 月份日均温高于 30℃，相对湿度低于 80％，则发生轻。

四、防治方法

1. 人工防治

利用冬耕深耕晒垡或引水灌田，减少越冬虫蛹。在晴天早上或阴天，检查受害烟株，发现顶芽绿叶上有新鲜虫粪或虫孔，即可人工寻找捕杀。

2. 药剂防治

可在幼虫发生期，选用 90％晶体敌百虫 800 倍液、20％氰戊菊酯乳油 3000 倍液、2.5％溴氰菊酯乳油 4000～5000 倍液喷雾。

思 考 题

1. 茶毛虫有何为害特点？怎样进行防治？
2. 简述草地螟的为害特点及防治措施。
3. 简述二点螟的为害特性及防治措施。
4. 根据烟夜蛾的为害特点如何做好防治工作？

第三篇 实验实训

● 实验实训

实验实训

实验实训一　昆虫的外部形态观察

一、目的要求

1. 了解昆虫体躯的一般构造。
2. 掌握昆虫纲的特征及其与唇足纲、蛛形纲、甲壳纲和多足纲等其他节肢动物的区别。
3. 了解昆虫头壳的构造，昆虫触角的构造及类型，口器的基本构造及类型，昆虫的复眼和单眼。
4. 掌握昆虫头式的类型。

二、材料和用具

1. 材料　棉蝗（或东亚飞蝗）、家蚕（或黏虫）幼虫、蝉、步行虫、胡蜂、家蝇、菜粉蝶、蚕蛾、金龟子、白蚁、埋葬虫、绿豆象（雄）、叩头虫（♂）、摇蚊（♂）、蜘蛛、马陆、蜈蚣和虾等。
2. 用具　双目解剖镜及外光源照明、蜡盘、镊子、解剖针、载玻片、大头针、10%KOH、酒精灯或电炉、石棉网、三角架和玻璃棒等。

三、内容与方法

1. 观察昆虫体躯的一般构造

取 1 只棉蝗（或东亚飞蝗），观察其体躯是否左右对称？体壁是否坚硬？体躯分为几段，腹部有多少节，头部和胸部是如何相连的？用左手拿住棉蝗（或东亚飞蝗），右手用镊子夹住其腹部轻轻拉动，观察腹部各节是如何连接的？

2. 比较昆虫纲与节肢动物门其他各纲的关系

取棉蝗（或东亚飞蝗）1 只，按实表 1 中的要求进行观察，并与马陆、蜘蛛、虾和蜈蚣等节肢动物门各纲标本进行比较，结合教材，找出它们的异同点，并填入实表 1 内。

实表 1　昆虫纲与节肢动物门部分纲特征比较表

纲名	体躯	触角	足	呼吸器官	栖境	代表
昆虫纲						
蛛形纲						
甲壳纲						
唇足纲						
重足纲						

3. 观察昆虫的触角。
4. 观察昆虫的复眼和单眼。
5. 观察昆虫的口器类型。
6. 观察昆虫足的基本构造和类型。

7. 翅的类型和连锁器。
8. 昆虫的雌性外生殖器。

四、作业与思考题

1. 比较昆虫纲、蛛形纲、重足纲、甲壳纲和唇足纲的异同点。
2. 绘制棉蝗（或东亚飞蝗）触角的构造图，注明各节名称。
3. 举例说明哪些口器类型属于吸收式口器，在构造上各有哪些特点，其各自的功能是什么？
4. 绘制棉蝗（或东亚飞蝗）的前足特征图，注明各节的名称，以及节上附属构造的名称。
5. 绘制棉蝗（或东亚飞蝗）产卵器的构造图，注明各部分名称。

实验实训二　昆虫内脏解剖

一、目的要求

1. 掌握昆虫多内脏器官的位置。
2. 掌握昆虫消化系统、排泄系统的基本结构和生理活动原理。
3. 掌握昆虫生殖系统、循环系统的基本结构。
4. 掌握昆虫神经系统、呼吸系统的基本结构。

二、材料和用具

依实验内容要求，由教师准备标本，一般观察气管系统，以天蛾幼虫为宜，观察生殖系统以东亚飞蝗和黏虫为宜（雌成虫）。

三、内容与方法

1. 解剖豆天蛾（其他大型天蛾幼虫亦可）幼虫，首先对虫体作预处理（可用氢氧化钾煮虫体，然后从气门用医务注射器注入色液，气管着色），再用手术刀从幼虫背部沿背线自头部到臀部割开，用大头针沿切缝将其固定在蜡盘上，再加入清水冲洗，观察已着色的气管网落系统。
2. 取东亚飞蝗，用手术刀或手术剪沿背线自头部到尾部切开表皮，用同样的方法将其固定在蜡盘上，观察消化系统、生殖系统、排泄系统和神经系统（腹神经索）。
3. 本实验可分2～3次进行。

四、作业

绘制各大系统的结构图。

实验实训三　昆虫的生物学特性观察

一、目的要求

1. 学习饲养昆虫的基本方法，观察昆虫的生活史及其习性，掌握了解昆虫生物学特性的基本方法。
2. 掌握完全变态和不完全变态两种类型。
3. 掌握昆虫卵、幼虫、蛹、成虫等虫态的基本特征。

二、材料和用具

1. 材料　液浸昆虫标本；各种类型卵的盒装标本；无足型的蝇幼虫、寡足型的黄粉甲幼虫和多足型美国白蛾幼虫液浸标本；蝇的围蛹、柞蚕的被蛹、黄粉甲的离蛹的液浸标本。各种类型翅、足及变态类型的盒装标本。活体棉铃虫成虫或蛹或幼虫或卵。

2. 用具　双目解剖镜，镊子、解剖针、培养皿、工业酒精。

三、内容与方法

棉铃虫的饲养：将产于纱布上的卵经消毒晾干后，直接放于塑料保鲜袋中孵化。初孵幼虫用毛笔移入特制的带盖10孔饲养盒，每孔1头，孔径和高度分为2.5cm和1.8cm，接虫前每孔加入工饲料4~5g，接虫后加盖，直至化蛹。幼虫化蛹后用培养皿收集，直接放于成虫饲养笼中，任其羽化、交配和产卵。采用这一改进饲养技术，幼虫存活率、化蛹率、羽化率等均有显著提高，棉铃虫的病害明显减少，同时节约饲养成本约50%。

观察完全变态和不完全变态两种类型的盒装标本；各种类型卵的盒装标本；蝇幼虫、黄粉甲幼虫、棉铃虫幼虫和美国白蛾幼虫液浸标本；蝇的围蛹、柞蚕的被蛹、黄粉甲的离蛹的液浸标本；比较不同类型卵、幼虫、蛹的特征差别。

四、作业

1. 绘制任一种幼虫的形态图。
2. 绘制蝇、柞蚕和黄粉甲蛹的腹面，观察形态上的差别。

实验实训四　昆虫纲主要目的特征观察

一、目的要求

1. 掌握检索表的运用方法，并学会常用检索表的编制方法。
2. 认识昆虫纲主要目的特征。

二、材料和用具

1. 材料　金龟甲、步行虫、跳虫、衣鱼、蜉蝣、螳螂、螳螂、蝗虫、蝼蛄、蠼螋、蜻蜓、蓟马、椿象、蚱蝉、叶蝉、粉虱（雄性）、草蛉、石蛾、蛾蝶类、蜂类、蝇、蚊、虻类等昆虫成虫标本和螨类标本。
2. 用具　实体显微镜、扩大镜、小镊子。

三、内容与方法

1. 昆虫检索表的形式及运用

检索表是分类鉴定的工具，学习分类首先必须掌握检索表的制作和运用。检索表所选用的昆虫特征是最明显的外部特征，而且是严格对称的性状，用最简洁、明确的文体表达出来，以供运用。

2. 昆虫纲主要目特征观察

① 观察蝗虫、蝼蛄标本，注意其口器咀嚼式、前翅革质、后足跳跃足或前足开掘足。

② 观察椿象及蝉或叶蝉标本，注意其口器均为刺吸式，但两类昆虫口器的着生部位、前翅质地、触角类型均有所差别，注意比较。

③ 在实体显微镜下观察蓟马标本，注意其特征：口器挫吸式，翅为缨翅。

④ 观察蝶蛾类标本，注意其共同特征：口器虹吸式，体、翅上密被鳞片和鳞毛。

⑤ 观察甲虫类标本，注意其共同特征：前翅角质，口器咀嚼式，腹部末端无尾铗。

⑥ 观察蜂类标本，注意其共同特征：前翅膜质，后翅小于前翅，后翅前线有一排翅钩与前翅相连，口器咀嚼式或咀吸式。

⑦ 观察蚊、蝇、虻类标本，注意其共同特征：仅有1对发达的膜质前翅，后翅特化为平

棍，口器刺吸式或舐吸式，足的跗节为5节。

四、作业

1. 列出主要目的形态差别。
2. 绘制鳞翅目成虫体形图，并注明各部位名称。
3. 绘制蚊、虻、蝇代表种的触角图。
4. 绘制一种蜘蛛背面观图。

实验实训五 麦类害虫种类识别及为害状观察

一、目的要求

观察麦类主要害虫的形态特征及其为害状，识别其不同种类。

二、材料和用具

1. 材料 麦长管蚜、麦二叉蚜、黍缢管蚜、麦长腿蜘蛛、麦圆蜘蛛、麦叶蜂类、小麦吸浆虫和麦秆蝇等害虫的成、幼（若）虫及为害状标本，有关害虫的生活史挂图及幻灯片。
2. 用具 实体显微镜、扩大镜、小镊子、玻璃皿。

三、内容与方法

1. 三种麦类蚜虫的成、若虫形态特征及为害状观察

为害小麦的蚜虫有多种，发生较普遍的有麦长管蚜、麦二叉蚜、黍缢管蚜，它们均属同翅目蚜科。

① 比较三种麦蚜的有翅胎生雌蚜和无翅胎生雌蚜在体色、体形上的异同，实测它们的体长，并对照实表2仔细鉴别。

② 观察麦蚜群集为害麦叶、麦穗，致使叶片变黄、麦粒变瘪的症状标本，并称量受害株麦粒与健株麦粒的千粒重，求出减产率。

2. 麦蜘蛛类

麦蜘蛛类主要有麦圆蜘蛛和麦长腿蜘蛛两种，前者属叶爪螨科，后者属四爪螨科。

实表2 三种麦蚜形态特征比较

项 目	麦长管蚜	麦二叉蚜	黍缢管蚜
触角	比体长，6节	略短于体长，6节	比体短，约为体长的一半，6节
前翅中脉	分3支	分2支	分3支
腹管	较长，圆筒形，黑色	细而短，端部黑色	较短，黑色，端部缢缩似瓶
尾片	黄绿色，比腹管短	约与腹管同长	为腹管长的一半，黑色

① 在实体显微镜下，观察比较两种麦蜘蛛的体长、体形、色泽及第1、第4对足的长度等特征，注意麦圆蜘蛛背肛的位置。对照识别麦长腿蜘蛛的雌雄及滞育卵与非滞育卵。

② 观察受害的麦叶，识别不同为害程度的白色斑点及黄叶症状。

3. 麦叶蜂类、小麦吸浆虫、麦秆蝇类

① 麦叶蜂类：主要种类有小麦叶蜂、黄麦叶蜂和大麦叶蜂三种，均属膜翅目叶蜂科。

a. 观察麦叶蜂的成虫标本，注意其中、小型个体，触角9节，前足胫节端部有距2个。三种麦叶蜂的主要区别见实表3。

b. 观察麦叶蜂的幼虫标本，注意其体形、腹足数目及着生位置、侧单眼的数目及颜色。

② 小麦吸浆虫：有麦红吸浆虫和麦黄吸浆虫两种，属双翅目瘿蚊科。

观察小麦红吸浆虫、黄吸浆虫成虫的体色及触角特征，幼虫前胸腹面剑骨片的形状，以及麦粒被害状。

实表3　三种麦叶蜂成虫形态特征比较

特征种类	小麦叶蜂	黄麦叶蜂	大麦叶蜂
体色	黑褐色	黄色	黑色
中胸	盾片中叶锈红色,侧叶黑色,小盾片黑色	盾片中叶黄色,中央有黑褐色纵纹;盾片侧叶色泽同中叶,但有时不明显;小盾片基部黄色,端部黑褐色	盾片中叶黑色,后缘赤褐色;侧叶赤褐色;小盾片黑色

③ 麦秆蝇：又名黄麦秆蝇、绿麦秆蝇，属双翅目秆蝇科（黄潜蝇科）。

a. 观察小麦不同生育期受麦秆蝇为害而形成的枯心、烂穗、白穗、坏穗等症状。属水蝇科的麦水蝇也可造成类似症状。

b. 观察麦秆蝇成虫及幼虫标本。成虫为小型蝇类，体黄绿色，有青绿色光泽，下额须基部黄绿色，端部的2/3部分膨大成棍棒状，黑色；注意其胸部背面的三条纵纹特征、足的颜色、膨大的腿节及弯曲的胫节。与麦秆蝇同属的绿碱草蝇不为害小麦，常与麦秆蝇混合发生。注意绿碱草蝇成虫鲜绿色，下颚须全为黄白色，胸部的纵纹形状与麦秆蝇不同。麦秆蝇的幼虫体色黄绿或淡绿，而绿碱草蝇为鲜绿色。

四、作业

1. 绘制麦长管蚜与麦二叉蚜的前翅脉序图。
2. 绘制三种麦蚜腹管及尾片形状图。
3. 绘制当地麦蜘蛛常见种成虫形态图。

实验实训六　水稻害虫种类识别及为害状观察

一、目的要求

观察水稻主要害虫各虫态的形态特征及为害状，识别其不同种类。

二、材料和用具

1. 材料　二化螟、三化螟、大螟、稻纵卷叶螟、稻弄蝶类、灰飞虱、白背飞虱、褐飞虱、黑尾叶蝉、白翅叶蝉、稻蓟马、稻管蓟马等水稻害虫的各虫态及为害状标本，三化螟、二化螟各级蛹及稻纵卷叶螟、褐飞虱各龄幼（若）虫的标本、有关挂图或幻灯片。

2. 用具　实体显微镜、扩大镜、镊子、挑针。

三、内容与方法

1. 几种稻螟形态特征及为害状观察

三化螟、二化螟、大螟、台湾稻螟均属鳞翅目，除大螟属夜蛾科外，其余均属螟蛾科。

（1）比较观察四种稻螟的成虫　分别取下述稻螟成虫标本加以观察。

① 三化螟：注意前翅的翅形、翅色，前翅所具明显黑点的位置，雌雄体形的大小、翅色的区别。雄蛾前翅黑点不如雌蛾明显，注意其翅外缘有7～9个小黑点，顶角至内缘中央有暗褐色斜带。

② 二化螟：注意前翅的翅形、翅色及翅面黑点分布与三化螟有何不同，以及雌雄蛾的区别。还可根据其雄性外生殖器（抱握器）的特征鉴别二化螟，如抱握器呈三角形，阳茎端环中间膨

大,先端尖锐如鹅头状。注意翅面鳞片末端平直,并有等长的齿。

③ 大螟:与前三者相比,体明显粗壮,注意其前翅形状及翅顶深色纵纹的分布。

(2) 观察比较四种稻螟的卵　属螟蛾科的三种稻螟卵粒均为扁椭圆形,卵粒排成卵块。其卵块特征见实表4。

实表4　三种稻螟卵的卵块特征

三化螟	二化螟	台湾稻螟
表面有黄褐色鳞毛,整个卵块似半粒发霉的黄豆	呈带状,卵粒呈鱼鳞状不规则排列	呈带状,卵粒较小,鱼鳞状排列成整齐的纵行

大螟属夜蛾科,卵粒半球形(略扁),卵块呈带状,卵粒平铺成2~3行。

(3) 观察比较四种稻螟的幼虫观察标本,注意体色、纵线、腹足趾钩等特征,并加以比较(见实表5)。

实表5　四种稻螟的特征

项目	三化螟	二化螟	台湾稻螟	大螟
体色	污白或淡黄绿色	淡褐	污白或淡褐色	体粗壮,背面紫红色
纵线	无,但背血管映出似背中线	5条,背中线细,具气门线	5条,具气门上线	无
腹足趾钩	全环	全环	全环	中带式

(4) 比较观察四种稻螟的蛹。

(5) 观察比较四种稻螟的为害状　四种稻螟均蛀食为害,观察其为害状,可见枯心苗、白穗、枯孕穗、半枯穗等。二化螟还可造成明显的枯叶鞘及叶片发红等症状;大螟也可造成枯鞘,但为害部位有较大的虫孔,并有粪便排出;台湾稻螟在稻茎内刮内壁组织,常使受害株茎部呈黄色,稻株常曲折。

2. 几种同翅目水稻害虫形态特征及为害状观察

(1) 观察两种叶蝉(黑尾叶蝉、白翅叶蝉)

① 观察两种叶蝉成虫标本:黑尾叶蝉与白翅叶蝉均属同翅目叶蝉科。

a. 黑尾叶蝉:体黄绿色,头部近前缘有一黑色横带,雄虫前翅末端1/3处黑色,雌虫前翅末端淡褐色。

b. 白翅叶蝉:体橙黄色,前翅白色、半透明,前胸背板中央有一不明显的隆脊,形成菱形暗色纹。

② 观察黑尾叶蝉各龄若虫标本:注意各龄若虫体形、复眼色泽、翅芽发育及头胸部斑纹的变化。

③ 观察黑尾叶蝉的为害状:观察叶、茎、穗各部受害的稻株及由黑尾叶蝉传毒致病的稻株,并到受害稻田观察"金银边"现象,考虑产生这种现象的原因。

(2) 观察三种稻飞虱(灰飞虱、白背飞虱、褐飞虱)

① 观察比较三种稻飞虱成虫标本:将田间采回的稻飞虱标本,对照《农田几种常见飞虱检索表》重点鉴别灰飞虱、白背飞虱、褐飞虱。

② 识别褐飞虱及其近似种:将灯下收集的褐飞虱置实体显微镜下观察,对照检索表鉴别褐飞虱及其近似种。

3. 三种缨翅目水稻害虫各虫态特征及为害状观察

三种缨翅目水稻害虫包括稻蓟马、花蓟马(均属蓟马科)、稻管蓟马(属管蓟马科)。

(1) 比较三种蓟马成虫的特征　在实体显微镜下观察三种蓟马的成虫标本。

(2) 细察三种蓟马的卵　于稻蓟马发生期到田间采摘稻叶,对着阳光透视,可见有的稻叶叶脉间有白色小圆点,带回实验室并在实体显微镜下观察白点处,叶表皮下的半透明肾形卵粒即为稻蓟马的卵粒。花蓟马的卵粒为卵形;稻管蓟马产卵于卷叶尖内,呈短椭圆形。

(3) 观察三种蓟马的若虫　稻蓟马体乳白色至淡黄色;花蓟马体橘黄色;稻管蓟马体淡黄色,4龄若虫体侧常有红斑。在实体显微镜下观察稻蓟马各龄若虫标本,注意若虫在不同龄期触角的伸向及翅芽长度等特征。

(4) 观察蓟马的为害状　观察受害水稻秧苗及稻穗,注意其叶尖卷缩及瘪粒的症状;参观受害重的秧田,看田间秧苗拈黄、发红的严重症状。

4. 稻纵卷叶螟的形态特征及为害状观察

稻纵卷叶螟属鳞翅目螟蛾科。

(1) 观察稻纵卷叶螟雌雄成虫　观察成虫标本,描述其体形、翅色、前后翅翅面上黑色带纹及线纹的分布,比较雌雄蛾的翅色,注意雄蛾前翅短纹上具黑色毛簇。

(2) 比较观察稻纵卷叶螟与其近似种显纹纵卷叶螟成虫的异同　显纹纵卷叶螟与稻纵卷叶螟相似,但体略小,黑褐色条纹横贯全翅,外缘的褐色带纹内折呈"]"形。

(3) 观察稻纵卷叶螟卵、幼虫和蛹的特征

① 卵:近椭圆形,扁平,贴附在叶面的叶脉间,在显微镜下可见卵壳表面的网状纹。

② 幼虫:多居于纵卷的稻叶内,细长,黄绿色,老熟时橘红色。识别时注意前胸背板的黑色纹及中、后胸毛片的排列方式。幼虫龄期的确定主要根据头色、体色及胸部黑纹的变化,试观察比较之。

③ 蛹:幼虫多在稻丛基部化蛹,蛹圆筒形,末端尖削。

(4) 观察稻纵卷叶螟不同龄期幼虫卷叶的部位、形状,以及受害叶片上的白色条斑。

5. 几种稻弄蝶的形态特征及为害状观察

稻弄蝶属鳞翅目弄蝶科。为害水稻的弄蝶常见的有直纹稻弄蝶、曲纹稻弄蝶、么纹稻弄蝶、隐纹谷弄蝶、南亚谷弄蝶。

(1) 五种稻弄喋成虫特征识别　上述五种稻弄蝶均为中型蝶类,翅正面黑褐色,有金属光泽,背面黄褐色。它们的主要区别在于翅面上白斑的数目及不同的排列方式(对照教材)。

取当地发生种类进行观察,重点识别直纹稻弄蝶及当地常见种,并注意识别雌雄。

取当地发生的稻弄蝶幼虫标本进行观察,重点识别直纹稻弄蝶幼虫及各龄期的特征。

(2) 稻弄蝶卵及蛹的特征观察　稻弄蝶的卵呈半球形,略突或略扁,表面有细纹。直纹稻弄蝶、曲纹稻弄蝶、么纹稻弄蝶的蛹头平尾尖,第5、第6腹节腹面中央各有一"八"字形褐纹,其前胸气门的形状各有不同。两种谷弄蝶的蛹头顶尖突如锥,隐纹谷弄蝶的喙游离段长度大于7mm,南亚谷弄蝶的则小于6mm。

(3) 稻弄蝶的为害状观察　五种弄蝶均蚕食叶片,缀叶结苞。观察时,注意识别直纹稻弄蝶各龄幼虫所结的虫苞。

四、作业

1. 绘制三化螟、二化螟、大螟成虫前翅图。
2. 绘制稻纵卷叶螟成虫前后翅、幼虫头部及胸部背面观图。
3. 绘制三种稻飞虱头部及胸部背面观图。
4. 绘制黑尾叶蝉雌、雄成虫图。
5. 绘制直纹稻弄蝶成虫前、后翅图及幼虫头部正面观图。

实验实训七　杂粮害虫种类识别及为害状观察

一、目的要求

认识玉米、高粱、粟的主要害虫形态特征及为害状。

二、材料和用具

1. **材料** 黏虫、玉米螟、高粱条螟、高粱蚜虫、粟灰螟的生活史标本；粟秆蝇、粟茎跳甲、玉米枯心夜蛾、玉米铁甲虫等成、幼虫及各种害虫的为害状标本，有关害虫的生活史挂图及幻灯片。
2. **用具** 实体显微镜、扩大镜、硬泡沫塑料板、小镊子、玻璃皿。

三、内容与方法

1. 黏虫为鳞翅目夜蛾科，玉米螟、粟灰螟、高粱条螟均属鳞翅目螟蛾科。

（1）观察黏虫及三种螟虫的为害状 取受害的玉米或高粱植株，观察心叶部位"白斑"及横排小孔等症状；注意茎秆上蛀孔的位置、大小及被蛀茎内虫体数和穗部被蛀食的情况；比较玉米螟与高粱条螟为害状的异同。

取受害的粟苗，可见枯心症状；注意蛀孔的大小、位置、孔外是否留有虫粪。比较粟灰螟与玉米螟在粟苗上为害状的异同。

（2）观察粘虫和三种螟虫的成、幼虫形态特征 取三种螟虫成、幼虫标本，对照教材进行鉴别。

玉米螟性二型现象明显，观察标本，从体形、翅面颜色及斑纹的特征上区别雌雄。

（3）观察玉米螟、高粱条螟的卵块 取两种螟虫卵的标本，观察其卵粒大小及排列方式有何不同。

（4）观察黏虫的蛹 观察玉米螟、高粱条螟两种螟虫的蛹标本，注意蛹体腹部及末节的特征。

2. 玉米蚜与高粱蚜

杂粮作物上的常见蚜虫除在麦田常见的麦二叉蚜、麦长管蚜、黍缢管蚜外，还有玉米蚜、高粱蚜，均属同翅目蚜科。

（1）两种蚜虫的识别 在实体显微镜下观察玉米蚜、高粱蚜有翅胎生雌蚜与无翅胎生雌蚜的新鲜标本或玻片标本。两者触角均比体短，腹管较短，其主要区别是：高粱蚜的腹管黑色，长为宽的2倍，近基部处稍缢缩，尾片圆锥形、黑色；玉米蚜的腹管暗蓝色，长为宽的1.5倍或相等，基部不缢缩，端部瓶口状，尾片近锥形，中部缢缩。

（2）为害状观察 观察受害的甘蔗叶及高粱叶，注意叶片变色的特征；高粱受害严重时可出现茎秆酥软早枯、自中部弯倒的"拉弓"症状，甚至不抽穗或穗而不实，可在受害田观察。

3. 观察当地玉米、高粱、粟上的其他害虫

如粟秆蝇、粟茎跳甲、玉米枯心夜蛾、玉米铁甲虫等成虫、幼虫的形态特征及其为害状。

四、作业

1. 绘制黏虫、玉米螟、粟灰螟、高粱条螟的成虫前翅特征图。
2. 绘制玉米螟、高粱条螟幼虫腹部7个体节（2～8节）背面观图。
3. 绘制黏虫幼虫背面观图。

实验实训八　油料作物害虫的识别

一、目的要求

通过观察识别常见油料作物害虫种类及为害状。

二、材料和用具

1. **材料** 大豆食心虫、豆天蛾、大豆小天蛾、美洲斑潜蝇的生活史标本，有关害虫的生活

史挂图及幻灯片。

2. 用具　实体显微镜、扩大镜、硬泡沫塑料板、小镊子、玻璃皿。

三、内容与方法

1. 大豆食心虫

成虫体长5～6mm，翅展12～14mm，黄褐至暗褐色。前翅暗褐色，沿前缘有10条左右的黑紫色短斜纹，其周围有明显的黄色区；外缘在顶角下略向内凹陷，臀角上方近外缘有一银灰色椭圆形斑，斑内有3个紫黑色小斑。后翅浅灰色，无斑纹。卵椭圆形，初产时乳白色，后转橙黄色，表面可见一半圆形红带。幼虫老熟时体长8～10mm，红色，头及前胸背板黄褐色，腹足趾钩单序环状。蛹长5～7mm，黄褐色，纺锤形。第2～7腹节前、后缘有大、小刺各1列，第8～10腹节仅有1列大刺，臀刺8根，粗短。幼虫吐丝缀合土粒做成的土茧呈长椭圆形，长约8mm，宽3～4mm。

2. 豆天蛾

成虫体长40～50mm，翅展100～120mm，黄褐色，有的略带绿色。头、胸部背面有暗紫色背线。前翅狭长，有6条褐色波状横纹，前缘中部有1个半圆形浅白色斑，顶角有1个三角形褐色斑。后翅小，暗褐色，基部和后角附近黄褐色。卵椭圆形，长2～3mm。初产时淡绿色，后变为黄白色，孵化前褐色。幼虫老熟时长60～90mm，黄绿色，密生黄色小突起。腹部两侧各有7条向背后方倾斜的黄白色条纹，尾角黄绿色，短而向下弯曲。蛹长40～50mm，红褐色。喙与身体紧贴，末端露出，腹部第5～7节气门前各有一横沟纹。臀棘三角形，末端不分叉。

3. 大豆小夜蛾

成虫体长10～11mm，翅展25～26mm，灰褐色。不同个体前翅色泽和斑纹不同。多数个体前翅灰棕色，混杂白色鳞片，翅中央有1个黄白色圆形斑纹，此斑纹前方有1个边缘白色而中间灰棕色呈括弧形的圆斑，两个圆斑紧连（故名双星小夜蛾）。有的个体前翅红褐色，仅有中央的1个黄白色斑纹，另1个圆斑不明显；有的个体两个斑纹都不明显。卵扁圆形，直径0.4～0.5mm，卵面有许多小突起，突起上各着生1根刚毛。老熟幼虫体长26～28mm，有腹足3对（包括1对臀足），依体色和斑纹不同可分3种类型：①头黄绿色，体绿色，背线由断续的黄白色斑纹组成，亚背线白色，气门线黄色，老熟前体线消失，体色紫红，老熟后又变为青绿色。该个体将发育为双星明显的成虫。②头绿色并有紫红色网纹，体背紫红色，腹面绿色，背线、亚背线深紫红色，气门线淡红色。③头及体背面灰黑色。蛹长9～12mm，尾刺1对，弯曲呈钩状。

4. 美洲斑潜蝇

成虫体小，体长1.3～2.3mm，浅灰黑色，胸背板亮黑色，体腹面黄色，雌虫体比雄虫大。中室较大，M_{3+4}末端长为次生端长的2～2.5倍。额明显突出于眼，橙黄色，上眶稍暗，内外顶鬃着生处色暗，上眶鬃2对，下眶鬃2对，颊长为眼高的1/3，中胸背板黑色稍亮。后角具黄斑，背中鬃2+1，中鬃散生呈不规则4行，中侧片下方1/2～3/4甚至大部分为黑色，仅上方黄色。足基节黄色具黑纹，腿节基本黄色但具黑色条纹直到几乎全为黑色，胫节、跗节棕黑色。卵米色，半透明，大小（0.2～0.3）mm×（0.1～0.15）mm。幼虫蛆状，初无色，后变为浅橙黄色至橙黄色，长3mm，后气门突呈圆锥状突起，顶端三分叉，各具一开口。蛹椭圆形，橙黄色，腹面稍扁平，大小(1.7～2.3)mm×(0.5～0.75)mm。

四、作业

1. 绘制豆天蛾前翅图。
2. 绘制大豆食心虫腹足趾钩图。

实验实训九　蔬菜害虫的识别

一、目的要求

通过观察识别常见蔬菜害虫种类及为害状。

二、材料和用具

1. 材料　菜粉蝶、茶黄螨、温室白粉虱、豌豆潜叶蝇、黄曲条跳甲、小猿叶虫、斜纹夜蛾、甜菜夜蛾、银纹夜蛾等标本。
2. 用具　实体显微镜、扩大镜、硬泡沫塑料板、小镊子、玻璃皿。

三、内容与方法

分别观察上述标本，根据理论教学内容对照其形态区别。

四、作业

1. 三种常见的蔬菜夜蛾害虫幼虫形态识别要点是什么？
2. 绘制黄曲条跳甲鞘翅图。

实验实训十　食心虫类、卷叶蛾类形态和为害状观察

一、目的要求

识别当地食心虫类和卷叶蛾类的主要害虫的形态特征和为害状特点。

二、材料和用具

1. 材料　桃小食心虫、苹果小食心虫、顶梢卷叶蛾、苹果小卷叶蛾、苹果褐卷叶蛾、苹果大卷叶蛾、黄斑卷叶蛾等针插标本、液浸标本、盒装生活史标本、玻片标本及为害状标本。
2. 用具　体视显微镜、显微镜、放大镜、镊子、挑针、载玻片、培养皿等。

三、内容与方法

1. 食心虫类观察

观察桃小食心虫、苹果小食心虫成虫、卵、幼虫及茧的形态特征；幼虫为害果实的为害状。

2. 卷叶蛾类观察

观察顶梢卷叶蛾、苹果小卷叶蛾、苹果褐卷叶蛾、黄斑卷叶蛾等成虫、卵、幼虫的形态特征；幼虫为害叶片和果实的为害状。

四、作业

1. 绘制桃小食心虫成虫、卵、幼虫和茧的形态特征图。
2. 绘制苹果小卷叶蛾、苹果褐卷叶蛾成虫的前翅特征图。
3. 田间观察食心虫类、卷叶蛾类的发生状况、为害状和习性。

实验实训十一　蚜虫类、潜叶蛾、害螨类形态和为害状观察

一、目的要求

识别当地的叶螨类、蚜虫类、潜叶蛾类的形态特征和为害状。

二、材料和用具

1. 材料　山楂叶螨、苹果全爪螨、二斑叶螨、绣线菊蚜、苹果瘤蚜、苹果绵蚜、金纹细蛾等活体标本、生活史标本、玻片标本及为害状标本。
2. 用具　体视显微镜、显微镜、放大镜、镊子、挑针、载玻片、培养皿等。

三、内容与方法

1. 田间观察山楂叶螨、苹果全爪螨、绣线菊蚜、苹果瘤蚜、苹果绵蚜的为害状，并采集活体标本室内观察其特征。
2. 室内观察金纹细蛾各虫态的形态特征和为害状特点。

四、作业

1. 绘制金纹细蛾成虫前翅的特征图。
2. 列表比较绣线菊蚜、苹果瘤蚜、苹果绵蚜的为害状。
3. 列表比较山楂叶螨、苹果全爪螨的生活为害习性。

实验实训十二　观察园林蛀干类害虫

一、目的要求

通过实验观察，了解园林蛀干类害虫的形态特征。

二、材料和用具

1. 材料　桑天牛、光肩星天牛、吉丁虫等盒装及针插标本、挂图。
2. 用具　实体显微镜、扩大镜、硬泡沫塑料板、小镊子、玻璃皿。

三、内容与方法

1. 观察蛀木类害虫为害症状

蛀木类害虫均以幼虫在寄主枝干、枝条内蛀食，树干内常有虫道或皮层爆裂，树木受害后生长不良，甚至使枝干枯死。

2. 观察主要蛀木类害虫形态特征

(1) 桑天牛

① 成虫：中型，体黑褐色，密生黄褐色细绒毛。触角鞭状。头胸和前胸背板中央有纵沟，前胸背板有横隆起纹，两侧中央各有一个刺状突起。鞘翅基部有许多黑色瘤状突起。

② 卵：椭圆形，稍扁平，弯曲。产时黄褐色，近孵化时变为淡褐色，体长 6～7mm。

③ 幼虫：老熟时体长约为 70mm，圆筒形，乳白色，头部黄褐色。第 1 胸节特大，方形，被板上密生黄褐色刚毛和赤褐色点粒，并有凹陷的"小"字形纹。

④ 蛹：裸蛹，长约 50mm，淡黄色。

(2) 光肩星天牛

① 成虫：体长 19～39mm。漆黑色而有光泽，具小白斑，触角第 3～11 节基部有淡蓝色毛环。雄虫触角超过体长 1 倍，雌虫触角则稍长于体。前胸背板中瘤明显，侧刺突粗壮。小盾片及足的跗节披淡青色细毛。鞘翅基部密布颗粒，鞘翅表面散布有许多由白色绒毛组成的斑点，不规则排列。

② 卵：长 5～6mm。长椭圆形，乳白色，孵化前黄褐色。

③ 幼虫：老熟幼虫体长 45～67mm，淡黄白色，前胸背板前方左右各有一黄褐色"凸"字形大斑纹，略隆起。胸足退化消失。中胸腹面，后胸及腹部第 1～7 节背、腹两面均具有移动器。背面的移动器呈椭圆形，中有横沟，周围呈不规则形隆起，密生极细刺突。

④ 蛹：长 30mm 左右。乳白色，老熟时黑褐色。触角细长，卷曲，体形与成虫相似。

(3) 金缘吉丁虫

① 成虫：中型，绿色有金属光泽。鞘翅上有几条蓝黑色的断续纵纹。前胸背板有五条蓝黑色纵纹，中间一条明显。体缘各有一条金色带状纹，故名。

② 卵：初产时黄白色，以后稍加深。
③ 幼虫：全体扁平，乳白色。前胸显著宽大，背板褐色，中具"人"字凹纹，腹部细长。
④ 蛹：初为乳白色，后变深褐色。

四、作业

绘制桑天牛与金缘吉丁虫的形态特征图。

实验实训十三　观察园林食叶类害虫

一、目的要求

通过实验观察，了解园林食叶类害虫的形态特征。

二、材料和用具

1. 材料　黄刺蛾、大蓑蛾、槐尺蠖等盒装标本及挂图。
2. 用具　实体显微镜、扩大镜、硬泡沫塑料板、小镊子、玻璃皿。

三、内容与方法

1. 观察食叶类害虫为害特征

各种食叶害虫均以不同龄期的幼虫蚕食果树叶片，叶片常被吃成缺刻、空洞、甚至只剩下叶脉，严重大发生年份可将树上叶片食光。

2. 观察主要害虫形态特征

（1）黄刺蛾

① 成虫：较绿刺蛾略小，全体鲜黄色，前翅自顶角斜向后缘有两条褐色纹，角形分布，内方纹以内的翅面鲜黄色，此纹以外的翅面棕褐色，黄色区域内有两个淡棕褐色斑点，分别位于中室外缘和下方。

② 卵：扁平，椭圆形，黄绿色。

③ 幼虫：老熟时体长 25mm。头小，淡褐色。胸、腹部肥大，黄绿色。体背有一大型前后宽、中间细的紫褐色斑和许多突起枝刺。在亚背线上的突起枝刺，以腹部第 1 节的最大，依次为腹部第 7 节、胸部第 3 节、腹部第 8 节，腹部第 2~6 节的突起枝刺小，特别是第 2 节的枝刺最小。

④ 蛹：椭圆形，体长 12mm，黄褐色。茧灰白色，质地坚硬，表面光滑，茧壳上有几道褐色长短不一的纵纹，形似雀蛋。

（2）大蓑蛾

① 成虫：雌虫无翅，蛆形，体长 25mm 左右；头部黄褐色，胸、腹部黄白色多绒毛，腹末节有一褐色圈。雄虫有翅，体长 15~17mm，翅展 26~33mm，体黑褐色，触角羽状，前、后翅均为褐色，前翅有 4~5 个透明斑。

② 卵：椭圆形，淡黄色。

③ 幼虫：共 5 龄。成长时体长 25~40mm。头部赤褐色（雌）或黄褐色而中央有白色"人"字纹（雄）。胸部各节背板黄褐色，上有黑褐色斑纹，侧面观大致排列成 2 行。

④ 蛹：雌蛹体长约 30mm，赤褐色。雄蛹体长约 30mm，暗褐色，臀棘分叉，叉端各有钩刺 1 枚。

（3）槐尺蛾（*Semiothisa cineraria*）

① 成虫：体长 12~17mm，体黄褐色。触角丝状。复眼圆形，黑褐色。前翅有三条明显的黑色横线，近顶角处有一近长方形褐色斑纹。后翅只有 2 条横线，中室外缘上有一黑色小点。

② 卵：钝椭圆形，初产时绿色，孵化前灰褐色。
③ 幼虫：老熟幼虫体长 30～40mm，紫红色。
④ 蛹：体长 13～17mm，紫褐色，有2根钩刺，雄蛹2根钩刺平行，雌蛹2根钩刺向外呈分叉状。

四、作业

绘制黄刺蛾、大蓑蛾和槐尺蛾的形态特征图。

实验实训十四　仓库害虫的识别

一、目的要求

认识常见贮粮害虫种类及为害状。

二、材料和用具

1. 材料　玉米象、蚕豆象、绿豆象、赤拟谷盗、锯谷盗等标本。
2. 用具　实体显微镜、扩大镜、硬泡沫塑料板、小镊子、玻璃皿。

三、内容与方法

分别取相应的标本观察其形态区别。

四、作业

常见贮粮害虫的幼虫形态识别要点是什么？

实验实训十五　薯类害虫形态观察

一、目的要求

识别当地薯类常见害虫的形态特征、为害状。

二、材料和用具

1. 材料　甘薯叶甲、甘薯小象甲、马铃薯块茎蛾及当地其他常见害虫标本。
2. 用具　实体显微镜、放大镜、镊子、搪瓷盘等。

三、内容与方法

1. 观察甘薯叶甲成虫形态、大小、体色、有无金属光泽、触角形状、前胸背板特点、鞘翅特征；幼虫的形状、大小、颜色、体上有无密被毛。
2. 观察甘薯小象甲成虫前胸和足是否呈红褐色或橘红色，有无金属光泽。注意观察鞘翅是否隆起，其上有无纵行小刻点。观察幼虫不同龄期的体态和颜色。
3. 观察马铃薯块茎蛾成虫形态、大小、体色。注意观察前翅形状中央是否有4～5个褐斑，缘毛长短。观察幼虫体色，老熟时背面是否呈粉红色或棕黄色。

四、作业

1. 绘制甘薯叶甲成虫形态图。
2. 绘制甘薯小象甲触角形态图。
3. 绘制马铃薯块茎蛾成虫前翅图。

实验实训十六　地下害虫形态观察

一、目的要求

识别当地常见地下害虫的种类、形态特征及为害状。

二、材料和用具

1. 材料　小地老虎、蛴螬、蝼蛄、蟋蟀、金针虫、种蝇及当地其他常见地下害虫标本。
2. 用具　体视显微镜、放大镜、挑针、镊子、搪瓷盘、泡沫塑料板等。

三、内容与方法

1. 比较观察小地老虎、大地老虎、黄地老虎的形态及成虫前翅斑、纹的区别及幼虫形态。
2. 比较观察华北大黑鳃金龟、暗黑鳃金龟、铜绿金龟甲及当地其他常见金龟甲成虫大小、体色、腹部末节、前足及幼虫形态。
3. 比较观察东方蝼蛄、台湾蝼蛄及华北蝼蛄的体形、体色、前足腿节和后足胫节的主要区别。
4. 比较观察大蟋蟀与油葫芦体形、体色、后足胫节的刺、尾须和产卵器的区别。
5. 比较观察细胸金针虫、褐纹金针虫、沟金针虫的形态，注意各种金针虫臀节的主要区别。
6. 观察种蝇成虫、幼虫的形态特征。

四、作业

1. 绘制小地老虎成虫前翅图。
2. 绘制东方蝼蛄成虫前足图。
3. 绘制细胸金针虫成虫腹部末节图。

实验实训十七　地下害虫田间调查

一、目的要求

了解当地主要地下害虫种类，学习常用调查方法。

二、材料和用具

1. 材料　蛴螬、蝼蛄、金针虫、小地老虎的成虫及幼虫。
2. 用具　铁铲、米尺、镊子、放大镜、记录本、毒瓶等。

三、内容与方法

根据当地害虫种类和生产需要，选择不同生态条件下有代表性的田块分组进行调查。采用五点取样法，每点取 $(1×1)m^2$ 或 $(2×0.5)m^2$ 分层挖土检查，每层挖土 15cm，挖 3~4 层，分别统计各层地下害虫的种类、数量，计算虫口密度。

四、作业

写出当地地下害虫发生情况调查报告。

实验实训十八　桑茶糖烟害虫形态观察

一、目的要求

识别当地桑树、茶树、烟草常见害虫的形态特征、为害状。

二、材料和用具

1. 材料　桑象甲、茶毛虫、草地螟、二点螟、黄螟、烟夜蛾等及当地其他常见害虫标本。
2. 用具　体视显微镜、放大镜、镊子、搪瓷盘等。

三、内容与方法

1. 观察桑象甲成虫形态、体色，喙管是否弯曲向下，触角类型，鞘翅上有无纵沟和刻点；幼虫形态及头部颜色。
2. 观察茶毛虫成虫形态、体色，前翅上斑、纹；幼虫体色，观察从前胸到第9腹节每节背侧面是否有8个黄色或黑色绒球状毛瘤，是否有黄色毒毛。
3. 比较观察草地螟、二点螟及黄螟成虫、幼虫形态及体色。注意观察草地螟触角类型，前翅中央稍近前缘是否有一近似长方形的淡黄色或淡褐色斑；后翅颜色，其外缘是否有2条平行的黑色波状条纹。注意观察二点螟成虫前翅中室端是否有2个小黑点；后翅颜色，有无锦缎光泽。注意观察黄螟前翅斑纹，翅中央有无"Y"形黑纹。
4. 观察烟夜蛾成虫、幼虫形态、体色。注意观察前翅上有无较明显的外横线、内横线、肾形纹、环形纹；后翅近外缘有无一黑色宽带。

四、作业

1. 绘制茶毛虫成虫前翅图。
2. 绘制草地螟成虫前翅图。
3. 绘制烟夜蛾成虫前翅图。

实验实训十九　棉花害虫形态观察

一、目的要求

掌握各种棉花害虫的形态特征及区别特点。

二、材料和用具

1. 材料　棉蚜、蓟马、棉盲蝽、棉铃虫、棉红铃虫、红蜘蛛。
2. 用具　双目解剖镜、镊子、解剖针、培养皿、工业酒精。

三、内容与方法

1. 取新鲜棉蚜标本，观察其触角、尾线的特征。
2. 取新鲜的蓟马标本（成虫），观察其触角支数，前翅脉鬃的特征。第8腹节末端特征。
3. 取棉红蜘蛛成螨鲜标本，观察体色、体背纲毛等特征。
4. 取棉盲蝽（红盲蝽、绿盲蝽）成虫标本，观察其特征，对照其种类间的区别。
5. 取棉铃虫生活史标本，观察其各虫态特征。
6. 取红蜘蛛生活史标本，观察其各虫态特征。
7. 田间观察棉花害虫的为害状。

四、作业

1. 绘制棉铃虫成虫全体图，个体大小和前后翅特征。
2. 列表比较棉花盲蝽、害螨、棉蚜的为害状有何不同。

参 考 文 献

[1] 安徽农学院.茶树病虫害.北京：农业出版社，1980.
[2] 北京农业大学.昆虫学通论.第2版.北京：中国农业出版社，1996.
[3] 北京农业大学等.果树昆虫学.第2版.北京：农业出版社，1992.
[4] 彩万志，庞雄飞，花保祯等.普通昆虫学.第2版.北京：中国农业出版社，2008.
[5] 丁锦华，苏建亚.农业昆虫学（南方本）.北京：中国农业出版社，2002.
[6] 费显伟.园艺植物病虫害防治.北京：高等教育出版社，2002.
[7] 韩召军，杜相革，徐志宏.园艺昆虫学.北京：中国农业出版社，2001.
[8] 韩召军.植物保护学通论.北京：高等教育出版社，2001.
[9] 河南农业大学农业昆虫研究室.烟草昆虫学.北京：中国科学技术出版社，1993.
[10] 雷朝亮，荣秀兰.普通昆虫学.北京：中国农业出版社，2003.
[11] 李光武等.果树病虫害防治（北方本）.北京：中国农业出版社，2000.
[12] 李云瑞.农业昆虫学.北京：中国农业出版社，2002.
[13] 李照会.园艺植物昆虫学.北京：中国农业出版社，2004.
[14] 刘奇志等.新编果树病虫害防治及农药使用技术.北京：中国林业出版社，1999.
[15] 马继良，李正跃.烟草昆虫学.北京：中国农业出版社，2003.
[16] 邱强等.原色苹果病虫图谱.北京：中国科学技术出版社，1993.
[17] 徐冠军.植物病虫害防治学.北京：中央广播电视大学出版社，1999.
[18] 杨平华.常用农药使用手册.成都：四川出版集团四川科学技术出版社，2006.
[19] 袁锋.农业昆虫学（北方本）.北京：中国农业出版社，2001.
[20] 赵修复.害虫生物防治.北京：中国农业出版社，1999.
[21] 郑进，孙丹萍.园林植物病虫害防治.北京：中国科学技术出版社，2003.